Gabriele Lehari

# 400 Hunderassen von A–Z

# Einführung

Dieses Buch ist für alle Hundefreunde gedacht, die sich umfassend über die immense Rassenvielfalt informieren möchten. Nicht nur alle FCI-anerkannten Rassen – die zum Teil ausschließlich in ihrem Heimatland vorkommen – sondern auch einige recht junge, noch nicht anerkannte Hunderassen, werden in Wort und Bild vorgestellt.

Mit diesem Buch habe ich möglichst viele wichtige Informationen über die Rassen bezüglich Ursprung, Wesen und Eignung zusammengetragen und übersichtlich dargestellt. So kann sich der interessierte Hundefreund ein Bild der einzelnen Rassen machen und für sich persönlich besser entscheiden, welche Rasse für ihn geeignet ist.

Sie werden in meinem Buch übrigens die Begriffe „intelligent" und „kinderlieb" bei der Beschreibung der Charaktere nicht finden. Denn bei nahezu allen Rassebeschreibungen, die man in Büchern, Zeitschriften oder anderen Schriftenreihen findet, tauchen diese beiden Attribute immer wieder auf. Dass Hunde – egal, welcher Rasse – intelligent und gelehrig sind, wird wohl kaum jemand bestreiten wollen; daher wäre es unangemessen, diese Eigenschaft bestimmten Rassen zuzuschreiben und anderen nicht. Ähnlich verhält es sich mit dem Begriff „kinderlieb". Wir alle wissen, dass Hunde von Natur aus instinktiv besonders mit kleinen Kindern vorsichtig umgehen. Aber durch falsche Prägung, durch falsche Behandlung von Seiten der Menschen oder durch eine unvorhersehbare Situation kann es trotzdem zu Zwischenfällen kommen. Daher gilt immer als oberstes Gebot, kleine Kinder und Hunde nie unbeaufsichtigt zusammen allein zu lassen.

Bei meinen Rasseporträts habe ich darauf Wert gelegt, die wahren Wesenszüge der einzelnen Rassen zu beschreiben, ohne diese zu beschönigen. Denn es gibt eine Vielzahl von Hunderassen, die durchaus nicht für jeden Hundeliebhaber geeignet sind. Und gerade darauf möchte ich in diesem Buch hinweisen, damit bei einer Partnerschaft von Mensch und Hund den Ansprüchen beider Beteiligten entsprochen werden kann. Unwissenheit und falsche Erwartungen führen häufig zu Enttäuschungen oder Problemen, die im schlimmsten Fall mit der Abgabe des Hundes enden. Die Auswahl eines Hundes sollte nämlich nicht rein nach dem Äußeren erfolgen, sondern in erster Linie nach Charakter und Eignung der Rasse.

In diesem Zusammenhang sei noch erwähnt, dass bei der Auswahl eines Rassehundes in jedem Fall auf Gesundheit und Wesensfestigkeit geachtet werden soll und die Tiere nur bei seriösen Züchtern gekauft werden. Dies gilt insbesondere für die sogenannten „Modehunde", die sich großer Beliebtheit erfreuen und daher häufig von skrupellosen Vermehrern aus reiner Geschäftemacherei „produziert" werden. Bei der Auswahl des richtigen Züchters sind Ihnen die Rasseklubs sowie die jeweiligen Dachverbände jederzeit gern behilflich.

Als vor Jahren – ausgelöst durch einen tragischen Fall, bei dem ein kleiner Junge durch einen Hund zu Tode kam – bei uns die sogenannte „Kampfhunde-Diskussion" aufkam, sorgte dieser Umstand dafür, dass in den meisten Bundesländern Vorschriften und Beschränkungen für die Haltung bestimmter Hunderassen eingeführt wurden. Mittlerweile hat sich die heiße Diskussion wieder etwas beruhigt, aber dennoch gibt es nach wie vor je nach Bundesland verschiedene Bestimmungen, die von Hundebesitzern einzuhalten sind. Bei den Rassen, die immer noch unter die Kategorie „Kampfhunde" fallen, findet sich in diesem Buch jeweils ein entsprechender Hinweis. Wer sich für diese Rassen interessiert, muss sich bei den zuständigen Behörden nach den jeweils gültigen Bestimmungen erkundigen. Für einige dieser Rassen wurde damals sogar die Zucht untersagt, sodass diese Hunderassen heute kaum mehr bei uns anzutreffen sind.

# Hinweise zur Verwendung des Buches

Dieses Buch wurde möglichst übersichtlich gestaltet, damit der Leser die einzelnen Rassen und die dazugehörigen Informationen schnell auffinden kann. Folgende Systematik wurde daher in dem Buch angewendet:

### Alphabetische Reihenfolge

Die Rassen wurden alphabetisch angeordnet, wobei in den meisten Fällen auf den offiziellen Namen und bei einigen ausländischen Rassen den eingedeutschten Rassenamen Bezug genommen wurde.

### Ausführliches Register

Sollten Sie in der alphabetischen Reihenfolge eine bestimmte Rasse nicht finden, schauen Sie bitte im Register nach, da dort auch die gängigsten Synonyme mit Seitenzahl angegeben sind. So finden Sie z. B. den „Boxer" unter seinem offiziellen Namen „Deutscher Boxer" an der entsprechenden Stelle im Buch oder den meistens als „Bobtail" bezeichneten „Old English Sheepdog" unter letzterer Bezeichnung eingeordnet, wobei jeweils beide Namen im Register auftauchen.

### Alle FCI-Rassen

Die FCI hat zurzeit (Stand 2009) 356 verschiedene Hunderassen anerkannt (teilweise bisher nur vorläufig), wobei einige schon wieder ausgestorben sind und hier nur zum Teil Erwähnung finden. Alle noch existierenden von der FCI anerkannten Rassen sind beschrieben.

### Nicht anerkannte Hunderassen

Außerdem ist auch eine Reihe nicht anerkannter Hunderassen mit aufgenommen. Bei ihnen ist die Anerkennung entweder schon beantragt oder sie sind noch sehr jung bzw. in Europa wenig bekannt und haben deshalb die Anerkennung noch nicht beantragt, da in absehbarer Zeit nicht damit zu rechnen ist.

### Übersichtliche Textinformation

Die gängigen Synonyme und die FCI-Nummer sowie Angaben zu Herkunft, Größe, Gewicht und Farben sind in den blau hinterlegten Kästen auf einen Blick zusammengefasst. Die ausführliche Rassebeschreibung bietet Informationen zu Geschichte, Charakter, Verwendung und gegebenenfalls Besonderheiten wie spezielle Fellpflege, außergewöhnliche Eigenschaften oder bestimmte gesetzliche Bestimmungen über die Haltung der Hunde.

### Farbcodierung

Jeder der zehn FCI-Rassegruppen ist eine Farbe zugeordnet (siehe unten). Die Nummer der Rassegruppe in der entsprechenden Farbe ist vor dem jeweiligen Rassenamen angegeben. In dem blauen Balken darunter sind die Sektion innerhalb der Rassegruppe, welcher die Rasse zugeordnet ist, sowie die FCI-Nummer zu finden.
Die Rassen, die (noch) nicht von der FCI anerkannt sind, wurden trotzdem der entsprechenden Rassegruppe zugeordnet, da aufgrund ihrer Abstammung bzw. Verwendung eine eindeutige Zuordnung möglich ist.
Im Folgenden sind die zehn Rassegruppen mit ihren Sektionen aufgeführt.

## Die Rassegruppen im Überblick

### Gruppe 1

Sektion 1: Schäferhunde
Sektion 2: Treibhunde (ausgenommen Schweizer Sennenhunde)

### Gruppe 2

Sektion 1: Pinscher und Schnauzer
Sektion 2: Molossoide
Sektion 3: Schweizer Sennenhunde

### Gruppe 3

Sektion 1: Hochläufige Terrier
Sektion 2: Niederläufige Terrier
Sektion 3: Bullartige Terrier
Sektion 4: Zwerg-Terrier

### Gruppe 4

Sektion 1: Dachshund

### Gruppe 5

Sektion 1: Nordische Schlittenhunde
Sektion 2: Nordische Jagdhunde
Sektion 3: Nordische Wach- und Hütehunde
Sektion 4: Europäische Spitze
Sektion 5: Asiatische Spitze und verwandte Rassen
Sektion 6: Urtyp-Hunde
Sektion 7: Urtyp-Hunde zur jagdlichen Verwendung
Sektion 8: Jagdhunde vom Urtyp mit einem Ridge auf dem Rücken

### Gruppe 6

Sektion 1: Laufhunde
Sektion 2: Schweißhunde
Sektion 3: Verwandte Rassen

### Gruppe 7

Sektion 1: Kontinentale Vorstehhunde
Sektion 2: Britische und Irische Vorstehhunde

### Gruppe 8

Sektion 1: Apportierhunde
Sektion 2: Stöberhunde
Sektion 3: Wasserhunde

### Gruppe 9

Sektion 1: Bichons und verwandte Rassen
Sektion 2: Pudel
Sektion 3: Kleine belgische Hunderassen
Sektion 4: Haarlose Hunde
Sektion 5: Tibetanische Hunderassen
Sektion 6: Chihuahueño
Sektion 7: Englische Gesellschaftsspaniel
Sektion 8: Japanische Spaniel und Pekingesen
Sektion 9: Kontinentaler Zwergspaniel und Russischer Zwerghund
Sektion 10: Kromfohrländer
Sektion 11: Kleine doggenartige Hunde

### Gruppe 10

Sektion 1: Langhaarige oder befederte Windhunde
Sektion 2: Rauhaarige Windhunde
Sektion 3: Kurzhaarige Windhunde

# 2 | Affenpinscher

Pinscher und Schnauzer | FCI-Nr. 186

Herkunft: Deutschland
Größe: Rüden und Hündinnen 25–30 cm.
Gewicht: 4–6 kg.
Farben: Schwarz; grauer oder brauner Anflug ist zugelassen.

**Geschichte:** Seinen Namen hat der Affenpinscher ganz offensichtlich seinem Aussehen zu verdanken: Die wilde Behaarung am Kopf, die vorgeschobene, schwarze Unterlippe und der pfiffige Gesichtsausdruck erinnern tatsächlich an ein Affengesicht. Schon im 15. Jahrhundert sind Affenpinscher auf Holzschnitten von Albrecht Dürer dargestellt worden. Bis heute haben sie ihr ursprüngliches Aussehen erhalten. Da die Zucht dieser Rasse recht schwierig ist und im Durchschnitt nur zwei Welpen pro Wurf geboren werden, ist der Affenpinscher nie zum Modehund geworden, und bis heute muss man als Welpenkäufer eine beträchtliche Wartezeit in Kauf nehmen.

**Charakter:** Affenpinscher waren früher geschätzte Arbeitshunde. Sie wurden verwendet, um Haus und Hof von Ratten und Mäusen frei zu halten. Den furchtlosen und wendigen Hunden entging keine noch so flinke Bewegung. Blitzschnell packten sie zu und nur selten entkam ihnen ihre Beute. Bis heute haben sich diese kleinen Hunde eine gewisse Schärfe bewahrt und verteidigen alles, was sie als ihr Eigentum betrachten, vehement. Liebhaber dieser Rasse schwärmen von dem neugierigen, munteren und selbstbewussten Wesen dieser Hunde. Sie sind trotz ihrer Kleinheit unerschrocken und hartnäckig, ihren Menschen gegenüber aber äußerst anhänglich. Sie können allerlei Unsinn anstellen, was ihnen im Allgemeinen aber gern verziehen wird. Sie sind immer für neue Streiche zu haben, unternehmen aber auch gern mit ihren Menschen ausgedehnte Wanderungen und sind auch durchaus geeignet, die Begleithundprüfung abzulegen. Bei uns sind Affenpinscher sehr selten, in den USA erfreut sich diese alte deutsche Rasse dagegen viel größerer Beliebtheit.

**Besonderheiten:** Früher wurden Ohren und Ruten kupiert. Heute tragen die Hunde ihren langen Schwanz aufrecht. Zuchtziel ist die Säbel- oder Sichelrute. Bei den Ohren kippt normalerweise das obere Drittel nach vorn. Der Standard verlangt einen Vorbiss, wobei die Zähne bei geschlossenem Fang nicht sichtbar sein dürfen.

# 10 | Afghanischer Windhund

Langhaarige oder befederte Windhunde | FCI-Nr. 228

Herkunft: Afghanistan
Patronat: Großbritannien
Größe: Rüden 68–74 cm; Hündinnen 63–69 cm.
Farben: Alle Farben.

**Geschichte:** Im vorderasiatischen Raum existieren Windhunde schon nachweislich seit mindestens 5000 Jahren. Ursprünglich wurden sie im Gebirge zur Jagd auf Steinwild und in der Steppe auf Gazellen eingesetzt. Erst im späten 19. Jahrhundert gelangten die ersten Hunde dieser Rasse nach Europa. Englische Soldaten, die aus dem Krieg in Afghanistan zurückkehrten, brachten die Hunde mit.

**Charakter:** Der Afghane zeichnet sich durch seine üppige Fellpracht aus, die viele Hundeliebhaber fasziniert und den Wunsch nach dieser Rasse aufkommen lässt. Dennoch ist auch der Afghane ein „echter" Windhund, der auf Sicht hetzt, sehr temperamentvoll ist und einen enormen Bewegungsdrang besitzt. Der Afghane macht nicht nur äußerlich einen aristokratischen Eindruck, sondern besitzt auch einen ebensolchen Charakter. Er ist nie unterwürfig, sondern stolz und selbstständig, lässt sich aber mit viel Einfühlungsvermögen trotzdem zum Gehorsam erziehen. Er ist sanft und freundlich zu seinen Menschen, Fremden gegenüber eher reserviert. Diese Rasse eignet sich nur für den, der mit dem unabhängigen Charakter eines Windhundes zurechtkommt.

Verwendung: Der Afghane sollte die Möglichkeit erhalten, sich auf der Rennbahn oder beim Coursing richtig ausrennen zu können. Dann ist er ruhig im Haus und ein angenehmer Begleiter. Auf jeden Fall braucht er ausreichend Bewegung zumindest in Form von langen Spaziergängen oder als Begleiter am Fahrrad oder am Pferd. Er sollte nur dort von der Leine gelassen werden, wo Freilauf gefahrlos möglich und nicht mit Wildtieren zu rechnen ist, da er ein Sichtjäger ist und dem Wild hinterherhetzt, solange es in Sicht ist.

Besonderheiten: Wie die anderen drei orientalischen Windhundrassen trägt auch der Afghane Hängeohren. Im Körperbau wirken die Windhunde des Orients weniger athletisch als ihre westlichen, kurzhaarigen Vettern. Sie besitzen dafür aber eine größere Ausdauer.

Das Haarkleid, das in den letzten Jahrzehnten durch die Zucht länger und üppiger geworden ist, bedarf einer regelmäßigen, aufwendigen Pflege. Allerdings gibt es heute auch noch Hunde vom Renntyp, die von der Behaarung eher an einen Saluki erinnern. Sie sind allerdings seltener zu sehen.

## 2 | Aïdi

Molossoide | FCI-Nr. 247

Atlas-Schäferhund, Chien de l'Atlas

Herkunft: Marokko

Größe: Rüden und Hündinnen 52–62 cm.

Farben: Fauve (Falbfarben); Kastanienbraun; Schwarz; jeweils mit oder ohne weiße Flecken bis einfarbig Weiß.

Geschichte: Der Aïdi stammt aus dem Atlas-Gebirge in Marokko, wo er ursprünglich von den Halb-Nomaden als Wach- und Schutzhund gehalten wurde. Er bewachte die Zelte und das Hab und Gut der Menschen und beschützte die Viehherden vor Raubtieren. Er wurde auch zusammen mit dem Sloughi zur Jagd eingesetzt. Er spürte das Wild auf, das daraufhin von dem Sloughi gehetzt und gestellt wurde. Es handelt sich um eine sehr urtümliche Hunderasse, deren Erscheinungsbild recht unterschiedlich sein kann. Der Aïdi ist hervorragend an die Lebensumstände in seiner Heimat angepasst. Das dichte Fell bietet sowohl Schutz vor der Wüstenhitze als auch den eiskalten Nächten im Gebirge.

Bis vor kurzem war dieser Hund außerhalb seiner Heimat kaum anzutreffen. Als unbestechlicher Wächter und Arbeitshund war er nicht unbedingt als Begleithund geeignet. Zusammen mit einem sehr engagierten französischen Klub bemüht sich der marokkanische Verband um den Erhalt dieser Rasse, und gelegentlich sieht man auch einige Tiere auf europäischen Hundeausstellungen. Mittlerweile gibt es auch einige Exemplare in Deutschland, die aber aufgrund des noch wenig einheitlichen Aussehens selten als Aïdi erkannt werden.

Charakter: Als selbstständiger und unabhängiger Hund mit ausgeprägtem Schutztrieb ist diese Rasse sicherlich nicht für Anfänger geeignet. Der Aïdi muss so früh wie möglich gut sozialisiert und mit viel Einfühlungsvermögen erzogen werden. Er ist zurückhaltend gegenüber fremden Personen und kann gegen Artgenossen recht dominant auftreten.

Verwendung: Eine gute Grunderziehung und möglichst eine artgerechte Beschäftigung in Form von Hundesport ist für diese Hunderasse unbedingt zu empfehlen, um dem angeborenen Arbeitsbedürfnis gerecht zu werden. Die Ausbildung erfordert viel Geduld und Einfühlungsvermögen.

# 3 | Airedale Terrier

Hochläufige Terrier | FCI-Nr. 7

Herkunft: Großbritannien
Größe: Rüden 58–61 cm; Hündinnen 56–59 cm.
Farben: Lohfarben mit Schwarz oder Grau auf Sattel, Nacken und Schwanzoberseite.

Geschichte: Der Airedale ist wohl einer der am weitesten verbreiteten Terrier. Früher war er auch als Waterside oder Bingley Terrier bekannt. Seinen heutigen Namen hat er von dem Aire-Tal im nordenglischen Yorkshire erhalten. Seine Vorfahren waren Gebrauchsterrier und Otterhounds, somit wurde er ursprünglich als Jagdhund verwendet. Er galt auch als geschickter Ratten- und Entenfänger. Darüber hinaus war er der Wächter für Haus und Hof. 1879 wurde er erstmalig als eigenständige Rasse auf einer Ausstellung gezeigt. Schon bald wurde man auf seine hervorragenden Schutzhundeigenschaften aufmerksam und setzte ihn im Wach- und Polizeidienst ein. Beim Militär wurde er wegen seiner Unerschrockenheit und seines ausgezeichneten Orientierungssinns als Melde- und Sanitätshund eingesetzt.

Verwendung: Obwohl der Airedale Terrier zu den anerkannten Schutzhundrassen gehört, hat er sich in dieser Hinsicht nie richtig durchsetzen können. Bei uns wird er hauptsächlich als Familien- und Begleithund gehalten. Trotz seiner gelegentlichen Dickköpfigkeit lässt er sich gut erziehen und sollte eine Grundausbildung zum Begleithund erhalten. Darüber hinaus ist er für den Schutzdienst ebenso geeignet wie für viele Hundesportarten. Gelegentlich wird er auch jagdlich geführt, wobei die jagdliche Ausbildung etwas mehr Mühe macht als bei den anerkannten Jagdhunderassen. Er stöbert, steht vor, hetzt, wenn es sein muss, und apportiert Feder- und Haarwild.

Charakter: Der Airedale Terrier braucht viel Auslauf und Bewegung und ist auch beim Joggen oder Radfahren ein guter Begleiter. Im Haus ist er angenehm und ruhig. Er bellt nicht unnötig, sondern nur, um Besucher oder etwas Ungewöhnliches zu melden. Gegenüber Artgenossen verhält er sich meistens gleichgültig, manchmal kann es mit gleichgeschlechtlichen Hunden zu Raufereien kommen.

Besonderheiten: Das drahtige Fell sollte mindestens zweimal im Jahr getrimmt werden. Die Welpen werden dunkel geboren und erhalten erst später ihre endgültige Färbung. Vor dem Rutenkupierverbot wurde die Rute um etwa die Hälfte gekürzt.

# 5 | Akita

Asiatische Spitze und verwandte Rassen | FCI-Nr. 255

Herkunft: Japan
Größe: Rüden 64–70 cm; Hündinnen 58–64 cm.
Farben: Rot; Weiß; Brindel; Sesam; alle Farben außer Weiß müssen „Urajiro" aufweisen (weißliches Haar am Fang, an den Backen, an der Kehle, an der Brust, am Bauch, an der Rutenunterseite und an der Innenseite der Gliedmaßen).

Geschichte: Der Akita gehört zu den ältesten Hunderassen der Welt. Ähnliche Hunde gab es in Japan schon vor mindestens 5000 Jahren. Nachweise für die gezielte Zucht lassen sich bis ins 15. Jahrhundert zurückverfolgen. Der Name stammt von der Präfektur Akita im nördlichen Teil der Insel Honshu, wo die Rasse ihren Ursprung hat. Bis zum Anfang des 20. Jahrhunderts soll der Akita hauptsächlich Gefährte der Samurai gewesen sein. 1931 wurde er zum Nationalbesitz erklärt und damit seine Ausfuhr verboten. Seit 1945 wird diese Bestimmung nicht mehr eingehalten, und viele Hunde dieser Rasse wurden seitdem ausgeführt.

Charakter: Der Akita gilt heute noch in Japan als ein Sinnbild für unerschütterliche Treue. Er wird als Hund mit viel Adel

und Würde bezeichnet. Er ist absolut treu, äußerst anhänglich und seiner Familie gegenüber sehr gehorsam. Er ist ruhig und mutig, besitzt aber einen ausgeprägten Schutztrieb. Er lässt sich von niemandem zu etwas zwingen und verhält sich aggressiv gegenüber Artgenossen (insbesondere die Rüden), die sich ihm nicht sofort unterordnen.

Verwendung: Der Akita ist vielseitig verwendbar als Jagd-, Wach-, Rettungs- oder Lastenziehhund. Eine Ausbildung zum Schutzhund sollte nicht erfolgen. Seine Erziehung ist äußerst schwierig und sollte schon so früh wie möglich begonnen werden. Der Akita ist kein Hund für Anfänger und nur für Menschen geeignet, die seinen eigenen Willen akzeptieren, viel Liebe und Geduld in seine Erziehung investieren und für die seine Sturheit kein Problem darstellt.

Besonderheiten: Während des Fellwechsels verliert der Akita Unmengen an Haaren, dem man nur durch tägliches Bürsten begegnen kann. Der 1999 anerkannte American Akita (S. 10) stammt vom Akita ab.

## 2 | Alano

Molossoide | nicht FCI-anerkannt

Herkunft: Spanien
Größe: Rüden 60–63 cm; Hündinnen 57–60 cm.
Gewicht: Je nach Größe 35–45 kg.
Farben: Gestromt; Falbfarben.

Geschichte: Der Ursprung des Alano ist nicht ganz geklärt. Schon 1350 und später im 15. Jahrhundert wurde diese alte Rasse in Jagdbüchern beschrieben. Der Alano ist der geborene Jagdhund mit unvergleichlichem Mut. Er wurde vor allem für die Wildschweinjagd eingesetzt, bei der er die Beute furchtlos stellte und ohne Rücksicht auf sein eigenes Leben festhielt. Er diente auch über Jahrhunderte zum Hüten und Bewachen der Rinderherden auf den riesigen Weiden von Salamanca und Andalusien. Und nicht zuletzt war er immer ein zuverlässiger Wachhund. Bis 1860 wurde er in Bullenkämpfen eingesetzt.

Der Alano kann als einer der Stammväter vieler ihm heute ähnlichen Rassen angesehen werden wie zum Beispiel Dogo Canario, Ca de Bestiar, Cane Corso, Dogo Argentino, Fila Brasileiro und Bordeaux-Dogge.

Im 20. Jahrhundert vermischte sich der Alano mit anderen Rassen wie Boxer oder Mastiff und stand so kurz vor dem Aussterben. Das letzte Paar wurde 1963 in Madrid ausgestellt. Einige Exemplare blieben jedoch in abgeschiedenen Gebieten erhalten, wo sie zum Bewachen und Hüten von Viehherden verwendet wurden. 1980 begann man wieder mit der gezielten Reinzucht dieser Rasse. Schon bald konnten erste Erfolge verzeichnet werden. Heute gilt der Bestand des Alanos als eigenständige Rasse als gesichert. Sowohl im äußeren Erscheinungsbild als auch im Wesen ist man fast wieder zu einem einheitlichen Typ gelangt.

Charakter: Der Alano besitzt einen ausgeprägten Wach- und Schutztrieb und zögert nicht anzugreifen, wenn es in seinen Augen die Situation erfordert. Seinen Menschen gegenüber ist er loyal und freundlich. Er ist kein Hund für Anfänger und sollte auf alle Fälle eine gründliche Erziehung erhalten.

Besonderheiten: In manchen Bundesländern wird diese Rasse heute zu den gefährlichen Hunden gezählt, deren Haltung mit bestimmten Auflagen verbunden ist. Daher sollte man sich vor Anschaffung dieser Rasse nach den aktuellen Bestimmungen und Vorschriften erkundigen.

## 5 | Alaskan Malamute

Nordische Schlittenhunde | FCI-Nr. 243

Herkunft: USA
Größe: Rüden etwa 63 cm; Hündinnen etwa 58 cm.
Gewicht: Rüden etwa 38 kg; Hündinnen etwa 34 kg.
Farben: Alle Schattierungen von hellem Grau bis Schwarz mit Weiß an Körperunterseite, Läufen, Pfoten und weißen Abzeichen. Abzeichen im Gesicht stets hauben- und/oder maskenartig; einfarbig nur Weiß zugelassen.

Geschichte: Diese Rasse wurde nach den Mahlemiuts, einem im nordwestlichen Alaska angesiedelten Eskimostamm, benannt. Sie waren berühmt für ihre arbeitswilligen Hunde von bemerkenswerter Schönheit und Ausdauer. Der Malamute wurde verwendet, um schwere Lasten durch die unwirtliche arktische Region und über lange Distanzen zu transportieren. Er wurde nicht nur als Schlittenhund, sondern auch als Tragtier in für Schlitten unpassierbarem Gelände eingesetzt.

Charakter: Der Alaskan Malamute ist liebevoll und anhänglich, ein zuverlässiger Kamerad, der aber nicht nur einem Menschen treu ergeben ist. Da er zu jedermann freundlich ist, eignet er sich nicht als Wach- oder Schutzhund.

Verwendung: Der Malamute ist ein Arbeitshund, der unbedingt entweder durch Schlittenhundesport oder eine entsprechende andere sportliche Betätigung körperlich gefordert werden muss. Beim Schlittenrennen auf kurze Distanz kann er nicht mit den kleineren, schnelleren Rassen mithalten, sondern ist eher für Langstrecken, auf denen Ausdauer und Kraft gefordert sind, geeignet. Wie alle Schlittenhunde fühlt sich der Malamute im Rudel richtig wohl. Deshalb muss er bei Einzelhaltung unbedingt engen Kontakt zu seiner Familie haben. Er ist gelehrig und verspielt, und man sollte mit ihm viel in der freien Natur unternehmen. Dabei ist sein natürlicher Jagdtrieb zu berücksichtigen. Gehorcht er nicht zuverlässig, ist die Gefahr groß, dass er bei Freilauf auf eigene Faust einen „Jagdausflug" unternimmt. Bei Unterforderung zeigen die Hunde unerwünschte Verhaltensweisen, die das Zusammenleben zum Problem machen können. Bei artgerechter Haltung und rassegemäßer Beschäftigung ist er ein treuer Kamerad und angenehmer Begleithund.

# 6 | Alpenländische Dachsbracke

Schweißhunde | FCI-Nr. 254

Früherer Name: Alpenländisch-Erzgebirgler-Dachsbracke

Herkunft: Österreich

Größe: Rüden 37–38 cm; Hündinnen 36–37 cm.

Farben: Dunkelhirschrot; Schwarz mit rostrotem Brand („Vieräugl").

**Geschichte:** Die Alpenländische Dachsbracke, die der Vorfahre des Teckel sein soll, ist mit ziemlicher Sicherheit aus den Segurischen Bracken hervorgegangen. Vielleicht wurden aber auch noch hochläufige Bracken mit eingekreuzt. Ein Hinweis darauf ist die Tatsache, dass bei der Alpenländischen Dachsbracke immer mal wieder Welpen fallen, die später eine Widerristhöhe von über 42 cm erreichen und somit recht hochläufig sind. Der Name „Dachsbracke" hat nichts damit zu tun, dass die Hunde für die Jagd auf Dachse eingesetzt wurden. Es weist lediglich auf die geringe Größe hin.

**Verwendung:** Die Rasse ist als Schweißhundrasse anerkannt. Dennoch ist die Alpenländische Dachsbracke jagdlich sehr vielseitig einsetzbar: Sie ist äußerst zuverlässig bei der Nachsuche, wobei sie vorwiegend bei der Wundfährte von Schalenwild eingesetzt wird. Sie ist spur-, hetz- und standlaut, sodass sich der Verlauf der Jagd genau verfolgen lässt. Sie brackiert im Wald und verfügt auch über eine gehörige Portion Wild- und manchmal auch Mannschärfe. Daher sollte dieser Hund auch ausschließlich in Jägerhände gelangen, damit er gemäß seinen Veranlagungen und Fähigkeiten entsprechend eingesetzt wird. Im Gegensatz zu vielen anderen Jagdhunden wird bei der Alpenländischen Dachsbracke in der Prüfung auch auf Verteidigungsbereitschaft und Wachsamkeit geprüft.

**Besonderheiten:** Dieser agile Hund ist freundlich zu Menschen und ein ruhiger, aber wachsamer Hausgenosse. Er besitzt einen starken Knochenbau und eine kräftige Muskulatur. Das Haar ist derb und hart, kurz, aber nicht glatt und besitzt eine gute Unterwolle. Bei uns wird diese Rasse ausschließlich für den jagdlichen Gebrauch gezüchtet. Sie ist nur etwas für Jäger, die den Hund fast täglich mit ins Revier nehmen können und ihn entsprechend seinen Anlagen fordern.

# 1 | Altdeutsche Hütehunde

Schäferhunde | nicht FCI-anerkannt

Herkunft: Deutschland

Größe: Sehr unterschiedlich, in der Regel zwischen 50 und 70 cm.

Farben: Alle Farben und Farbkombinationen.

**Geschichte:** Der Begriff „Altdeutsche Hütehunde" oder auch „Altdeutsche Schafhunde" ist eine Sammelbezeichnung für verschiedene Schläge von Hütehunden, die in Deutschland fast ausschließlich von umherziehenden Schäfern gehalten und gezüchtet werden. Die Hunde werden rein

nach ihrer Verwendbarkeit und Leistungsfähigkeit bei der Hütearbeit selektiert, sodass das äußere Erscheinungsbild sehr unterschiedlich sein kann. Allerdings handelt es sich immer um mittelgroße, wendige Hunde mit einem mehr oder weniger langen Fell, das zuverlässigen Schutz gegen Witterungseinflüsse bietet. Alle diese Rassen zeichnen sich durch große Widerstandsfähigkeit und Vitalität aus. Weitere wichtige Eigenschaften sind Ausdauer, Härte, Hitzeresistenz und Leichtfuttrigkeit.

Charakter: Der Charakter der Altdeutschen Hütehunde entspricht dem eines typischen Arbeitshundes: temperamentvoll, draufgängerisch, selbstbewusst, eigenständig und arbeitswillig. Die Hunde besitzen ein großes Durchsetzungsvermögen, das sie bei der schweren Hütearbeit an den Schafen benötigen, und eine hohe Kooperationsbereitschaft, da sie ja einerseits selbstständig arbeiten, aber andererseits auf die kleinsten Anweisungen der Schäfer reagieren müssen.

Verwendung: Diese Hunde benötigen die Arbeit, um ausgeglichen und rassegemäß gefordert zu werden. Daher sind sie nur bedingt als reine Familien- und Begleithunde geeignet. Sie brauchen dann eine konsequente Erziehung und ausreichend Bewegung. Mühelos legen sie lange Strecken neben dem Fahrrad oder dem Pferd zurück. Reine Spaziergänge reichen ihnen meistens nicht aus. Außerdem sollten sie weiterhin als Ersatz für die Hütearbeit mit anderen Aufgaben betraut werden. Das kann Fährten- oder Rettungshundearbeit sein oder im hundesportlichen Bereich Agility, Obedience oder Turnierhundesport. Wer den enormen Tatendrang dieser Hunde nicht befriedigen kann, wird früher oder später sicherlich Probleme mit ihnen bekommen, wenn sie als reine Familienhunde ohne rassegemäße Beschäftigung gehalten werden.

Besonderheiten: Regional haben sich unterschiedliche Schläge der Altdeutschen Schafhunde entwickelt, die einen mehr oder weniger einheitlichen Typ darstellen und entsprechende Bezeichnungen – die häufig auch einen Hinweis über ihre Herkunft beinhalten – tragen wie zum Beispiel Schafpudel (S. 9 rechts), Pommerscher Pudel, Gelbbacken (S. 9 links), Tiger, Schwarze Schafhunde (oben rechts), Füchse wie zum Beispiel den Harzer Fuchs (oben links) oder Westerwälder Kuhhund (unten rechts). Letzterer nimmt eine Sonderstellung ein, da er wohl die einzige einheimische noch existierende Treibhundrasse ist, die ausschließlich an Rindern eingesetzt wird, wobei er aber auch Hüteeigenschaften besitzt und somit als Mischform zwischen Treib- und Hütehund bezeichnet werden kann. 1989 wurde die Arbeitsgemeinschaft zur Zucht Altdeutscher Hütehunde gegründet, um diese alte Haustierrasse zu erhalten.

## 5 | American Akita

Asiatische Spitze und verwandte Rassen | FCI-Nr. 344

### Amerikanischer Akita

Herkunft: Japan
Größe: Rüden 66–71 cm; Hündinnen 61–66 cm.
Farben: Alle ursprünglichen Farben inklusive gestromt und gescheckt.

Geschichte: Der American Akita ist erst 1999 von der FCI als eigenständig anerkannt worden. Er entwickelte sich aus dem Akita. Der Akita gehört zu den ältesten Hunderassen der Welt. Ähnliche Hunde gab es in Japan schon vor mindestens 5000 Jahren. Nachweise für die gezielte Zucht lassen sich bis ins 15. Jahrhundert zurückverfolgen. Der Name stammt von der Präfektur Akita im nördlichen Teil der Insel Honshu, wo die Rasse ihren Ursprung hat. Bis zum Anfang des 20. Jahrhunderts soll der Akita hauptsächlich Gefährte der Samurai gewesen sein. 1931 wurde er zum

Nationalbesitz erklärt und damit seine Ausfuhr verboten. Seit 1945 wird diese Bestimmung nicht mehr eingehalten und viele Hunde dieser Rasse wurden seitdem ausgeführt.
Ein großer Teil gelangte nach Amerika. Dort wurden die Hunde weitergezüchtet und entwickelten sich weg von den in Japan gezüchteten Akitas. Lange Zeit war dieser Hund unter dem Namen Amerikanischer Akita bekannt, bis er 1999 offiziell die Bezeichnung Great Japanese Dog erhielt. Erst nach seiner Anerkennung wurde er in die Gruppe 5 und dort in der Sektion 5 (Asiatische Spitze und Verwandte) eingeordnet und wird heute wieder offiziell als American Akita bezeichnet. Diese Hunde sind kräftiger und etwas kompakter gebaut als die nur unter dem Namen Akita (FCI-Nr. 255) geführten Hunde. Die meisten Exemplare besitzen auch eine schwarze Maske, was beim Akita unerwünscht ist. Typisch ist das Stockhaar mit weicher Unterwolle.
Charakter: Der American Akita ist ein selbstbewusster, dominanter, keineswegs leichtführiger Hund, der nur etwas für Menschen mit Hundeerfahrung ist. Seine Erziehung ist langwierig und muss mit äußerster Konsequenz erfolgen. Der Mensch muss als souveräner Rudelführer auftreten, damit der Hund seine Stellung in der Rangfolge akzeptiert und nicht versucht zu dominieren. Gut sozialisiert ist er normalerweise freundlich gegenüber Menschen. Artgenossen gegenüber verhalten sich die Hunde – besonders die Rüden – dominant bis aggressiv. Auch ist der Jagdtrieb noch stark ausgeprägt. Daher ist es zu empfehlen, diese Hunde in der Öffentlichkeit an der Leine zu halten, um unliebsame Überraschungen zu vermeiden. Zu Hause sind sie gute Wächter, die Hab und Gut verteidigen würden.

## 2 | American Bulldog

Molossoide | nicht FCI-anerkannt

Geschichte: Der American Bulldog stammt direkt vom English Bulldog ab. Da die englischen Gefängnisse im 17. Jahrhundert voll waren mit zahlungsunfähigen Schuldnern, wurde vielen die Möglichkeit einer Aussiedlung nach Amerika angeboten, nicht zuletzt, um die finanzielle Belastung der englischen Krone zu vermindern. Die Siedler nahmen ihr gesamtes Hab und Gut sowie ihre Hunde mit und züchteten mit ihnen in der neuen Heimat weiter. Der Bulldog wurde damals von ihnen zum Bewachen von Haus und Hof sowie für die Jagd und zum Treiben der Rinder eingesetzt. Welche anderen Hunderassen noch beteiligt waren, bis sich der American Bulldog als einheitlicher Typ entwickelt hat, ist nicht genau bekannt. In ihm fließt wahrscheinlich das Blut von Boxer, Dogo Argentino, Pointer und vielen mehr. Bevor der American Bulldog nach Europa kam, war er uns schon durch alte Fernsehserien bekannt. So war er der Begleiter der „Kleinen Strolche“ und verkörpert auch den Hund Spike in der Zeichentrickserie „Tom und Jerry“.

Herkunft: USA
Größe: Bully/Johnson-Typ – Rüden 59–69 cm; Hündinnen 53–64 cm. Standard-Typ – Rüden 58–71 cm; Hündinnen 49–64 cm.
Gewicht: Bully/Johnson-Typ – Rüden 34–54 kg; Hündinnen 27–41 kg. Standard-Typ – Rüden 34–50 kg; Hündinnen 27–39 kg.
Farben: Weiß; Weiß mit roten oder falbfarbenen Abzeichen; gestromt.

Verwendung: Der American Bulldog ist ein kräftiger, muskulöser Hund mit freundlichem Wesen. Mit etwas Hundeerfahrung ist er gut zu erziehen, sollte aber nicht mit

Härte ausgebildet werden. Für den Schutzdienst ist er nur bedingt zu empfehlen, denn die Ausbildung muss wirklich gründlich und gewissenhaft erfolgen. Wachsamkeit ist ihm angeboren. Daher ist er für die Begleithundausbildung, die Fährtenarbeit sowie alle Arten von Hundesport geeignet. Durch frühe Sozialisation, gründliche Erziehung und einfühlsame Behandlung wird der American Bulldog zu einem angenehmen, zuverlässigen Begleit- und Familienhund.

Charakter: Bei der Entwicklung dieser Rasse wurde weniger auf bestimmte anatomische Merkmale geachtet; viel wichtiger waren Fähigkeiten wie Stärke und Selbstbewusstsein für das Treiben des Viehs, aber auch Schnelligkeit und Beweglichkeit bei der Jagd. Der American Bulldog wurde auch immer auf Verträglichkeit selektiert, sodass er sich sein ausgeglichenes Wesen bis heute erhalten hat. Er wird als führerweich und sensibel beschrieben, wobei eine gewisse Sturheit durchaus dazugehört. Gegenüber Artgenossen gilt er als dominant, ist aber kein Raufer.

Besonderheiten: Die Rasse ist bisher nur vom American Kennel Club anerkannt. Es gibt den Bully/Johnson- und den Standard-Typ, die sich allerdings nur geringfügig in Größe und Erscheinungsbild unterscheiden. Ersterer besitzt einen klaren Vorbiss, der beim Standard-Typ nicht so stark ausgeprägt ist.

Weiße American Bulldogs neigen gelegentlich zu Taubheit und sind für Hauterkrankungen anfälliger als die bräunlich gefärbten.

In manchen Bundesländern wird diese Rasse zu den gefährlichen Hunden gezählt, deren Haltung mit bestimmten Auflagen verbunden ist. Daher sollte man sich vor Anschaffung dieser Rasse nach den aktuellen Bestimmungen und Vorschriften erkundigen.

# 8 | American Cocker Spaniel

Stöberhunde | FCI-Nr. 167

Herkunft: Großbritannien
Größe: USA
Größe: Rüden 36 cm; Hündinnen 38 cm.
Farben: Schwarz; alle Einfarbigen außer Schwarz; mehrfarbig.

Geschichte: Der American Cocker Spaniel ist ein direkter Abkömmling von Englischen Cocker Spaniels, die Ende des 19. Jahrhunderts von Großbritannien nach Amerika gelangten. Seit den 1930er-Jahren wurde er in einem anderen Typ weitergezüchtet. 1943 stellte der American Kennel Club den ersten Standard auf. 1946 hat der englische Kennel Club die Rasse anerkannt. Erst 1993 wurde der gültige Standard festgelegt, 1999 wurde der American Cocker Spaniel schließlich von der FCI anerkannt. Laut Standard wird er als die kleinste Rasse in der Gruppe der Hunde für Jagd- und Fischereiliebhaber bezeichnet. Bezüglich der Farbe wird der American Cocker Spaniel in drei Gruppen eingeteilt, die im Standard genau beschrieben sind: schwarz, einfarbig außer schwarz und mehrfarbig. Zu den schwarzen American Cocker Spaniels zählen auch schwarze Exemplare mit Lohzeichnung. Die nichtschwarzen einfarbigen Hunde besitzen Farben vom hellsten Creme bis zum dunkelsten Rot, wobei auch Braun und Braun mit Loh dazu gehören. Etwas Weiß ist bei den einfarbigen nur an der Brust und/oder am Hals erlaubt. Die mehrfarbigen Cocker haben zwei oder mehr klare, gut voneinander abgegrenzte Farben, wobei eine davon Weiß sein muss. Hier sind dieselben Farben anerkannt wie beim English Cocker Spaniel sowie jede dieser Farbkombinationen mit Loh-Abzeichen.

Charakter: Obwohl der American Cocker Spaniel von Stöberhunden abstammt und ausdauernd und schnell ist, wird er kaum mehr jagdlich eingesetzt. Zuchtziele waren eher eine elegante und attraktive Erscheinung und ein liebenswerter Charakter. Tatsächlich ist der American Cocker

Spaniel ein unkomplizierter, fröhlicher Hund, der temperamentvoll ist, ohne jemals aggressiv zu sein oder Furcht zu zeigen. Er ist ein liebenswerter Familien- und Begleithund. Er ist jederzeit für ein Spiel zu haben, genießt ausgedehnte Spaziergänge, hat aber keinen übermäßigen Bewegungsdrang und muss auch nicht unbedingt jagdlich oder sportlich gefordert werden.

Besonderheiten: Allerdings bedarf das Haarkleid eines gewissen Pflegeaufwands, wenn es dem rassetypischen Erscheinungsbild entsprechen soll. In dem häufig bis auf den Boden reichenden Haarkleid der unteren Körperhälfte bleibt so manches Souvenir vom Spaziergang hängen, welches dann gründlich ausgebürstet werden muss.

Vor Inkrafttreten des Kupierverbotes wurde die Rute dieser Hunde sehr kurz kupiert. Heute wird sie spanieltypisch leicht nach unten gebogen gehalten, verschmilzt dann aber optisch mit dem langen Körperhaar.

# 6 | American Foxhound

Laufhunde | FCI-Nr. 303

Herkunft: USA
Größe: Rüden 56–66 cm; Hündinnen 53–64 cm.
Gewicht: 30–34 kg.
Farben: Alle Farben.

Geschichte: Als die allerersten europäischen Siedler nach Nordamerika gelangten, brachten sie Jagdhunde aus Irland, England und Frankreich mit. Aus diesen entstanden durch zahlreiche Kreuzungen die Vorfahren des American Foxhounds. George Washington importierte 1770 eine Reihe von Jagdhunden aus England. 1785 schickte ihm der Franzose LaFayette französische Foxhounds. Ihnen wurde nachgesagt, ihre Stimmen klängen wie die Glocken von Moskau.

Diese Hunde waren die züchterische Basis für den American Foxhound. 1886 wurde die Rasse erstmalig vom American Kennel Club als eigenständig anerkannt. Heute gibt es eine Reihe unterschiedlicher Linien in den USA, die nicht nur zur Jagd, sondern auch als Ausstellungshunde verwendet werden.

Charakter: Der Foxhound fühlt sich wie alle Meutehunde im Rudel wohl und kann verkümmern, wenn er als Einzelhund gehalten wird. Auf alle Fälle benötigt er täglich ausreichend Auslauf und rassegemäße Beschäftigung. Er ist relativ zurückhaltend, hat also nicht unbedingt ein überschäumendes Temperament und ist auch nicht aggressiv gegenüber Menschen und Tieren. Gegenüber seiner Familie kann er sich aber durchaus als Beschützer fühlen und sie verteidigen.

Verwendung: Der American Foxhound wird zur Fuchsjagd in der Meute eingesetzt. Die Tiere jagen selbstständig, ohne von ihrem Führer angeleitet werden zu müssen. Sie besitzen einen typischen Spurlaut, an dem ihre Besitzer die Tiere individuell unterscheiden können. Die Hunde müssen so gebaut sein, dass sie schnell und ausdauernd ihre Beute in jeglichem Gelände verfolgen können.

Diese Rasse ist nur für Menschen geeignet, die den Tieren ein großes, möglichst abgeschiedenes Territorium bieten können, auf dem sie sich ungezwungen bewegen dürfen, und die sie gemäß ihrer jagdlichen Eigenschaften beschäftigen.

Besonderheiten: In Europa ist diese Hunderasse nicht anzutreffen, da hier die englischen Foxhounds weitergezüchtet wurden.

Die Farbe der Tiere spielt im Standard keine Rolle, nur Körperbau und Charakter sind von Bedeutung.

# 3 | American Staffordshire Terrier

Bullartige Terrier | FCI-Nr. 286

Herkunft: USA
Größe: Rüden 46–48 cm; Hündinnen 43–46 cm.
Farben: Alle Farben; einfarbig, mehrfarbig oder gefleckt.

Geschichte: Wie sein Namensvetter, der Staffordshire Bullterrier, entstand der „Am-Staff", wie er häufig kurz genannt wird, aus Kreuzungen von altenglischen Bulldoggen und verschiedenen Terriern und wurde für Hundekämpfe verwendet. Als solche Kämpfe 1835 in England verboten wurden, traten diese Hunde etwas in den Hintergrund. 1865 gelangten die ersten Exemplare nach Amerika, womit die weitere Entwicklung der Rasse begann. 1936 wurde sie vom American Kennel Club anerkannt, und 1974 erhielt sie den heute gültigen Namen. Im Gegensatz zu ihren englischen Vettern wurden die Am-Staffs auf mehr Schulterhöhe und Gewicht sowie einen massigeren Körper selektiert.
Charakter: Die Neigung, mit anderen Hunden zu kämpfen, hat man mittlerweile aus dieser Rasse wieder herausgezüchtet. Geblieben sind Selbstbewusstsein, Mut und Menschenbezogenheit. Der Am-Staff will unbedingt seinem Menschen gefallen und tut nahezu alles für ihn. Gerade das macht es aber so einfach, die Hunde auch in falsche Bahnen zu lenken. Sie besitzen eine relativ hohe Reizschwelle, sind aber im Falle einer Auseinandersetzung unerbittlich.
Verwendung: Eine Schutzhundausbildung sollte mit diesen Hunden nicht erfolgen. Dagegen ist eine Begleithundausbildung zu empfehlen. Auch für verschiedene Hundesportarten sind sie geeignet.
Der American Staffordshire Terrier sollte wie alle anderen Hunde auch frühzeitig sozialisiert und konsequent erzogen werden. Seiner gelegentlichen Sturheit muss man mit Geduld begegnen. Er eignet sich ebenso gut als Familien- und Begleithund wie viele andere Rassen auch, und es wäre zu wünschen, dass sein Negativ-Image etwas aufgehoben würde.
Besonderheiten: Früher wurden die Ohren dieser Hunde kupiert. Heute sieht man die natürlich gewachsene Form, nämlich das für sie typische Rosenohr.
In den meisten Bundesländern wird diese Rasse zu den gefährlichen Hunden gezählt, deren Haltung mit bestimmten Auflagen verbunden ist. Daher sollte man sich vor Anschaffung dieser Rasse nach den aktuellen Bestimmungen und Vorschriften erkundigen.

# 8 | American Water Spaniel

Wasserhunde | FCI-Nr. 301

Herkunft: USA
Größe: Rüden und Hündinnen 38–46 cm.
Gewicht: Rüden 14–20 kg; Hündinnen 12–18 kg.
Farben: Leberbraun; Braun; Schokoladenbraun. Etwas Weiß an Zehen und Brust ist zulässig.

Geschichte: Wann und wo genau der American Water Spaniel seinen Ursprung fand, ist nicht genau bekannt. Sicher ist, dass er sich im amerikanischen Mittelwesten entwickelt hat. Farbe, Fellbeschaffenheit und Körperbau lassen auf die Verwandtschaft mit Irish Water Spaniel und Curly Coated Retriever schließen. In den 1920er-Jahren begann die Reinzucht dieser Rasse. Bevor der American Water Spaniel 1940 vom American Kennel Club anerkannt wurde, war er ausschließlich als Jagdgebrauchshund verwendet worden. Liebhaber dieser Rasse befürchteten, dass die jagdlichen Eigenschaften bei den Showhunden verloren gehen würden.

Charakter: Dieser Wasserhund besitzt eine große jagdliche Passion, ist mit Eifer bei der Arbeit und sehr wasserbegeistert. Bei der Jagd beobachtet er genau, wo das erlegte Federwild niedergeht und arbeitet dann konzentriert, bis er jedes einzelne Stück seinem Herrn gebracht hat. Egal, um welches Wild es sich handelt, er findet es dank seiner ausgezeichneten Nase prompt und apportiert es mit der erforderlichen Weichmäuligkeit. Er schwimmt ausgezeichnet und benutzt dabei die Rute als Ruder. Kaum ein verwundeter Wasservogel entgeht seiner Aufmerksamkeit. Er kann aber auch das Federwild aufstöbern und aus dem Wasser treiben.

Besonderheiten: Typisch für ihn ist – wie bei allen Wasserhunden – das gewellte bis gelockte Haar mit der dichten Unterwolle, die vor Kälte und Verletzungen beim Arbeiten im Dickicht schützt. Das Fell kann für ein gepflegtes Äußeres getrimmt werden, dies wird aber nicht gefordert und ist auch nicht zwingend notwendig. American Water Spaniel sind wachsame und angenehme Familienhunde. In Europa kommt diese Rasse nur sehr selten vor. In ihrem Heimatland ist sie recht populär. Von seinem irischen Vetter ist dieser Wasserhund leicht an der behaarten Rute zu unterscheiden.

## 2 | Anatolischer Hirtenhund

Molossoide | FCI-Nr. 331

### Coban Köpegi. Drei Schläge: Akbash, Karabash, Kangal

Herkunft: Anatolien

Größe: Rüden 74–81 cm; Hündinnen 71–79 cm.

Gewicht: Rüden 50–65 kg; Hündinnen 40–55 kg.

Farben: Alle Farben erlaubt.

Geschichte: Die Hirtenhunde Anatoliens sind vermutlich aus doggenartigen Jagdhunden aus Mesopotamien hervorgegangen. Ein gelegentliches Einkreuzen von Windhunden über die Jahrhunderte ist nicht auszuschließen. Die Rasse wurde und wird heute immer noch für die ursprüngliche Verwendung in ihrer Heimat eingesetzt. Als unentbehrliche Helfer der Hirten leben die Hunde zwischen den Schafen, ohne sie zu beunruhigen und um sie im Notfall vor Bedrohungen jeglicher Art zu schützen. Die Hirten verlassen sich vollständig auf ihre Hunde, und für diese ist es normal, selbstständig zu entscheiden und zu handeln. Daher sind sie es kaum gewohnt, auf Befehle zu reagieren. Diese Eigenschaft erschwert es, die Hunde mit herkömmlichen Methoden zu erziehen.

Charakter: Ihre Ausbildung erfordert viel Einfühlungsvermögen und eine gewisse Erfahrung im Umgang mit Hirtenhunden. In ihrer Heimat mussten sich die Hunde an ein sehr karges Leben anpassen. Sie sind unempfindlich gegen Kälte und Hitze und anspruchslos, was die Ernährung betrifft. Daher sind sie in der Lage Energie zu sparen, indem sie stundenlang scheinbar

schlafend herumliegen. Nähert sich aber irgendeine potenzielle Gefahr für die ihnen anvertrauten Menschen oder Tiere, sind sie blitzschnell hellwach, vertreiben den Eindringling und greifen auch an, wenn sie es für nötig halten. Durch frühe Prägung lernt der Hund schnell, was zu seinem Rudel und seinem Revier gehört, und bewacht es mit großem Eifer und Mut. Der Beschützerinstinkt entwickelt sich erst im Laufe der ersten beiden Lebensjahre. Der Anatolische Hirtenhund wird nie unterwürfig gegenüber seinen Menschen sein. Erst allmählich nimmt er die Zuneigung an, die ihm entgegengebracht wird.

Besonderheiten: Dieser ursprüngliche Hund mit seinen tief verwurzelten, ureigensten Instinkten ist nichts für Anfänger und muss behutsam an ein Leben in unserer Zivilisation herangeführt werden. In manchen Bundesländern wird diese Rasse zu den gefährlichen Hunden gezählt, deren Haltung mit bestimmten Auflagen verbunden ist. Daher sollte man sich vor Anschaffung dieser Rasse nach den aktuellen Bestimmungen und Vorschriften erkundigen.

## 6 | Anglo-Français de petite vénerie

Laufhunde | FCI-Nr. 325

Herkunft: Frankreich
Größe: Rüden und Hündinnen 41–46 cm.
Gewicht: Rüden und Hündinnen 16–20 kg.
Farben: Schwarz-Weiß; Orange-Weiß; dreifarbig.

Geschichte: Diese Rasse ist die jüngste der französischen Laufhundrassen. Sie entstand in der ersten Hälfte des 20. Jahrhunderts, indem man gezielte Kreuzungen von Poitevin, Porcelaine und Bleu de Gascogne mit dem Harrier vornahm. Die Anerkennung erfolgte 1978.

Verwendung: Der kleine Anglo-Français jagt vorwiegend in der Meute, kann aber auch allein als Jagdbegleiter geführt werden und wird für die Nieder- und Federwildjagd eingesetzt. Hauptsächlich wird er jedoch zur Jagd auf Hase und Fuchs verwendet. Er spürt das Wild auf und verfolgt es ausdauernd und schnell mit sicherem Spurlaut. Er eignet sich für alle Arten von Gelände, ob Flachland oder Gebirge, ob trockene Ebenen oder Feuchtgebiete.

Charakter: Der Anglo-Français besitzt ein freundliches, etwas zurückhaltendes Wesen, ist anhänglich, gehorsam und leichtführig. Er hat eine feine Nase. Dank seiner ausgeprägten Jagdpassion sollte er rassegemäß gefordert werden. Dann ist er ein angenehmer Familienhund. Für ein Leben in der Stadt ist er nicht unbedingt geeignet.

Besonderheiten: Die tief angesetzten Ohren sind gefaltet. Typisch ist der spitz zulaufende Fang, der dem Hund zusammen mit dem schlanken Körper eine gewisse Eleganz verleiht. Bei uns ist diese Rasse weitgehend unbekannt, und selbst in ihrem Heimatland ist sie bisher nur selten anzutreffen.

## 2 | Appenzeller Sennenhund

Schweizer Sennenhunde | FCI-Nr. 46

Herkunft: Schweiz
Größe: Rüden 52–56 cm; Hündinnen 50–54 cm. Eine Abweichung von 2 cm nach oben oder unten ist erlaubt.
Gewicht: Rüden 25–30 kg; Hündinnen 22–27 kg.
Farben: Grundfarbe Schwarz oder Havanabraun mit symmetrischen rostbraunen und weißen Abzeichen.

Geschichte: Aus der Vielfalt der Schweizer Bauernhunde entwickelten sich die Treib- und Hütehunde des Kühers, die

Treiberli oder Tryberli genannt wurden. Sie sollten wachsam, robust, genügsam, wendig und ausdauernd sein. Sie waren am häufigsten in Appenzell und der Ostschweiz verbreitet. Die ersten Bemühungen um eine Reinzucht erfolgten 1895, der erste Verein für Appenzeller Hunde wurde 1906 gegründet. In den 1920er-Jahren gelangte der Appenzeller nach Deutschland, wird hier aber erst regelmäßig seit den 1970er-Jahren gezüchtet. Er ist bei uns noch recht selten anzutreffen.
Charakter: Der Appenzeller ist sehr lebhaft, ausdauernd und lernbegierig. Er ist seinen Menschen treu verbunden, aber allem Fremden gegenüber äußerst misstrauisch. Er besitzt eine angeborene Apportierfreudigkeit. Das Treiben und Hüten liegt ihm im Blut. Seine Bellfreudigkeit und Wachsamkeit machen ihn zu einem aufmerksamen Wächter von Haus und Hof.
Verwendung: Den Appenzeller zeichnet aufgrund seiner ursprünglichen Arbeit an der Herde eine gewisse Selbstständigkeit aus. Daher braucht er eine konsequente Erziehung. Er ist der ideale Hund für sportliche, aktive Menschen. Da man ihn bei uns kaum für seine ursprüngliche Arbeit einsetzen kann, übt man am besten mit ihm einen Hundesport wie Agility, Flyball oder Turnierhundesport aus. Wird er auf diese Weise ausreichend bewegt und beschäftigt, ist er ein angenehmer und zuverlässiger Familienhund.
Besonderheiten: Typisch für diese Rasse sind der dreieckige Kopf und die Ringelrute, die seitlich eingerollt über dem Rücken getragen wird. Unter Kennern dieser Rasse wird sie nur als „Posthörnchen" bezeichnet. Die havannabraune Variante dieser Rasse tritt sehr selten auf, da diese Farbe rezessiv vererbt wird und nur in Erscheinung tritt, wenn beide Elternteile dieses Erbgut weitergeben.

## 6 | Ariégeois

Laufhunde | FCI-Nr. 20

Herkunft: Frankreich
Größe: Rüden 52–58 cm; Hündinnen 50–56 cm.
Farben: Weiß (vorherrschend) mit schwarzen Flecken und lohfarbenen Abzeichen; auch einfarbig Weiß oder Weiß mit kleinen schwarzen Flecken.

Geschichte: Der Ursprung des Ariégeois liegt in der französischen Provinz Ariège im Südwesten Frankreichs. Die Rasse ist ein Produkt aus zahlreichen Kreuzungen von Grand Bleu de Gascogne, Grand Gascon Saintongeois (mit dem bis heute eine große Ähnlichkeit besteht) und verschiedenen Brackenschlägen. 1912 wurde die Rasse als eigenständig anerkannt.
Verwendung: Der Ariégeois ist darauf spezialisiert, Hasen in den trockenen, felsigen Regionen seiner Heimat zu jagen. Er ist zwar wesentlich leichter und zierlicher gebaut als Grand Bleu und Gascon Saintongeois, hat aber trotzdem die Eigenschaften und Qualitäten dieser Rassen geerbt. Die französischen Jäger schätzen seine Ausdauer und Zuverlässigkeit. Er erreicht hohe Geschwindigkeiten und besitzt eine für seine Größe ungewöhnlich tiefe Stimme, die beim spurlauten Jagen unverkennbar ist. Sein Geruchssinn ist außergewöhnlich gut ausgeprägt.
Da sein Ursprung im Südwesten Frankreichs liegt, ist er eher an wärmere Klimate angepasst.

Charakter: Der Ariégeois besitzt ein ausgeglichenes Temperament und ein freundliches Wesen. Weder gegen Menschen noch Artgenossen zeigt er Aggression. Er wird vorwiegend in der Meute eingesetzt und muss daher mit anderen Hunden und deren Führern eng zusammenarbeiten. Manche Exemplare sind etwas zurückhaltender als andere, aber nie scheu. Im Haus ist dieser Hund ruhig, und er gilt als äußerst angenehmer Familienhund, obwohl er natürlich immer ein leidenschaftlicher Jäger bleiben wird.
Besonderheiten: Das kurze, glatte Fell bedarf keiner besonderen Pflege. Die langen Ohren sollten regelmäßig kontrolliert und mit einem feuchten Tuch gereinigt werden. Die Haut sitzt locker am Körper, bildet aber keine Falten. Außerhalb seiner Heimat ist er kaum anzutreffen.

# 1 | Australian Cattle Dog

Treibhunde | FCI-Nr. 287

### Australischer Treibhund

Herkunft: Australien
Größe: Rüden 46–51 cm; Hündinnen 43–48 cm.
Farben: Blau (auch blau gescheckt oder gesprenkelt) mit oder ohne Abzeichen in Schwarz, Blau oder Loh; rot gesprenkelt mit oder ohne dunkelrote Abzeichen am Kopf.

Geschichte: Um 1850 wurden schottische blue merle-farbene Collies, auch als „Heeler" (heel = Ferse) bekannt, nach Australien importiert. Sie konnten gut Vieh hüten (mithilfe des Fersenbisses), waren aber nicht ausdauernd genug und zu bellfreudig. Daher paarte man sie mit Dingos, um hitzeunempfindliche und ruhige Hunde zu erhalten. Später wurden Dalmatiner eingekreuzt, von denen der Cattle Dog angeblich seine Liebe zu Pferden geerbt hat. Bis die Rasse ein einheitliches Erscheinungsbild bekam, wurden auch noch Kelpies mit eingekreuzt. Das Ergebnis war ein kerniger, temperamentvoller Hund, der arbeitseifrig und lernbegierig war und große Herden wilder Rinder im unwirtlichen Outback von Australien kontrollierte.

Charakter: Bei der Arbeit ist der Cattle Dog konzentriert und ausdauernd. Er hat ein freundliches Wesen, ist Fremden gegenüber aber häufig zurückhaltend und zu Hause ein aufmerksamer Wachhund. Der Fersenbiss ist ihm angeboren und kann unter Umständen zu Problemen führen, wenn er versucht die Familie, die anderen Haustiere oder sogar Autos, Staubsauger oder Rasenmäher zusammenzutreiben. Diesen Trieb muss man rechtzeitig umleiten, zum Beispiel indem der Hund die Aufgabe erhält, bestimmte Spielzeuge aufzufangen oder einzusammeln. Auch der Jagdtrieb gegenüber kleinen Tieren ist stark ausgeprägt.

Verwendung: Der Cattle Dog schließt sich eng an seine Menschen an. Er will gefallen und lässt sich gut ausbilden. Hat er eine Grunderziehung erhalten, sollte man mit ihm einen Hundesport wie Agility, Flyball oder Turnierhundesport betreiben. Auch für Obedience ist diese lerneifrige Rasse geeignet. Richtig gefordert ist der Hund ausgeglichen, und sein instinktgesteuertes Verhalten kann so in die richtige Bahn gelenkt werden. In letzter Zeit nimmt die Popularität des Australian Cattle Dogs allmählich zu, obwohl er bei uns immer noch zu den seltenen Rassen zählt. Manche Freizeitreiter schätzen ihn mittlerweile auch als Reitbegleithund.

# 1 | Australian Kelpie

Schäferhunde | FCI-Nr. 293

Herkunft: Australien
Größe: Rüden 46–51 cm; Hündinnen 43–48 cm.
Farben: Schwarz; Schwarz mit Loh; Rot; Rot mit Loh; Fawn; Chocolate; Smoke Blue.

Geschichte: Die Vorfahren des Australian Kelpie waren „glatthaarige, stehohrige Collies" (wie es in den damaligen Beschreibungen heißt) in der Farbe Black and Tan, die in den 1860er-Jahren von Schottland nach Australien importiert wurden. Im Jahre 1872 gewann eine Hündin dieser Rasse mit dem Rufnamen „Kelpie" den ersten sheepdog trail. Nach dieser Hündin, die als Stammmutter der Kelpies anzusehen ist, wurde dann die Rasse benannt. Kelpie ist ein gälisches Wort und bedeutet „Wassergeist". Die erste rein schwarze Hündin dieser Rasse hieß „Barb", sodass auch heute noch die schwarzen Kelpies als „Barbs" bezeichnet werden.

Charakter: Kelpies sind ausdauernde Arbeitstiere. Sie können bei extrem hohen Temperaturen (bis 40 °C) zwölf Stunden täglich arbeiten. Bei der Hütearbeit nähern sie sich den Schafen normalerweise ruhig, bellen aber auf Kommando oder wenn es für die Hütearbeit erforderlich ist. Sie gehören auch zu den wenigen Rassen, die – falls es die Situation erfordert – über die Rücken der zusammengedrängten Schafe laufen. Sie lassen sich ebenso auf das Hüten anderer Tiere trainieren. Kelpies sind in der Lage, vorausschauend zu handeln, und finden so selbst heraus, was von ihnen erwartet wird und welche Arbeit sie erledigen müssen.

Verwendung: Kelpies sind sehr aktive, aufmerksame Hunde, die eine schnelle Auffassungsgabe und einen ausgeprägten „will to please" besitzen. Sie sind sehr freiheitsliebend, da sie es gewohnt sind, selbstständig im offenen Gelände zu arbeiten; daher brauchen sie viel Auslauf und hassen es, eingesperrt zu sein. Der Kontakt zu ihrem Familienrudel ist für sie sehr wichtig. Kelpies sind leicht zu trainieren, dürfen aber nicht zu hart angefasst werden, da sie dann die Mitarbeit verweigern. Kelpies dürfen weder scheu noch ängstlich sein. Sie sind voller Energie, treu und ständig bestrebt dazuzulernen. Aufmerksam verfolgen sie jede Bewegung ihres Hundeführers, um dann für ihn wieder die nächste Aufgabe zu erledigen. Daher eignen sie sich hervorragend für Sportarten wie Agility oder Obedience.

Besonderheiten: Bei den Kelpies unterscheidet man heute die Arbeitslinien, die sogenannten „Working Kelpies", von der Schönheitslinien. Bei uns werden bisher nur Tiere aus den Schönheitslinien offiziell anerkannt.

## 1 | Australian Shepherd

Schäferhunde | FCI-Nr. 342

Herkunft: USA
Größe: Rüden 51–58 cm; Hündinnen 46–53 cm.
Farben: Blue Merle; Schwarz; Red Merle; Rot; alle mit oder ohne weiße Markierungen und/oder kupferfarbene Brand-Abzeichen.

Geschichte: Diese Hunderasse hat ihren Namen nicht von ihrem Herkunftsland erhalten, sondern weil die Tiere zum Hüten von Merinoschafen verwendet wurden, die von Europa nach Australien und später, etwa in der Zeit um 1800, nach Amerika gelangten und dort als „Australian sheep" bezeichnet wurden. Nach dem Zweiten Weltkrieg nahm die Beliebtheit dieser Hunde enorm zu. Aufgrund ihrer Eigenschaften und Fähigkeiten wurden sie vielseitig einsetzbare nützliche Helfer auf Ranches und Farmen. Besondere Beliebtheit erfreuen sie sich bei den Westernreitern, sowohl in ihrem Heimatland als auch bei uns. Seit 1996 besitzt der Australian Shepherd die FCI-Anerkennung.

Charakter: Der „Aussie", wie diese Rasse von Liebhabern gern genannt wird, ist ein mittelgroßer Hütehund, der sich durch eine schnelle Auffassungsgabe und die Fähigkeit zur selbstständigen Arbeit auszeichnet. Der Hüteinstinkt ist den Tieren angeboren und sollte durch gezielte Erziehung und Training in die gewünschten Bahnen gelenkt werden. Bei der

Hütearbeit zeigt der Australian Shepherd die typische geduckte Haltung und das sogenannte „Auge“ (das Anstarren der zu hütenden Tiere), wie man es auch vom Border Collie kennt. Durch Schnappen in Fesseln oder Flanken wird die Laufrichtung beeinflusst.
Verwendung: Der Australian Shepherd ist Fremden gegenüber eher zurückhaltend, wogegen die Bindung zu seinen Menschen nicht eng genug sein kann. Er ist kein Hund für bequeme Menschen. Wenn er nicht die Möglichkeit hat, seinem ursprünglichen Instinkt bei der Hütearbeit nachzukommen, sollte er zumindest durch eine Hundesportart wie Agility, Flyball oder Turnierhundesport sinnvoll beschäftigt werden.
Auch als Rettungs-, Behindertenbegleit- oder Therapiehund hat sich der Australian Shepherd bewährt. Ebenso ist er ein beliebter Reitbegleithund geworden. Wird er nicht nur körperlich, sondern auch geistig ausreichend gefordert, ist er ein ausgeglichener, ruhiger und angenehmer Familienhund.
Besonderheiten: Früher wurde die Rute vieler Australian Shepherds kupiert. Aber auch heute treten immer noch gelegentlich kurzschwänzige Exemplare auf, da die Tiere teilweise mit Stummelrute geboren werden. Sie darf dann laut Standard nicht länger als 10 cm sein. Typisch für Hunde mit der beliebten Farbe Blue Merle ist, dass sie mit zunehmendem Alter dunkler werden.

## 3 | Australian Silky Terrier

Zwerg-Terrier | FCI-Nr. 236

Herkunft: : Australien
Größe: Rüden und Hündinnen 22,5–23,5 cm.
Gewicht: Rüden und Hündinnen 4–5 kg.
Farben: Blau-Loh; Graublau mit Loh.

Geschichte: Dieser Terrier ist aus dem Australian Terrier hervorgegangen, dessen Entstehungsgeschichte bis ins 19. Jahrhundert zurückgeht. Er wurde als Rattenjäger sowie als Wächter geschätzt. Eine stahlblaue Australian-Terrier-Hündin wurde mit einem Dandie Dinmont Terrier gepaart. Die Nachkommen bekamen das beim Australian Silky so geschätzte seidige Fell. Auch beim Australian Terrier wurden gelegentlich Welpen mit seidigem Fell geboren, was aber nicht gewünscht war. Sie bildeten zusammen mit den Dandie-Dinmont-Mischlingen den Grundstock für die Reinzucht des Australian Silky Terriers. Vermutlich wurden später auch noch Yorkshire und Skye Terrier mit eingekreuzt. Der Standard wurde erst 1959 anerkannt.
Charakter: Der „Silky“ ist ein kleiner, kompakter Hund mit dem typischen wachsamen und lebhaften Wesen eines Terriers. Das gescheitelte Haar ist glatt und seidig. Trotz dieser feinen Erscheinung sollte die Rasse genügend Mut haben, um Ratten und Mäuse fangen und töten zu können.
Verwendung: Bei uns wird dieser Terrier nur noch als Familien- und Begleithund gehalten. Wegen seiner geringen Körpergröße braucht er nicht so viel Auslauf und fühlt sich auch in einer Stadtwohnung wohl. Trotzdem ist er lebhaft und benötigt eine konsequente Erziehung, damit er sich nicht zum kleinen Tyrannen entwickelt. Der Australian Silky Terrier ist der richtige Begleiter für alle, die einen kleinen, schneidigen Hund möchten, mit dem lebhaften Terrier-Wesen zurechtkommen und ihren kleinen Gefährten auch mal zurechtweisen können.
Besonderheiten: Fremde werden mit heftigem Gebell angekündigt. Das seidige Fell muss regelmäßig gekämmt werden, damit es gepflegt aussieht.
Diese Rasse besitzt relativ wenig Unterwolle, sodass sie gegen Kälte und Nässe nicht so gut geschützt ist.
Vor Inkrafttreten des Kupierverbotes wurde die Rute dieser Hunde kupiert.

# 1 | Australian Stumpy Tail Cattle Dog

Treibhunde | FCI-Nr. 351

Herkunft: Australien
Größe: Rüden 46–51 cm; Hündinnen 43–48 cm.
Farben: Blau, einfarbig oder blau getüpfelt; Rot gefleckt mit oder ohne dunklere rote Abzeichen am Kopf.

**Geschichte:** Auf den ersten Blick ist der Stumpy Tail Cattle Dog leicht mit dem Australien Cattle Dog zu verwechseln. Dies ist auch nicht verwunderlich, da beide Rassen auf einen gemeinsamen Ursprung zurückblicken können. Das wichtigste Unterscheidungsmerkmal ist die angeborene kurze Rute des Stumpy Tail, wie er auch kurz genannt wird. Sie darf nicht länger als 10 cm sein. Wie es zu dieser Rasse kam, darüber gibt es zwei Theorien. Eine besagt, dass um 1830 nordenglische Hütehunde, genannt Smithfields, mit den australischen Dingos gekreuzt wurden, wodurch der erste australische Treibhund mit dem Namen „Hall's Heeler" entstand. Die zweite Theorie besagt, dass in New South Wales auch um 1830 eine Smithfield-Hündin mit einem Dingo verpaart wurde, wodurch rote Hunde mit angeborener Stummelrute entstanden. Da diese Hunde aber zu hart im Umgang mit dem Vieh waren, wurden glatthaarige blue-merle Collies eingezüchtet, wodurch schließlich der heutige Stumpy Tail Cattle Dog entstand. Die Stummelrute soll von den Smithfields stammen. Die rote Farbe und die Fähigkeit, mit den extremen Bedingungen im australischen Outback fertig zu werden, sind dagegen Erbgut des Dingos. Die blaue Farbe stammt natürlich von den blue-merle Collies.
Erst 1960 wurde die Unterscheidung von „Australian Cattle Dog" und „Australian Stumpy Tail Cattle Dog" eingeführt. Im Jahr 1980 war der Stumpy Tail allerdings fast ausgestorben und wurde auf die Liste der seltenen Rassen gesetzt. Durch ein späteres, sehr aufwendiges Projekt konnte aber die Rasse vor dem Aussterben gerettet werden.
Die Treibhunde mit Stummelrute wurden vor allem in den ländlichen Gegenden Australiens gezüchtet, und nur wenige von ihnen wurden im Zuchtbuch erfasst. Erst im Jahr 2001 erhielt die Rasse den heute gültigen Namen. Von der FCI wurde sie 2005 vorläufig angenommen.

**Charakter:** Der Stumpy Tail Cattle Dog besitzt eine natürliche Veranlagung zum Hüten und Treiben des Viehs. Er ist sehr treu, mutig und seinen Menschen gegenüber anhänglich, aber auch aufmerksam und wachsam. Fremden begegnet er dagegen eher misstrauisch. Der Stumpy Tail ist ein arbeitsfreudiger Gebrauchshund, der seiner Rasse entsprechend eingesetzt und gefordert werden sollte. Er ist hartgesotten und robust, um lange, anstrengende Arbeitstage auch unter unwirtlichen Bedingungen überstehen zu können.
Der auf dem Foto abgebildete Hund ist der erste offiziell registrierte Vertreter dieser Rasse in Deutschland. Er ist ein sehr guter und vielseitig einsetzbarer Sporthund. Da bei uns sonst kaum Stumpy Tail Cattle Dogs zu finden sind, lässt sich natürlich aufgrund der mangelnden Erfahrung schwer sagen, ob er grundsätzlich als reiner Familien- und Begleithund geeignet ist. Wird er aber regelmäßig rassegemäß gefordert und ist so geistig und körperlich ausgelastet, ist er sicherlich ein problemloser Begleiter für sportliche Menschen und – wie sein Vetter mit langer Rute – auch Reiter.

# 3 | Australian Terrier

Niederläufige Terrier | FCI-Nr. 8

Herkunft: Australien
Größe: Rüden und Hündinnen 25–28 cm.
Gewicht: Rüden und Hündinnen um 6,5 kg.
Farben: Blau, Stahlblau oder dunkles Graublau mit lohfarbenen Abzeichen; Rot oder hell Sandfarben mit hellerem Schopf.

Geschichte: Welche verschiedenen Terrier-Rassen alle zu der Entstehung des Australian Terriers beigetragen haben, ist nicht genau geklärt. Vermutlich wurde der Grundstein für diese Rasse um 1880 gelegt, als eine Yorkshire Terrier-Hündin mit einem Rüden verpaart wurde, der einem Cairn Terrier ähnlich war. Bis heute hat sich die Rasse eine gewisse Ähnlichkeit mit dem Yorkshire Terrier bewahrt. 1899 wurden erstmalig Australian Terrier ausgestellt. Sie waren die typischen Einwanderer-Hunde, die von Engländern nach Australien gebracht wurden, um dort Haus und Hof zu bewachen und Schädlinge zu jagen. Sie fingen Ratten, Mäuse, Kaninchen, kleine Raubtiere und machten auch vor Schlangen nicht halt. Ihren Mut und ihr Temperament haben sie sich bis heute bewahrt. Sie hüteten in Gruppen auch Schafherden, wobei sie geschickt über deren Rücken liefen. Sogar zur Rinderarbeit wurden sie eingesetzt.

Charakter: Der Australian Terrier ist temperamentvoll, lebhaft und zäh. Er kann für seine geringe Größe sehr schnell laufen und beachtlich hoch springen. Trotz seiner Kleinheit nimmt er es gern mit Artgenossen, Katzen oder anderen Tieren auf. Daher muss er einen gewissen Grundgehorsam lernen, wobei von seinem Besitzer auch eine gehörige Portion Konsequenz gefordert wird. Wegen seiner angeborenen Wachsamkeit werden Fremde mit heftigem Gebell angekündigt. Ansonsten ist er im Haus ruhig und angenehm. Gut erzogen gibt er einen munteren, zuverlässigen Begleiter ab, der mit normalen Spaziergängen zufrieden ist und sich auch in einer Stadtwohnung wohlfühlt. Der Hütetrieb ist stärker als der Jagdtrieb ausgeprägt, daher bleiben die Hunde immer in der Nähe ihrer Menschen.

Besonderheiten: Die Hunde sollten drei- bis viermal im Jahr getrimmt werden, das heißt, das harte Deckhaar wird gezupft. Darüber hinaus ist wöchentliches Bürsten erforderlich. Das Haar darf nicht zu weich sein, daher sollte Baden möglichst vermieden werden.

Vor Inkrafttreten des Kupierverbotes wurde die Rute dieser Hunde kupiert. Aus dieser Rasse wurde der etwas zierlichere Australian Silky Terrier mit dem seidigen Fell herausgezüchtet.

# 10 | Azawakh

Kurzhaarige Windhunde | FCI-Nr. 307

Herkunft: Mali (Frankreich)
Größe: Rüden 64–74 cm; Hündinnen 60–70 cm.
Gewicht: Rüden etwa 20–25 kg; Hündinnen etwa 15–20 kg.
Farben: Fauve; alle Nuancen vom hellen Sandfarben bis dunklen Fauve sind zulässig; weißer Brustfleck und weiße Schwanzspitze; an den Pfoten muss Weiß vorhanden sein.

Geschichte: Der Azawakh zählt zu den orientalischen Windhunden. Diese Rasse stammt aus dem Azawakh-Tal, das sich über fast 1000 km an der Grenze zwischen Mali und Niger erstreckt. Seit Jahrtausenden lebt diese Rasse dort in freiwilliger Abhängigkeit von den Menschen und war ursprünglich nur den noblen Tuareg vorbehalten. Erst in den 1970er-Jahren entdeckten die Europäer diese Rasse. Früher war der Azawakh Jagdbegleiter der nomadisch lebenden Tuareg. Heute ist dieser Volksstamm sesshaft geworden. Die Hunde sind aber als Wächter und Begleiter geblieben, denn aufgrund der fortschreitenden Austrocknung des Landes gibt es kein jagdbares Wild mehr.

Charakter: Typisch für den Azawakh ist seine Skepsis, ja sogar Scheu vor allem Unbekannten. Er entwickelt eine starke

Bindung an seine Menschen, hält sich aber von Fremden fern und lässt sich von ihnen nicht gern anfassen. In den klassischen Windhundsportarten hat sich diese Rasse jedoch bisher gut bewährt. Trotzdem ist der Azawakh auf keinen Fall ein Hund für Anfänger. Seine Erziehung erfordert Erfahrung und gütige Konsequenz. Eine Ausbildung auf dem Hundeplatz oder ständig wiederholende Übungen sind nichts für ihn. Er fühlt sich in vertrauter Umgebung mit seinen geliebten Menschen am wohlsten und sollte nicht unnötig Veränderungen ausgesetzt werden. Wer mit dem einnehmenden, manchmal dominierenden Wesen dieses Hundes zurechtkommt und auf ihn eingeht, findet in ihm aber sicherlich einen zuverlässigen Begleiter.

**Besonderheiten:** Diese Hunde sind an das Leben am Rande der Wüste angepasst. Sie sind extrem schlank und unermüdliche Langstreckenläufer. Die Zwischenzehenhäute verhindern ein Einsinken im Sand. Die Rasse befindet sich auf einer niedrigen Domestikationsstufe und besitzt noch viele ursprüngliche Wolfseigenschaften. Die Hunde sind selbstständig und unabhängig vom Menschen. Die Hündinnen werden meist nur einmal im Jahr läufig, auch ein Merkmal urtümlicher Hunderassen.

# 8 | Barbet

Wasserhunde | FCI-Nr. 105

### Französischer Wasserhund

Herkunft: Frankreich

Größe: Rüden 58–65 cm; Hündinnen 53–61 cm; mit einer Toleranz von +/- 1 cm.

Farben: Schwarz; Braun; Creme; Weiß; untereinander gemischt.

**Geschichte:** Die Herkunft des Barbets ist nicht genau geklärt. Fest steht, dass es sich um eine sehr alte Rasse handelt, die mindestens schon im 17. Jahrhundert existierte. Eine Theorie besagt, der Barbet sei mit den maurischen Eroberern nach Spanien gekommen und habe sich dort schnell verbreitet. Nach einer anderen Theorie haben die portugiesischen Seefahrer den Barbet aus einem nordischen Land, vielleicht Russland, mitgebracht. Auf alle Fälle ist der Barbet der Vorfahre vieler heute noch existierender Jagdhundrassen. Sein Blut fließt in den Adern des Deutschen Drahthaarigen Vorstehhundes, des Pudelpointers, des Korthals-Griffons und des Irish Water Spaniels. Anfang des 19. Jahrhunderts war der Barbet überall in Europa verbreitet, wo die Wasserjagd ausgeübt wurde.

**Verwendung:** Der Barbet hat eine große jagdliche Passion, besonders für die Was-

serarbeit. Das wellige Haarkleid mit der dichten Unterwolle schützt ihn zuverlässig vor Kälte und Nässe. Der Barbet stöbert im Schilf und apportiert zuverlässig aus dem Schilf oder dem Wasser auch unter schwierigsten Bedingungen.
Er besitzt hervorragende jagdliche Eigenschaften. Typisch ist auch seine ständige Lernbereitschaft. Dennoch ließ das Interesse an dieser Rasse gegen Ende des 19. Jahrhunderts nach. Erst in den 1970er-Jahren erlebte sie wieder einen Aufschwung. Trotzdem ist sie sehr selten bei uns anzutreffen. Um 1980 kam der erste Barbet nach Deutschland. Insgesamt fielen hier nur fünf Würfe dieser Rasse. Erst seit 1994 geht es dank einiger engagierter Züchter mit der Zucht wieder aufwärts.
Früher war der Barbet der Gruppe der Vorstehhunde zugeordnet. Der Barbet ist nicht nur ein guter Jagdhund, sondern auch ein angenehmer, gelehriger Familienhund. Allerdings erfordert die Fellpflege einen gewissen Aufwand. Da das Fell zum Verfilzen neigt, wird empfohlen, den Hund einmal jährlich zu scheren.

## 10 | Barsoi

Langhaarige oder befederte Windhunde | FCI-Nr. 193

Russischer Jagdwindhund, Russkaya Psovaya, Borzaya

Herkunft: Russland
Größe: Rüden 75–85 cm und mehr; Hündinnen 68–78 cm.
Farben: Kombination aller Farben, jedoch niemals mit Blau, Braun (Schokoladenfarben) sowie jede Abstufung dieser Farben. Alle Farben dürfen einfarbig oder gescheckt vorkommen.

Geschichte: Der Barsoi ist im Gegensatz zu den meisten anderen Windhunden eine relativ junge Rasse. Das Zuchtziel der Russen war ein großer, starker, schneller und scharfer Hund, der für die Wolfsjagd geeignet war. In fast allen Adelshäusern im feudalistischen Russland lebten Barsois. Im 14. und 15. Jahrhundert waren Hetzjagden mit Barsois sehr populär. Die Hunde hatten einen hohen Wert und wurden als wertvolle Geschenke geschätzt. 1861, nach Aufhebung der Leibeigenschaft, ging es den Gutsbesitzern schlecht, was zu einem Verfall der Barsoizucht führte. Erst in der ersten Hälfte des 20. Jahrhunderts erhielt sie – besonders in Deutschland – wieder einen Aufschwung. Bis heute haben sich diese stolzen, edlen Hunde einen festen Liebhaberkreis erhalten.
Charakter: Der Barsoi ist ein ursprünglicher Hund, der noch eine gehörige Portion Jagdtrieb besitzt. Er ist eigenständig und seinen Menschen nie kriecherisch ergeben. Mit Einfühlungsvermögen lässt er sich aber zu einem treuen, angenehmen Hausgenossen erziehen und erwidert Zuneigung durch außergewöhnliche Anhänglichkeit; daher ist er jederzeit bereit, Haus, Hof und vor allem seine Familie zu verteidigen. Lernwilligkeit und Gehorsam scheinen bei dieser Rasse stärker ausgeprägt zu sein als bei anderen Windhunden. Der Barsoi braucht viel Auslauf, am besten auf einem großen Grundstück und als Begleiter am Fahrrad sowie beim Rennsport bzw. beim Coursing.
Besonderheiten: Das seidige gewellte oder kurz gelockte Haar muss regelmäßig gebürstet werden, damit der Hund nicht ungepflegt aussieht. Kleine Löckchen oder Kraushaar sind unerwünscht. Bei der Auswahl sollte man darauf achten, dass die Tiere nicht zu groß sind (es gibt Exemplare bis 88 cm Schulterhöhe), da die Höhe meistens auf Kosten der Leistungsfähigkeit und Gesundheit geht. Fast alle Farben sind bei diesen Hunden zugelassen, wobei die Federn, die „Hosen" und die Fahne der Rute deutlich heller als die Grundfarbe sind. Eine schwarze Maske ist typisch bei den schwarz-gewolkten Farben.

# 5 | Basenji

Urtyp-Hunde | FCI-Nr. 43

Herkunft: Zentralafrika
Größe: Rüden 43 cm, ideal 43,2 cm; Hündinnen 41 cm, ideal 40,6 cm.
Gewicht: Rüden 11 kg; Hündinnen 9,5 kg.
Farben: Rot-Weiß; Schwarz-Weiß-Rot; Schwarz-Weiß.

**Geschichte:** Die ersten Abbildungen von Hunden, die dem Basenji gleichen, fand man in Gräbern der Cheops-Pyramide, die um 2700 v. Chr. erbaut wurde. Die mittelgroßen Hunde wurden hauptsächlich von den Pygmäen als Jagdhunde gehalten. Sie nannten die Hunde „das kleine Buschwesen", was sich in ihrer Sprache wie „Basenschi" anhört. Auch heute noch jagen die Pygmäen mit Basenjis, die ihnen das Wild in zuvor aufgespannte Netze treiben. 1895 wurden die ersten Basenjis auf einer Ausstellung in England gezeigt. Aber erst 1937 gelang es nach vielen Versuchen, in Europa eine Zucht aufzubauen.
**Charakter:** Der Basenji zählt zu den sogenannten Schensihunden, das sind Hunde vom ursprünglichen Typ, die noch am Anfang der Domestikation stehen. Wer sich solch einen Hund anschaffen möchte, sollte diese Eigenart unbedingt berücksichtigen. Die Tiere sind es gewohnt, selbstständig zu handeln. Bei der Jagd setzen sie Ohren und Augen gleichermaßen ein. Sie lassen sich nicht abrichten und werden durch sich ständig wiederholende Übungen gelangweilt. Sie sind nicht unterwürfig und besitzen ihre eigene Persönlichkeit. Werden die Hunde falsch behandelt, werden sie störrisch oder völlig ungehorsam. Ein Basenji-Besitzer muss seinen Hund so akzeptieren, wie er ist, darf ihn auf keinen Fall grob behandeln und keinen absoluten Gehorsam von ihm erwarten. Der Basenji ist schnell und wendig und kann bemerkenswert gut springen. Typische Kennzeichen sind die großen Stehohren und die über dem Rücken eingeringelt getragene Rute.
**Besonderheiten:** Im Haus sind diese Hunde sehr angenehm zu halten. Sie bellen nicht, geben aber bei großer Freude eine Art Jodellaut von sich. Die Tiere sind sehr reinlich und putzen ihr Fell gründlich wie eine Katze. Auch fehlt ihnen der typische Hundegeruch. Die Hündinnen werden nur einmal im Jahr läufig, eine typische Eigenschaft der urtümlichen Rassen.

# 6 | Basset artésien normand

Laufhunde | FCI-Nr. 34

**Geschichte:** Der Basset artésien normand ist das kurzläufige Ebenbild des ausgestorbenen Artésien-Normand, der eine Schulterhöhe von 58 cm hatte. Allerdings war er nicht der direkte Vorfahre dieses Niederlaufhundes. Der Basset aus „Artois und Normandie" (wodurch sein Name zustande kam) entstand Ende des 19. Jahrhunderts durch Kreuzungen eines schweren normannischen Bassets mit einem leichteren Artois-Typ. Die ursprüngliche Verwendung dieser Rasse war die Jagd auf Kaninchen, Hase und Reh.
**Verwendung:** Dieser Basset jagt spurlaut sowohl in der Gruppe als auch allein. Aufgrund der kurzen Läufe kann er auch in das dichteste Dickicht eindringen und das Wild heraustreiben. Er ist zwar nicht sehr schnell, sucht aber sicher und systematisch. Trotz seiner Niederläufigkeit ist dieser Basset ein gut proportionierter Hund mit kräftiger Bemuskelung.

### Basset artois

Herkunft: Frankreich
Größe: Rüden und Hündinnen 30–36 cm.
Gewicht: Rüden und Hündinnen 14–17 kg.
Farben: Dreifarbig (Schwarz/Braun/Weiß); zweifarbig (Weiß/Orange).

**Charakter:** Der Basset artésien normand besitzt ein fröhliches Wesen, ist lebhaft und anpassungsfähig und sowohl in der

Familie als auch draußen bei der jagdlichen Arbeit ein zuverlässiger Begleiter. Er ist gutmütig, aber nicht ohne Stolz und neigt nicht unbedingt zu perfektem Gehorsam. Dennoch besitzt er ein freundliches Naturell, das ihn auch als angenehmen Familienhund auszeichnet. Erhält er genügend Auslauf und Beschäftigung, ist er auch durchaus in der Stadt gut zu halten.

Besonderheiten: Die langen, geschmeidigen Behänge werden korkenzieherartig gedreht getragen. Das kurze Haarkleid fühlt sich samtig an und ist entsprechend pflegeleicht. Wie bei allen Rassen mit extrem langen Behängen sollten die Ohren alle paar Tage mit einem feuchten Tuch zur Vorbeugung von Ohrerkrankungen gereinigt werden. Ansonsten bedarf dieser Hund dank seines kurzen Haarkleids keiner besonderen Pflege.

## 6 | Basset bleu de Gascogne

Laufhunde | FCI-Nr. 35

Herkunft: Frankreich
Größe: Rüden und Hündinnen 34–38 cm.
Gewicht: Rüden und Hündinnen 15–18 kg.
Farben: Blau (ein Gemisch aus weißen und schwarzen Haaren) mit schwarzen Platten und lohfarbenen Abzeichen.

Geschichte: In der Gruppe der Bleu de Gascogne ist der Basset bleu, wie er kurz genannt wird, der häufigste Vertreter. 1893 wurde diese Rasse erstmalig erwähnt. In einem Wurf von Petit Gascon Saintongeois kamen auch kurzläufige Exemplare vor. Ob dies von einer spontanen Mutation herrührte oder – was eher wahrscheinlich ist – von einem heimlichen Rendezvous mit einem anderen Basset wird wohl immer ein Geheimnis bleiben. Im Jahre 1911 war diese Rasse schon wieder erloschen. 1968 begann man in Frankreich, den Basset bleu wieder neu zu züchten. Als nur ganz allmählich die ersten Erfolge ersichtlich wurden, hatte man voller Ungeduld einen Petit Bleu de Gascogne mit eingekreuzt. Die Folge waren Basset bleu, die etwas zu hochbeinig geraten waren. Heute gilt die Rasse aber als durchgezüchtet mit einheitlichem Erscheinungsbild.

**Verwendung:** Mit seinem feinen Geruchssinn und seiner kräftigen Stimme ist der Basset bleu zuverlässig auf der Fährte, aber nicht so schnell wie seine hochbeinigen Verwandten. Der Basset bleu ist flink und energisch und in seiner Art zu jagen sehr gründlich. Er besitzt eine heulende Stimme. Er ordnet sich perfekt in die Meute ein und hat regelmäßig das Bedürfnis, sich richtig auszutoben. Er ist leichtführig, sehr anhänglich und hat ein freundliches Wesen. Daher ist er auch schon zu einem beliebten Familienhund geworden, der bei ausreichend Auslauf und rassegemäßer Beschäftigung auch in der Stadt gehalten werden kann. Bei uns ist er vereinzelt sowohl im Jagdgebrauch als auch als reiner Begleithund zu finden.

**Besonderheiten:** Der Basset bleu hat dieselbe typische Färbung wie seine großen Vettern, ebenso die gefalteten langen, sehr tief angesetzten Behänge und den melancholischen, sanften Gesichtsausdruck.
Das Hinterhauptbein ist etwas weniger stark ausgeprägt als beim großen Bleu de Gascogne. Er besitzt eine leichte Ramsnase.
Das glatte Fell des Basset bleu de Gascogne bedarf keiner besonderen Pflege, nur die langen Ohren sollten regelmäßig gereinigt werden, um eventuellen Entzündungen vorzubeugen.

# 6 | Basset fauve de Bretagne

Laufhunde | FCI-Nr. 36

Herkunft: Frankreich
Größe: Rüden und Hündinnen 32–38 cm. Eine Abweichung von 2 cm nach oben oder unten wird bei hervorragenden Hunden toleriert. Idealgröße 36–37 cm.
Farben: Weizengold mit mehr oder weniger stark rötlichem Schimmer; weiße Flecken an der Vorderbrust toleriert, aber nicht erwünscht.

**Geschichte:** Der Basset fauve de Bretagne besitzt dieselbe Abstammung wie sein großer Vetter der Griffon fauve de Bretagne. Um die kleinere Statur zu erhalten, wurden Basset Vendéen eingekreuzt. In seiner Heimat, der Bretagne, wird er hauptsächlich als Jagdhund eingesetzt, der in kleinen Meuten von vier bis sechs Tieren für die Jagd auf Hasen und Kaninchen verwendet wird. Außerhalb Frankreichs findet man Vertreter dieser Rasse hauptsächlich in Holland und Dänemark. Bei uns sind diese Hunde weitgehend unbekannt.

**Verwendung:** Der Basset fauve de Bretagne wurde aus seinen hochbeinigen Verwandten herausgezüchtet, um ihn besser an den jagdlichen Einsatz in einer Landschaft mit weiten Heiden und steilen Hängen anzupassen. Kein Gelände ist ihm zu schwer. Er jagt sicher in tiefen Schluchten, dichtem Gebüsch oder an hohen Böschungen. Trotz der kurzen Läufe, die gerade oder leicht gekrümmt sein können, erreichen die Hunde erstaunliche Geschwindigkeiten.

**Charakter:** Der Basset fauve de Bretagne ist ein typischer Laufhund, der für die Schweißarbeit hervorragend geeignet ist. Der etwas gedrungene Körper sollte immer das typische Aussehen eines Bassets haben. Die Rasse ist anhänglich und treu und als Familienhund gut geeignet. Allerdings ist sie auch recht eigensinnig und muss einfühlsam und konsequent erzogen werden. Der lebhafte Hund braucht viel Bewegung und Beschäftigung, vor allem, wenn er nicht jagdlich eingesetzt wird.

**Besonderheiten:** Das harte, dichte Fell muss ein- bis zweimal im Jahr getrimmt werden. Es darf nicht lang und niemals weich und wollig sein. Die dünnen Behänge laufen spitz zu und sind mit kurzen Haaren besetzt, die feiner sind als am übrigen Körper. Das Gesicht darf nicht struppig behaart sein.

# 6 | Basset griffon vendéen

Laufhunde : Grand Basset griffon vendéen | FCI-Nr. 33,
Petit Basset griffon vendéen | FCI-Nr. 67

**Grand Basset griffon vendéen**

Herkunft: Frankreich
Größe: Rüden und Hündinnen 38–42 cm. Eine Abweichung von 2 cm nach oben oder unten ist erlaubt.
Gewicht: Rüden und Hündinnen 18–20 kg.
Farben: Dreifarbig und zweifarbig mit jeweils Weiß als Grundfarbe.

**Petit Basset griffon vendéen**

Herkunft: Frankreich
Größe: Rüden und Hündinnen 34–38 cm.
Gewicht: Rüden und Hündinnen 14–18 kg.
Farben: Dreifarbig und zweifarbig mit jeweils Weiß als Grundfarbe.

Geschichte: Diese beiden Rassen sind kurzläufige Schläge des Vendéen Griffons. Ursprünglich traten die beiden Größen in einem Wurf auf. Erst im Jahre 1950 wurde der „Petit" als eigene Rasse anerkannt. Aber erst weitere 25 Jahre später wurden Kreuzungen zwischen diesen beiden Rassen verboten. Diese kurzläufigen Bassets sind ideal an ihre ursprüngliche Heimat, die Vendée, angepasst. Die immer wieder durch Hecken und Straßen unterbrochene Landschaft machte eine Jagd zu Pferde unmöglich. Daher brauchte man für die Hasenjagd zu Fuß einen weniger schnellen Laufhund, der dicht beim Jäger blieb. Heute werden die Rassen einzeln oder in Meuten zur Jagd auf fast alle Arten von Wild eingesetzt.

Besonderheiten: Die Körpergröße ist bei beiden Rassen erhalten geblieben, nur die Läufe wurden entsprechend verkürzt. Der Grand Basset griffon vendéen soll immer gerade Läufe haben, wobei der Petit Basset auch leicht gebogene Läufe haben darf. Das mittellange Haar ist rau und drahtig und bietet zusammen mit der dichten Unterwolle einen hervorragenden Schutz gegen Witterungseinflüsse und dorniges Gebüsch. Ausstellungshunde müssen regelmäßig getrimmt werden. Beim jagdlichen Einsatz werden abgestorbenes Haar und lose Unterwolle während des Durchstreifens des Unterholzes entfernt.

Charakter: Diese Hunde besitzen ein freundliches, lebhaftes Wesen und sind angenehme Familienhunde. Eine gewisse Sturheit und Eigenwilligkeit sowie ihren ausgeprägten Jagdtrieb sollte man aber bei ihrer Erziehung unbedingt berück-

sichtigen. Obwohl sie zu den niederläufigen Hunden zählen, brauchen sie dennoch genügend Auslauf in Form von ausgedehnten Spaziergängen. Ein guter Grundgehorsam ist wichtig, damit man den Hunden auch Freilauf gewähren kann, ohne dass sie ihrem natürlichen Jagdtrieb nachkommen.

Verwendung: Bei uns werden diese Rassen kaum jagdlich geführt, dagegen hat sich ein fester Liebhaberkreis gebildet, der diese Bassets als reine Familienhunde hält. Sie sind auch für Hundesport geeignet und die idealen Begleiter bei langen Wanderungen.

## 6 | Basset Hound

Laufhunde | FCI-Nr. 163

Herkunft: Großbritannien
Größe: Rüden und Hündinnen 33–38 cm.
Farben: Dreifarbig (Schwarz/Weiß/Braun); zweifarbig (Lemon/Weiß); auch jede andere Laufhundfarbe zulässig.

Geschichte: Obwohl Großbritannien als die Heimat des Basset Hounds gilt, stammen seine direkten Vorfahren aus Frankreich. Dort wurden im 16. und 17. Jahrhundert aus Bracken niederläufige Meutejagdhunde gezüchtet, die als „Bassets" (bas = niedrig) bezeichnet wurden. Von den heute noch vier bestehenden Rassen hat der Basset Artésien Normand maßgeblich zur Entstehung des Basset Hounds beigetragen. 1866 holte der Engländer Lord Galway zwei dieser Hunde zu sich und begann 1867 mit der Zucht. Durch Einkreuzungen von Beagle und Bloodhound entstand der Basset Hound. Allmählich wurde der Basset Hound auch außerhalb seiner Heimat bekannt. Besonders in den 1970er-Jahren wurde er sehr populär, da er als Markenzeichen für eine Schuhfirma verwendet wurde. Daraufhin wurde er zum „Modehund", was sehr zum Nachteil der Rasse war. Unseriöse Züchter machten aus ihm eine Karikatur seiner selbst mit krummen Beinen, Triefaugen und Hängerücken. Heute wird alles darangesetzt, den Basset Hound wieder in seiner ursprünglichen Art ohne übertriebene Merkmale zu züchten.

Verwendung: Der Basset Hound zeigt hervorragende jagdliche Eigenschaften: eine vorzügliche Nase, Zuverlässigkeit und eine nahezu grenzenlose Ausdauer und Geduld bei der Schweißarbeit. Er hat eine tiefe, kehlige Stimme. Die lockere, elastische Haut vermindert die Verletzungsgefahr im dornigen Unterholz. Dieser Hund braucht viel Bewegung bei Wind und Wetter. Optimal ist es, wenn er jagdlich eingesetzt wird oder auf künstlicher Fährten seiner Passion nachkommen kann.

Charakter: Der Basset Hound ist ein liebevoller, anhänglicher Hausgenosse, aber auch ein bewegungsfreudiger Hund, der bei Wind und Wetter seinen Auslauf benötigt. Seine Sturheit erfordert von seinen Menschen viel Geduld bei der Erziehung und sollte als Wesensmerkmal akzeptiert und mit Humor genommen werden. In wildreichen Gegenden muss man gut aufpassen, da der Basset schnell eine Spur aufnimmt und verfolgt. Als ursprünglicher Meutehund bleibt er nicht so gern allein, kommt aber mit Artgenossen gut aus und ist auch problemlos mit anderen Tierarten zusammen zu halten.

Besonderheiten: Die langen Ohren sollten regelmäßig kontrolliert und mit einem feuchten Tuch gesäubert werden, um Entzündungen vorzubeugen.

# 6 | Bayerischer Gebirgsschweißhund

Schweißhunde | FCI-Nr. 217

Herkunft: Deutschland
Größe: Rüden 47–52 cm; Hündinnen 44–48 cm.
Farben: Tiefrot; Hirschrot; Rotbraun; Rotgelb; Fahlgelb bis Semmelfarben; Rotgrau; auch geflammt oder gestichelt. Kleiner heller Brustfleck (Brackenstern) zulässig.

Geschichte: Der Bayerische Gebirgsschweißhund ist direkt aus dem Hannover'schen Schweißhund hervorgegangen. Dieser war für seine hervorragende Arbeit bei der Nachsuche bekannt. Allerdings erwies er sich im unwegsamen bergigen Gelände als zu schwer, und der am Riemen (an der Leine) arbeitende Hund stellte eine permanente Gefährdung für seinen Führer dar, weil das Risiko bestand, dass der Mensch durch den an der Leine ziehenden Hund abstürzen könnte. Also begann man nach 1870 damit, diese Rasse mit Tiroler und Brandlbracken zu kreuzen. (Auch heute fallen manchmal noch schwarze Welpen als Zeichen für die Verwandtschaft mit der Tiroler Bracke, mit denen aber nicht weitergezüchtet werden darf.) Das Ergebnis war der leichtere Gebirgsschweißhund, der die freie Suche vor dem Führer beherrscht, das Wild spurlaut hetzt und es sicher stellt.

Verwendung: Das Haupteinsatzgebiet dieser Rasse ist die Nachsuche auf der Hochwildwundfährte. Heute ist der Bayerische Gebirgsschweißhund der klassische Begleiter von Berufsjägern und Förstern im Gebirge geworden. Er wird aber auch außerhalb des Gebirges in Revieren im Flachland eingesetzt.

Charakter: Der Bayerische Gebirgsschweißhund besitzt einen ruhigen, ausgeglichenen Charakter und ist unerschrocken und selbstsicher. Fremden gegenüber verhält er sich reserviert, aber nicht aggressiv. Er ist anhänglich und treu sowie leichtführig und angenehm im Haus zu halten. Die Rasse wird vorwiegend nach ihrer Gebrauchstüchtigkeit gezüchtet. Als reiner Familien- und Begleithund ist sie weniger geeignet, sondern sollte auf jeden Fall jagdlich eingesetzt werden.

Besonderheiten: Das dichte, glatt anliegende Fell, das an Kopf und Behängen sehr fein ist, bedarf keiner besonderen Pflege. Manche Exemplare besitzen einen kleinen, hellen Brustfleck, den sogenannten Brackenstern.

# 6 | Beagle

Laufhunde | FCI-Nr. 161

Herkunft: Großbritannien
Größe: Rüden und Hündinnen 33–40 cm.
Farben: Alle Laufhundfarben mit Ausnahme von Leberbraun; Rutenspitze immer weiß.

Geschichte: Der Beagle entstand als ein direkter Nachfahre der Keltenbracke vor über 600 Jahren in England. Somit ist er einer der ältesten erhaltenen Brackenschläge überhaupt.

Verwendung: Das klassische Einsatzgebiet des Beagles ist die Hasenjagd zu Fuß (nicht zu Pferde, wie häufig angenommen) in der Meute oder der Koppel. Sein besonders melodisches, glockenhelles Bellen ist bei der spurlauten Jagd dann weithin hörbar. Da er immer nur für die Hasenjagd

eingesetzt wurde, fehlt ihm die sonst bei vielen anderen Jagdhunden vorhandene Windschärfe. Auch ist er nicht der geborene Apportierer. Gelegentlich wird er zusammen mit Terriern bei der Schwarzwildjagd eingesetzt, um mit seiner besseren Nase die Terrier schneller an das Wild heranzuführen.
Zusammen mit seiner sprichwörtlichen Verträglichkeit mit anderen Hunden sowie seinem freundlichen, verspielten Wesen hat er sich auch zu einem idealen und beliebten Familien- und Begleithund entwickelt. Und nicht zuletzt hat er traurige Berühmtheit erlangt, weil er wegen seines homogenen Erbgutes und seiner handlichen Größe zu dem klassischen „Laborhund" geworden ist.
Charakter: Der Beagle ist ein problemloser Familienhund, der seine Menschen gern auf langen Spaziergängen begleitet, immer zu einem Spielchen bereit ist und natürlich auch nicht auf die regelmäßigen Streicheleinheiten verzichten möchte.
Erhält er genügend Auslauf, kann man ihn sogar in einer Etagenwohnung halten.
Bei Spaziergängen in freier Natur sollte man nur darauf achten, dass nicht seine Jagdpassion mit ihm durchgeht und er eine frische Spur begeistert verfolgt. Für sportliche Menschen ist er auch ein idealer Begleiter beim Joggen, und er kann ebenso bei den verschiedenen Hundesportarten eingesetzt werden. Manchmal kann er etwas stur sein, was dann bei seiner Erziehung etwas mehr Geduld erfordert.

## 6 | Beagle-Harrier

Laufhunde | FCI-Nr. 290

Geschichte: Wie der Name schon vermuten lässt, ist diese Rasse ein Kreuzungsprodukt von Beagle und Harrier. Obwohl die Ausgangsrassen englischer Herkunft sind, liegt die Wiege des Beagle-Harriers in Frankreich. Es dauerte lange, bis dieser homogene Typ erreicht wurde, der die besten Eigenschaften von Beagle und Harrier in sich vereint.
Vom Beagle stammt die Jagdleidenschaft, die Wendigkeit, die Fröhlichkeit und die wohlklingende Stimme. Vom Harrier hat er die besonders gute Nase, die Widerstandskraft und das äußere Erscheinungsbild geerbt.
Außerhalb Frankreichs ist diese Rasse kaum anzutreffen, und selbst dort gehört sie zu den selten vorkommenden Jagdhunden.

Herkunft: Frankreich
Größe: Rüden und Hündinnen 45–50 cm.
Farben: Dreifarbig (Schwarz/Braun/Weiß); Grau; Weiß-Grau.

Charakter: Der Beagle-Harrier soll temperamentvoll, unerschrocken und schnell sein.
Seine jagdlichen Fähigkeiten beweist er am besten bei der Hasen- und Rehjagd. Die Hunde werden meistens in kleinen Meuten gehalten. Der Beagle-Harrier besitzt ein sanftes Wesen und bindet sich eng an seine Familie.

## 1 | Bearded Collie

Schäferhunde | FCI-Nr. 271

Herkunft: Großbritannien
Größe: Rüden 53–56 cm; Hündinnen 51–53 cm.
Farben: Schiefergrau; Rehbraun; Schwarz; Blau; alle Grautöne; Braun und Sandfarben; mit oder ohne weiße Abzeichen.

Geschichte: Über den genauen Ursprung und die Herkunft dieser Rasse ist relativ wenig bekannt. Aufgrund seines Aussehens und seines Charakters sind die Vorfahren des Bearded Collies zottelige Hirtenhunde aus Osteuropa oder Asien. Wie sie von dort in ihre Heimat Großbritannien gelangten, ist nicht erwiesen, aber vermutlich wurden sie zusammen mit gekauften Rindern und Schafen auf die britische Insel transportiert. Ob die im Jahr 1514 nach Schottland gebrachten drei Polnischen Niederungshütehunde auch zu den Vorfahren der Beardies – wie diese Rasse genannt wird – gehören, wird heute eher infrage gestellt. Zumindest sollen schon im 15. Jahrhundert Hütehunde, die als Bearded Collies bezeichnet wurden, in Schottland für das Hüten der Schafe eingesetzt worden sein. Ein 1804 abgedrucktes Ölgemälde zeigt einen „English Sheepdog", der als Urahn gleichermaßen für Bobtails und Bearded Collies angesehen wird. Um 1900 war der Bearded Collie schon recht populär, und man begann, ihn auch als Showhund zu verwenden. 1912 wurde zwar der erste Standard aufgestellt, aber bis in die 1950er-Jahre waren kaum noch Beardies registriert. Erst danach wurde die Zucht wieder gezielt ins Leben gerufen.

**Verwendung:** Der Bearded Collie beherrscht das Hüten, das Treiben sowie – heute in gemäßigter Form – das Schützen. Der Ohrform nach ist er ein Wach- und Schutzhund (molossoid). Der Körperform nach ist er eher ein Hütehund, fast ein Windhund (schlank, tiefer Brustkorb – unermüdlicher Läufer!). Der Aktivität nach ist er ein Hütehund (schnell, ausdauernd). Mit mäßigem Schutztrieb (ohne wirkliche Schärfe) ist er jedoch auch in gewisser Weise ein Hirtenhund.

**Charakter:** Der Bearded Collie besitzt ein sanftes, freundliches Wesen, aber auch eine gewisse Durchsetzungskraft und Selbstständigkeit. Er hat sich zum beliebten Familienhund entwickelt, der aber regelmäßig gefordert werden sollte, um ausgeglichen zu sein. Ideal für ihn ist ein Haus mit Garten, damit er zwischen den regelmäßigen Spaziergängen auch seinem Bewegungsdrang nachkommen kann, am besten natürlich mit Artgenossen.

Bei der Erziehung ist seine Sensibilität zu berücksichtigen. Mit Zwang lässt sich bei dieser Rasse wenig erreichen. Er ist für Hundesport, aber auf keinen Fall für Schutzdienst geeignet. Aufgrund seines Erbgutes besitzt er zwar kaum Jagdtrieb, aber einen gewissen Hetztrieb, der ihn beim Spazierengehen schon mal die guten Manieren vergessen lässt. Viele Beardies reagieren sehr empfindlich auf Lärm und Gewitter, was bei ihrer Haltung berücksichtigt werden muss.

**Besonderheiten:** Die Bezeichnung „Bearded" für diese Collie-Rasse bedeutet im Englischen so viel wie „bärtiger", was natürlich auf das heute noch typische Haarkleid hinweist, das über die Lefzen und das Kinn wächst. Der Beardie ist nichts für Reinlichkeitsfanatiker. Durch das Zottelfell trägt er viel Schmutz ins Haus. Um eine Verfilzung zu verhindern, ist regelmäßige Fellpflege besonders wichtig. Leider wurden in der Vergangenheit viele Beardies mit überlangem Fell auf Kosten der Wesensfestigkeit gezüchtet. Ein wesensfester Typ mit dem ursprünglichen harschen, nicht zu langen Fell ist anzustreben.

Eine Besonderheit ist die Veränderung der Fellfarbe im Laufe des Lebens, die erblich bedingt ist. Je nach Alter kann die Farbzeichnung recht unterschiedlich sein.

## 3 | Bedlington Terrier

**Hochläufige Terrier | FCI-Nr. 9**

Herkunft: Großbritannien
Größe: Rüden und Hündinnen um 41 cm.
Gewicht: Rüden und Hündinnen etwa 10 kg.
Farben: Blau; Leberfarben; Sandfarben; Blau mit Loh.

**Geschichte:** Es gibt wohl kaum eine Hunderasse, die aufgrund ihres äußeren Erscheinungsbildes so falsch eingeschätzt wird wie der Bedlington Terrier. Im 18. Jahrhundert wurden kurzbeinige Arbeitsterrier mit Otterhounds und Windhunden gekreuzt. Die entstehenden Hunde vereinten Schärfe und Schnelligkeit und waren so für die Jagd über und unter der Erde geeignet. Landstreicher und Zigeuner sollen sie zum lautlosen Wildern abgerichtet haben. Im Grenzgebiet von England und Schottland wurden diese Hunde bald geschätzt und gezielt gezüchtet. Ihren Namen erhielten sie von der Stadt Bedlington, die in der englischen

Grafschaft Northumberland liegt. Die Reinzucht dieser Rasse begann 1825. Im Jahre 1860 wurden die ersten Exemplare auf einer Ausstellung gezeigt.
Charakter: Der Bedlington Terrier ist ein wachsamer, mutiger Hund, der sich seinen Jagdtrieb und die nötige Schärfe bewahrt hat. Seine Schnelligkeit, sein enormes Springvermögen und sein geringes Körpergewicht prädestinieren ihn auch für rasante Hundesportarten wie Agility. Er liebt lange Spaziergänge und ist für viele verschiedene Arten der Ausbildung gut geeignet. Nicht wenige Vertreter dieser Rasse haben schon erfolgreich die Schutzhundprüfung abgelegt. Im Haus ist dieser Hund sehr ruhig und angenehm. Er hängt sehr, ja geradezu zärtlich an seinen Menschen und ist für sie ein treuer und zuverlässiger Begleiter.
Besonderheiten: Der Bedlington Terrier ist heute bei uns „aus der Mode" gekommen, obwohl er viele positive Eigenschaften in sich vereint. Er ist ein Hund, der nicht haart. Das flockige Haar wird mit der Schere in Form geschnitten, wodurch der Hund das „schäfchenartige" Aussehen erhält und oft verkannt wird. Wer sich also für diesen Hund interessiert, sollte sich nicht von seinem Äußeren täuschen lassen (Hunde, die nicht ausgestellt werden sollen, brauchen auch nicht rassetypisch getrimmt zu werden). Er ist ein temperamentvoller, arbeitswilliger und anhänglicher Begleiter für aktive Menschen.

# 1 | Belgischer Schäferhund

Schäferhunde | FCI-Nr. 15

Langhaar: Groenendael und Tervueren
Kurzhaar: Malinois
Rauhaar: Laekenois

Herkunft: Belgien
Größe: Rüden 60–66 cm; Hündinnen 52–62 cm.
Gewicht: Rüden 25–30 kg; Hündinnen 20–25 kg.
Farben: Schwarz (Groenendael); Rotbraun bis Beigegrau mit dunkler Maske und Charbonnage (= Wolkung) (Tervueren); Rotbraun mit schwarzer Maske und Charbonnage (Malinois); Fahlrot (Laekenois).

Geschichte: 1891 begann die Geschichte der Belgischen Schäferhunde. Über 100 Hirtenhunde aus Belgien wurden begutachtet, um daraus nach Haarart drei Idealtypen herauszustellen, die gezielt weitergezüchtet werden sollten. In den folgenden Jahrzehnten entstanden nach vielen Rückschlägen in der Zucht verschiedene Varietäten. 1938 gab es acht an der Zahl. 1939 wurde der Rassestandard mit den heute noch gültigen vier Varietäten festgelegt.

Die Belgischen Schäferhunde wurden ursprünglich zum Schafehüten und -treiben eingesetzt. Ihr Haarkleid sollte so beschaffen sein, dass sie vor der rauen Witterung geschützt sind. Außerdem sollte der Schutztrieb so ausgeprägt sein, dass sie auch Haus und Hof vor Eindringlingen beschützen konnten.
Ihre Namen haben die vier Varietäten von ihren Ursprungsorten erhalten. Der Malinois stammt zum Beispiel aus dem Dorf Mechelen (Malinois), der Groenendael aus dem gleichnamigen Dorf, nach dem auch der Zwinger benannt wurde.
Charakter: Belgische Schäferhunde sind wachsam, temperamentvoll und lernfreudig. In ihre Familie integriert sind sie zuverlässige Beschützer, die sich Fremden gegenüber häufig recht reserviert verhalten. Beim Groenendael scheint diese

Eigenschaft besonders stark ausgeprägt zu sein. Sie brauchen eine konsequente, aber einfühlsame Erziehung.

Verwendung: Belgische Schäferhunde haben ein großes Bewegungsbedürfnis und sind daher ideale Begleiter für sportliche Menschen. Sie eignen sich für schnelle Hundesportarten wie Agility, wobei sie nicht selten hervorragende Leistungen erbringen. Insbesondere der Malinois ist häufig bei Wettkämpfen zu beobachten. Diese Varietät wird ohnehin verstärkt beim Hundesport sowie beim Schutzdienst eingesetzt. Auch als Spür- oder Rettungshunde leisten die Belgier zuverlässige Dienste. Nicht selten werden sie – besonders der Malinois – auch von der Polizei verwendet, wo sie mittlerweile wegen ihrer hervorragenden Leistungen häufig dem Deutschen Schäferhund vorgezogen werden.

# 1 | Bergamasker Hirtenhund

Schäferhunde | FCI-Nr. 194

Cane de Pastore Bergamasco

Herkunft: Italien
Größe: Rüden 58–62 cm; Hündinnen 54–58 cm.
Gewicht: Rüden 32–38 kg; Hündinnen 26–32 kg.
Farben: Einfarbig Grau oder mit Flecken in allen Graunuancen bis Schwarz; isabellfarbene oder rötlich fahle Schattierungen zugelassen; einfarbig Schwarz.

Geschichte: Diese ursprüngliche Rasse gelangte schon vor etwa 2000 Jahren aus Asien nach Italien, wo sie heute noch von Schafhirten in Norditalien als Arbeitshund eingesetzt wird. Die Aufgabe des Bergamaskers ist das Bewachen und Führen der Herde.

Charakter: Dank seiner Wachsamkeit, seiner Fähigkeit zu lernen, selbstständig Entschlüsse zu fassen, und seiner Geduld ist er ein idealer Wach- und Begleithund. Der Bergamasker ist mutig, robust und wachsam. Er besitzt ein ausgeglichenes Wesen und eine hohe Reizschwelle, aber trotzdem eine gewisse Portion an Schärfe, sodass er sich durchaus auch als Schutzhund eignet, dessen Ausbildung aber eine gewisse Erfahrung erfordert. Er hat einen großen Bewegungsdrang, liebt lange Spaziergänge und zeigt eine starke Anhänglichkeit an seine Familie. Er ist kein Hund für eine Etagenwohnung, sondern sollte immer ausreichend Auslaufmöglichkeiten in einem umzäunten Garten haben. Es ist zu wünschen, dass diese heute selten gewordene Hunderasse vor dem Aussterben bewahrt wird.

Besonderheiten: Am auffälligsten ist das lange Zotthaar, das eine Anpassung an die harten Einsatzbedingungen als Hirtenhund darstellt.
Im Gegensatz zu dem Zotthaar von Puli und Komondor bilden sich die Fellplatten beim Bergamasker nicht immer von selbst. Ab einem Alter von neun Monaten verfilzt das Haar am gesamten Körper. Kopf, Brust und Nacken sollten dann immer gebürstet werden, um das geforderte „Ziegenhaar" (das Wellhaar) auf der vorderen Körperhälfte zu erhalten. Wenn das Haar am restlichen Körper mit einem Jahr verfilzt ist, muss das Fell nach einem bestimmten Schema eingeschnitten werden, damit sich die typischen Platten bilden. Da die Zotten wie Dachziegeln angeordnet sind, wird der Hund bei Regen kaum nass. Außerdem haaren die Hunde nicht.

# 1 | Berger de Beauce

Schäferhunde | FCI-Nr. 44

Beauceron, Bas Rouge

Herkunft: Frankreich

Größe: Rüden 65–70 cm; Hündinnen 61–68 cm.

Farben: Schwarz mit Brand (Bas Rouge = Rotstrumpf); Harlekin (Grau, Schwarz und Rot); der Brand bedeckt die gleichen Stellen wie bei zweifarbigen Hunden. Diese dreifarbigen Hunde sind sehr selten.

Geschichte: Der Beauceron ist eine sehr alte französische Hütehundrasse. Die Fähigkeit zur Hütearbeit ist ihm angeboren. Ursprünglich überwachte er die Schafe auf der Weide und beim Führen auf der Landstraße. Im 19. Jahrhundert, als es zahlreiche große Schafherden gab, war er ein unverzichtbarer Helfer der Menschen. Später, als die Schafzucht nachgelassen hatte, verloren auch diese großen Hütehunde nach und nach ihre Arbeit. Heute wird der Beauceron in Frankreich für die Hütearbeit, für den Schutz des Eigentums, für die Verteidigung, für die Fährtenarbeit, in der Armee und im Sanitätsbereich verwendet.

Charakter: Der Beauceron ist ein mächtiger, aktiver und hart arbeitender Hund. Er besitzt eine außergewöhnliche Ausdauer, ist aufmerksam und seinem Herrn treu ergeben. Mit ihm vertrauten Menschen geht er liebevoll um. Dank seines ausgeprägten Schutztriebes bewacht er Hab und Gut sowie seine Familie zuverlässig. Fremden gegenüber begegnet er mit freundlicher Zurückhaltung, ist zuweilen sogar recht misstrauisch. Er hat eine hohe Reizschwelle, kann aber blitzschnell zum Angriff übergehen, wenn er seine Familie bedroht sieht.

Verwendung: Wegen seines Schutztriebes und seiner Härte ist er als Schutzhund sogar für den Einsatz als Polizeihund geeignet. Er sollte zumindest eine gründliche Ausbildung als Begleithund und eventuell weiterführend als Schutz- oder Fährtenhund erhalten. Der Beauceron ist kein Hund für Anfänger oder nachgiebige Hundeführer. Mit konsequenter Erziehung wird er aber zu einem zuverlässigen Begleithund, der allerdings seinen Schutztrieb nie ablegen wird.

Besonderheiten: Die Hinterläufe müssen an ihren Innenseiten doppelte Afterkrallen besitzen, die zwei getrennte „Daumen" bilden.

# 1 | Berger de Brie

Schäferhunde | FCI-Nr. 113

Briard

Herkunft: Frankreich

Größe: Rüden 62–68 cm; Hündinnen 56–64 cm.

Gewicht: Rüden und Hündinnen bis etwa 40 kg.

Farben: Schieferfarben; Fauve (Falbfarben); Gris (Grau).

Geschichte: Der Briard stammt von Hof- und Bauernhunden ab, die im Flachland Frankreichs vorkamen. Vermutlich gehörten zu seinen Vorfahren auch der Beauceron und der Barbet. Die vorherrschende Farbe war Schwarz. Angeblich haben Karl der Große sowie Napoleon Briards oder zumindest ihnen ähnliche Hunde besessen. Wie weit ihr Ursprung tatsächlich zurückliegt, ist ungewiss. Erstmals wurde die Rasse 1809 beschrieben, der erste Standard wurde 1897 festgelegt.

Charakter: Als Hirtenhund sollte der Briard wachsam, ausdauernd, wetterfest, anspruchslos und misstrauisch gegenüber allem Fremden sein. Bis heute hat sich der Briard diese Eigenschaften weitgehend bewahrt. Das Umkreisen und Bewachen

seiner „Herde“ kann man heute noch beim Spazierengehen beobachten.
Verwendung: Der Briard wird heute vornehmlich als Familien- und Begleithund gehalten. Er ist temperamentvoll und freundlich, Fremden gegenüber zunächst reserviert, aber nicht aggressiv. Er ist sehr bewegungsfreudig und bestens für Hundesportarten wie Agility oder Turnierhundesport geeignet. Er ist auch der ideale Begleiter beim Joggen oder am Fahrrad und sollte auf jeden Fall ausreichend Auslauf erhalten.
Besonderheiten: Früher wurden die Ohren dieser Hunde kupiert. Die lange Rute soll am Ende einen Haken bilden. Das leicht gewellte Haar ist lang und soll dem Ziegenhaar ähnlich sein. Es bedarf regelmäßiger Pflege, darf aber auf keinen Fall geschoren werden. Wie bei vielen langhaarigen Rassen besteht auch beim Briard die Gefahr, dass zu viel Wert auf üppiges Fell gelegt wird statt auf Wesen und Charakter. Daher sollte man bei der Auswahl auf gesunde, wesensfeste Tiere achten. Eine Besonderheit dieser Rasse sind die doppelten Afterkrallen an den Hinterläufen.

# 1 | Berger de Picardie

Schäferhunde | FCI-Nr. 176

## Picard

Herkunft: Frankreich
Größe: Rüden 60–65 cm; Hündinnen 55–60 cm.
Farben: Grau; Grauschwarz; Graublau; Graurot; Hell- oder Dunkelfalbfarben oder die Mischung dieser Farben; etwas Weiß auf Brust und Pfotenspitzen erlaubt.

Geschichte: Der Picard gehört neben dem Briard und dem Beauceron zu den drei großen französischen Hütehundrassen. Benannt ist er nach seiner Heimat, der Picardie, ein Landstrich in Nordfrankreich entlang der belgischen Grenze. Dort wurde dieser robuste, wetterfeste Hund zum Hüten von Schafen verwendet, musste aber auch oft als „Kuhhund“ herhalten und war ebenso zum Bewachen von Haus und Hof geeignet. Erst gegen Ende des 19. Jahrhunderts wurde der Picard auf Ausstellungen gezeigt und auch für den Schutzdienst verwendet.
Charakter: Der Picard ist von Natur aus zurückhaltend bis misstrauisch gegenüber Fremden und ein guter Wachhund, der Eindringlinge lautstark verbellt. Er ist kein Hund für Anfänger. Er ist sensibel, aber dennoch eigensinnig und stur. Seine Erziehung verlangt daher viel Geduld, Konsequenz und Einfühlungsvermögen, darf aber nicht mit Härte erfolgen, denn

dann verweigert der Picard seine Mitarbeit. Als typischer Gebrauchshund sollte er auch durch entsprechende Ausbildung (zum Beispiel zum Begleit-, Schutz- oder Rettungshund) gefordert werden. Wird er rassegemäß beschäftigt und erhält ausreichend Auslauf, ist er ein ruhiger und angenehmer Hausgenosse.

Besonderheiten: Das struppige Fell soll von so harscher Struktur sein, dass es zwischen den Fingern knirscht. Es ist extrem Schmutz abweisend, pflegeleicht und schützt zuverlässig vor Kälte und Nässe. Die großen, aufrecht getragenen Ohren verleihen dieser Rasse den typischen Gesichtsausdruck.

# 1 | Berger des Pyrénées

Schäferhunde: Berger des Pyrénées à face rase | FCI-Nr. 138
Berger des Pyrénées à poil long | FCI-Nr. 141

**Berger des Pyrénées à face rase**
Glatthaariger Pyrenäen-Schäferhund

Herkunft: Frankreich
Größe: Rüden 40–54 cm; Hündinnen 40–52 cm.
Farben: Schwarz; Harlekin; grau-fauve gestromt; Fauve, auch mit Beimischung von schwarzen Haaren und weißen Flecken; Grau (sehr selten).

**Berger des Pyrénées à poil long**
Langhaariger Pyrenäen-Schäferhund

Herkunft: Frankreich
Größe: Rüden 40–48 cm; Hündinnen 38–46 cm.
Farben: Fauve; Grau; Harlekin; Schwarz; gelegentlich kleine weiße Abzeichen an Kopf, Brust und Beinen; auch gestromt und Schwarz mit weißen Flecken, wobei reine Farben bevorzugt werden.

In der Gesamterscheinung sind die beiden Varianten sehr ähnlich. Der Face rase besitzt eine etwas längere Schnauze. Der Kopf ist mit feinem, kurzem Haar bedeckt. Die Läufe sind glatthaarig. Der Fuß ist etwas enger und gewölbter als beim langhaarigen Typ. Außerdem ist der glatthaarige Pyrenäen-Schäferhund weniger temperamentvoll und leichter zu führen und ist auch weniger misstrauisch im Gegensatz zum Langhaar-Typ.

Der langhaarige Pyrenäen-Schäferhund darf mit dem glatthaarigen Typ gekreuzt werden. Gelegentlich werden Tiere mit Stummelschwanz geboren.

Geschichte: Dieser relativ kleine, temperamentvolle Schäferhund mit dem mittellangen bis langen Haar wurde hauptsächlich durch seine Heimat, die Pyrenäen, und seinen ursprünglichen Verwendungszweck als Hütehund geprägt. Die Rasse hat sich über Jahrhunderte entwickelt und war für das selbstständige Hüten von Schafherden, aber auch gemischten Herden aus Pferden, Ziegen, Schweinen und Schafen zuständig.

Charakter: Um sich trotz seiner Kleinheit gegen die wesentlich größeren zu hütenden Tiere behaupten zu können, besitzt der Berger des Pyrénées viel Mut, Energie und ein gewisses Maß an Vorsicht und Eigenwillen. Er hängt bedingungslos an seinen Menschen und fühlt sich überall dort wohl, wo er bei seiner Familie sein kann. Der temperamentvolle Hund ist recht bellfreudig und wachsam und verteidigt, wenn es sein muss, mit aller Vehemenz das Hab und Gut seiner Familie. Manchmal kann dieser übertriebene Schutztrieb im täglichen Leben daher zu einem Problem werden. Fremden gegenüber ist der Pyrenäen-Schäferhund eher misstrauisch und braucht einige Zeit, bis er sich ihnen nähert oder sich streicheln lässt.

Verwendung: Diese Hunderasse besitzt einen großen Bewegungsdrang und ist sehr behände und schnell. Daher ist sie ideal für Agility oder andere Sportarten geeignet. Aber ebenso ist der Berger des Pyrénées ein idealer Begleiter bei ausgedehnten Spaziergängen, beim Joggen oder sogar beim Radfahren. Als typischer Hütehund neigt er nicht zum Wildern und

A B C D E F G H I J K L M N O P Q R S T U V W X Y Z

entfernt sich normalerweise auch nie weit von seinen Menschen.
Häufig als „Pfiffikus unter den Hütehunden“ bezeichnet verleitet er seinen Besitzer durch sein lustiges Wesen und seinen verschmitzten Gesichtsausdruck häufig zu Nachsicht. Dennoch sollte auch dieser relativ kleine Hund mit der starken Persönlichkeit eine konsequente Erziehung erhalten. Trotz des recht langen Fells sind die Hunde pflegeleicht. Reine Farben werden bevorzugt.

## 2 | Berner Sennenhund

Schweizer Sennenhunde | FCI-Nr. 45

Herkunft: Schweiz
Größe: Rüden 64–70 cm; Hündinnen 58–66 cm.
Gewicht: Rüden 45–55 kg; Hündinnen 38–45 kg.
Farben: Grundfarbe Schwarz mit braunrotem Brand und weißen Abzeichen.

Geschichte: Der Dürrbächler, wie der Berner Sennenhund früher genannt wurde, erhielt seinen Namen von dem Ort Dürrbach und dem gleichnamigen Wirtshaus. In dieser Gegend gab es große, starke, langhaarige, dreifarbige Hunde, die vorwiegend als Zughunde von fahrenden Händlern verwendet wurden. Seine Fähigkeiten sprachen sich bis Bern herum und so erlangte diese Rasse weitere Verbreitung. Der Berner wurde als Hofwächter, Käsereihund, Treibhund und eben auch als Zughund sehr geschätzt. 1902 nahmen die ersten Dürrbächler an einer Ausstellung teil. Bald darauf begann die Reinzucht dieser Rasse.
Charakter: Der Berner gilt als ausgesprochen gutmütig und ausgeglichen, aber auch sensibel. Er ist sehr anhänglich und Fremden gegenüber freundlich und aufgeschlossen. Er lernt schnell und besitzt eine gute Führigkeit, was ihn trotz seiner Körpergröße zu einem angenehmen Familienhund macht.
Verwendung: Für schnelle Sportarten ist der Berner nicht geeignet. Er liebt ausgedehnte Spaziergänge, kann als Zughund arbeiten oder zum Fährtenhund ausgebildet werden.
Besonderheiten: Der Berner ist der am weitesten verbreitete Vertreter der vier Sennenhundrassen. Besonders sein freundlicher Gesichtsausdruck, das lange, wuschelige Fell und sein gutmütiges Wesen haben ihn schon fast zu einer Art Modehund werden lassen. Daher sollte man besonders darauf achten, dass Welpen aus einer seriösen Zuchtstätte stammen, die auf die Erhaltung der Gesundheit und der guten Charaktereigenschaften dieser Rasse achtet. Denn leider treten bei dieser Rasse schon durch unkontrollierte Vermehrung bedingte körperliche Erbschäden sowie Wesensschwäche auf. Schon aufgrund ihrer Körpergröße gehören Berner Sennenhunde nicht zu den langlebigen Hunderassen. Sie überschreiten selten ein Alter von zehn Jahren. Zur Vorbeugung vor Gelenkerkrankungen muss bei dieser Rasse in den ersten beiden Lebensjahren besonders darauf geachtet werden, dass die Tiere richtig ernährt und nicht zu viel bewegt bzw. überanstrengt werden.

# 2 | Bernhardiner

Molossoide | FCI-Nr. 61

St. Bernhardshund

Herkunft: Schweiz
Größe: Rüden 70–90 cm; Hündinnen 65–80 cm.
Farben: Rot-Weiß.
Man unterscheidet den kurzhaarigen vom langhaarigen Schlag.

**Geschichte:** Ihren Namen verdankt die Hunderasse dem Hospiz St. Bernhard in den Schweizer Alpen. Es bot Reisenden und Lawinenopfern Unterkunft und Hilfe. Mitte des 17. Jahrhunderts beschlossen die Mönche des Hospizes, Hunde zur Rettung von Lawinenopfern einzusetzen. Die damaligen „Bernhardiner" unterschieden sich rein äußerlich noch erheblich von den heutigen Hunden dieser Rasse. Sie waren weniger massig gebaut und dadurch auch etwas wendiger. Ihr sicherer Instinkt für die Urbilden der Natur hat viele Menschen vor Schaden durch Schneestürme und Lawinen bewahrt. Der berühmteste Bernhardiner ist zweifelsohne „Barry I", der allein zwischen 1800 und 1812 vierzig Menschen das Leben gerettet haben soll. In den Tälern beschützten die Hunde Haus und Hof, bewachten die Herden und wurden als Zugtiere vor den Karren gespannt. Die Reinzucht der Bernhardiner begann erst gegen Ende des 19. Jahrhunderts. Heute versucht man, durch moderne Zuchtmethoden eine Übertypisierung (zu massige Tiere mit übertriebenen Merkmalen) zu vermeiden.

**Charakter:** Der Bernhardiner wird vorwiegend als Hof-, Wach- und Begleithund gehalten. Er soll ein freundliches, ausgeglichenes Wesen haben und wachsam sein. Da er heute kaum mehr als Lawinensuchhund eingesetzt wird, beschränkt sich sein Arbeitseinsatz auf die Ausbildung zum Zug- und Begleithund. Bernhardiner sind recht selbstständig und können auch mal eigensinnig sein. Trotzdem erwarten sie Pflege und Zuneigung von ihren Menschen. Als ursprüngliche Arbeitshunde wollen sie beschäftigt sein, wobei man von ihnen aber keine körperlichen Höchstleistungen verlangen sollte. Regelmäßiger Auslauf in Form von ausgedehnten Spaziergängen ist ideal. Am wohlsten fühlen sie sich in einem Haus mit einem großen Garten.

# 9 | Bichon à poil frisé

Bichons und verwandte Rassen | FCI-Nr. 215

Bichon frisé, früher Bichon Ténériffe

Herkunft: Belgien/Frankreich
Größe: Rüden und Hündinnen etwa 25–27 cm; 30 cm sollten nicht überschritten werden.
Farben: Weiß.

**Geschichte:** Wie der Pudel soll der Bichon auch vom Barbet abstammen. Daher wurde er zunächst „Barbichon" (= kleiner Pudel) genannt. Die Bezeichnung Bichon leitet sich vom französischen „bichonner" (= verhätscheln oder frisieren) ab. Somit ist schon die ursprüngliche Verwendung der Bichons erklärt. Um 1500 brachten spanische Segler einige der Hunde auf die Kanarischen Inseln, daher hießen sie früher Bichon Ténériffe. 1515 hielt diese Rasse dann Einzug in die Königs- und Adelshäuser Frankreichs. Die Damen der Renaissance überschütteten diese Hunde mit Aufmerksamkeit: Sie wurden parfümiert, geschmückt, oder man drehte ihnen Löckchen ins Haar, kurzum – sie wurden verhätschelt. Das Wort „frisé" bedeutet „gelockt".

Nach dem Ersten Weltkrieg gelangten die ersten Exemplare mit ausländischen Soldaten über die Grenzen Frankreichs hinaus. Erst 1933 wurde der erste Standard für diese Rasse festgelegt.

**Charakter:** Der Bichon frisé ist der ideale Wohnungshund, da er nicht haart und nicht übermäßig viel Auslauf benötigt; auf Spaziergängen zeigt er dennoch eine erstaunliche Ausdauer. Er ist von robuster Gesundheit und wenig krankheitsanfällig. Er ist freundlich und ausgeglichen – auch gegenüber fremden Menschen und Hunden – spielt gern und genießt es auch, gestreichelt zu werden. Er ist zwar aufmerksam und wachsam, aber bellt nicht viel. Er hängt hingebungsvoll an seiner Familie, ist geduldig und zeigt seine Zuneigung auf liebevolle Weise. Er ist der ideale Schmuse- und Familienhund auch für Menschen, die nicht so aktiv sind und einfach einen fröhlichen Begleiter an ihrer Seite haben möchten, jedoch bereit sind, sich der erforderlichen Fellpflege regelmäßig zu widmen.

Besonderheiten: Typisch für den Bichon ist das bauschige, füllige Haar. Es bedarf regelmäßiger Pflege und muss mindestens einmal wöchentlich gründlich gebürstet und gekämmt werden. Eine regelmäßige Schur ist unerlässlich.

# 6 | Billy

Laufhunde | FCI-Nr. 25

Herkunft: Frankreich
Größe: Rüden 60–70; Hündinnen 58–62 cm.
Farben: Weiß; Milchkaffeefarben; Weiß mit hellorange- oder zitronenfarbenen Platten oder Mantel.

Geschichte: Den sonderbaren Namen hat diese Rasse durch den Wohnsitz ihres Begründers erhalten, dem Chateau de Billy im Poitou. Der Billy soll ein direkter Nachfahre der „großen, weißen Hunde des Königs" sein und diesen wie ein Ebenbild gleichen. Am Anfang des 20. Jahrhunderts erschuf Ublot du Rivault aus drei mittlerweile ausgestorbenen Rassen den Billy: aus dem Céris, dem Montaimboeuf und dem Larrye. Nach dem Zweiten Weltkrieg sollen nur zwei Exemplare dieser Rasse überlebt haben, die den Grundstock für eine neue Zuchtlinie gebildet haben.

Verwendung: Der Billy wird hauptsächlich zum Aufspüren von Reh und Wildschwein verwendet, dessen Spur er mit kräftiger Stimme verfolgt. Der Billy hat ein freundliches Wesen, obgleich es mit Artgenossen schon mal zu Raufereien kommen kann. Im Haus ist er ruhig und angenehm, als Wachhund ist er nicht geeignet. Er ist leichtführig, lässt sich gut erziehen und hat einen großen Bewegungsdrang.

Besonderheiten: Das kurze, glatte Fell bedarf keiner besonderen Pflege. Es ist von grober Struktur und fühlt sich manchmal hart an. Die Haut ist normalerweise weiß, besitzt aber gelegentlich dunkle Flecken, welche dann durch das helle Fell hindurchscheinen.

Die Ohren sind für einen französischen Laufhund relativ hoch angesetzt. Das Hinterhauptbein ist deutlich sichtbar. Die Augen sollten immer dunkel sein. Der Nasenschwamm ist braun oder schwarz gefärbt.

Der Hund ist kräftig bemuskelt, aber dennoch leicht gebaut, wobei die Vorderhand stärker als die Hinterhand ausgebildet ist. Selbst in seiner Heimat eine Rarität ist diese Rasse mit der aparten Erscheinung bei uns nicht zu finden.

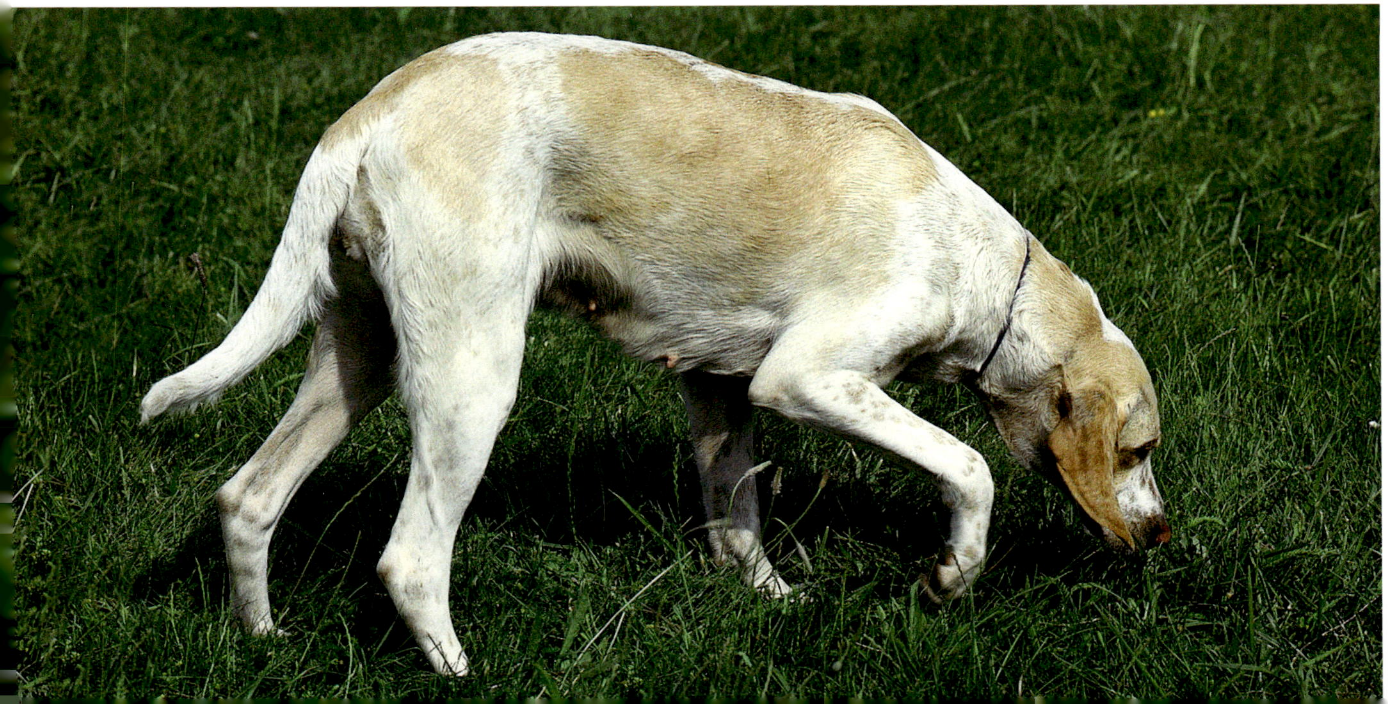

# 6 | Black and Tan Coonhound

Laufhunde | FCI-Nr. 300

Charakter: Der Coonhound besitzt eine große jagdliche Passion und zeichnet sich durch überragende Leistungen bei der Fährten- und Schweißarbeit aus. Typisch ist die unvergleichlich tiefe und laute Stimme.

In Europa findet man nur sehr wenige Exemplare dieser Rasse. Der Black and Tan Coonhound ist sehr leistungsfähig, hart und ausdauernd. Er ist gutmütig und fühlt sich in der Familie wohl. Er ist aber kein Hund für Anfänger. Ihn richtig zu erziehen, erfordert viel Geduld, Energie und Einfühlungsvermögen. Die Tiere sind einerseits hart im Nehmen, andererseits so sensibel, dass mit Druck bei ihnen nicht viel zu erreichen ist. Wenn sie sich etwas in den Kopf gesetzt haben, ist es sehr schwierig, sie von ihrem Vorhaben abzubringen. Sind sie unterfordert, suchen sie sich andere Beschäftigungen wie Löcher buddeln, selbstständig auf Jagd gehen oder permanent und laut bellen und jaulen. Die Rasse wurde gerade deswegen gezüchtet, um Laut zu geben und damit dem Jäger nachts die Stelle anzuzeigen, an der sich die Waschbären aufhalten.

Herkunft: USA
Größe: Rüden 63–68 cm; Hündinnen 58–63 cm.
Gewicht: Rüden bis 50 kg; Hündinnen bis 32 kg.
Farben: Schwarz mit lohfarbenen Abzeichen über den Augen, an den Seiten des Fangs, auf der Brust, an den Läufen und Keulen. Ein weißer Brustfleck bis 4 cm Durchmesser wird toleriert, ist aber nicht erwünscht.

Geschichte: Diese Rasse entstand im Süden der USA. Zu ihren Ahnen zählen Bloodhound und Foxhound, eventuell auch noch Kerry Beagle und Grand Bleu de Gascogne. Die ersten Hunde wurden um 1900 vom United Kennel Club registriert. Den Namen hat die Rasse aufgrund ihrer Färbung (Black and Tan) und wegen ihrer Verwendung für die Jagd auf Waschbären (racoon = Waschbär) erhalten. Auch heute wird sie vorwiegend jagdlich auf Waschbären, Pumas, Bären und Hirsche geführt.

Besonderheiten: Das kurze glatte Fell ist pflegeleicht. Nur die extrem langen Behänge erfordern regelmäßige Kontrolle Normalerweise reicht es aus, wenn die Ohren alle paar Tage mit einem feuchten Tuch ausgewischt werden. Man sollte darauf achten, dass nur Hunde mit gut anliegenden Augenlidern zur Zucht verwendet werden.

# 6 | Bloodhound

Laufhunde | FCI-Nr. 84

Geschichte: Der Bloodhound kann als der Urtyp aller Bracken und Schweißhunde angesehen werden. Die ersten Aufzeichnungen über diesen Hund stammen aus dem Jahr 725. Sein Name bedeutet, dass er „reinsten Blutes" ist, also dass nie andere Rassen mit eingekreuzt wurden. Er wurde ursprünglich von belgischen Mönchen als Spürhund gezüchtet. Mit William dem Eroberer gelangte er 1066 nach England.

Charakter: Der Bloodhound ist ein idealer Meutehund, da er eine extrem hohe Aggressionsschwelle hat und äußerst verträglich mit Artgenossen ist. Da die Meutejagd heute bei uns verboten ist, werden die meisten Bloodhounds einzeln gehalten. Nur wenige Meuten existieren heute noch. Sie werden bei Jagden mit künstlichen Fährten eingesetzt. Als Familien- und Begleithund ist der Bloodhound ein ruhiger, freundlicher und sanfter Gefährte. Allerdings liegt es in seinem Naturell, jede Spur aufzunehmen und zu verfolgen, daher sind Spaziergänge mit ihm weniger entspannend. Am besten ist es, wenn er ein großes Grundstück zur Verfügung hat, auf dem er sich – möglichst noch mit ein paar Artgenossen – frei bewegen kann und wenn er die Möglichkeit bekommt, seiner Veranlagung entsprechend zu arbeiten. Seine Erziehung muss sanft und ohne Zwang erfolgen. Der Bloodhound kann

Chien de Saint-Hubert, Bluthund
Herkunft: Belgien
Größe: Rüden ideal 68 cm; Hündinnen ideal 62 cm mit einer Toleranz von ± 4 cm.
Farben: Rot; Schwarz-Loh; Rot-Loh; etwas Weiß an Brust, Pfoten und Rutenspitze erlaubt.

A B C D E F G H I J K L M N O P Q R S T U V W X Y Z

sehr stur sein. Was er tut, tut er seinem Menschen zuliebe und nur freiwillig. Zwingen kann man ihn zu nichts.

Besonderheiten: Die Rasse ist von allen Hunden diejenige mit dem besten Geruchssinn. Die Hunde können noch fünf Tage alte Fährten sicher arbeiten.

Hat der Bloodhound eine Spur verfolgt und die „Beute" erreicht, so greift er nicht an, sondern – so sagt man – schließt Freundschaft mit ihr. Daher wurden diese Hunde hauptsächlich zum Aufspüren von vermissten Personen, aber auch entlaufenen Sträflingen oder Sklaven verwendet, damit diese nicht zu Schaden kamen.

# 9 | Bologneser

Bichons und verwandte Rassen | FCI-Nr. 196

Herkunft: Italien
Größe: Rüden und Hündinnen 25–30 cm.
Gewicht: Rüden und Hündinnen 2,5–4 kg.
Farben: Weiß.

Geschichte: Dieser Kleinhund hat seinen Ursprung in Italien. Er besitzt dieselben Vorfahren wie der Malteser, nämlich die von Aristoteles als „canes melitensis" bezeichneten kleinen, weißen Hunde. Wie auch der Malteser wurde er ursprünglich auf Schiffen und in Häfen eingesetzt, um dort Ratten und Mäuse zu jagen. Aber schon im 11. und 12. Jahrhundert wurde der Bologneser wegen seiner Anmut und Schönheit geschätzt. In der Renaissance war er besonders bei den Damen der vornehmen Gesellschaft beliebt. Berühmte Besitzer dieser Hunde waren Madame Pompadour, Katharina die Große oder Kaiserin Maria Theresia. Schon 1668 wurden acht Bologneser nach Belgien gesandt, um an hohe Persönlichkeiten verschenkt zu werden. Auch später wurde die Rasse in Belgien regelmäßig gezüchtet.

Der Bologneser war vor der Wende in Westeuropa sehr selten, in der ehemaligen DDR dagegen häufig anzutreffen. Die Zucht basierte auf Importtieren aus der damaligen UdSSR. Nach der Wiedervereinigung wurden die wenigen westeuropäischen Zuchtbestände mit den östlichen vereint, wodurch eine wertvolle Blutauffrischung stattfand. Trotzdem ist der Bologneser bis heute eine Rasse, die recht selten ist und nur eine geringe Zuchtbasis besitzt.

Charakter: Der Bologneser ist ein fröhlicher Begleithund, nicht allzu lebhaft, der nicht übermäßig Auslauf benötigt und sich auch in einer Stadtwohnung wohlfühlt. Er bindet sich eng an seine Menschen, ist aber nie aufdringlich. Notfalls kann er sein Heim vehement verteidigen.

Besonderheiten: Das Fell sollte am ganzen Körper gleichmäßig lang sein. Es muss regelmäßig gekämmt und gebürstet werden.

Der Bologneser hat maßgeblich zur Entstehung des aus Russland stammenden Bolonka Zwetna beigetragen.

# 9 | Bolonka Zwetna

Bichons und verwandte Rassen | nicht FCI-anerkannt

Herkunft: Russland
Größe: Rüden 25–28 cm; Hündinnen 20–25 cm.
Gewicht: Entsprechend der Größe, aber nicht über 6 kg.
Farben: Alle Farben erlaubt außer Reinweiß.

Geschichte: Bolonka bedeutet einfach „Schoßhündchen". Der Bolonka Zwetna kann als farbige Variante des Bologneser angesehen werden. Als der Bologneser in Europa ein beliebter Schoßhund geworden war, gelangten auch einige Exemplare als Gastgeschenke in das russische Zarenreich. Hier wie in der späteren Sowjetunion entstand daraus der Bolonka Franzuska. Vermutlich durch Einkreuzungen von Pekingesen und Shih Tzus in den 1950er-Jahren erhielt man dann die verschiedenen Farbvarianten, die heute als Bolonka Zwetna bezeichnet werden. Eine große Ähnlichkeit mit dem Bolonka Franzuska, der bisher aber ausschließlich in seinem Heimatland vorkommt, ist noch vorhanden und man kann noch nicht von zwei getrennten, in sich gefestigten Rassen sprechen. Dass diese kleinen Hunde schon früher sehr beliebt waren, belegen ihre Erwähnungen bei vielen russischen Poeten.

Charakter: Der Bolonka Zwetna ist ein quirliger, fröhlicher Hund, der nicht gern allein bleibt, aber dank seiner Kleinheit auch überallhin problemlos mitgenommen werden kann. Die bisher bei uns noch recht wenigen Liebhaber dieses Hundes schätzen besonders sein freundliches, liebenswertes und munteres Wesen. Er ist für die Haltung in einer Wohnung bestens geeignet und braucht nicht viel Auslauf, obschon er bei Spaziergängen erstaunlich ausdauernd sein kann. Er hat eine zarte Konstitution.

Besonderheiten: Das Haarkleid ist lang, weich und wunderbar seidig und sollte täglich gebürstet werden. Die Fellfarbe kann sich bis zum dritten Lebensjahr noch mehrmals verändern. Da die Rasse noch nicht vollständig durchgezüchtet ist, gibt es recht große Unterschiede im Erscheinungsbild. Bei uns ist der Bolonka Zwetna noch relativ selten. Früher wurde er hauptsächlich in den neuen Bundesländern gezüchtet, heute findet er aber im ganzen Land immer mehr begeisterte Liebhaber.

# 2 | Bordeaux-Dogge

Molossoide | FCI-Nr. 116

Geschichte: Die Bordeaux-Dogge ist eine der ältesten Hunderassen Frankreichs. Möglicherweise geht sie auf den Alano, insbesondere auf den sogenannten „Saupacker" zurück. Die Bezeichnung „Dogge" kam schon Ende des 14. Jahrhunderts auf. Mitte des 19. Jahrhunderts war diese Rasse fast nur noch in Aquitanien (ein Landstrich im Südwesten Frankreichs) verbreitet. Man verwendete sie für die Jagd auf Großwild, zum Bewachen der Häuser und des Viehs, als Gehilfe der Schlachtknechte und für Hundekämpfe, die oft nach festgesetzten Regeln abgehalten wurden. 1863 wurde die Bordeaux-Dogge auf der ersten französischen Hundeausstellung gezeigt. Der Standard wurde letztmalig 1993 aktualisiert und von der FCI anerkannt.

Charakter: Als ehemalige Kampfhunde sind die Bordeaux-Doggen für Bewachungsaufgaben geeignet, die sie aufmerksam und mutig, aber ohne Aggressi-

Herkunft: Frankreich
Größe: Rüden 60–68 cm; Hündinnen 58–66 cm.
Gewicht: Rüden mindestens 50 kg; Hündinnen mindestens 45 kg.
Farben: Falbfarbe von mahagoni- bis isabellfarbig; kleine weiße Flecken auf der Brust und an den Enden der Gliedmaßen gestattet; mit oder ohne schwarze oder braune Maske.

vität erfüllen. Sie sind ruhig und besitzen eine hohe Reizschwelle. Ihren Menschen gegenüber sind sie treu, anhänglich und liebevoll. Rüden entwickeln in der Regel ein recht dominantes Wesen; daher ist häufiger sozialer Kontakt mit anderen Hunden und Menschen schon vom Welpenalter an wichtig.
Bei richtiger Sozialisation und konsequenter Erziehung ist die Bordeaux-Dogge ein angenehmer Begleithund. Sie ist nicht übermäßig lauffreudig (also nicht unbedingt für Gewalttouren am Fahrrad geeignet), sollte aber natürlich ausreichend Auslauf erhalten.

Besonderheiten: Die Bordeaux-Dogge ist sehr kräftig, muskulös und athletisch. Sie ist eher „bodennah" gebaut. Trotz des massigen Schädels besitzen die Hunde einen freimütigen Gesichtsausdruck. Ihre häufig vorhandene „Stupsnase" und die beweglichen Stirnfalten, an denen man die Aufmerksamkeit ablesen kann, verleihen ihnen einen eher freundlichen bis melancholischen Gesichtsausdruck. Durch die stark gefalteten Lefzen kann es zu übermäßigem Speichelfluss kommen. Das kurze, dünne Fell ist sehr pflegeleicht. In manchen Bundesländern wird diese Rasse zu den gefährlichen Hunden gezählt,

deren Haltung mit bestimmten Auflagen verbunden ist. Daher sollte man sich vor Anschaffung dieser Rasse nach den aktuellen Vorschriften erkundigen.

# 1 | Border Collie

Schäferhunde | FCI-Nr. 297

Herkunft: Großbritannien
Größe: Rüden etwa 53 cm; Hündinnen etwas kleiner.
Farben: Schwarz-Weiß; Tricolor; Braun; Rot; Blau; Blue Merle; Rot Merle; schwarzweiß gesprenkelt; Weiß sollte nie vorherrschen.

Geschichte: Aus den Hunden, die von Römern und Wikingern nach Großbritannien gebracht wurden, entwickelte sich im englisch-schottischen Grenzbereich (border = Grenze, Name!) eine kleine, wendige Hütehundrasse. 1570 wurde erstmals die lautlose, geduckte Arbeitsweise dieser Hunde beschrieben. Seit 1873 werden regelmäßig Hütehund-Wettbewerbe mit ihnen abgehalten. 1894 gewann ein Hund mit Namen Old Hemp im Alter von nur einem Jahr diesen Wettbewerb und blieb von da an ungeschlagen. Er soll einer der Stammväter der heutigen Border Collies sein.
Charakter: Der Border Collie ist ein Arbeitshund mit außergewöhnlichen Fähigkeiten. Er besitzt einen enormen Arbeitseifer, ist leichtführig, reagiert zuverlässig auf die Anweisungen seines Menschen und arbeitet konzentriert. Typisch für ihn ist die geduckte Arbeitshaltung, die unter den Bauch geschlagene Rute (Zeichen für höchste Konzentration) und das „Auge", mit dem er das Vieh beobachtet und zu hypnotisieren scheint.
Verwendung: Auch wenn heute viele Hunde dieser Rasse als reine Familien- oder Ausstellungshunde gehalten werden, haben sie sich doch dieses Erbe bewahrt. Wenn sie keine Möglichkeit haben, an einer Herde zu arbeiten, müssen sie unbedingt anderweitig adäquat beschäftigt werden. Bei Unterforderung kann es schnell zu unerwünschten Verhaltensweisen wie Hyperaktivität oder Aggressivität kommen. Ideal für den schnellen und wendigen Border Collie sind Sportarten wie Agility (bei Wettbewerben gehören sie hier zu den Favoriten), Flyball und Turnierhundesport. Beim Obedience zeigen die Hunde, wie sie konzentriert auf die kleinsten Zeichen ihrer Führer reagieren und sie befolgen. Auch bei der Fährten- oder Rettungshundearbeit hat sich die Rasse bewährt. Der Border Collie ist bei ausreichender Beschäftigung ein freundlicher, angenehmer Familienhund. Er ist aber nur für Menschen geeignet, die bereit sind, ihn ausreichend geistig wie körperlich zu beschäftigen. Man unterscheidet in der Regel Show-Linien von Arbeits-Linien, wobei der Standard großzügig verfasst ist.

# 3 | Border Terrier

Hochläufige Terrier | FCI-Nr. 10

Herkunft: Großbritannien
Größe: Keine Angaben im Standard, aber etwa 25–28 cm.
Gewicht: Rüden 6–8 kg; Hündinnen 5–6 kg.
Farben: Weizenfarben; Rot; rot-grau meliert (grizzle); Blau mit Loh.

Geschichte: Sein Name weist darauf hin, dass dieser Terrier aus dem Grenzgebiet zwischen England und Schottland (border = Grenze) stammt. Dieser kleine, zähe Hund wurde dort zur Jagd eingesetzt. Er musste klein genug sein, um in die Erdbauten von Dachs und Fuchs einfahren zu können, hochbeinig genug, um mit den Pferden mitzuhalten, und ein Fell besitzen, das ihn vor Kälte, Nässe und Verletzungen schützt. Weiterhin sollte er die notwendige Schärfe besitzen, um auch kleinere Raubtiere zu töten. Weil die Hunde vorwiegend in Meuten eingesetzt wurden, mussten sie auch untereinander sehr verträglich sein.
Charakter: All diese Eigenschaften hat sich der Border Terrier, der in seinem Heimatland noch zu den beliebtesten Jagdterriern zählt, bis heute bewahrt. Häufig wird er auch zusammen mit Laufhunden bei der Jagd eingesetzt. Bei uns ist er noch recht selten und wird als reiner Familien- und Begleithund gehalten. Mit seinem eher flachen Schädel und dem stumpfen Fang entspricht er nicht so stark dem typischen Äußeren eines Terriers.
Er ist temperamentvoll und braucht viel Bewegung in der freien Natur. Er liebt ausgedehnte Spaziergänge und ist auch für Hundesport wie Agility gut geeignet. Besonders wohl fühlt er sich, wenn er mit Artgenossen vergesellschaftet wird. Er ist zäh und widerstandsfähig, besitzt ein ausgeglichenes Wesen und lässt sich gut erziehen, denn er gehört zu den leichtführigeren Terrier-Rassen. Allerdings sollte man seinen Jagdtrieb nicht unterschätzen, vor allem, wenn er Gelegenheit bekommt, in Erdbauten hineinzukriechen.
Besonderheiten: Der Border Terrier ist in seiner Ursprünglichkeit weitgehend erhalten.
Das drahtige Fell sollte einmal wöchentlich gebürstet werden. Darüber hinaus müssen die Hunde zwei- bis dreimal im Jahr getrimmt werden.

# 6 | Bosnischer Rauhaariger Laufhund

Laufhunde | FCI-Nr. 155

## Bosanski Ostrodladki Gonic Barak

Herkunft: Bosnien
Größe: Rüden und Hündinnen 46–56 cm.
Gewicht: Rüden und Hündinnen 16–24 kg.
Farben: Grau mit dunklem Mantel; Gelbrot; Rot; häufig mit weißen Abzeichen; Kombinationen dieser Farben (zwei- und dreifarbig).

Geschichte: Der Barak, wie diese Rasse auch kurz genannt wird, ist vermutlich die älteste Hunderasse des Balkans, die in ähnlicher Form schon vor über 2000 Jah-

ren existierte. Er stammt von den Kelten und wurde früher auch als „Keltenbracke“ bezeichnet. Seit 1966 trägt er seinen heute gültigen Namen.
Charakter: Der Barak ist sehr lebhaft, mutig und ausdauernd. Zu Menschen ist er ausgesprochen freundlich. Er ist unerschrocken, sehr robust und äußerst zäh sowie sehr anspruchslos.
Verwendung: Die kräftig gebauten Hunde besitzen ein relativ langes Drahthaar, das sie vor Witterungseinflüssen und vor Verletzungen schützt. Sie können in jedem Gelände und bei allen Wetterverhältnissen eingesetzt werden. Bei der Jagd auf Bären, Wölfe und Wildschweine werden sie am besten in Koppeln oder kleinen Meuten geführt, bei der Jagd auf Fuchs und Hase arbeiten sie allein. Sie besitzen eine kräftige, ziemlich tiefe Stimme.
Besonderheiten: Der Barak wird in seiner Heimat fast ausschließlich als Gebrauchshund verwendet und ist nur selten auf Ausstellungen zu sehen. Nicht zuletzt durch die Kriegswirren ist diese Rasse in ihrer Heimat selten geworden und bei uns nicht anzutreffen.

## 9 | Boston Terrier

Kleine doggenartige Hunde | FCI-Nr. 140

Herkunft: USA
Größe: Rüden und Hündinnen 38–43 cm.
Gewicht: Die Hunde werden in drei Gewichtsklassen eingeteilt: unter 6,8 kg; 6,8–9 kg; 9–11,3 kg.
Farben: Braun-schwarz gestromt, Schwarz oder „Seal“ (= Schwarz mit einem rötlichen Schimmer, der nur bei hellem Licht zu sehen ist) mit weißer Zeichnung in charakteristischer Verteilung.

Geschichte: Der Boston Terrier ist eine relativ junge Rasse. Der Stammvater war eine Kreuzung aus English Bulldog und weißem Englischen Terrier (heute ausgestorben). Die ersten Welpen wurden in den 1870er-Jahren geboren. Mitglieder des damals neu gegründeten Bullterrier-Klubs bemühten sich um die Reinzucht der Rasse, und schon bald konnte ein Standard aufgestellt werden.
Charakter: Ursprünglich waren die Hunde recht rauflustig. Im Laufe der Zeit wurde ihnen aber ein sanftes Wesen angezüchtet, sodass sie heute freundliche und angenehme Begleithunde sind. Sie sind temperamentvoll und bewegungsfreudig, wachsam und mutig und bei entsprechender Erziehung zuverlässige Begleiter.
Besonderheiten: Typisch für den Boston Terrier ist das kurze Fell mit der häufig braun-schwarz gestromten Fellzeichnung und den weißen Abzeichen, die möglichst symmetrisch verteilt sein sollen. Bei Hunden mit reinem Schwarz hat das Fell eine satte, glänzende Farbe. Außerdem fühlt sich das Fell vom Boston Terrier sehr seidig an. Standardmäßig vorgeschrieben ist ein Vorbiss, die Zähne müssen jedoch vollständig von den Lefzen bedeckt sein.
Charakteristisch sind die großen, spitz zulaufenden Stehohren und die großen Augen. Das Gesicht darf keine Runzeln aufweisen. Die Rute ist von Natur aus sehr kurz und spitz zulaufend. Sie wurde nie kupiert. Die Hunde sind lebhaft und sollen kompakt und muskulös, aber niemals fett sein. Sie brauchen ausreichend Bewegung, fühlen sich dann aber auch in der Stadt und in einer Etagenwohnung wohl.
Die Rasse ist in ihrem Heimatland recht beliebt – sie gilt sogar als Nationalhund der USA –, bei uns aber nur sehr selten anzutreffen, obwohl sie einen problemlosen, angenehmen Begleithund abgibt.

# 1 | Bouvier des Flandres

Treibhunde | FCI-Nr. 191

### Flämischer Treibhund, Kuhhund

Herkunft: Belgien/Frankreich
Größe: Rüden 62–68 cm; Hündinnen 59–65 cm.
Gewicht: Rüden 35–40 kg; Hündinnen 27–35 kg.
Farben: Falb oder Grau (oft gestromt oder rußig); Schwarz.

**Geschichte:** Der Bouvier des Flandres hat seinen Namen von seiner Heimat Flandern erhalten, einen Landstrich, der teils zu Belgien und teils zu Frankreich gehört. Genaue Angaben über seinen Ursprung existieren aber nicht, da in vielen alten Aufzeichnungen nicht klar erkennbar ist, ob die abgebildeten Hunde Bouviers, Briards oder Vertreter noch anderer Rassen darstellen.
Ursprünglich wurde der Bouvier des Flandres zum Treiben von Rinderherden, als Zughund und zum Antreiben von Butterfässern verwendet. Da man seine Arbeit in der Landwirtschaft nicht mehr benötigt, dient er heute hauptsächlich als Wach- und Schutzhund.
**Charakter:** Der Bouvier ist kompakt und kräftig gebaut, ohne plump zu wirken, und zeichnet sich durch Energie, Furchtlosigkeit und Ruhe aus. Sowohl Wach- als auch Schutztrieb sind stark ausgeprägt. Daher wird er heute auch zu den klassischen Schutzhundrassen gezählt.
**Verwendung:** Er wird hauptsächlich im Polizei- und Wachdienst, aber auch als Rettungshund eingesetzt. Er eignet sich ebenso für die Fährtenarbeit und wird auch von Wildhütern als Begleiter geschätzt.
**Besonderheiten:** Die Hunde müssen regelmäßig getrimmt werden. Typisch sind der volle, harsche Bart und die aufrecht stehenden Augenbrauen. Ein naher Verwandter, der **Bouvier des Ardennes** (FCI-Nr. 171), ist mittlerweile ausgestorben.

# 7 | Bracco Italiano

Kontinentale Vorstehhunde | FCI-Nr. 202

**Geschichte:** Der Bracco Italiano ist einer der ursprünglichen, klassischen Vorstehhunde. Seine Heimat liegt in Norditalien. Er entstand vermutlich aus Kreuzungen zwischen Laufhunden und Molossern. Die Rasse gab es nachweislich schon im Mittelalter, wie Fresken aus dem 14. Jahrhundert beweisen. Man nimmt an, dass die weiß-orangefarbenen Hunde aus der Gegend um Piemont stammen und die Braunschimmel aus der Lombardei. Ursprünglich wurde der Bracco Italiano für die Vogeljagd verwendet, wobei er sich im Laufe der Jahrhunderte von der Netzjagd an die Jagd mit Schusswaffen anpassen musste.

### Italienischer Vorstehhund

Herkunft: Italien
Größe: Rüden 58–67 cm; Hündinnen 55–62 cm.
Gewicht: 25–40 kg in Abhängigkeit von der Höhe.
Farben: Weiß; Weiß mit orangefarbenen Flecken; Weiß mit kastanienbraunen Flecken; kastanienbraun gestichelt (Braunschimmel).

**Charakter:** Der Bracco Italiano ist für jede Art von Jagd geeignet, sehr widerstandsfähig und besitzt einen ruhigen, gutmütigen Charakter. Dank seiner Leichtführigkeit lässt er sich gut ausbilden. Obwohl er mit Leib und Seele ein Jagdhund ist, gibt er auch einen sehr angenehmen Familienhund ab.

**Besonderheiten:** Typisch für den kräftig gebauten Hund sind die langen Behänge und die Kehlwamme. Das kurze Fell bedarf keiner besonderen Pflege.
Übrigens dürfen die Begriffe Bracco und Braque nicht mit dem deutschen Begriff „Bracke“ verwendet werden. Bracken sind Laufhunde, wogegen die als Bracco und Braque bezeichneten Hunde klassische Vorstehhundrassen sind.

# 7 | Braque d'Auvergne

Kontinentale Vorstehhunde | FCI-Nr. 180

Herkunft: Frankreich
Größe: Rüden 57–63 cm; Hündinnen 53–59 cm. Eine Abweichung von 2 cm nach oben oder 1 cm nach unten ist erlaubt.
Farben: Weiß mit schwarzer Tüpfelung; Weiß mit schwarzer Tüpfelung und schwarzen Platten; Grauschimmel; Grauschimmel mit schwarzen Platten; Kopf immer schwarz mit heller Blesse.

**Geschichte:** Diese Rasse hatte vor etwa 300 Jahren ihren Ursprung in der Auvergne, einem ländlichen Gebiet mit großen Gütern in Zentralfrankreich. Überlieferungen besagen, dass die Hunde von einer Sekte mit in die Auvergne gebracht wurden. Andere Quellen behaupten, der Braque d'Auvergne sei 1798 von Ordensrittern des Malteserordens von der Insel Malta hierher gebracht worden. Die Rasse soll frei von jeglichem Fremdblut sein.
**Charakter:** Der Braque d'Auvergne ist ein kräftiger, kurzhaariger Vorstehhund, der in Frankreich vorwiegend zur Niederwildjagd verwendet wird. Die Hunde sind frühreif und sehr führerbezogen. Sie sind relativ sensibel und dürfen auf keinen Fall mit übermäßiger Härte erzogen werden. Sie besitzen eine ausgezeichnete Nase und suchen ruhig. Die Apportierfreudigkeit ist ihnen angeboren, und sie gehen meistens auch gern ins Wasser. Sie lassen sich gut ausbilden und strahlen bei der Arbeit eine gewisse Gelassenheit aus.

**Verwendung:** Wegen seiner Vielseitigkeit kann der Braque d'Auvergne als Vollgebrauchshund eingesetzt werden. Er ist ein angenehmer, sehr anhänglicher, freundlicher Begleiter, der bei ausreichender rassegemäßer Beschäftigung auch problemlos als Familienhund gehalten werden kann.
**Besonderheiten:** In Deutschland kommt diese Rasse noch recht selten vor, wogegen sie in ihrem Heimatland bei Jägern sehr beliebt ist.
Die Rute des Braque d'Auvergne wird in ihrem Heimatland Frankreich in der Regel kupiert, was bei jagdlich geführten Hunden auch noch in Deutschland oft erfolgt.

# 7 | Braque de l'Ariège

Kontinentale Vorstehhunde | FCI-Nr. 177

### Braque Ariégeois

Herkunft: Frankreich
Größe: Rüden und Hündinnen 60–67 cm.
Gewicht: 25–30 kg.
Farben: Weiß mit braunen oder orangefarbenen Flecken oder Sprenkeln.

**Geschichte:** Die Entstehung dieses kräftigen Vorstehhundes ist nicht genau geklärt. Er könnte aus Kreuzungen von Braque Français mit Bleu de Gascogne sowie des heute nicht mehr existierenden Braque de Toulouse entstanden sein. 1860 wurde der Braque de l'Ariège in Frankreich anerkannt. Die gezielte Zucht dieser Rasse begann um 1870 in der Gegend von Ariège. Nach dem Ersten Weltkrieg gab es nur noch sehr wenige Tiere dieser Rasse. Die Einkreuzung von Pointern veränderte nicht nur das Aussehen, sondern auch den Charakter. Durch die Dezimierung im Zweiten Weltkrieg war die Rasse fast ausgestorben, und es wurden nur wenige Tiere ohne Papiere weitergezüchtet. Erst 1988 schlossen sich Interessenten zusammen, um diese Rasse wieder zu neuem Leben zu erwecken. Durch Einkreuzungen von Braque Français und Braque Saint-Germain erhielt man den Typ, wie man ihn heute kennt.
**Charakter:** Der Braque de l'Ariège wurde früher vorwiegend zur Rebhuhn- und Wachteljagd verwendet. Dank seiner Unempfindlichkeit gegen Kälte und Witterungseinflüsse ist er auch für die Jagd im Gebirge geeignet. Die Rasse besitzt eine große Jagdpassion, ist sehr ausdauernd und hervorragend bei der Apportierarbeit. Im Gegensatz zu den anderen französischen Vorstehhundrassen ist der Braque de l'Ariège nicht ganz so führerbezogen und löst sich bei der Jagd eher vom Führer. Er ist ruhig, manchmal vielleicht etwas starrsinnig und sollte mit viel Geduld, aber ohne übertriebene Härte ausgebildet werden.
**Besonderheiten:** Das kurze, feine Haar bedarf keiner besonderen Pflege und sollte mit einem silbrigen Schimmer glänzen. Die Rasse ist immer noch sehr selten. Die Rute wird bei diesen Hunden, die vermutlich ausschließlich jagdlich geführt werden, in der Regel kupiert.

# 7 | Braque du Bourbonnais

Kontinentale Vorstehhunde | FCI-Nr. 179

### Bourbonnaiser Vorstehhund

Herkunft: Frankreich
Größe: Rüden 51–57 cm; Hündinnen 48–55 cm. Eine Abweichung von 1 cm nach oben oder unten ist erlaubt.
Farben: Grau-braun geschimmelt, stark bis mittelmäßig getüpfelt. Gesamteindruck ergibt „lie-de-vin" (weinsteinfarben), „lilas passé" (altlila) oder „fleur de pêcher" (orange geschimmelt). Farbige Platten am Kopf sind zulässig.

**Geschichte:** Der Ursprung des Braque du Bourbonnais liegt schon einige Jahrhunderte zurück. Im 16. Jahrhundert widmete sich der Italiener Aldovrandi dieser Rasse und nahm sie in seine 1589 erschienene Enzyklopädie auf. Im 17. Jahrhundert wurde diese Rasse in Frankreich am Hofe des Königs eingeführt. Durch die Französische Revolution hat sich die Spur etwas verloren, aber schon 1820 trifft man wieder auf Nachweise dieser Rasse. Um 1900 begann man dann mit der gezielten Reinzucht. Wegen gegensteuernder Zuchtbestrebungen gab es in Frankreich zwischen 1963 und 1973 keine offiziellen Zuchteintragungen, dennoch wurde aber weitergezüchtet.
**Charakter:** Der Braque du Bourbonnais ist ein relativ kleiner, kräftig gebauter Vor-

stehhund, der mit hoher Nase sucht und fest und sicher in der typischen Position vorsteht. Er ist aktiv und ausdauernd bei der Suche und voller Jagdpassion. Er besitzt ein äußerst sanftes und freundliches Wesen, ist leichtführig und somit auch ein angenehmer und zuverlässiger Familienhund. Mit Artgenossen verträgt er sich in der Regel gut.

Besonderheiten: Die Stummelrute ist bei dieser Rasse angeboren. Bei uns ist dieser Jagdhund nur selten anzutreffen. Nur wenige Exemplare werden gelegentlich von Frankreich importiert.
Der Braque Dupuyi (FCI-Nr. 178) ist eine weitere kurzhaarige französische Vorstehhundrasse mit einer Schulterhöhe von 69 cm und einer weiß-braunen Färbung. 1970 wurde die Zucht dieser Rasse eingestellt. 1991 soll das letzte Mal ein Exemplar auf einer Ausstellung gezeigt worden sein. Es ist nicht bekannt, ob die Rasse noch existiert oder schon ausgestorben ist. Beide Rassen unterscheiden sich ausschließlich durch die Größe und sind auch von Kennern nur schwer zu unterscheiden.

# 7 | Braque Français

Kontinentale Vorstehhunde: Braque Français type Gascogne | FCI-Nr. 133
Braque Français type Pyrénées | FCI-Nr. 134

Geschichte: Der Braque Français gilt als Stammvater aller heutigen kurzhaarigen französischen Vorstehhunde. 1683 wurde diese Rasse erstmalig genau beschrieben. Aus den schweren, langsamen Vorstehhunden im Südwesten Frankreichs hat man ab etwa 1830 diese beiden Schläge herausgezüchtet. Sie werden in ganz Frankreich dank ihrer Jagdpassion geschätzt, sind aber traditionsgemäß häufiger in der südlichen Hälfte vertreten.
Charakter: Der kleinere „Pyrenäe" ist schneller als sein „großer Bruder", der dagegen eine gelassene Ruhe ausstrahlt. Beide Schläge haben einen ausgezeichneten Fährten- und Spursinn und stehen sicher und fest vor. Sie werden für die Jagd vor und nach dem Schuss verwendet. Die Apportierfreude ist ihnen angeboren. Sie besitzen ein freundliches Wesen, sind leichtführig und sehr führerbezogen und im Haus angenehme Familienhunde. Sie sind ausdauernd und widerstandsfähig. Ihre Erziehung sollte ohne übertriebene Härte erfolgen. Sie sind in allen Arten von Gelände einsetzbar.
Besonderheiten: Die Rute wird bei diesen Jagdhunden auf etwa ein Drittel kupiert. Trotz ihrer Beliebtheit in Frankreich sind die Rassen bei uns nur selten zu sehen.

**Braque Français type Gascogne**

Größe: Rüden 58–69 cm; Hündinnen 56–68 cm.

**Braque Français type Pyrénées**

Größe: Rüden 47–58 cm; Hündinnen 47–56 cm.

Herkunft: Frankreich
Farben: Weiß mit braunen Platten; Weiß mit brauner Schimmelung mit oder ohne Platten; Braun.

# 7 | Braque Saint-Germain

Kontinentale Vorstehhunde | FCI-Nr. 115

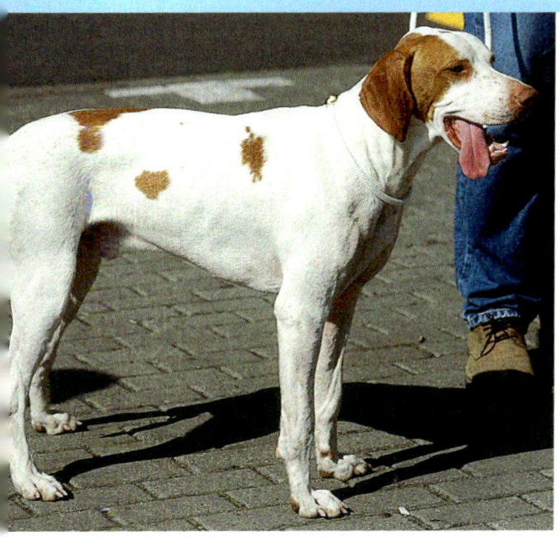

Herkunft: Frankreich
Größe: Rüden 56–62 cm; Hündinnen 54–59 cm.
Farben: Weiß mit orangefarbenen Flecken.

Geschichte: Der Braque Saint-Germain wird auch als Halbblut unter den Vorstehhunden bezeichnet. Die ersten Hunde dieser Rasse entstanden um 1830 aus der Verbindung einer weiß-orangefarbenen Pointerhündin und einem wunderschönen Braque Français. Ihr Besitzer, Baron de Larminant, war Inspektor des Waldes von Compiègne (daher die alte Bezeichnung s. u.). Von den sieben aus dieser Verbindung stammenden Welpen gelangten vier an Waldaufseher. Als diese nach St. Germain versetzt wurden, nahmen sie die Hunde mit und züchteten auf deren Basis weiter.

Charakter: Der Braque Saint-Germain ist sehr führerbezogen, temperamentvoll, aber auch sensibel. Er ist leichtführig und lässt sich gut ausbilden. Allerdings darf er wie die meisten anderen französischen Vorstehhunde auch nicht mit zu viel Härte angefasst werden. Kenner dieser Rasse loben besonders das zuverlässige Vorstehen. Die Hunde bleiben ruhig und hetzen nicht hinter dem Wild her.

Verwendung: Bei einfühlsamer Erziehung und Ausbildung wird der Braque Saint-Germain zu einem vielseitigen, zuverlässigen Jagdbegleiter und einem ebenso angenehmen, freundlichen Familienhund, der sich im Haus ruhig verhält. Als Wachhund ist diese Rasse nicht geeignet.

Besonderheiten: Der Braque Saint-Germain ist ein eleganter Vorstehhund, dessen Muskulatur weniger kräftig ist als die des Pointers. Der Kopf sollte idealerweise weniger an einen Pointer erinnern als an einen Braque Français (weniger Stopp). Auch die Behänge sind länger als beim Pointer.
Die Rute dieser Hunde wurde nie kupiert. Die alte Bezeichnung dieser Rasse ist „Braque Compiègne".

# 3 | Brasilianischer Terrier

Hochläufige Terrier | FCI-Nr. 341

## Terrier brasileiro, Fox Paulistinha

Herkunft: Brasilien
Größe: Rüden 35–40 cm; Hündinnen 33–38 cm.
Gewicht: Rüden und Hündinnen maximal 10 kg.
Farben: Weiß mit schwarzen, rotbraunen oder blauen Flecken und den typischen Loh-Abzeichen.

Geschichte: Der Brasilianische Terrier ist erst seit wenigen Jahren auch außerhalb seines Heimatlandes bekannt geworden. Seine Vorfahren stammen aber ursprünglich gar nicht aus Brasilien. Früher studierten viele Brasilianer in Europa, vor allem in England und Frankreich. Bei ihrer Heimkehr brachten sie häufig nicht nur Frau und Kind mit nach Hause, sondern auch kleine Terrier, die sich dann in Brasilien an das Leben auf dem Land gewöhnten und sich mit anderen einheimischen Hunden verpaarten. Vermutlich stammt diese Rasse daher von Fox Terriern und anderen Hunden ab, die als sogenannte „Rattenbeißer" galten. Mit der Entwicklung der großen Städte mussten sich viele dieser Hunde in Brasilien dann noch einmal an andere Lebensumstände gewöhnen, da sie in die Zentren umgesiedelt wurden. So entstand eine Rasse, die sich auch gut an das Leben in der Stadt anpassen kann.
Seit 1995 ist der Brasilianische Terrier von der FCI anerkannt. Ein Erkennungsmerkmal dieser Hunde ist die typische lohfarbene Zeichnung an Kopf und Ohren, die ihn leicht vom ähnlich aussehenden Parson Russell Terrier unterscheiden lässt.

Charakter: Die typischen Terrier-Merkmale sind bei ihm nicht so stark ausgeprägt. Sein Jagdtrieb hält sich in Grenzen, wobei ihm trotzdem keine Maus oder Ratte entkommt. Er ist weniger streitlustig als viele Terrier und lässt sich auch gut erziehen. Er ist bellfreudig und meldet jeden Fremden lautstark an. Wegen seiner handlichen Größe und seiner Anpassungsfähigkeit kann man ihn auch in der Stadt halten, wenn er ausreichend Auslauf in

Form von Spaziergängen und Spielstunden erhält. Der temperamentvolle kleine Hund ist wendig und schnell und daher auch für Hundesport wie zum Beispiel Agility geeignet.

Besonderheiten: Das glatte, kurze Fell bedarf keiner speziellen Pflege. Die Lebenserwartung dieser kernigen und robusten kleinen Hunde soll recht hoch sein.

Früher wurde die Rute dieser kleinen Terrier kupiert. Heute sieht man bei uns vorwiegend Exemplare mit langer Rute, da in den mitteleuropäischen Ländern das Rutenkupierverbot schon lange besteht.

# 6 | Briquet griffon vendéen

Laufhunde | FCI-Nr. 19

Herkunft: Frankreich
Größe: Rüden 50–55 cm; Hündinnen 48–53. Eine Abweichung von 1 cm nach oben oder unten wird bei vorzüglichen Hunden toleriert.
Farben: Falbfarben; Hasenfarben; Weiß und Orange; Weiß und Grau; Weiß und Hasenfarben; Weiß und Schwarz, dreifarbig aus den vorgenannten Farbnuancen.

Geschichte: Diese Rasse ist mit dem ähnlich aussehenden Grand Griffon Vendéen eng verwandt, der vermutlich auch der direkte Vorfahre des Briquet ist. Seit Jahrhunderten werden diese Hunde in ihrer Heimat für die Niederwildjagd eingesetzt. Sie wurden immer in mehr oder weniger großen Meuten gehalten und sind daher sehr verträgliche Hunde, die sich sowohl gegenüber Menschen als auch Artgenossen ausgesprochen freundlich verhalten.

Verwendung: Als Meutehunde sind es diese Griffons gewohnt, selbstständig zu arbeiten und weitläufig zu jagen. Sie besitzen einen sicheren Spurlaut und sind vor allem für das Stöbern im Wald geeignet, aber auch für die Nachsuche. Das Apportieren liegt ihnen weniger, kann ihnen aber beigebracht werden. Die helle Fellfarbe erweist sich als Vorteil, weil dadurch der Hund jederzeit auch in dichter Vegetation gut auszumachen ist.

Diese bei uns recht seltene Rasse kann auch als reiner Familien- und Begleithund gehalten werden. Allerdings muss man unbedingt dem großen Laufbedürfnis dieser Hunde entsprechen. Ideal ist das Laufen am Fahrrad, da sie es gewohnt sind, lange Strecken mit häufig hohen Geschwindigkeiten zurückzulegen. Auch Hundesport oder Fährtenarbeit sind sinnvolle Beschäftigungsmöglichkeiten. Außerdem muss die Bindung an die Familie so eng wie möglich sein, damit sich die Hunde nicht zu weit von den Menschen entfernen.

Durch ausreichende Bewegung, Beschäftigung und eine gründliche Erziehung kann man die Briquets von ihrer großen Jagdleidenschaft abhalten und sie somit zu fröhlichen und zuverlässigen Begleithunden machen.

Besonderheiten: Das harsche, struppige Fell braucht keine übermäßige Pflege, sondern muss nur gelegentlich gebürstet werden. Die langen Behänge sollten regelmäßig mit einem feuchten Tuch gereinigt werden, um eventuellen Entzündungen vorzubeugen.

# 2 | Broholmer

Molossoide | FCI-Nr. 315

Herkunft: Dänemark
Größe: Rüden und Hündinnen 70–75 cm.
Gewicht: Rüden und Hündinnen 52–63 kg.
Farben: Hellbraun; bräunlich Gelb; Schwarz; weiße Abzeichen an Füßen, Rute und Brust sind erlaubt.

Geschichte: Der dänische Broholmer entstand im 19. Jahrhundert aus Kreuzungen zwischen dem Englischen Mastiff und der Deutschen Dogge. Diese Ausgangsrassen gelangten als Geschenke von englischen und deutschen Monarchen nach Dänemark.

Lange Zeit erfreute sich der Broholmer in seinem Heimatland großer Beliebtheit. Er wurde als Wach- und Schutzhund gehalten sowie für die Jagd auf Bären und Wildschweine eingesetzt. Den Namen verdankt diese Rasse ihrem Züchter, der Mitte des 19. Jahrhunderts die Reinzucht dieser

Hunde aufbaute. Er lebte auf dem Gut Broholm auf Fünen.
Die durch die Weltkriege entstehende Not änderte die Einstellung der Dänen zur Haltung großer Hunde, da sie nicht mehr in der Lage waren, Tiere mit solch einem enormen Appetit zu ernähren. Daher wurde der Broholmer immer seltener.
Erst in den 1970er-Jahren bemühte man sich um den Erhalt der Rasse, deren Bestand bis heute zwar gesichert, aber immer noch sehr gering ist.

**Charakter:** Der Broholmer ist wachsam, mutig und treu. Er ist sehr anhänglich und lässt sich gut erziehen.
Aufgrund seiner Größe benötigt er einen Menschen, den er als Rudelführer akzeptiert, dem er sich unterordnet und der ihn mit Disziplin und Konsequenz ausbildet. Mit seinem freundlichen, ruhigen Wesen ist er ein angenehmer Hausgenosse, der natürlich aufgrund seiner Körpergröße ausreichend Bewegung braucht. Am wohlsten fühlt er sich natürlich in einem Haus mit großem Grundstück, das er bewachen und auf dem er sich frei bewegen kann.
Für schnelle Hundesportarten ist der Broholmer aufgrund seiner stattlichen Größe nicht geeignet.

**Besonderheiten:** Der Broholmer ist außerhalb seiner Heimat Skandinavien nur äußerst selten anzutreffen.
Sein kurzes, dichtes Fell bedarf keiner besonderen Pflege.
Wie bei allen großen Rassen sollten die Hunde vor allen Dingen im Jugendalter richtig ernährt und körperlich nicht überfordert werden.

## 2 | Bullmastiff

Molossoide | FCI-Nr. 157

Herkunft: Großbritannien
Größe: Rüden 63,5–68,5 cm; Hündinnen 61–66 cm.
Gewicht: Rüden 50–59 kg; Hündinnen 41–50 kg.
Farben: Gelbbraun; Rot; gestromt; immer mit schwarzer Maske; kleine weiße Flecken auf der Brust sind erlaubt.

**Geschichte:** Ihre Entstehung verdankt die Rasse den englischen Wildhütern des 19. Jahrhunderts. Durch die Armut in der Bevölkerung nahm die Wilddieberei zu. Die Wildhüter brauchten einen Hund, der kräftig gebaut und ausdauernd war, sie nicht durch Gebell verriet und den gestellten Wilddieb festhalten, ihn aber nicht verletzen oder töten sollte. So entschied man sich, den englischen Mastiff mit dem Bulldog zu kreuzen. Es entstand ein zuverlässiger, selbstsicherer, anpassungsfähiger und fröhlicher Hund, der die Wildhüter bei ihrer einsamen Arbeit unterstützte. Bemerkte er auf den regelmäßigen Kontrollgängen etwas Ungewöhnliches, zeigte er es mit Stirnrunzeln an. Bellen durfte er nur im Notfall, um seinen Wildhüter nicht zu verraten. Bei einem Angriff durften die Hunde nicht zimperlich sein. Als die Hunde für diese Tätigkeiten nicht mehr benötigt

A B C D E F G H I J K L M N O P Q R S T U V W X Y Z

wurden, gab es schon genug Liebhaber der Rasse, die sie weiterzüchteten.

Charakter: Der heutige Bullmastiff hat den größten Teil seines Draufgängertums verloren. Auf ein verträgliches Wesen wird großen Wert gelegt. Der Bullmastiff ist ruhig und bellt nur, wenn es wirklich einen Grund dafür gibt. Trotzdem ist er temperamentvoll und oft bis ins hohe Alter verspielt. Eine gewisse Sturheit und einen Teil seiner Unabhängigkeit hat er sich bewahrt.

Verwendung: Schon allein wegen seiner Größe sollte der Bullmastiff gut erzogen werden. Bei der Ausbildung ist er konzentriert bei der Sache, und es stellt für ihn kein Problem dar, die Begleithundprüfung abzulegen. Auch für die Fährtenarbeit lässt er sich begeistern. Für den Schutzdienst ist er nicht geeignet. Er arbeitet gern mit seinen Menschen und zieht eine Trainingsrunde mit Unterordnungsübungen oft einem langen Spaziergang vor. Wer einen großen, zuverlässigen Hund mit einem freundlichen Wesen möchte und ihm eine gründliche Erziehung angedeihen lässt, für den ist der Bullmastiff sicherlich der richtige Hund. Seine Erziehung erfordert Ruhe, Disziplin und gewissen Hundeverstand.

Besonderheiten: In manchen Bundesländern wird diese Rasse zu den gefährlichen Hunden gezählt, deren Haltung mit bestimmten Auflagen verbunden ist. Daher sollte man sich vor Anschaffung dieser Rasse nach den aktuellen Bestimmungen und Vorschriften erkundigen.

## 3 | Bull Terrier

Bullartige Terrier | FCI-Nr. 11

Herkunft: Großbritannien
Größe: Im Standard keine Angaben; Miniatur Bull Terrier nicht über 35,5 cm.
Farben: Weiß; alle Farben außer Blau und Leberblau; bei Kombination mit Weiß muss die andere Farbe vorherrschen; Tricolor.

Geschichte: Die Wiege dieser Rasse liegt im englischen Birmingham, wo durch Kreuzungen von White English Terriern mit English Bulldog und Dalmatiner der Bull Terrier entstand. Ziel war es, einen für die damals populären Bullenkämpfe geeigneten Hund zu schaffen. Bis heute sieht der Standard keine Idealgröße vor. Die Hunde sollen nur einen kräftigen, muskulösen und gut proportionierten Körper aufweisen.

Verwendung: Nachdem 1835 die Hundekämpfe verboten wurden, wurde der Bull Terrier als mutiger und zuverlässiger Wach- und Begleithund weitergezüchtet. Er besitzt zwar eine hohe Reizschwelle,

kämpft aber unerbittlich mit Artgenossen, wenn diese Schwelle überschritten ist. Da er fest zupackt, fügt er seinem Gegner meistens erhebliche Wunden zu. Seinen Mut und seine Schärfe macht man sich auch bei der Jagd zunutze. Schon auf alten Gemälden sind Bull Terrier bei Jagdszenen als „Saupacker" abgebildet. Auch heute noch sind sie auf der Wildschweinjagd einsetzbar. Wird die Beute von den schnelleren Laufhunden aufgespürt, kommt der Bull Terrier zum Einsatz, der sie packt und so lange festhält, bis der Jäger zum Schuss kommt. Allerdings ist der Einsatz von Bull Terriern bei der Jagd heute eher die Ausnahme.

Charakter: Der Bull Terrier ist ein treuer, zuverlässiger, zu Menschen normalerweise freundlicher Begleithund, der viel Auslauf und eine gründliche Erziehung benötigt. Sein Wach- und Schutztrieb sind stark ausgeprägt. Man sagt, er lasse einen Einbrecher in die Wohnung, aber nicht mehr hinaus!
Die Miniatur-Ausführung dieser Rasse hat vergleichbare Eigenschaften wie die großen Vertreter.

Besonderheiten: Typisch für diese Rasse ist die eigentümliche Kopfform mit der sogenannten Ramsnase. Bei reinweißen Tieren kann es vermehrt zu vererbbarer Taubheit kommen. Gestromte Färbung wird bevorzugt.
In den meisten Bundesländern wird diese Rasse (nicht der Miniatur Bull Terrier) zu den gefährlichen Hunden gezählt, deren Haltung mit bestimmten Auflagen verbunden ist. Daher sollte man sich vor Anschaffung dieser Rasse nach den aktuellen Bestimmungen und Vorschriften erkundigen.

## 1 | Ca de Bestiar

Schäferhunde | FCI-Nr. 321

### Perro de pastor mallorquin

Herkunft: Spanien
Größe: Rüden und Hündinnen 48–56 cm.
Gewicht: Rüden und Hündinnen 20–27 kg.
Farben: Schwarz; dunkel gestromt.

Geschichte: Der Mallorca-Schäferhund, wie die Rasse auch genannt wird, hat seinen Ursprung auf der Iberischen Halbinsel und gelangte über alte Handelsrouten des Mittelmeeres auf die Balearen. Aufgrund seiner großen Ähnlichkeit mit dem portugiesischen Cao de Castro Laboreiro ist eine Verwandtschaft mit dieser Rasse nicht ausgeschlossen.

Charakter: Der Ca de Bestiar besitzt das Wesen und die Eigenschaften des typischen Hirtenhundes. Er ist selbstständig, mutig, wachsam, verteidigungsbereit und außerordentlich territorial. Er ist es gewohnt, eigenständig zu arbeiten und selbst zu entscheiden, wann es notwendig ist, zum Angriff überzugehen. Er wird vor allem als Hof- und Bauernhund gehalten, der sowohl Hab und Gut als auch Menschen und Tiere zuverlässig beschützt. Eine Haltung als reiner Haus- und Familienhund ist eher die Ausnahme.

Besonderheiten: Durch gezielte Kreuzungen bei der Entstehung dieser Rasse haben die Hunde die Fähigkeit erhalten, auch bei extremer Hitze arbeiten zu können. Außerhalb Spaniens ist die Rasse kaum anzutreffen. In der Vergangenheit wurden nur regelmäßig Tiere nach Brasilien exportiert.
In Spanien beziehungsweise auf den Balearen werden die Hunde nach einem festgelegten Typ und ihrem speziellen Verwendungszweck nur für den Eigenbedarf der Bauern gezüchtet. Daher sind sie in anderen Bereichen kaum anzutreffen und auch auf Ausstellungen nur höchst selten zu sehen. Aufgrund ihres Charakters und ihrer ursprünglichen Verwendung sind diese Hunde sicherlich schwer zu erziehen und auszubilden.
Die im Standard noch beschriebene langhaarige Variante (als „pelo largo" bezeichnet) dieser Rasse kommt im Gegensatz zum kurzhaarigen Typ (als „pelo corto" bezeichnet) nur noch äußerst selten vor.

# 3 | Cairn Terrier

Niederläufige Terrier | FCI-Nr. 4

Herkunft: Großbritannien
Größe: Rüden und Hündinnen 28–31 cm.
Gewicht: Rüden und Hündinnen 6–7,5 kg.
Farben: Cremefarben; Weizenfarben; Rot; Grau bis fast Schwarz; bei all diesen Farben ist eine Stromung zulässig. Reines Schwarz, Weiß oder Schwarz und Loh sind nicht erlaubt.

Geschichte: Die Heimat dieses kleinen Terriers liegt in Schottland, wo er mindestens seit Mitte des 19. Jahrhunderts bekannt ist. Vermutlich wurden aber seine Vorfahren schon vor über 300 Jahren als Schädlingsvertilger gehalten. Der Cairn Terrier wurde eine Zeit lang fälschlicherweise als „Kurzhaariger Skye Terrier" bezeichnet. Seine Hauptaufgabe bestand darin, Ratten und Mäuse zu jagen. Sein Name stammt von den als „cairns" bezeichneten Steinwällen, in denen sich das von ihm zu jagende Getier gern versteckt hielt. Es heißt auch, dass früher jedes Oberhaupt in den Highlands eine Meute Laufhunde und Terrier besaß, wobei Letztere für die Jagd auf Fuchs, Dachs und kleinere Pelztiere eingesetzt wurden. Die kleinen, genügsamen Hunde wurden in Meuten gehalten und waren schon damals Artgenossen gegenüber sehr verträglich. 1909 wurde die Rasse erstmalig auf einer Ausstellung gezeigt. In den 1930er-Jahren wurde sie recht populär, weil die königliche Familie auch die Vorliebe für diese Rasse entdeckte. Heute ist sie weltweit verbreitet, aber in ihrer Heimat immer noch am häufigsten anzutreffen.

Verwendung: Der lebhafte Cairn Terrier ist heute nach wie vor zur Nagerbekämpfung und für den jagdlichen Einsatz geeignet. Allerdings dürfte er bei uns hauptsächlich als Familien- und Begleithund gehalten werden. Im Haus verhält er sich in der Regel ruhig und bellt wenig.

Charakter: Der Cairn Terrier ist temperamentvoll und bewegungsfreudig. Erhält er ausreichend Auslauf, fühlt er sich auch in einer Stadtwohnung wohl. Der Cairn Terrier hat ein furchtloses, selbstsicheres Wesen, ist aber nicht aggressiv. Er ist flink und arbeitsfreudig. Er ist ideal für Menschen, die einen fröhlichen, aktiven, aber dennoch kleinen Hund als Begleiter haben möchten. Von den echten Liebhabern des Cairn Terriers werden die einzelnen Buchstaben seines Namens häufig bestimmten Eigenschaften und Merkmalen zugeordnet: C für charakterfest und charakterstark, A für aktiv, ausdauernd und anschmiegsam, I für intelligent und individuell, R für robust und raubeinig, N für natürlich und nicht nachtragend.

Besonderheiten: Der Cairn Terrier besitzt ein wetterfestes, Nässe abweisendes Haarkleid. Es besteht aus der dichten, weichen Unterwolle und dem üppigen, harschen Deckhaar. Dunkle Abzeichen an den Ohren oder am Fang sind typisch für die Rasse. Die Rute wurde früher kupiert. Die naturbelassene lange Rute ist kräftig behaart.

# 5 | Canaan Dog

Urtyp- Hunde | FCI-Nr. 273

Kanaan-Hund, Kelev K'haani

Herkunft:Israel
Größe: 50–60 cm, wobei Rüden deutlich kräftiger und größer sind als Hündinnen.
Gewicht: Je nach Größe 18–25 kg.
Farben: Weiß; Schwarz; alle Schattierungen von Braun; einfarbig oder zweifarbig, gefleckt, mit oder ohne Maske.

Geschichte: Der Kanaan-Hund ist eine moderne Hunderasse, die aus den ursprünglichen Pariahunden von zwei Wissenschaftlern in den 1930er-Jahren herausgezüchtet wurde. Diese Pariahunde wurden in Palästina gefangen, wieder domestiziert und zunächst zum Bewachen und Hüten von Rindern und Schafen eingesetzt. Die Israelis haben seitdem die Kanaan-Hunde als Wachhunde, zum Aufspüren von Minen zu Kriegszeiten, als Boten und als Helfer des Roten Kreuzes und anderer Hilfsorganisationen verwendet.

Charakter: Der Kanaan-Hund besitzt ein extrem empfindliches Gehör und eine sehr gute Nase, sodass er Eindringlinge schon aus großer Entfernung bemerkt und sofort Alarm schlägt. Er lässt sich gut ausbilden und ist auch als Fährtenhund geeignet. Er besitzt gute Hüteeigenschaften, erreicht aber nicht die Fähigkeiten wie Border Collie oder Kelpie. Er ist äußerst beweglich, reaktionsschnell und ausdauernd. Der Kanaan-Hund ist Fremden gegenüber zurückhaltend, aber nicht aggressiv. Seiner Familie gegenüber ist er treu ergeben. Wird er rechtzeitig sozialisiert, ist er ein angenehmer Begleithund mit einer an-

geborenen Fähigkeit als Wachhund. Er ist wachsam sowohl gegenüber Menschen als auch anderen Tieren.

Besonderheiten: Da bei ihm als recht urtümliche Rasse die Instinkte, seinen Bau sauber zu halten, noch ausgeprägt vorhanden sind, ist er ein sehr reinlicher Hund, der schnell stubenrein wird. Er braucht nicht übermäßig viel Auslauf.

Außer in Israel ist der Hund auch in den USA häufiger anzutreffen. Bei uns kommt er nicht oder kaum vor.

## 2 | Cane Corso Italiano

Molossoide | FCI-Nr. 343

### Italienischer Corso-Hund

Herkunft: Italien

Größe: Rüden 64–68 cm; Hündinnen 60–64 cm.

Gewicht: Rüden 45–50 kg; Hündinnen 40–45 kg. Eine Abweichung von 2 cm nach oben oder unten ist erlaubt.

Farben: Schwarz; Bleigrau; Schieferfarben; Hellgrau; Hell- bis Dunkelbeige; Tabby (gestromt in Beige und Grau).

Geschichte: Diese Hunderasse stammt direkt von den alten römischen Molossern (*Canis pugnax*) ab, die sowohl für die Jagd auf Großwild, insbesondere Wildschwein, als auch bei kriegerischen Schlachten eingesetzt wurden. Sein Ursprung liegt im Zentrum von Süditalien. Sein Name leitet sich vermutlich von dem lateinischen Wort „cohors" ab, was sowohl „Hof" als auch „Leibwache" bedeuten kann. Beides passt zu diesem Hund. Er wurde als zuverlässiger Wächter von Haus und Hof eingesetzt. Er hütete die Kühe und Schweine draußen in der Wildnis. Und er beschützte Fuhrleute und Reisende auf ihren Wegen. Als für diese Hunde keine Verwendung mehr bestand, gerieten sie allmählich in Vergessenheit und standen kurz vor dem Aussterben. Einige Liebhaber bewahrten sie davor und heute ist ihr Bestand wieder gesichert. Seit 1996 besitzt der Cane Corso die Anerkennung durch die FCI.

Charakter: Der moderne Cane Corso ist der geborene Wachhund, der seine Menschen und deren Hab und Gut beschützt und verteidigt. Er zählt zu den etwas leichter gebauten molossoiden Hunden. Er ist anpassungsfähig, mutig, loyal, aufmerksam und reaktionsschnell. Seine Selbstsicherheit ermöglicht ihm eine distanzierte Freundlichkeit gegenüber fremden Menschen und Hunden. Wegen seiner Größe und seines angeborenen Schutztriebes ist dieser Hund sicher nicht für jedermann geeignet, jedoch lässt er sich mit entsprechender Erfahrung recht gut führen und ausbilden. Wird er von klein auf gut sozialisiert und mit Geduld und Einfühlungsvermögen erzogen, ist er ein zuverlässiger Familien- und Begleithund. Der Cane Corso braucht viel Bewegung und sollte möglichst ein großes Grundstück zur Verfügung haben, auf dem er sich frei bewegen kann.

Besonderheiten: Früher wurden Ohren und Rute dieser immer noch seltenen Hunde regelmäßig kupiert. Exemplare, die aus Ländern mit einem Kupierverbot stammen, haben heute Schlappohren und eine kräftige, säbelförmige Rute.

# 2 | Cão da Serra da Estrela

Molossoide | FCI-Nr. 173

Serra da Estrela-Berghund; glatthaarig und langhaarig

Herkunft: Portugal

Größe: Rüden 65–72 cm; Hündinnen 62–68 cm; eine Toleranz von 4 cm nach oben oder unten ist zulässig.

Gewicht: Rüden 40–50 kg; Hündinnen 30–40 kg.

Farben: Falbfarben; Wolfgrau; Gelb (mit oder ohne weiße Abzeichen).

**Geschichte:** Die Serra da Estrela ist ein Gebirge im Norden Portugals, wo diese Rasse schon seit sehr langer Zeit vorkommt. Sie ist eine der ältesten Hunderassen der Iberischen Halbinsel. Ihr genauer Ursprung ist unbekannt. Vermutlich stammt sie von asiatischen Doggen ab, die in den Westen gelangt sind.

**Verwendung:** Die Hunde begleiten die Viehherden bis in die höchsten Alpweiden. Sie bewachen und verteidigen das Vieh gegen wilde Tiere und Viehdiebe. Sie werden auch als Wächter von Haus und Hof eingesetzt, zu Schutzhunden ausgebildet und sogar als Zughunde verwendet. Bei uns ist diese Rasse bisher nur sehr selten anzutreffen.

**Charakter:** Wie bei allen Hirtenhunden sollte man den selbstständigen Charakter bei der Erziehung berücksichtigen. Nur mit viel Geduld und Einfühlungsvermögen lassen sie sich ausbilden. Fremden gegenüber sind sie zurückhaltend bis skeptisch. Ihre imposante Erscheinung, ihr selbstsicheres Auftreten sowie ihre Drohgebärden bei vermeintlichen Gefahren sind Respekt einflößend. Artgenossen gegenüber verhalten sie sich häufig recht dominant.
Wer ihre Charaktereigenschaften akzeptiert und auf das Wesen der Tiere eingeht, wird in ihnen sicherlich einen treuen und beschützenden Begleiter finden. Für Anfänger sind diese Hunde nicht zu empfehlen.

**Besonderheiten:** Das kräftige Ziegenhaar kann glatt oder leicht gewellt sein und ist sehr pflegeleicht. Sowohl die lang- als auch die kurzhaarige Variante besitzt eine sehr reichliche Behaarung, die fast am ganzen Körper gut anliegt. Die Unterwolle ist normalerweise heller gefärbt als das Deckhaar.

# 1 | Cão da Serra de Aires

Schäferhunde | FCI-Nr. 93

Portugiesischer Schäferhund

Herkunft: Portugal

Größe: Rüden 45–55 cm; Hündinnen 42–52 cm.

Gewicht: Rüden und Hündinnen 12–18 kg.

Farben: Schwarz mit mehr oder weniger starken rotbraunen Abzeichen; Gelb; Braun; Grau; Loh; Wolfsgrau. Hauptsächlich trifft man heute auf schwarze Exemplare, alle anderen Farben sind recht selten geworden.

**Geschichte:** Diese Rasse ist ein Hütehund aus Portugal, dessen Heimat im Gebiet des Alentejo und Ribatero liegt. Vermutlich besteht eine enge Verwandtschaft mit dem Berger de Brie und dem Berger des Pyrénées, vielleicht auch mit dem Gos d'Atura. Wegen seiner ausgezeichneten Hüteeigenschaften, seiner Unempfindlichkeit gegenüber Witterungseinflüssen und seiner Anspruchslosigkeit bezüglich der Nahrung wurde dieser Hütehund von den Hirten geschätzt. Er wurde zum Treiben nicht nur von Schafen, sondern auch von Rindern, Ziegen und Pferden eingesetzt. Beim Ziehen der Herden hatte er das Vieh durch anhaltendes Gebell zu treiben. Beim Weiden sollte er es lautlos umkreisen und zusammenhalten und eventuelle Ausreißer zurückholen.

**Charakter:** Der Cao de Serra de Aires ist sehr lernwillig und ausdauernd. Fremden gegenüber ist er zunächst zurückhaltend, außerdem ist er recht wachsam, bellt aber nicht unnötig viel. Mit Artgenossen

verträgt er sich normalerweise gut. Er ist immer bereit, etwas für seine Menschen zu tun. Wird er als reiner Familien- und Begleithund gehalten, sollte man seinem Arbeitseifer durch die Ausübung von Hundesport entsprechen oder ihm die Möglichkeit zum Hüten geben. Er lässt sich gut erziehen und ist ein angenehmer, ausgeglichener Hausgenosse, wenn er rassegemäß beschäftigt wird.

Besonderheiten: Das üppige, lange, etwas harsche Fell, das jedoch kaum Unterwolle besitzt, ist relativ leicht zu pflegen.

Bei uns ist diese Rasse bisher nur selten anzutreffen, obwohl sie sicherlich eine Alternative für die Liebhaber von langhaarigen Hütehunden ist, die sich gern sportlich betätigen und Spaß an Unternehmungen mit ihrem Vierbeiner haben.

## 8 | Cão de agua Português

Wasserhunde | FCI-Nr. 37

### Portugiesischer Wasserhund, Haar gekräuselt oder gewellt

Herkunft: Portugal
Größe: Rüden 50–57 cm, ideal 54 cm; Hündinnen 43–52 cm, ideal 46 cm.
Farben: Schwarz; Weiß; verschiedene Brauntöne; Schwarz-Weiß; Braun-Weiß.

Geschichte: Dieser Wasserhund ist eine sehr alte portugiesische Hunderasse, die als unersetzlicher Helfer der Fischer überall an der Küste vorkam. Durch die Modernisierung des Fischfangs ging auch der Bestand dieser Hunde zurück und beschränkte sich praktisch nur noch auf die Algarve, die heute als Heimat dieser Rasse anerkannt wird. Die Hunde können ausgezeichnet und ausdauernd schwimmen und tauchen. Sie waren für die Fischer einerseits Wachhunde, die ihre Boote und ihr Haus bewachten, andererseits apportierten sie Fische aus dem Wasser (und tauchten notfalls nach ihnen), die beim Fischen aus dem Netz oder vom Haken entkommen waren. Sie brachten auch losgerissene Netze an Land und dienten schwimmenderweise als Verbindungsglied zum Land, auch wenn das Boot schon weit draußen war.

Charakter: Der Portugiesische Wasserhund besitzt ein ungestümes Temperament, ist selbstbewusst gegenüber Artgenossen, unerschrocken, anspruchslos und äußerst ausdauernd. Bei uns wird er gelegentlich als Familien- und Begleithund gehalten. Er braucht viel Bewegung und Beschäftigung. Er ist sehr lernfreudig, lässt sich gut erziehen und führt mit Freude die Anordnungen seines Menschen aus. Da man ihn kaum in seinen ursprünglichen Aufgaben einsetzen kann, sollte man mit ihm alternativ Hundesport wie Agility, Obedience oder Turnierhundesport betreiben, wofür er sich gut eignet.

Besonderheiten: Vom Standard vorgeschrieben ist die typische Schur der hinteren Körperhälfte, wobei am Rutenende eine lange Quaste bestehen bleibt. Diese Schur trägt die Bezeichnung „Lionsclip"-Schur (siehe Foto) und wird bei Ausstellungen verlangt. Eine vergleichbare Schur findet man auch beim Löwchen.

Der „Working Retriever Clip", bei dem alle Haare gleich lang geschoren werden, ist bei Ausstellungen nicht anerkannt.

# 2 | Cão de Castro Laboreiro

Molossoide | FCI-Nr. 170

Herkunft: Portugal
Größe: Rüden 55–60 cm; Hündinnen 52–57 cm.
Farben: Schwarz-braun gestromt in allen Schattierungen. Am begehrtesten ist die sogenannte „Bergfärbung“, die von den Züchtern als die urtümliche angesehen wird: eine gemischte Farbe, ähnlich wie beim Wolf, von Grau in unterschiedlich hellen und dunklen Tönen, kein Schwarz, aber durchsetzt mit braunen oder rötlichen Haaren am ganzen Körper oder nur an einigen Körperteilen.

Geschichte: Diese Rasse ist schon seit Jahrhunderten unter diesem Namen bekannt. Er bezieht sich auf das kleine Dorf Castro Laboreiro in den Bergen Portugals, wo die Hunde auch heute noch hauptsächlich vorkommen. Obwohl es keine Aufzeichnungen über den Ursprung der Rasse gibt, gehört sie vermutlich zu den ältesten Hunderassen auf der Iberischen Halbinsel. Während der langen Isolation war diese Rasse frei von Fremdblut. Das Hauptverbreitungsgebiet wird begrenzt durch die Berge Pendea und Suajo und die Flüsse Minho und Lima und erstreckt sich bis in Höhen von 1400 m. Im Süden und im Zentrum Portugals ist die Rasse so gut wie unbekannt. Hätten sich 1989 nicht einige Züchter zu einem Klub zusammengeschlossen, um die Rassen zu erhalten, wäre sie heute vermutlich schon ausgestorben. Außerhalb ihrer Heimat ist die Rasse kaum zu finden.

Verwendung: Der Cao de Castro Laboreiro wird heute noch wie früher zum Bewachen der Viehherden eingesetzt, um sie vor Wölfen und anderen Feinden zu beschützen. Daher ist er der geborene Wachhund, der alles ihm Anvertraute kompromisslos verteidigt. Er wird auch von der Armee vielseitig eingesetzt. Da er nicht so unabhängig und selbstständig ist wie andere Hirtenhunde, eignet er sich auch für den Hundesport.

Charakter: Seinen Menschen gegenüber ist er loyal und folgsam. Er ist temperamentvoll, zäh und widerstandsfähig und an die harten Lebensbedingungen in den Bergen angepasst. Normalerweise macht er einen gelassenen, ernsten Eindruck, kann jedoch blitzschnell verteidigungsbereit sein. Er ist aber nicht streitsüchtig oder grundlos aggressiv.

# 1 | Cão Fila de São Miguel

Treibhunde | FCI-Nr. 340

Azores Cattle Dog

Herkunft: Portugal
Größe: Rüden und Hündinnen 48–60 cm.
Farben: Gestromt.

Geschichte: Der Cão Fila de São Miguel ist eine alte portugiesische Hunderasse, die man aber erst in jüngerer Zeit wieder hat aufleben lassen.
Seit 1995 ist sie von der FCI anerkannt. Die Hunde kommen vorwiegend in ihrer

Heimat, der Azoreninsel São Miguel, vor. Dort sind sie sehr bekannt und werden wegen ihrer hervorragenden Treibhund-Eigenschaften zum Hüten des Viehs eingesetzt.

**Charakter:** Die Hunde besitzen ein außerordentliches Temperament und eignen sich hervorragend als Wachhunde.
**Besonderheiten:** Außerhalb Portugals sind nur wenige Exemplare dieser Rasse zu finden. Ursprünglich wurden bei diesem Hund in seinem Heimatland Ohren und Rute kurz kupiert. Das abgebildete Exemplar zeigt die Rasse in ihrer natürlichen Form.

## 9 | Cavalier King Charles Spaniel

Englische Gesellschaftsspaniel | FCI-Nr. 136

Herkunft: Großbritannien
Größe: Rüden und Hündinnen 31–33 cm.
Gewicht: Rüden und Hündinnen 5,5–8,5 kg.
Farben: Black and Tan (Schwarz und Loh); Ruby (Rubinrot); Blenheim (Perlweiß) mit kastanienroten Abzeichen (Die Markierungen sollten am Kopf die Stirnpartie gleichmäßig aufteilen und zwischen den Ohren Platz für die sehr geschätzten „Lozenge-Flecken" lassen, die einmalig bei dieser Rasse sind.); Tricolor (dreifarbig). Die beiden letztgenannten Weißträger sind weit häufiger als die anderen Farbvarianten.

**Geschichte:** Der „Cavalier" ist ein direkter Nachfahre des King Charles Spaniel, daher ist über den Ursprung bei dieser Rasse nachzulesen. 1926 setzte der Amerikaner Rosewell Eldridge ein Preisgeld für einen King Charles Spaniel mit längerem Fang aus. Die Gewinner dieses Preises auch in den nachfolgenden Jahren bildeten die Zuchtbasis für den Cavalier. 1928 wurde der erste Standard aufgestellt, 1945 wurde die Rasse dann vom Kennel Club endgültig anerkannt.
**Charakter:** Der Cavalier ist in den letzten Jahren auch bei uns sehr beliebt geworden. Sein sanfter Gesichtsausdruck, das seidige Fell und seine Anhänglichkeit mögen Gründe dafür sein. Er ist ein fröhlicher, anpassungsfähiger Hund, der sich gern auf langen Spaziergängen austobt, aber sich durchaus auch in einer Stadtwohnung wohlfühlt. Wegen seines sanften Wesens ist er auch als Begleiter für ältere Menschen geeignet. Er ist gelassen und verträglich mit anderen Artgenossen, lässt sich problemlos erziehen und ist daher auch für Anfänger zu empfehlen. Er ist ein freundlicher Familienhund und stets munterer Begleiter. Wer möchte, kann mit ihm auch die für kleinere Rassen geeigneten Hundesportarten ausüben.
**Besonderheiten:** Das seidige Fell sollte regelmäßig gekämmt werden, um Verfilzungen vorzubeugen, braucht darüber hinaus aber keine besondere Pflege.

# 7 | Ceský Fousek

Kontinentale Vorstehhunde | FCI-Nr. 245

## Böhmischer Raubart

Herkunft: Tschechische Republik
Größe: Rüden 60–66 cm; Hündinnen 58–62 cm.
Gewicht: Je nach Größe 27–34 kg.
Farben: Dunkelbraun; Weiß mit braunen Sprenkeln oder Platten (Braunschimmel); Weiß mit braunen Platten und Kopfzeichnung.

**Geschichte:** Der Ceský Fousek ist ein rauhaariger Vorstehhund, der außerhalb seines Heimatlandes nur vereinzelt zu finden ist. Bis zum Ersten Weltkrieg war er ein beliebter und vielseitig einsetzbarer Jagdgebrauchshund. Durch den Krieg ist er dann in Vergessenheit geraten und danach völlig verschwunden.
Nachdem der Korthals-Griffon Anfang der 1980er-Jahre in der Tschechischen Republik fast nicht mehr existierte, bemühte man sich, den Ceský Fousek wieder neu zu züchten. Ausgangsrassen waren Korthals-Griffon, Deutsch Stichelhaar und Deutsch Drahthaar und eventuell auch Deutsch Kurzhaar. Kein Wunder also, dass der Fousek dem Deutsch Drahthaar sehr ähnlich sieht.
**Verwendung:** Der Fousek ist ein freundlicher, leichtführiger Hund, der sowohl zu Lande, in Feld und Wald als auch im Wasser für die Vorsteh- und Apportierarbeit verwendet wird. Somit ist er sehr vielseitig einsetzbar und wird in seiner Heimat als zuverlässiger Jagdbegleiter sehr geschätzt. Darüber hinaus ist er ein ruhiger Hausgenosse und auch ein angenehmer Familien- und Begleithund.
**Besonderheiten:** Die geschlechtsspezifischen Größenunterschiede sind häufig recht stark ausgeprägt. Eigentümlich ist seine Behaarung. Die dichte, weiche Unterwolle verschwindet im Sommer vollständig. Das Deckhaar besteht aus 4 cm langen, anliegenden Haaren und 6 cm langen Haaren, die durch die kürzeren hindurchstoßen. Typisch sind der Bart (Name!) und die ziemlich weit hinten angesetzten Behänge.
Ursprünglich wurde bei diesen fast ausschließlich jagdlich geführten Hunden die Rute um etwa ein Drittel oder die Hälfte kupiert. Aufgrund des Rutenkupierverbotes in verschiedenen Ländern sieht man heute auch häufiger Exemplare mit langer Rute.

# 3 | Ceský Terrier

Niederläufige Terrier | FCI-Nr. 246

## Tschechischer Terrier, Böhmischer Terrier

Herkunft: Tschechische Republik
Größe: 25–32 cm; Rüden ideal 29 cm; Hündinnen ideal 27 cm.
Gewicht: Je nach Größe zwischen 6 und 10 kg.
Farben: Graublau (Welpen werden schwarz geboren); Hellkaffeebraun (Welpen werden schokoladenbraun geboren).

**Geschichte:** Der Ceský Terrier wurde gezielt aus Kreuzungen zwischen Sealyham und Scottish Terrier herausgezüchtet. Das Ergebnis sollte ein leichter, niederläufiger, gut pigmentierter und gut zu führender Jagdterrier mit kleinen Hängeohren, unkupieter Rute und pflegeleichtem Fell sein. 1949 wurde in Prag mit der Reinzucht begonnen. Nach vielen Rückschlägen und Bemühungen wurde dann 1963 der Ceský Terrier endlich von der FCI anerkannt.

Verwendung: Die ursprüngliche Verwendung dieser Hunde war die Jagd auf Fuchs und Dachs. Mittlerweile werden sie aber mehr als Gesellschaftshunde gehalten und gezüchtet.

Charakter: Der Ceský Terrier ist für einen Terrier ein besonders ruhiger und sanfter Vertreter. Er ist leichtführig, nicht aggressiv und anhänglich. Trotzdem hat er sich seinen Mut, seine Ausdauer und seine Hartnäckigkeit bewahrt. Fremden gegenüber verhält er sich reserviert. Das freundliche Wesen in Verbindung mit dem seidig glänzenden, feinen Haar macht ihn zu einem attraktiven Begleithund, der bei uns allerdings noch recht unbekannt und entsprechend selten zu sehen ist. Erhält der Hund genügend Auslauf, ist er auch in der Stadt gut zu halten. Da seine Erziehung keine Probleme bereitet, ist er auch für Anfänger oder ältere Menschen geeignet.

Besonderheiten: Der Ceský Terrier ist ein guter Futterverwerter, darf also nicht zu viel gefüttert werden und braucht unbedingt ausreichend Bewegung durch Spaziergänge und Spielen.
Die verhältnismäßig dicke Rute hat eine Ideallänge von 18 bis 20 cm und wird in der Ruhe nach unten getragen.
Das seidige Fell sollte regelmäßig gebürstet werden. Nach dem Standard wird das Haar geschoren mit Ausnahme der vorderen Kopfpartie. An Schultern und Rücken soll es dann nicht länger als 1 bis 1,5 cm sein.

## 10 | Chart Polski

Kurzhaarige Windhunde | FCI-Nr. 333

### Polnischer Windhund

Herkunft: Polen
Größe: Rüden 70–80 cm; Hündinnen 68–75 cm. Abweichungen nach oben sind erlaubt.
Farben: Alle Farben.

Geschichte: „Chart" bedeutet im Polnischen „Windhund". Der Chart Polski ist erst 1989 als eigenständige Rasse anerkannt worden. Seine ursprünglichen Vorfahren sind verschiedene asiatische Windhunde, die von Feldzügen, als Geschenke oder gekauft mit heimgebracht worden waren. In einem Buch von 1823 wird erstmalig von einem Chart Polski berichtet. Lange Zeit war sein Erscheinungsbild recht uneinheitlich, wobei die Hunde den Greyhounds oder auch den Barsois ähneln konnten. Auch verwandtschaftliche Beziehungen mit den Salukis sind nicht ausgeschlossen. Nach dem Zweiten Weltkrieg war diese Rasse fast ausgestorben, zumal die Jagd mit Windhunden 1946 verboten wurde. Einige Exemplare überlebten dennoch bei abgelegenen Bauern, welche die Hunde zum Wildern brauchten, um in den mageren Jahren ein Stück Fleisch auf den Tisch zu bekommen.

Verwendung: Der Chart Polski ist im Gegensatz zu den anderen kurzhaarigen Windhundrassen wesentlich kräftiger gebaut. Der muskulöse Körper und der kräftige Kiefer zeugen davon, dass diese Hunde im rauen polnischen Klima für die Jagd auf Hase, Fuchs, Reh und Trappe, aber auch auf den Wolf verwendet wurden. Heute erzielen diese Hunde beachtliche Erfolge im Rennsport und sind teilweise diesbezüglich sogar den Greyhounds ebenbürtig. Sie sind bei uns noch recht selten anzutreffen.

Charakter: Der Chart Polski ist leichtführig, sanft und anhänglich. Fremden gegenüber ist er zurückhaltend bis scheu, aber nie aggressiv. Als selbstständiger Jäger hat er sich eine gewisse Eigenständigkeit bewahrt. Er ist mutig, reagiert schnell und besitzt die für einen Jagdhund notwendige Wildschärfe. Er braucht viel Auslauf und sollte seinem Bewegungsdrang auf der Rennbahn oder beim Coursing nachkommen dürfen. Ein großes Grundstück, und lange Spaziergänge oder Touren am Fahrrad oder am Pferd sind für ihn ideal.

# 8 | Chesapeake Bay Retriever

Apportierhunde | FCI-Nr. 263

Herkunft: USA
Größe: Rüden 58–66 cm; Hündinnen 53–61 cm.
Gewicht: Rüden 29–35 kg; Hündinnen 25–29 kg.
Farben: Dunkelbraun über Herbstlaub- und Schilffarben bis Blassrot.

Geschichte: Im Jahr 1807 erlitt ein englisches Handelsschiff auf dem Weg von Neufundland Schiffbruch. Ein amerikanisches Schiff rettete die Besatzung und mit ihnen zwei St. John's Hunde. Sie gelangten nach Norfolk an der Chesapeake Bay und wurden dort mit einheimischen Apportierhunden gepaart. Ihre Nachkommen wurden mit Irish Water Spaniels und vermutlich auch Settern gekreuzt. Der neue Retrieverschlag sollte für die Entenjagd im eiskalten Wasser geeignet sein, also ein Wasser abweisendes, isolierendes Fell und eine braune Tarnfärbung besitzen. 1878 wurde der Chesapeake Bay Retriever offiziell anerkannt.
Verwendung: Seine enorme Apportierfreude, die Unempfindlichkeit gegen extreme Witterungsverhältnisse und seine Ausdauer beim Schwimmen machten diese Rasse zu einem begehrten Jagdbegleiter. Er wurde nicht nur für die Entenjagd, sondern auch bei der Jagd auf Haarwild eingesetzt. Außerdem schätzten Jäger und Fischer ihn auch wegen seines ausgeprägten Wach- und Schutztriebes als Bewacher ihres Hab und Gutes.
Charakter: Der „Chessie", wie er von Retriever-Freunden liebevoll genannt wird, ist arbeitswillig, lebhaft, selbstständig und wachsam und besitzt eine äußerst robuste Konstitution. Wie der Curly ist er Fremden gegenüber zurückhaltend und kann auch eher als „Ein-Familien-Hund" bezeichnet werden. Seine mitunter eigenwillige Persönlichkeit erfordert bei der Erziehung viel Geduld und Konsequenz. Er ist nicht unbedingt ein Anfängerhund, sondern eher etwas für Menschen, die schon Erfahrung mit der Erziehung von Hunden haben. Eine frühzeitige Sozialisation mit Fremden ist bei dieser Rasse wichtig. Ausreichende Beschäftigung, die seinem robusten Naturell entgegenkommt, wie Dummy-Arbeit, Fährtenarbeit oder jagdlicher Einsatz und viel Bewegung sind für diese Rasse unerlässlich.

# 6 | Chien d'Artois

Laufhunde | FCI-Nr. 28

Herkunft: Frankreich
Größe: Rüden und Hündinnen 53–58 cm. Eine Abweichung von 1 cm nach oben oder unten wird toleriert.
Gewicht: Rüden und Hündinnen 28–30 kg.
Farben: Dreifarbig (Schwarz/Weiß/Falbfarben).

Geschichte: Schon im 15. Jahrhundert ist diese Rasse vermutlich direkt aus dem Chien de St. Hubert (dem heutigen Bloodhound) hervorgegangen. Im 16. und 17. Jahrhundert, zu Zeiten Heinrichs IV. und Ludwigs XIII. wurde diese Rasse, die damals noch als Chien Picard bezeichnet wurde, bei der alten Parforcejagd hochgeschätzt. Ihre besondere Stärke lag bei der Hasenjagd, wobei sie auch unter schwierigen Bedingungen die Fährten sicher verfolgten und die Hasen herbeitrieben. Gegen Ende des 19. Jahrhunderts drohte der Chien d'Artois durch Einkreuzungen anderer Rassen allmählich auszusterben.

Nach vielen fehlgeschlagenen Bemühungen gelang es erst Anfang der 1970er-Jahre, den ursprünglichen Typ dieser Rasse wieder herauszuzüchten. Heute gilt der Bestand des Chien d'Artois als gesichert, und die Hunde nehmen in ihrer Heimat wieder einen festen Platz unter den Jagdgebrauchshunden ein.

**Verwendung:** Der Chien d'Artois ist ein muskulös gebauter Hund, der Kraft und Energie ausstrahlt. Er ist widerstandsfähig, hat eine gute Nase, ist ausgeglichen und anhänglich. Er arbeitet ausgezeichnet in der Meute. Auf der Fährte ist er mittelmäßig schnell und spurlaut sowie sehr ausdauernd. Seine wohlklingende Stimme ist weithin hörbar. Im offenen Gelände eignet er sich hervorragend zur Hasenjagd. Im lichten Hochwald wird er bei der Rehjagd eingesetzt, und im Dickicht kann er sogar für die Jagd auf Wildschweine verwendet werden.

Bei uns ist diese Rasse kaum anzutreffen. In ihrer Heimat wird sie vorwiegend in kleinen Meuten von sechs bis acht Exemplaren ausschließlich für die Jagd verwendet. Als reiner Familienhund in Einzelhaltung ist diese Rasse nicht geeignet. Erziehung und Ausbildung müssen sehr konsequent erfolgen.

Die niederläufige Variante dieser Rasse, der **Basset d'Artois** (FCI-Nr. 18), ist ausgestorben.

## 9 | Chihuahua

**Chihuahueño | FCI-Nr. 218**

Herkunft: Mexiko

Größe: Bei dieser Rasse wird nur das Gewicht in Betracht gezogen, nicht die Größe.

Gewicht: Idealgewicht zwischen 1,5 und 3 kg. Trotzdem werden Hunde zwischen 0,5 und 1,5 kg akzeptiert. Exemplare über 3 kg werden ausgeschlossen.

Farben: Alle Farben erlaubt.

**Geschichte:** Der Chihuahua ist nicht nur die kleinste Hunderasse der Welt, sondern gehört auch zu den ältesten Rassen. Lange Zeit galt Mexiko als Wiege des Chihuahuas, da dort mindestens bis ins 7. bis 9. Jahrhundert v. Chr. die Spur eines ihm ähnlichen Hundes zurückzuverfolgen ist. Der Chihuahua soll der heilige Hund des voraztekischen Stammes der Tolteken gewesen sein. Später haben die Azteken weiterhin die Hunde verehrt und geglaubt, sie würden mit ihren großen, leuchtenden Augen ihrem Herrn nach dessen Tod den Weg ins Paradies weisen. Daher wurden sie zusammen mit ihren verstorbenen Besitzern verbrannt.

In den 1960er-Jahren ließen neue Forschungen vermuten, dass die Hunde um 700 v. Chr. von Ägypten nach Malta gelangten, wo auch heute noch Vertreter dieser Rasse zu finden sind. Auf bisher ungeklärte Weise sollen diese Hunde dann auf den amerikanischen Kontinent gelangt sein.

Eine anatomische Besonderheit des Chihuahuas ist die Schädelfontanelle (eine Öffnung im Schädeldach), die man nur bei dieser Rasse findet. Früher war dies ein häufiges und gewünschtes Merkmal, heute findet man die Fontanelle nur noch vereinzelt bei Vertretern dieser Rasse. Exemplare ohne Fontanelle sind vorzüglich, aber eine kleine Fontanelle ist zugelassen. In England, wohin die ersten Exemplare im 16. Jahrhundert gelangten, aber wegen des rauen Klimas meist kurz nach ihrer Ankunft starben, waren Chihuahuas umso wertvoller, je kleiner sie waren, und besonders, wenn „sie ein kleines Loch in der Schädeldecke aufwiesen".

Alle geschichtlichen Erwähnungen und Abbildungen beziehen sich nur auf kurzhaarige Hunde. Erst im 20. Jahrhundert entstand die langhaarige Variante durch Einkreuzung anderer Rassen aus Amerika. Um 1850 entdeckten Touristen in Mexiko erstmals kleine Hunde, die von den Indianern gehalten wurden. Es wurde Mode, ihnen diese Hunde abzukaufen und als Souvenir mit nach Nordamerika zu bringen. 1904 wurde dort der erste Chihuahua registriert, 1923 wurde der erste Standard aufgestellt.

**Charakter:** Der Chihuahua ist ein kleiner, kesser Hund, der auch normalerweise nicht furchtsam ist. Das sollte man bei Begegnungen mit anderen größeren Hunden berücksichtigen. Charakterunter-

schiede findet man bei den verschiedenen Haarvarianten. Der Kurzhaar-Chihuahua ist der ursprüngliche Typ, der auch eine etwas festere Hand benötigt, damit er nicht versucht seinen Besitzer zu beherrschen. Der langhaarige Typ ist eher sanfter und nachgiebiger und daher auch leichter zu erziehen.

Der Chihuahua kann wegen seiner Kleinheit überallhin mitgenommen werden. Trotz seiner geringen Körpergröße kann er durchaus auch größere Strecken zurücklegen, benötigt aber selbstverständlich nicht so viel Auslauf wie größere Hunderassen. Er ist der ideale Begleit- und Familienhund für Menschen mit begrenzten Wohnverhältnissen oder auch für ältere bzw. körperlich eingeschränkte Personen. Er ist nicht besonders bellfreudig und besitzt einen freundlichen Charakter. Bei der Auswahl eines Hundes sollte man darauf achten, dass die Merkmale des großen Kopfes mit den vorgewölbten Augen nicht zu extrem ausgeprägt sind, da es bei diesen Tieren zu Augenproblemen kommen kann.

Besonderheiten: Trotz seiner Kleinheit ist der Chihuahua ein robuster Hund, der nicht selten ein Alter von 17 Jahren und mehr erreicht. Allerdings gilt dies nicht für extrem kleine Exemplare. Hunde mit einem Endgewicht von 1 kg und weniger sind wesentlich anfälliger. Für einen gesunden und langlebigen Hund liegt das Idealgewicht bei 1,5 bis 2,5 kg. Man unterscheidet den kräftigeren, etwas gedrungeneren „cobby-type" von dem etwas zierlicheren und hochläufigen „deer-type".

# 9 | Chinese Crested Dog

Haarlose Hunde | FCI-Nr. 288

**Chinesischer Schopfhund, Hairless (nackt) und Powder Puff (flaumig)**

Herkunft: China

Größe: Rüden 28–33 cm; Hündinnen 23–30 cm.

Gewicht: Sehr unterschiedlich, sollte jedoch 5,5 kg nicht überschreiten.

Farben: Alle Farben und deren Kombinationen.

Geschichte: Die genaue Herkunft dieser Rasse ist nicht sicher bekannt. Vermutlich entstanden in Afrika vor Jahrtausenden durch Mutationen haarlose Hunde, die dann irgendwie nach China gelangten. Erwiesen ist, dass schon um 200 v. Chr. die Chinesen der Mandarinkaste aus haarlosen Jagdhunden den „Treasure House Guardian" (kostbarer Hüter des Hauses) züchteten. Viel später gelangten dann die Chinesischen Schopfhunde mit Teeschiffen nach Amerika, wo sie heute sicherlich häufiger anzutreffen sind als bei uns.

Besonderheiten: Diese Hunderasse gibt es in einer voll behaarten und in einer haarlosen Variante, wobei Letztere trotzdem Fellbüschel an Kopf, Rute und an den Füßen aufweist. Man unterscheidet den zierlicheren „deer-type" vom etwas kräftigeren „cobby-type". Die Felllosigkeit geht mit einer unvollständigen Bezahnung einher, wogegen der behaarte Powder Puff ein vollständiges Gebiss hat. Beide Varianten können in einem Wurf vorkommen, da die Tiere immer mischerbig in Bezug auf die Haarlosigkeit sind. Vorteil der haarlosen Tiere ist natürlich,

dass sie nur wenige Haare besitzen und daher auch kaum welche verlieren und somit bedingt für Menschen mit einer Hundehaarallergie geeignet sind. Die nackte Haut sollte durch Eincremen gegen Austrocknung geschützt werden. Besonders die pigmentarmen Bereiche sind im Sommer sonnenbrandgefährdet und sollten dementsprechend mit Sonnenmilch eingecremt werden. Eine Besonderheit sind die sehr langen, schmalen „Hasenpfoten" mit einer einzigartigen Verlängerung der sich zwischen den Zehengelenken befindlichen kleinen Zehenknochen. Dadurch entsteht fast der Eindruck, als wäre ein zusätzliches Gelenk vorhanden.
Die Pfoten werden dadurch besonders beweglich. Das üppige Fell des Powder Puff sollte regelmäßig gebürstet werden. Es besteht aus seidiger Unterwolle und langen Deckhaaren. Auch die Haarbüschel der ansonsten nackten Tiere sollten für ein ordentliches Aussehen öfter gekämmt werden.

Charakter: Diese Hunde sind sehr liebenswerte Hausgenossen, die lebhaft und verspielt sind. Sie brauchen nicht übermäßig viel Auslauf und fühlen sich auch in beengteren Wohnverhältnissen wohl. Sie schließen sich sehr eng an ihre Menschen an und sind äußerst liebebedürftig.

## 5 | Chow-Chow

Asiatische Spitze und verwandte Rassen | FCI-Nr. 205

Herkunft: China
Größe: Rüden 49–56 cm; Hündinnen 46–51 cm.
Farben: Schwarz; Rot; Blau; Rehfarben (Zimt); Creme; Weiß; immer einfarbig, höchstens schattiert; nie gefleckt oder gescheckt.

Geschichte: Der Name leitet sich vermutlich von dem Wort „Chao-Chao" ab, was bedeutet: alles sehen, sehr wachsam, sehr klug, sehr geschickt. Diese Eigenschaften gehören alle zu einem guten Jagdhund, als welcher der Chow-Chow in Ostasien verwendet wurde. Vor über 2000 Jahren war er am kaiserlichen Hof der Liebling des Herrschers. Trotzdem ist es fraglich, ob er tatsächlich seinen Ursprung in China mit den vielen Ackerbauern und Händlern hat oder mit den Merkmalen der arktischen Hunde eher bei den Nomaden entstand, die von Viehzucht und Jagd lebten. Nach neueren Überlegungen könnte die Mandschurei als Heimat des Chow-Chow infrage kommen. Etwa um 1900 gelangte die Rasse nach England, seit den 1920er-Jahren ist sie auch in Deutschland bekannt.

Charakter: Charakteristisch für den Chow-Chow ist die „löwenhafte", stolze Erscheinung, die über dem Rücken getragene Rute und die geringe Winkelung der Sprunggelenke, wodurch der typische Stelzgang zustande kommt. Der Chow-Chow ist ein selbstständiger, eigenwilliger Hund mit einer ausgeprägten Freiheitsliebe. Er lässt sich nicht abrichten, sondern befolgt Befehle nur seinem Menschen zuliebe. Er schließt sich eng an seine Menschen an, ist aber nicht unbedingt nur ein Ein-Mann-Hund. Er zeigt nie überschwänglich seine Zuneigung. Er ist von Natur aus ein ausgezeichneter Wachhund, ohne laut zu sein, und gilt als guter Menschenkenner. Wegen seines starken Jagdtriebes sollte man ihn in wildreichen Gebieten nicht ohne Leine laufen lassen. Aufgrund

seines eigentümlichen Pelzgeruchs, der sich vom üblichen Hundegeruch unterscheidet, wird er von Artgenossen in der Regel gemieden. Kommt es zu einer Auseinandersetzung, geht er meist als Sieger hervor, da er blitzschnell reagieren kann. Der Chow-Chow ist nur für Menschen geeignet, die einen ruhigen, selbstbewussten Hund möchten und dessen eigene Persönlichkeit akzeptieren.

Besonderheiten: Eines der auffälligsten Merkmale des Chow-Chow ist die blauschwarze Färbung von Zunge, Gaumen, Lefzen und Zahnfleisch, die außer ihm nur noch der Shar Pei besitzt.

## 2 | Cimarrón Urugayo

Molossoide | FCI-Nr. 354

### Uruguayischer Cimarron, Perro Cimarrón

Herkunft: Uruguay

Größe: Rüden 58–61 cm; Hündinnen 55–58 cm. Eine Abweichung von 2 cm nach oben oder unten ist erlaubt.

Gewicht: Rüden 38–45 kg; Hündinnen 30–40 kg.

Farben: Gestromt oder Gelb in allen Tönen, mit oder ohne Maske. Gestromte Hunde können rußig sein. Alle Farben außer ganz Weiß und ganz Schwarz sind zugelassen. Weiße Flecken auf der Unterseite sind erlaubt.

Geschichte: Der Perro Cimarrón, wie diese Rasse auch häufig in ihrem Heimatland genannt wird, wurde erst im Jahr 2006 von der FCI vorläufig angenommen und ist die erste aus Uruguay stammende FCI-Hunderasse. Die genaue Herkunft dieser Hunde ist nicht nachgewiesen. Vermutlich sind die Vorfahren Nachkommen von Mastiffs und Windhunden, die vor Jahrhunderten mit den Spaniern nach Südamerika gelangten. Dort verwilderten sie und ernährten sich von Rindern und Schafen, die in dieser Region zahlreich gezüchtet wurden. Das erste historische Dokument, in dem diese Hunde erwähnt werden, stammt aus dem Jahr 1627. Später wurden diese verwilderten Hunde von den Viehzüchtern gnadenlos verfolgt und getötet. Erst Ende des 18. und Anfang des 19. Jahrhunderts begannen die Bauern damit, diese Hunde zum Treiben der riesigen Viehherden zu nutzen. Aber schon bald darauf wurden durch den Unabhängigkeitskrieg und die damit verbundene Unsicherheit und Entvölkerung in Uruguay die Hunde wieder aufgegeben und verwilderten erneut. Erst in den 70er-Jahren des 20. Jahrhunderts wurde schließlich mit der Zucht und Erhaltung dieser Rasse begonnen. 1988 wurde der Züchterverband des Cimarrón gegründet und ein Rassestandard festgelegt.

Charakter: Der Cimarrón Urugayo ist ein mittelgroßer, kräftiger und muskulöser Hund. Er ist ausgeglichen, unerschrocken und seinen Menschen gegenüber sehr treu. Fremden gegenüber ist und bleibt er aber sehr misstrauisch. Er ist nicht nur für die Arbeit mit den Rinderherden geeignet, sondern wird auch als Wach- und Schutzhund verwendet. Außerdem kann er aufgrund seiner Unerschrockenheit und Härte auch für die Jagd, meistens von

Wildschweinen, eingesetzt werden. Besonders was sein Wesen betrifft, soll er viele Ähnlichkeiten mit seinem größeren Vetter, dem Fila Brasileiro, besitzen. Bis heute ist diese Hunderasse nur sehr selten außerhalb ihres Ursprungslandes zu finden und dürfte auch aufgrund ihrer Charaktereigenschaften und ursprünglichen Aufgaben kaum als reiner Familienhund geeignet sein.

**Besonderheiten:** Das kurze, glatte Fell soll mit der Unterwolle eng am Körper anliegen. In seinem Heimatland dürfen die Hunde auch noch kupiert werden. Die mittelgroßen Ohren können in die Form eines Puma-Ohrs kupiert werden. Die säbelförmig herabhängende Rute kann zwischen dem 3. und 6. Glied gekürzt werden.

## 1 | Ciobanesc Romanesc Carpatin

Schäferhunde | FCI-Nr. 350

**Geschichte:** Der Ciobanesc Romanesc Carpatin, kurz Carpatin genannt, ist ein Hirtenhund, der schon seit Jahrhunderten von den rumänischen Schäfern zum Schutz ihrer Herden eingesetzt wird, aber gleichzeitig auch ein zuverlässiger Wachhund für Haus und Hof sein soll. Diese Rasse wurde nur nach ihrer Gebrauchstüchtigkeit von den Hirten gezüchtet und kam ursprünglich in der Donauregion der Karpaten vor. Daher stammt auch der Name Carpatin. Früher wurden die Hunde als Zavod bezeichnet. Heute findet man diese Rasse vor allem in der Gegend von Bistritz, in der Bukowina und in der Moldauebene. Äußerlich ähnelt der Carpatin vor allem seinen nahen Verwandten in den Nachbarländern wie dem Sarplaninac und dem Kaukasischen Owtscharka. Er ist aber etwas leichter gebaut und hat einen schmaleren Schädel. Das Gesicht ist im Gegensatz zum restlichen Körper meistens nur kurz behaart. Der erste Standard wurde 1934 vom Nationalen Institut für Zootechnik erstellt und später von der Rumänischen Kynologischen Vereinigung auf den neuesten Stand gebracht. 2005 wurde die Rasse schließlich von der FCI vorläufig angenommen.

**Charakter:** Laut Standard sollen die Rüden größer und kräftiger gebaut sein als die Hündinnen. Der Carpatin gilt als ruhiger und ausgeglichener Hund, der von Natur aus äußerst wachsam und mutig ist. Typisch für sein Wesen ist eine angeborene bedingungslose Hingabe zu seiner Herde und zu seinem Herrn. Die Fähigkeit, sein Vieh, seine Menschen sowie Haus und Hof zu beschützen, muss diesem Hund nicht beigebracht werden.

**Besonderheiten:** Bisher sind Vertreter dieser Rasse bei uns kaum zu finden. Daher ist auch nicht bekannt, ob sich dieser ursprüngliche Arbeitshund für ein Leben als normaler Familienhund eignet. Wer sich für einen Carpatin entscheidet, muss auf alle Fälle genug Erfahrung und Kenntnisse über die Haltung dieser kräftigen Hirtenhunde besitzen und ihm eine seiner ursprünglichen Verwendung entsprechende Lebensweise anbieten. Früher wurde in Rumänien vom Carpatin nach der Region ihres Ursprungs der Bukovina unterschieden, obwohl es immer wieder Vermischungen beider Schläge gab. Heute wird beim Carpatin die Farbe Grau bevorzugt, beim Bukovina handelt es sich um die weißen und die gescheckten Hunde mit der Grundfarbe Weiß.

### Carpatin

Herkunft: Rumänien
Größe: Rüden 65–73 cm; Hündinnen 59–67 cm.
Gewicht: Harmonisch zur Größe passend, zwischen 35 und 45 kg.
Farben: Blasses Falb mit schwarzer Wolkung in verschiedenen Tönen.

# 1 | Ciobanesc Romanesc Mioritic

Schäferhunde | FCI-Nr. 349

**Geschichte:** Der Mioritic, wie diese Rasse der Einfachheit halber kurz genannt wird, wurde früher auch als Mocano oder Barac bezeichnet. Sein heutiger Name leitet sich von dem rumänischen Wort „mioritca“ ab, was „kleines Schaf“ bedeutet. Dies weist auch gleich auf seine äußere Erscheinung hin. Der Mioritic hat eine sehr zottelige, lange Behaarung, die auch das Gesicht bedeckt und unter dem Kinn einen Bart bildet. Somit ist er von seinem rumänischen Vetter, dem Carpatin, leicht zu unterscheiden. Früher galt er noch als der kleinere rumänische Hirtenhund. Mittlerweile hat er sich aber zu einem äußerst mächtigen Hund entwickelt. Am meisten ähnelt er dem Südrussischen Owtscharka. Im Gegensatz zum Carpatin, dessen Heimat eher die Gebirgsregionen sind, ist der Mioritic der Hirtenhund des Tieflands. Der Standard für diesen zotteligen Hirtenhund wurde 1981 von der Rumänischen Kynologischen Vereinigung erstellt. Im Jahr 2005 wurde diese Rasse zusammen mit dem Carpatin vorläufig von der FCI angenommen.

**Charakter:** Beim Mioritic sind die Geschlechtsunterschiede deutlich zu erkennen, da die Rüden dieser ohnehin mächtig wirkenden Rasse noch größer und kräftiger als die Hündinnen sind. Diese Hunde gelten als ruhig und ausgeglichen, besitzen aber sehr viel Mut und sind sehr effizient bei der Abwehr von Beutegreifern einzusetzen, die es auf ihr Vieh abgesehen haben. Auch fremden Menschen gegenüber sind sie sehr misstrauisch. Daher gilt der Mioritic, wie auch im Standard vorgesehen, als hervorragender Hirtenhund und unbestechlicher Wächter. Bei uns sind diese Hunde bisher kaum anzutreffen, und es ist auch fraglich, ob sie für ein Leben in so zivilisierten Regionen überhaupt geeignet sind. Wer sich für diese Rasse entscheidet, sollte auf alle Fälle über genug Wissen und Erfahrung mit der Haltung von Hirtenhunden verfügen.

**Besonderheiten:** Mioritic und Carpatin werden zusammen als „Ciine de turme romanesc“ bezeichnet, was nichts anderes als „Rumänischer Herdenhund“ bedeutet. Charakteristisch für beide Rassen sind die hellen, bernsteinfarbenen Augen. Aufgrund dieses Merkmals lassen sie sich von den Hirtenhundrassen aus den Nachbarländern deutlich unterscheiden.

### Mioritic

Herkunft: Rumänien
Größe: Rüden mindestens 70 cm, ideal 75 cm; Hündinnen mindestens 65 cm, ideal 70 cm.
Gewicht: Harmonisch zur Größe passend.
Farben: Einfarbig Weiß oder Grau; gescheckt aus der Grundfarbe Weiß mit klar abgezeichneten schwarzen oder grauen Flecken.

# 5 | Cirneco dell'Etna

Urtyp-Hunde zur jagdlichen Verwendung | FCI-Nr. 199

Herkunft: Italien
Größe: Rüden 46–50 cm mit einer Toleranz von 2 cm nach oben; Hündinnen 42–46 cm mit einer Toleranz von 4 cm nach oben.
Gewicht: Rüden 10–12 kg; Hündinnen 8–10 kg.
Farben: Rot (einfarbig bevorzugt) oder Rot mit weißen Abzeichen.

**Geschichte:** Der Cirneco dell'Etna besitzt eine außerordentliche Ähnlichkeit mit dem Pharaoh Hound und dem Ibicenco, er ist nur etwas kleiner. Vermutlich gehen alle Rassen aber ohnehin auf einen gemeinsamen Vorfahren zurück. Die Wiege dieser Rasse liegt in Sizilien. Ursprünglich kamen diese Hunde an den Hängen des Ätnas vor. Auf einer Münze aus Palermo aus der Zeit um 400 v. Chr. ist ein Hund abgebildet, der dem Cirneco sehr ähnlich ist.

**Verwendung:** Der Cirneco ist ursprünglich ein Jagdhund, der vorwiegend für die Jagd auf Hasen und Kaninchen, aber auch auf Federwild eingesetzt wurde. Er wurde eigens für die Jagd in schwierigem Gelände gezüchtet. Im Gegensatz zu den Windhunden, die reine Sichtjäger sind, setzt er bei der Jagd auch Geruchs- und Hörsinn

ein. Außerhalb seiner Heimat ist er extrem selten und nur vereinzelt anzutreffen.
Charakter: Als Familienhund ist der Cirneco sehr temperamentvoll und verspielt. Er besitzt ein sanftes Wesen und ist sehr zärtlich. Er möchte am liebsten ständig beschäftigt werden. Beim Spazierengehen sollte man nicht vergessen, dass er eine gewisse Jagdpassion besitzt und gern hinter kleinen Tieren herjagt. Daher sollte man ihn gründlich erziehen und am besten mit ihm eine Hundesportart ausüben, die ihn fordert. Da er viel Bewegung braucht und gern springt, ist Agility optimal für ihn. Er ist zu Menschen und auch Artgenossen freundlich. Im Haus ist er ein angenehmer und ruhiger Familienhund.

Besonderheiten: Dank des kurzen, glatten, eng anliegenden und pflegeleichten Haares ist er sehr sauber. Als typisches Merkmal der Urtyphunde werden die Hündinnen nur einmal im Jahr läufig. Die Krallen wachsen relativ schnell und sollten regelmäßig gekürzt werden, um Beschwerden beim Laufen zu vermeiden.

## 8 | Clumber Spaniel

Stöberhunde | FCI-Nr. 109

Herkunft: Großbritannien
Größe: Keine Angaben. Im Durchschnitt liegt die Höhe bei 43–50 cm.
Gewicht: Rüden ideal 34 kg; Hündinnen 29,5 kg.
Farben: Weiß mit zitronengelben Abzeichen; orangefarbene Abzeichen sind zulässig.

Geschichte: Die ursprüngliche Heimat dieser Rasse liegt eigentlich in Frankreich, wo sie dazu gezüchtet wurde, in dichter bewachsenem Gelände zu arbeiten als die anderen Spaniels. Mit Sicherheit fließt Basset-Blut in den Adern dieser Hunde. Seit etwa 200 Jahren ist der Clumber Spaniel in England bekannt, wo er in Reinform gezüchtet wurde. Seinen Namen hat er vom Clumber Park erhalten, dem Wohnsitz eines Bewunderers und Förderers der Rasse in Nottingham. Richtig in Mode gekommen ist er Ende des 19. Jahrhunderts, als König Edward VII. diese Rasse züchtete. Der Clumber Spaniel war lange Zeit ausschließlich dem englischen Adel vorbehalten und ein häufiger und weit verbreiteter Jagdhund. Wegen seiner langsamen, ausdauernden Arbeitsweise wurde er auch als „Jagdhund für die pensionierten Gentlemen" bezeichnet.

Charakter: Der Clumber Spaniel ist der typische Stöberhund, der sich durch eine ruhige und listige Arbeitsweise auszeichnet. Er ist weiterhin der geborene Apportierer. Er arbeitet langsamer als alle anderen Spaniels, besitzt aber eine ausgeprägte Arbeitsfreude und kann auch trotz seiner würdevollen Erscheinung recht verspielt sein. Typisch sind der starkknochige Körperbau und der nachdenkliche Gesichtsausdruck. Er ist ein zuverlässiger und treuer Begleiter und sollte viel Auslauf bekommen, da er sonst zu Übergewicht neigt. Einer gewissen Sturheit muss bei der Erziehung mit Geduld begegnet werden. Er ist etwas zurückhaltender als andere Spaniel-Rassen, aber dennoch freundlich und niemals aggressiv.

Besonderheiten: Eine Besonderheit des Clumber Spaniels ist der rollende Gang, der durch den langen Körper und die relativ kurzen Läufen zustande kommt. Bei uns ist der Clumber Spaniel äußerst selten. Die wenigen Exemplare werden auch nicht mehr zur Jagd eingesetzt. Früher wurde die Rute dieser Hunde kupiert.

# 1 | Collie (Kurzhaar)

Schäferhunde | FCI-Nr. 296

## Kurzhaariger Schottischer Schäferhund

Herkunft: Großbritannien (Schottland)
Größe: Rüden 56–61 cm; Hündinnen 51–56 cm.
Gewicht: Rüden 20–29 kg; Hündinnen 18–25 kg.
Farben: Zobel-Weiß (Zobel kann jede Schattierung von Gold bis Mahagoni sein); Tricolor (Schwarz, Weiß und Rot); Blue Merle.

Geschichte: Der Kurzhaar-Collie ist die stockhaarige Variante des wesentlich populäreren Langhaar-Collies. Der „Stammvater" dieser kurzhaarigen Hunde war vermutlich ein dreifarbiger Collie, der 1873 geboren wurde. Auch ist nicht ganz auszuschließen, dass in den Adern des Kurzhaar-Collies Windhundblut fließt, wofür sein schlanker, eleganter Körper spricht. Im späten 19. Jahrhundert wurden beide Varianten jeweils als eigenständige Rassen anerkannt. Ursprünglich wurden die Collies als Hüte- und Treibhunde verwendet.

Charakter: Der Kurzhaar-Collie ist weniger sensibel als sein langhaariger Vetter. Er ist ein ruhiger, angenehmer Begleithund und wegen seines freundlichen Wesens auch ein idealer Familienhund. Er ist temperamentvoll, wachsam und bis ins hohe Alter verspielt. Er ist sehr leichtführig und wegen seiner Arbeitsbereitschaft einfach

zu erziehen. Allerdings muss seinem Bewegungsdrang mit langen Spaziergängen und viel Freilauf nachgekommen werden. Der Kurzhaar-Collie ist agiler und temperamentvoller als sein langhaariger Vetter und wurde daher eher als Treibhund eingesetzt.

Verwendung: In seinem Heimatland wird der Kurzhaar-Collie auch heute noch für die Arbeit am Vieh eingesetzt. Er lässt sich gut als Begleithund ausbilden und ist für Hundesport wie Agility oder Turnierhundesport hervorragend geeignet. Wegen seiner Zuverlässigkeit wird er auch als Rettungshund, Blindenhund oder Therapiehund eingesetzt.

Besonderheiten: Leider ist der Kurzhaar-Collie bei uns immer noch recht wenig bekannt, da er nicht diese imposante Erscheinung wie die langhaarige Variante darstellt. Dafür ist seine Fellpflege wesentlich einfacher. Gelegentliches Bürsten mit einer harten Bürste reicht vollkommen aus. Wer sich für einen problemlosen, eleganten und temperamentvollen Hund mittlerer Größe interessiert, wird an ihm viel Freude haben.

## 1 | Collie (Langhaar)

Schäferhunde | FCI-Nr. 156

### Langhaariger Schottischer Schäferhund

Herkunft: Großbritannien (Schottland)
Größe: Rüden 56–61 cm; Hündinnen 51–56 cm.
Farben: Zobelfarben-Weiß; Tricolor; Blue Merle.

Geschichte: Die genaue Herkunft des Collies ist nicht sicher geklärt. Vermutlich gelangten seine Vorfahren mit den Römern auf die britischen Inseln. Die früher als „colley dog" bezeichneten Hunde waren grundsätzlich schwarz-weiß gefärbt. Die ursprüngliche Aufgabe des Collies war das Hüten der Schafherden in den Hochebenen Schottlands. Dazu musste er leistungsfähig und genügsam sein, ebenso sollte er eine gewisse Ruhe ausstrahlen und nicht wildern. Das üppige Haarkleid mit der dichten Unterwolle schützte ihn vor dem rauen Klima.

1860 wurde erstmalig ein Collie bei einer Ausstellung präsentiert. Die Popularität des bis dahin unbekannten Arbeitshundes stieg sofort enorm an. Schon um 1900 hielt er Einzug in die Herrschaftshäuser Englands und entwickelte sich schon bald zu einem der beliebtesten Gesellschaftshunde der Welt. Nicht zuletzt hat auch die amerikanische Fernsehserie „Lassie" aus den 1960er-Jahren erheblich zu seinem Bekanntheitsgrad beigetragen. Heute ist der Collie zum Glück nicht mehr der Modehund schlechthin, erfreut sich aber nach wie vor großer Beliebtheit.

Charakter: Mit seiner imposanten Erscheinung, seinem ausgeglichenen Temperament, seinem freundlichen Wesen und seiner Leichtführigkeit kann man ihn als idealen Familien- und Begleithund bezeichnen. Der Langhaar-Colllie hat ein etwas ruhigeres Wesen als sein kurzhaariger Vetter und galt somit früher als der umsichtigere Hütehund. Der Jagdtrieb ist bei diesem Hund so gut wie nicht ausgeprägt, sodass er sich bei Spaziergängen in Feld und Wald immer in der Nähe seines Menschen aufhält. Collies zeigen ein gut ausgeprägtes Sozialverhalten und können problemlos mit Artgenossen und anderen Tierarten zusammen gehalten werden.

Verwendung: Für die Hütearbeit werden nur noch die wenigsten Vertreter verwendet. Allerdings wurde er früher gern als Melde-, Sanitäts- und Rettungshund eingesetzt und ist auch heute noch hervorragend für die Rettungshundeausbil-

dung geeignet. Ebenso kann man ihn auch häufig im Hundesport antreffen.
Besonderheiten: Trotz des üppigen Haarkleids ist seine Fellpflege nicht sehr aufwendig. Ein gründliches Bürsten alle zwei Wochen reicht aus, um ein Verfilzen zu vermeiden. Besonders an Ohren und den Läufen neigt das Haar zum Verfilzen. Die dichte Unterwolle, die vor Kälte und Nässe schützt, sollte auf keinen Fall ausgebürstet werden, da sonst Wasser bis zur Haut durchdringt.

# 9 | Coton de Tuléar

Bichons und verwandte Rassen | FCI-Nr. 283

Geschichte: Seit Jahrhunderten gibt es in Madagaskar kleine, weiße Hunde, die ein Fell weich und duftig wie Baumwolle (= Coton) haben und die hauptsächlich in der Gegend um Tuléar vorkommen. Ob ihre Vorfahren im 16. Jahrhundert mit Piratenschiffen, auf denen sie Ratten gejagt haben, oder mit europäischen Kolonialisten nach Madagaskar gekommen sind, bleibt wohl immer ein Geheimnis. Eine Legende, die sich um ihre Schlauheit rankt, besagt, dass sie in ihrer Heimat am Ufer eines Flusses, den sie überqueren wollten, laut gebellt haben, um Krokodile anzulocken, um dann hundert Meter weiter unbehelligt hinüberzuschwimmen. Bei uns gehört der Coton de Tuléar noch zu den seltener anzutreffenden Gesellschaftshunden. Erst 1977 wurde die Rasse in Frankreich eingeführt und hat sich von dort über das restliche Europa verbreitet.
Charakter: Der Coton de Tuléar ist ein idealer Haus- und Familienhund. Er ist fröhlich, verspielt und temperamentvoll, aber auch aufmerksam und wachsam. Er lässt sich in der Regel leicht erziehen, hat aber manchmal seinen eigenen Kopf. Er möchte überall dabei sein und bleibt ungern allein. Auf eine typische Art springt er mit allen Vieren gleichzeitig in die Höhe. Wegen seiner Beweglichkeit ist er durchaus auch für Hundesport (in der Mini-Klasse) geeignet. Er liebt die Bewegung im Freien und fühlt sich in einem Haus mit Garten besonders wohl.

Herkunft: Madagaskar
Größe: Rüden 25–32 cm; Hündinnen 22–28 cm; diese Größen sind anzustreben, es gibt aber auch hochbeinigere Hunde dieser Rasse.
Gewicht: Rüden 4–6 kg; Hündinnen 3,5–5 kg.
Farben: Weiß; einige gelbe oder graue Flecken sind erlaubt.

Besonderheiten: Sein langes Fell schützt ihn vor der Witterung. Da er aber keine Unterwolle besitzt, sollte er bei nassem Wetter sofort abgetrocknet werden, damit er nicht unterkühlt. Damit das etwa 8 cm lange Haar nicht verfilzt, muss es regelmäßig gekämmt und gebürstet werden.

# 8 | Curly Coated Retriever

Apportierhunde | FCI-Nr. 110

Herkunft: Großbritannien
Größe: Gewünschte Schulterhöhe Rüden 68,5 cm; Hündinnen 63,5 cm.
Farben: Schwarz; Leberbraun.

**Geschichte:** Entstanden ist der Curly Coated Retriever, indem man in die St. John's Hunde verschiedene Rassen mit dichtem, lockigem Haarkleid und einer großen Wasserfreudigkeit eingezüchtet hat. Um 1800 wurde erstmalig ein „extrem kraushaariger" Retriever erwähnt. 1854 wurde der „Curly" als eigenständige Rasse anerkannt. Er war in England ein beliebter Jagdgebrauchshund und wurde in Australien sogar zum Viehtreiben eingesetzt.

**Verwendung:** Dank des dichten, Wasser abstoßenden Fells ist der Curly unempfindlich gegen längere Aufenthalte im Wasser. Er ist kräftig, ausdauernd und belastbar und besitzt einen ausgeprägten Bringtrieb. Daher wurde er besonders für die Entenjagd und in sumpfigem Gelände, später auch für die Haarwildjagd eingesetzt.

Der Curly besitzt eine größere Selbstständigkeit als die anderen Retriever und ist somit weniger leichtführig. Wegen seiner großen Wachsamkeit wurde er auch als Wachhund eingesetzt. Geeignete Beschäftigungsmöglichkeiten sind Dummy- oder Fährtenarbeit, aber auch Agility oder Turnierhundesport.

**Charakter:** Der Curly ist ein angenehmer Familienhund, der sich aber weniger durch seine überschäumende Freundlichkeit gegenüber Fremden, sondern durch einen stärker ausgeprägten Wach- und Schutztrieb auszeichnet. Er ist mutig und selbstsicher, mitunter auch eigenwillig und erfordert eine gründliche, konsequente Erziehung. Fremden gegenüber ist der Curly eher zurückhaltend. Er schließt sich seinen Menschen eng an und kann als „Ein-Familien-Hund" bezeichnet werden.

**Besonderheiten:** Die meisten Züchter empfehlen, das Fell des Curlys weder zu bürsten noch zu kämmen, damit die Lockenstruktur erhalten bleibt. Normalerweise reicht Abrubbeln mit einem Frotteehandtuch aus. Anschließend werden die Locken kräftig durchgeknetet. Nur an Behängen und Rute müssen gelegentlich zu lange Haare gekürzt werden.

# 4 | Dackel

Dachshund | FCI-Nr. 148

Teckel, Dachshund

Herkunft: Deutschland
Größe und Gewicht:
**Standard (Normalschlag)** – Brustumfang über 35 cm; 7–9 kg.
**Zwerg-Dachshund** – Brustumfang 31–35 cm; etwa 4 kg.
**Kaninchen-Dachshund** – Brustumfang bis 30 cm; etwa 3 kg.
Bei allen drei Größen unterscheidet man die Haartypen Kurzhaar, Langhaar und Rauhaar, wodurch man insgesamt neun verschiedene Varietäten erhält.
Farben: Einfarbig Rot, Rotgelb oder Gelb mit oder ohne schwarzes Stichhaar; zweifarbig mit dunkler Grundfarbe (Saufarben, Braun, Schwarz, Schokoladenfarben) und roten bis gelben Abzeichen (Brand).

**Geschichte:** Die Vorfahren des Dackels waren niedrig gebaute Bracken. Die Bezeichnung „Dachshund" weist vermutlich nur auf seine geringe Höhe, aber nicht auf seine Eignung für die Dachsjagd hin. Die Urform des Dackels ist die kurzhaarige Variante, die heute allerdings etwas seltener als die beiden anderen Schläge

vorkommt. Der Rauhaardackel, der sicherlich bei den jagdlich geführten Dackeln den größten Anteil ausmacht, entstand durch Einkreuzungen mit Terrier- und Schnauzerrassen, wobei der Dandie Dinmont Terrier maßgeblich beteiligt gewesen ist. Der Langhaardackel entstand durch Kreuzungen des Kurzhaardackels mit langhaarigen Hunden wie Spaniels und Wachtelhund sowie Collie und Irish Setter. Aufgrund ihrer Abstammung lässt sich somit erklären, warum die Rauhaardackel schneidiger sind und daher häufiger jagdlich eingesetzt werden als ihre eher vielseitigeren langhaarigen Vettern, die schon seit Jahrzehnten beliebte und problemlose Familien- und Begleithunde sind.

**Verwendung:** Als Jagdhund ist der Dackel vielfältig einsetzbar. Seine ursprüngliche Verwendung als Erdhund bedeutet, dass er bei der Jagd auf Fuchs und Dachs in deren Erdbaue geschickt wird. Er kann aber ebenso zum Buschieren, Stöbern und für die Nachsuche eingesetzt werden. Der Dackel rangiert bei uns nach dem Deutschen Schäferhund in der Beliebtheitsskala auf Platz zwei. Viele von ihnen werden auch noch jagdlich geführt, obwohl die meisten als reine Familien- und Begleithunde gehalten werden. Echte Dackelfans bleiben dieser Rasse meistens treu und schätzen ihr pfiffiges und etwas eigensinniges Wesen und ihre Anhänglichkeit. Bei vielen sind sie auch beliebt, weil sie in Etagenwohnungen und in der Stadt gehalten werden können, wenn sie ihren regelmäßigen Auslauf erhalten.

**Charakter:** Hartnäckig hält sich häufig das Vorurteil, einen Dackel könne man nicht erziehen. Tatsache ist, dass Dackel durch ihre ursprüngliche Verwendung als Erdhunde selbstständig handeln und entscheiden mussten. Diese Art von Eigensinn muss natürlich bei der Erziehung berücksichtigt werden. Daher sollte damit möglichst früh begonnen werden. Auch wenn man bei kleinen Hunden häufig dazu tendiert, die Erziehung nicht ganz so wichtig zu nehmen, sollte man beim Dackel die erforderliche Geduld und Konsequenz walten lassen. Dann zeigt er sich nämlich durchaus gehorsam und ist ein treuer und zuverlässiger Begleiter. Der Dackel hat ein freundliches Wesen und kommt in der Regel mit Artgenossen gut aus. Er besitzt aber einen angeborenen Schutztrieb und verteidigt im Notfall alles ihm Anvertraute vehement.

# 6 | Dalmatiner

Verwandte Rassen | FCI-Nr. 153

Herkunft: Kroatien
Größe: Rüden 56–61 cm, ideal 58–59 cm; Hündinnen 54–59 cm, ideal 56–57 cm.
Gewicht: Rüden etwa 27 kg; Hündinnen etwa 24 kg.
Farben: Weiß mit rundlichen, schwarzen oder leberfarbenen Tupfen von 2–3 cm Durchmesser.

Geschichte: Der Dalmatiner gehört sicher zu den populärsten Hunderassen der Welt, nicht zuletzt wegen seines auffälligen Äußeren und des regelmäßigen Erscheinens in Filmen und in der Werbung. Trotzdem ist häufig nicht bekannt, dass er aus Dalmatien im heutigen Kroatien stammt.

Die ersten Gemälde, auf denen Dalmatiner abgebildet sind, stammen aus dem 16. Jahrhundert. Aufgrund von Darstellungen in alten ägyptischen Pharao-Gräbern ist aber nicht ausgeschlossen, dass diese Hunde schon seit etwa 2000 Jahren existieren. Der erste offizielle Standard wurde 1890 aufgestellt.

Verwendung: Der Dalmatiner ist ein sehr vielseitig einsetzbarer Begleithund. Früher wurde er wegen seiner auffälligen Erscheinung als Zirkushund verwendet und musste Kunststücke vorführen. Als klassischer Kutschenbegleithund machte er die Wege für die Kutsche frei. Im 19. Jahrhundert leitete er die Zugpferde der Feuerlöschzüge durch die Straßen. Und bis heute ist er ein idealer Reiterhund geblieben, der mühelos große Strecken in zügigem Tempo zurücklegen kann. Aber auch als Begleiter beim Joggen oder Radfahren kann er seinem großen Laufbedürfnis nachkommen. Für schnelle Sportarten wie Agility, Flyball oder Turnierhundesport ist er ebenso hervorragend geeignet.

Charakter: Der Dalmatiner ist temperamentvoll, freundlich und lässt sich gut erziehen. Allerdings ist er nichts für bequeme Menschen, da er viel Bewegung und Auslauf braucht. Er ist wachsam und meldet Besucher lautstark an, ist aber sonst nicht übermäßig bellfreudig. Mit Artgenossen kommt er in der Regel gut aus, wobei manche Rüden einer Rauferei nicht aus dem Weg gehen.

Besonderheiten: Das kurze Fell ohne Unterwolle haart das ganze Jahr über mehr oder weniger, bedarf aber keiner besonderen Pflege. Die Welpen werden völlig weiß geboren, die Tupfen entwickeln sich in den ersten Lebenswochen. Leberfarbene Tiere kommen relativ selten vor, da diese Farbe rezessiv vererbt wird, das heißt, beide Elternteile müssen das entsprechende Gen an die Nachkommen weitergeben.

# 3 | Dandie Dinmont Terrier

Niederläufige Terrier | FCI-Nr. 168

Herkunft: Großbritannien
Größe: Rüden und Hündinnen 20–28 cm.
Gewicht: Rüden und Hündinnen 8–11 kg.
Farben: Pfefferfarben (Blauschwarz bis helles Silbergrau); Senffarben (Rotbraun bis blasses Rehbraun).

**Geschichte:** Dandie Dinmont Terrier wurden ursprünglich für die Jagd auf Dachs und Fuchs gezüchtet. Sie brauchten deshalb Mut und eine gewisse Schärfe und sollten auch Schmerzen lautlos ertragen. Die meisten „Dandies" sind Nachfahren einer Meute, die im 18. Jahrhundert dem Dudelsackspieler Allan of Northumberland gehörte. Ihren Namen erhielt die Rasse auf kuriose Weise. Der Schriftsteller Sir Walter Scott erwarb von einem Farmer im Grenzgebiet von England und Schottland einige dieser Hunde. In einer Novelle, die er 1814 schrieb, ist die Hauptperson ein Grenzland-Farmer mit Namen Dandie Dinmont, der diese Terrier hält. So wurden sie unter ihrem heutigen Namen bekannt. Bis dahin waren sie als „Mustard and Pepper Terrier" bezeichnet worden. Eine enge Verwandtschaft besteht mit dem Bedlington Terrier.
**Charakter:** Der Dandie ist ein liebevoller, anhänglicher Gefährte, der jederzeit zu einem Spiel mit seinen Menschen bereit ist und recht anpassungsfähig ist. Er ist fröhlich und temperamentvoll, fühlt sich aber auch in einer Stadtwohnung wohl, wenn er genügend Auslauf erhält. Manche bezeichnen ihn als den Denker unter den Terriern, der erst mehrmals überlegt, bis er handelt. Er ist mutig und wachsam, bellt aber nicht grundlos und kann sich, wenn nötig, verteidigen. Manche sagen, der Dandie Dinmont Terrier neigt dazu, ein Ein-Mann-Hund zu sein, dessen Zuneigung man sich erst verdienen muss. Ist dies erst einmal geschehen, hängt der Dandie hingebungsvoll an seinen Menschen und möchte überallhin mitgenommen werden, was er auch entschlossen versucht durchzusetzen. Er ist sehr feinfühlig, robust und zäh.
**Besonderheiten:** Die Fellpflege ist nicht sehr aufwendig. Das Fell wird gebürstet und gekämmt. Abgestorbenes Haar wird mit den Fingern ausgezupft, sodass die Unterwolle durchkommt. Trimmmesser sollten nicht verwendet werden, da durch sie das Fell ruiniert werden kann.

# 2 | Dansk-Svensk Gardshund

Pinscher und Schnauzer | FCI-Nr. 356

Danish-Swedish Farmdog, Dänisch-Schwedischer Bauernhund

Herkunft: Dänemark/Schweden
Größe: Rüden 34–37 cm; Hündinnen 32–35 cm. Eine Abweichung von 2 cm nach oben und unten wird toleriert.
Gewicht: Rüden und Hündinnen 7–12 kg.
Farben: Weiß mit Schokoladenbraun, Schwarz oder Rötlichbraun; zwei- oder dreifarbig.

**Geschichte:** Die Geschichte dieser skandinavischen Hunderasse reicht mindestens bis ins 17. Jahrhundert zurück, wobei vermutet wird, dass es diesen Bauernhund schon viel länger gibt. Seine Vorfahren sind vermutlich Hunde aus Deutschland, Frankreich und Großbritannien, die vor Jahrhunderten nach Dänemark gelangten und als Rattenjäger und Treibhunde verwendet wurden.
Das Jagen von Mäusen und Ratten ist eine Leidenschaft dieser vielseitig einsetzbaren Bauernhunde. Andererseits besitzen sie aber auch einen gewissen Hütetrieb, der früher zum Einsatz kam, wenn das Milchvieh zum Melken in den Stall getrieben wurde. Nicht zuletzt waren sie auch als verspielte und freundliche Familienhunde beliebt und wurden sogar als Zirkushunde eingesetzt.
Früher waren diese kleinen Bauernhunde in der ländlichen Region von Dänemark,

Schleswig-Holstein und Scania (südschwedische Provinz Schonen) häufig. Als aber die Farmen immer größer wurden und die Industrialisierung zunehmend Einzug hielt, wurde diese Hunderasse immer seltener und stand kurz vor dem Aussterben. Bis in die 1980er-Jahre gab es für diese Rasse keinen Standard. Alle mittelgroßen, weißen Hunde mit schwarzen und/oder braunen Flecken galten als Bauernhunde. Gute Rattenjäger wurden miteinander verpaart, um weitere Bauerhunde zu erhalten. Erst im Jahr 1987 wurden der Standard und der heute gültige Name für diese Rasse festgelegt.

Charakter: Der Dänisch-Schwedische Bauernhund wird zwar in Dänemark und Schweden als Arbeitshund angesehen. Er hat sich aber auch in den USA etabliert und wird dort vorwiegend als Begleithund gehalten. Er ist temperamentvoll und aufmerksam, hat aber ein sanftes, freundliches Wesen. Er ist immer zum Spielen aufgelegt, hat aber auch manchmal seinen eigenen Kopf. Er verträgt sich in der Regel gut mit Artgenossen, sollte aber mit anderen Kleintieren nicht unbeaufsichtigt gelassen werden. Denn aufgrund seiner Passion jagt er sowohl im Haus als auch draußen gern kleineren Tieren nach, was beim Spaziergang unbedingt berücksichtigt werden sollte. Da der kleine Bauernhund früher als Treibhund für Vieh verwendet wurde, zeigt er auch großen Tieren gegenüber keine Furcht.
Als ursprünglicher Arbeitshund braucht er sinnvolle Aufgaben und ist für Hundesport gut geeignet. Bei ausreichender Beschäftigung kann dieser Hund auch in der Stadt gehalten werden.

Besonderheiten: Früher wurde die Rasse aufgrund ihres Aussehens als Dänischer Fox Terrier oder Scanian Terrier bezeichnet. Sie kann auch leicht mit einem Jack Russel Terrier verwechselt werden. In Wahrheit wird diese Rasse aber den Pinschern und nicht den Terriern zugeordnet. Früher wurden diese kernigen, mutigen Hunde auch einfach Rattenhunde genannt.
Der Dänisch-Schwedische Bauernhund hat ein kurzes, hartes, dicht anliegendes Fell, das keiner besondere Pflege bedarf und von dem man sagt, es würde nicht riechen. Er haart das ganze Jahr über leicht, beim jahreszeitlich bedingten Fellwechsel etwas stärker.
Diese Hunde besitzen in der Regel eine lange Rute, es kommt aber auch vor, dass Welpen mit Stummelrute geboren werden. Dieses Merkmal wird aber nur vererbt, wenn mindestens ein Elternteil eine Stummelrute besitzt. Kupiert wurden diese Hunde nicht.

## 10 | Deerhound

**Rauhaarige Windhunde | FCI-Nr. 164**

### Schottischer Hirschhund

Herkunft: Großbritannien

Größe: Rüden mindestens 76 cm; Hündinnen mindestens 71 cm; heutzutage sind die meisten Exemplare aber um etwa 10 Prozent höher.

Gewicht: Rüden etwa 45,5 kg; Hündinnen etwa 36,5 kg.

Farben: Alle Grautöne, wobei das dunkle Blaugrau am beliebtesten ist; Gelb; rötliche Beigetöne; kleine weiße Abzeichen erlaubt.

Geschichte: Der Deerhound ist Schottlands älteste Hunderasse, wie Berichte aus dem frühen Mittelalter belegen. Die Vorfahren könnten Windhunde sein, die von den Kelten nach Britannien gebracht worden sind. Der Deerhound wurde vorwiegend von den Adeligen für die Jagd auf Hirsche, Elche und Wildschweine verwendet. Mit dem drahtigen, Wasser abweisenden Haarkleid ist er vorzüglich an das raue schottische Klima angepasst. Sein eleganter Körper zeugt von Kraft, Schnelligkeit und Ausdauer. Heute wird diese Rasse nicht mehr so häufig zur Jagd eingesetzt. Bei uns hat sie in den 1970er-Jahren einen Aufschwung erlebt, ist aber dennoch – vermutlich wegen der imposanten Größe – immer recht selten geblieben.

Charakter: Der Deerhound wird heute vorwiegend als Familien- und Begleithund gehalten. Er schließt sich seinen Menschen eng an, ist ruhig im Haus und leicht zu führen. Er ist frei von Aggressionen. Sein Stolz lässt ihn bei ungerechter Behandlung beleidigt erscheinen. Ansonsten ist er ein sanfter und anhänglicher Begleiter, besonders auch für Reiter. Wie alle Windhunde hat er einen großen Bewegungsdrang, den er am besten beim Coursing befriedigen kann. Langsame Spaziergänge sind nichts für ihn, daher sollte man mit ihm zumindest joggen oder ihn am Fahrrad bewegen. Auch sein Jagdtrieb ist nicht völlig verkümmert, sodass er beim Freilauf schon mal in die Versuchung kommt, hinter einem Tier herzuhetzen. Durch frühzeitige Erziehung kann man dieses Verhalten aber unter Kontrolle bringen.

Besonderheiten: Besonders im ersten Lebensjahr ist auf eine ausgewogene und knappe Ernährung und nicht zu viel Bewegung zu achten, damit die Gelenke dieser extrem großen Hunde keinen Schaden nehmen. Das Rauhaar benötigt nur wenig Pflege. Gelegentliches Bürsten reicht aus. Wegen der enormen Körpergröße hat der Deerhound wie viele große Hunderassen eine relativ geringe Lebenserwartung.

## 6 | Deutsche Bracke

Laufhunde | FCI-Nr. 299

### Sauerländer Bracke, Olper Bracke

Herkunft: Deutschland

Größe: 40–53 cm, geringe Überschreitung ist zulässig.

Farben: Rot bis Gelb mit schwarzem Sattel oder Mantel und den weißen Brackenabzeichen.

Geschichte: Die Deutsche Bracke ist der einzige hochläufige Laufhund, der in Deutschland erhalten geblieben ist. Gegen Ende des 19. Jahrhunderts entstand diese Rasse aus Kreuzungen der größeren Holzbracke und der zierlicheren Steinbracke. Bis heute hat sich diese Rasse vorwiegend im Sauerland gehalten, daher der Name Olper Bracke.

Verwendung: Die klassische „Brackade" ist die Jagd auf Hasen mit mehreren Bracken in einem weiträumigen Gebiet. Heute ist vorgeschrieben, dass diese Art Jagd nur auf Flächen erlaubt ist, die min-

destens 1000 Hektar groß sind. Allerdings findet diese Art zu jagen nur noch recht selten statt. Wird der Hund zum normalen Stöbern oder bei der Saujagd eingesetzt, gibt es keinerlei Beschränkungen in Bezug auf die Reviergröße. Deutsche Bracken werden bei uns in der Regel für die Arbeit vor dem Schuss, für die Schweißarbeit und in der Meute für die Schleppjagd zu Pferde eingesetzt.

Charakter: Die Hunde besitzen einen ausgeprägten Jagdinstinkt und ein großes Laufbedürfnis. Sie sind locker spurlaut, besitzen eine feine Nase und sind äußerst spurwillig. Sie sind wesensfest, anhänglich und feinfühlig. Zu Hause sind sie angenehme Familienhunde, wenn sie durch regelmäßigen jagdlichen Einsatz rassegemäß gefordert werden. Wer einen ausdauernden Spürhund mit einer feinen Nase und einem guten Orientierungssinn sucht, wird mit dieser Rasse sicherlich gut bedient sein.

Besonderheiten: Die kräftigen Hunde haben eine auffallend dicke Rute. Das – auch am Bauch – sehr dichte, harte, fast stockige Haar schützt vor Witterungseinflüssen. Eine besondere Eigenschaft ist die glockenhelle Stimmlage, wobei Hündinnen eine höhere Stimme besitzen als Rüden.

Die typischen Brackenabzeichen sind Blesse, weißer Fang mit Halsring, weiße Brust, Läufe und Rutenspitze. Der Nasenspiegel hat einen hellen Streifen über der Mitte.

## 2 | Deutsche Dogge

Molossoide | FCI-Nr. 235

Herkunft: Deutschland
Größe: Rüden mindestens 80 cm; Hündinnen mindestens 72 cm.
Gewicht: Rüden und Hündinnen etwa 55–60 kg, häufig mehr.
Farben: Gelb; gestromt; Schwarz (weiße Abzeichen sind zugelassen, hierzu zählt auch die Manteltiger-Dogge); schwarz-weiß gefleckt (sogenannte Tigerdoggen); Blau.

Geschichte: Früher verstand man unter dem Begriff „Dogge“ nur große, starke Hunde, die keiner bestimmten Rasse angehören mussten. Später wurden dann verschiedene Typen dieser Hunde unterschiedlich bezeichnet. 1878 beschloss man, diese Varietäten unter dem Begriff „Deutsche Dogge“ zusammenzufassen. Die Vorläufer der Deutschen Dogge (die im Ausland häufig fälschlicherweise als Dänische Dogge bezeichnet wird) waren die Bullenbeißer und die Hatz- und Saurüden, die einem Mitteltyp des starken Mastiffs und der schnellen Windhunde entsprachen. 1880 wurde erstmalig ein Standard für diese Rasse festgelegt. Danach soll die Gesamterscheinung einer Deutschen Dogge Stolz, Kraft und Eleganz vermitteln. Der große, kräftige Körper sollte schlank und wohlproportioniert sein.

Charakter: Eine Deutsche Dogge ist freundlich, liebevoll und anhänglich, Fremden gegenüber eher reserviert. In der Regel versteht sie sich mit anderen Tieren recht gut. Sie sollte selbstsicher, unerschrocken und leichtführig sein. Beginnt man mit der Erziehung schon im Welpenalter, entwickelt sie sich zu einem angenehmen Familien- und Begleithund ohne aggressives Verhalten. Aufgrund der Größe braucht die Deutsche Dogge viel Auslauf in Form von ausgedehnten Spaziergängen. Für hundesportliche Aktivitäten ist sie weniger geeignet.

Besonderheiten: Das kurze, glänzende Fell ist sehr pflegeleicht. Dank der Zuchtbemühungen in den letzten Jahren können übertriebene Merkmale wie extreme Hängelefzen (führt zu übermäßigem Speicheln) oder ein offenes Auge (Anfälligkeit für Entzündungen) weitgehend vermieden werden.

Im ersten Lebensjahr sollte besonders auf eine knappe, ausgewogene Ernährung und nur mäßige Bewegung ohne extreme Belastungen geachtet werden, um Gelenkerkrankungen vorzubeugen. Die Lebenserwartung dieser sehr großen Hunde liegt auch bei optimaler Ernährung und Pflege häufig nicht über sieben bis acht Jahre.

## 2 | Deutscher Boxer

Molossoide | FCI-Nr. 144

Herkunft: Deutschland
Größe: Rüden 57–63 cm; Hündinnen 53–59 cm.
Gewicht: Rüden etwa 30 kg; Hündinnen etwa 25 kg.
Farben: Gelb (von Hellgelb bis Dunkelhirschrot); gestromt (dunkle oder schwarze Streifen auf gelbem Grund); schwarze Maske; weiße Abzeichen erlaubt.

Geschichte: Die Vorfahren des Deutschen Boxers waren die sogenannten „Brabanter Bullenbeißer". Sie wurden bei der Jagd dazu verwendet, das gehetzte Wild zu packen und festzuhalten. Die Geburtsstunde des Boxers war 1870, als einige Züchter in München die Englische Bulldogge mit einkreuzten und mit der Reinzucht des Boxers begannen. 1895 wurden die ersten Exemplare ausgestellt. Schon bald war diese Hunderasse sehr beliebt, einen richtigen Aufschwung erfuhr sie nach dem Zweiten Weltkrieg.

Charakter: Der Boxer wird besonders wegen seines aufrichtigen Charakters und seiner Freundlichkeit geschätzt, obwohl er zu den klassischen Schutzhundrassen zählt und im Ernstfall durchaus seine Menschen vehement verteidigt. Der Boxer braucht ausreichend Bewegung und sollte auf alle Fälle eine gründliche Erziehung erhalten. Sein manchmal überschäumendes Temperament und seine Verspieltheit machen ihn zu einem fröhlichen Begleiter für aktive Menschen, die bereit sind, viel mit ihrem Hund zu unternehmen.

Verwendung: Ob auf dem Hundeplatz bei der Begleit- oder Schutzhundausbildung oder beim Hundesport, der Fährten- oder Rettungshundearbeit, er ist überall mit Freude bei der Sache und für alle Arten von Aktivitäten bestens geeignet. Er muss ausreichend Gelegenheit haben, sich auszutoben, und läuft auch gern am Fahrrad oder neben dem Pferd.

Besonderheiten: In der letzten Zeit hat sich das Erscheinungsbild der Boxer etwas gewandelt. Es ist nicht mehr der bullige Typ mit der extrem verkürzten Schnauzenpartie gefragt, sondern heute sind die Boxer etwas zierlicher geworden und haben auch weniger Atemprobleme dank des nicht mehr so extrem kurzen Fangs. Typisch ist nach wie vor der Vorbiss. Das kurze Fell ist äußerst pflegeleicht.
Früher wurden Ohren und Rute der Boxer kupiert. Heute sieht man sie mit Schlappohren und langer, sichelförmig nach unten getragener Rute.

# 7 | Deutscher Drahthaariger Vorstehhund

Kontinentale Vorstehhunde | FCI-Nr. 98

### Deutsch Drahthaar

Herkunft: Deutschland
Größe: Rüden 61–68 cm; Hündinnen 57–64 cm.
Farben: Braunschimmel; Schwarzschimmel; jeweils mit oder ohne Platten; Braun mit oder ohne Brustfleck.

**Geschichte:** Gegen Ende des 19. Jahrhunderts gab es eine Reihe rauhaarige Vorstehhundrassen, die sich untereinander – gewollt oder ungewollt – gekreuzt haben. So waren die Vorfahren des Deutsch Drahthaar, wie er kurz genannt wird, der Deutsch Stichelhaar, der Pudelpointer, der Korthals-Griffon und auch der Deutsch Kurzhaar (das erklärt, warum gelegentlich in Würfen kurzhaarige Welpen ohne Bart fallen). Auf diese Weise ist eine vielseitige Jagdgebrauchshundrasse entstanden, die sich in wenigen Jahrzehnten zum beliebtesten und bewährtesten Jagdgebrauchshund nicht nur in Deutschland entwickelt hat. Durch die gezielte Einkreuzung der verschiedenen Ausgangsrassen entstand der Deutsch Drahthaar praktisch inzuchtfrei, wodurch sich erst relativ spät ein einheitlicher Typ herausgebildet hat. Bei der Zuchtauswahl wurde hauptsächlich Wert auf Leistung und weniger auf Aussehen gelegt.

**Verwendung:** Der Deutsch Drahthaar steht im Feld zuverlässig vor, im Wald und am Wasser stöbert er, und nach dem Schuss ist er erfolgreich bei der Nachsuche und apportiert das geschossene Wild. Er ist also nicht nur ein reiner Vorstehhund, sondern ein vielseitiger Vollgebrauchshund. Eine herausragende Eigenschaft des Deutsch Drahthaar ist die „Schärfe in jeder Form“, wobei aber auch die Nasenleistung hervorragend ist. Als Gebrauchshund mit einer gehörigen Portion Härte ist er nicht unbedingt als reiner Familienhund ohne jagdlichen Einsatz zu empfehlen, obwohl er durchaus ein angenehmer Hausgenosse sein kann. Der Deutsch Drahthaar ist der bei uns am weitesten verbreitete Vorstehhund und wird in der Regel nur an Jäger abgegeben.

**Charakter:** Wie die meisten Jagdhunde ist auch der Deutsch Drahthaar sehr menschenbezogen und außerhalb der Jagd ein angenehmer Begleiter. Typisch für ihn ist aber außer seiner Härte auch manchmal eine gewisse Sturheit, der man mit Konsequenz bei der Erziehung begegnen muss. Durch eine gründliche Ausbildung, wobei der Gehorsam immer wieder gefestigt werden sollte, erhält man einen zuverlässigen Jagdgebrauchshund, der aber auch den engen Kontakt zu seinen Menschen ebenso wie Streicheleinheiten genießt.

**Besonderheiten:** Das harsche Drahthaar liegt dicht an und bildet mit der dichten, Wasser abweisenden Unterwolle einen zuverlässigen Schutz gegen Witterungseinflüsse und Verletzungen. Typisch sind die betonten Augenbrauen und der kräftige Bart. Viele Vertreter dieser Rasse haben aber häufig einen relativ kurzen Bart und ein entsprechend kürzeres Haarkleid, sodass sie aus der Ferne mit ihren kurzhaarigen Vettern verwechselt werden können.

Da der Deutsch Drahthaar vorwiegend jagdlich geführt wird, wird seine Rute bei uns noch kupiert. In Skandinavien werden die Hunde schon seit Jahren nicht kupiert (siehe Foto oben).

# 3 | Deutscher Jagdterrier

Hochläufige Terrier | FCI-Nr. 103

Herkunft: Deutschland
Größe: Rüden und Hündinnen 33–40 cm.
Gewicht: Rüden 9–10 kg; Hündinnen 7,5–8,5 kg.
Farben: Schwarz; schwarz-grau meliert; Dunkelbraun; jeweils mit braun-rot-gelben, helleren Abzeichen; helle und dunkle Maske erlaubt; etwas Weiß an Brust und Zehen gestattet.

Geschichte: Der Jagdterrier ist eine relativ junge Schöpfung. Die ersten Zuchtbemühungen starteten in den 1930er-Jahren. Die Rasse ist vorwiegend aus dem Fox Terrier und vermutlich alten englischen rot-schwarzen, rauhaarigen Terriern hervorgegangen, von denen sie die Farbe erhalten hat. Von Anfang an hat man den Jagdterrier nur nach seinen jagdlichen Fähigkeiten über und unter der Erde selektiert. Daher hat man bis heute mit ihm einen Vollblut-Jagdhund erhalten, der auch fast ausschließlich jagdlich geführt wird und für die Haltung als reiner Familienhund nicht geeignet ist.

Verwendung: Der Jagdterrier wird hauptsächlich für die Jagd auf Fuchs und Wildschwein verwendet. Besonders für die Schwarzwildjagd muss ein Hund eine erhebliche Schärfe und Wesensstärke besitzen, die dem Jagdterrier zu eigen ist. Er ist natürlich ein hervorragender Bauhund. Er ist außerdem für das spurlaute Stöbern sowohl auf dem Land als auch im Wasser sowie für die Schweißarbeit geeignet und kann ebenso nicht zu schweres Wild apportieren.

Charakter: Der Jagdterrier ist misstrauisch gegenüber Fremden und äußerst bellfreudig. Wegen seiner Hartnäckigkeit, seiner Härte und seinem ausgeprägten Freiheitsdrang bedarf seine Ausbildung und Führung erheblicher Konsequenz. Normalerweise ordnet sich der Jagdterrier auch nur seinem Führer unter.

Besonderheiten: Beim Jagdterrier unterscheidet man zwei Arten der Fellbeschaffenheit: das raue und das glatte Haar. Beides bedarf keiner besonderen Pflege. Der Jagdterrier ist, wie schon erwähnt, ein Hund, der fast ausschließlich in Jägerhand gehalten wird. Daher wird bei diesen Hunden die Rute etwa um ein Drittel gekürzt.

# 7 | Deutscher Kurzhaariger Vorstehhund

Kontinentale Vorstehhunde | FCI-Nr. 119

Geschichte: Die Vorfahren des Deutsch Kurzhaar waren die Hunde, die vor allem in den Mittelmeerländern bei der Netzjagd auf Federwild und bei der Beizjagd eingesetzt wurden. Auffallend war deren überragende Vorstehleistung. Das spricht für einen hohen Anteil Pointerblut bei dieser Rasse. Über Frankreich, Spanien und Flandern gelangte sie an die deutschen Fürstenhöfe. Seit 1897 wird das Zuchtbuch für diese Rasse geführt. Im Laufe der Zucht wurde aus dem reinen Vorstehhund ein vielseitiger Jagdgebrauchshund.

Verwendung: Die große Stärke des Deutsch Kurzhaar liegt in der Feldarbeit, deshalb ist er in Landschaften mit weiten Ebenen, die reich an Niederwild sind, eher anzutreffen als in Waldgebieten. Aber schon früher wurden die Hunde nicht nur zum Vorstehen, sondern auch zum Apportieren, Nachsuchen, bei der Wasserarbeit und sogar zum Stöbern eingesetzt. Bei der Zucht wird vor allem auf Gebrauchstüchtigkeit und Vielseitigkeit Wert gelegt. Die meisten Hunde dieser Rasse werden bei

## Deutsch Kurzhaar

Herkunft: Deutschland
Größe: Rüden 62–66 cm; Hündinnen 58–63 cm.
Farben: Braun mit oder ohne weiße oder gesprenkelte Abzeichen; dunkler Braunschimmel mit braunem Kopf, braunen Platten oder Tupfen; heller Braunschimmel mit braunem Kopf, braunen Tupfen und mit oder ohne braune Platten; Weiß mit braunem Kopf, braunen Platten oder Tupfen; Schwarz in denselben Kombinationen wie Braun.

uns jagdlich geführt und meist an Jäger abgegeben.
Charakter: Der Deutsch Kurzhaar hat ein ausgeglichenes Wesen mit gezügeltem Temperament. Wichtig sind Kraft, Ausdauer und Schnelligkeit. Im Haus sind diese Hunde ruhig und angenehm und bei rassegemäßer Beschäftigung auch ausgeglichene Familienhunde. Nach dem Deutsch Drahthaar ist er bei uns der zweihäufigste Vorstehhund. Er überzeugt durch den gut bemuskelten Körper, die harmonische Bewegung, seine Vielseitigkeit, sein angenehmes Wesen und das edle Erscheinungsbild.
Besonderheiten: Typisch sind die braunen Farbvarianten dieser Rasse. Die selteneren Schwarzschimmel, die bis zum Ende der 1930er-Jahre als „Preußisch Kurzhaar“ bezeichnet wurden, sind ein Hinweis darauf, dass schwarze Pointer mit eingekreuzt wurden. Das dichte, kurze Haarkleid wissen viele Jäger zu schätzen, da die Hunde auch nach Einsatz bei schlechtestem Wetter schnell trocknen und Auto und Wohnung weniger verschmutzen als langhaarige Rassen.
Da der Deutsch Kurzhaar vorwiegend jagdlich geführt wird, wird seine Rute bei uns noch meistens kupiert. In Skandinavien werden die Hunde dagegen schon seit Jahren nicht mehr kupiert (siehe Foto).

## 7 | Deutscher Langhaariger Vorstehhund

Kontinentale Vorstehhunde | FCI-Nr. 117

### Deutsch Langhaar

Herkunft: Deutschland
Größe: Rüden 60–70 cm, Idealmaß 63–66 cm; Hündinnen 59–66 cm, Idealmaß 60–63 cm.
Gewicht: Rüden und Hündinnen etwa 30 kg.
Farben: Braun mit oder ohne weiße oder geschimmelte Abzeichen; Dunkelschimmel und Hellschimmel je mit braunem Kopf und braunen Platten; Forellenschimmel.

Geschichte: Zu den Vorfahren des Deutsch Langhaar zählen Vogel-, Habichts- und Wasserhunde sowie die Bracken. Daraus lässt sich schon auf die enorme Vielseitigkeit dieser Hunde schließen. Seit 1879 wird die Reinzucht betrieben, nachdem zwei Jahre zuvor die ersten Rassekennzeichen festgelegt wurden. Ursprünglich war der Deutsch Langhaar ein mächtiger, robuster, ja fast bärenhafter Hund mit großer Schärfe und festem Wesen. Dann begann man ab den 1920er-Jahren Irish und Gordon Setter mit einzukreuzen, wodurch die Erscheinung schnittiger und eleganter wurde.
Charakter: Der Deutsch Langhaar ist ausgeglichen und ruhig, hat ein gezügeltes Temperament und sollte frei von Aggression sein. Er ist leichtführig und gut auszubilden. Er arbeitet gründlich und dadurch etwas langsamer als andere Rassen.
Verwendung: Diese Rasse wird ausschließlich auf Leistung und nicht nach Schönheit gezüchtet, wobei laut Standard schon auf ein edles Aussehen und einen schönen Kopf geachtet werden soll. Die Hunde sind vielseitig einsetzbar und sollten jagdlich geführt werden. Sie sind anhängliche Familienhunde und im Haus ruhig und angenehm.
Besonderheiten: Dank des längeren Haarkleids mit der dichten Unterwolle ist er gut gegen Kälte und Nässe geschützt und daher besonders für die Wald- und Wasserarbeit geeignet.
Aufgrund seines Aussehens ist er leicht mit dem Deutschen Wachtelhund, der aber zu den Stöberhunden zählt, zu verwechseln, der allerdings kleiner und gedrungener und auch nicht so schnell wie der Deutsche Langhaarige Vorstehhund ist.

# 2 | Deutscher Pinscher

Pinscher und Schnauzer | FCI-Nr. 184

Herkunft: Deutschland
Größe: Rüden und Hündinnen 45–50 cm.
Gewicht: Rüden und Hündinnen 14–20 kg.
Farben: Rot (Hirschbraun, Rotbraun bis Dunkelrotbraun); Schwarz mit rotbraunem Brand.

Geschichte: Früher unterschied man den rauhaarigen Pinscher von dem glatthaarigen. Beide Typen konnten in einem Wurf fallen. Aus der rauhaarigen Variante hat sich dann der Schnauzer entwickelt. Der Deutsche Pinscher wurde als eigenständige Rasse erstmalig 1880 erwähnt. Mit Beginn der Reinzucht des Schnauzers nahm aber das Interesse an dem glatthaarigen Pinscher ab. Hätte sich in den 1950er-Jahren der betreuende Klub nicht so intensiv um diese Rasse bemüht, wäre sie wahrscheinlich ausgestorben.

Charakter: Der Name Pinscher geht vermutlich auf das englische Wort „pinch" zurück, was „kneifen" bedeutet. Der Pinscher wurde früher als Rattenfänger in den Stallungen und als Wachhund geschätzt. Seinen Mut, sein Temperament und seine Wachsamkeit hat er sich bis heute bewahrt. Er ist aufmerksam, verspielt und lässt sich gut erziehen.

Verwendung: Die Ausbildung zum Begleithund sollte für ihn kein Problem darstellen. Ebenso ist er wegen seiner mittleren Größe für alle Arten von Hundesport geeignet, und ist ein guter Begleiter beim Joggen, Radfahren und Reiten. Sein Heim bewacht er aufmerksam und meldet jeden Besucher mit lautem Gebell, ohne aber aggressiv zu sein. Wer dem Pinscher eine ausreichende Erziehung angedeihen lässt, für den ist er ein temperamentvoller, pflegeleichter und angenehmer Begleit- und Familienhund.

Besonderheiten: Schwarze Pinscher mit Brand sehen aus wie eine kleine Ausgabe des Dobermanns. Trotzdem erfreuen sie sich weit weniger Beliebtheit als ihre großen Vettern und sind bei uns noch recht wenig bekannt. Vielleicht liegt es auch an ihrem Namen, der im deutschen Sprachgebrauch unberechtigterweise ein gewisses Negativ-Image besitzt. Bei der Rute ist, wie bei seinen Verwandten auch, das Zuchtziel die Säbel- oder Sichelrute.

Im Jahr 2003 wurde der Deutsche Pinscher in die Liste der gefährdeten Haustierrassen aufgenommen. Es bleibt zu wünschen, dass diese ursprüngliche Rasse wieder mehr Anhänger findet.

# 1 | Deutscher Schäferhund

Schäferhunde | FCI-Nr. 166

Herkunft: Deutschland
Größe: Rüden 60–65 cm; Hündinnen 55–60 cm.
Gewicht: Rüden 30–40 kg; Hündinnen 22–32 kg.
Farben: Schwarz mit rotbraunen, braunen, gelben bis hellgrauen Abzeichen; Schwarz; Grau mit dunklerer Wolkung, schwarzem Sattel und Maske.

Geschichte: Der Deutsche Schäferhund steht bei uns auf der Beliebtheitsskala ganz oben und ist vermutlich weltweit die am weitesten verbreitete Hunderasse. Dabei ist er gerade mal etwas über 100 Jahre alt. Bevor 1899 der Deutsche Schäferhundverein gegründet wurde, stellte man fest, dass es zuvor schon einen Standard für diese Rasse in der Schweiz gegeben hat.

Zwischen 1870 und 1900 wurden immer wieder Wölfe mit eingekreuzt.

Charakter: Der Schäferhund ist der Schutzhund schlechthin und aus dem Polizeidienst und Rettungshundewesen nicht mehr wegzudenken. Grund dafür sind sein Lerneifer, seine Leichtführigkeit und seine Unterordnungsbereitschaft. Er muss nervenfest, ausgeglichen, selbstsicher und gutartig sein, trotzdem Mut und die für den Schutzdienst erforderliche Härte besitzen. Im Laufe seiner Entwicklung wurde auf die Hüteeigenschaften nicht mehr so viel Wert gelegt. Daher sieht man heute nur noch recht selten Deutsche Schäferhunde bei der Arbeit an der Herde.

Verwendung: Der Schäferhund bedarf einer gründlichen Erziehung, dann ist er ein treuer und zuverlässiger Begleiter und Hausgenosse. Falsch behandelt oder vernachlässigt kann er aber auch durchaus negative Verhaltensweisen an den Tag legen. Neben den täglichen Spaziergängen sollte man mit ihm auf jeden Fall arbeiten oder einen Sport ausüben, wobei er für fast alle Bereiche geeignet ist (zum Beispiel Begleithundausbildung, Fährtenarbeit, Rettungshundearbeit, Schutzdienst, Agility usw.).

Besonderheiten: Weil diese Rasse so außerordentlich viel gezüchtet wird, sollte man bei der Anschaffung eines Tieres unbedingt auf gute Anlagen achten. Dies betrifft sowohl die charakterlichen Eigenschaften wie auch die körperliche Konstitution.
Es ist wichtig, nur Welpen von möglichst HD-freien Eltern mit einwandfreiem Wesen zu erwerben.

## 5 | Deutscher Spitz

**Europäische Spitze | FCI-Nr. 97**

Herkunft: Deutschland
**Wolfsspitz (= Keeshond)** Größe: 43–55 cm. Farben: Grau gewolkt.
**Großspitz** Größe: 42–50 cm. Farben: Weiß; Altfarben (Braun oder Schwarz).
**Mittelspitz** Größe: 30–38 cm. Farben: Weiß; Altfarben (Braun oder Schwarz); Neufarben (Orange, grau gewolkt und andersfarbig).
**Kleinspitz** Größe: 24–28 cm. Farben: Weiß; Altfarben (Braun oder Schwarz); Neufarben (Orange, grau gewolkt und andersfarbig).
**Zwergspitz (= Pomeranian)** Größe: 18–22 cm. Farben: Alle Farben.

Geschichte: Spitzartige Hunde sind die ältesten Haushunde Europas. Die Spitze sind Nachkommen der steinzeitlichen Torfhunde. Die ältesten Knochenfunde stammen aus Pfahlbauten aus der Zeit um 4000 v. Chr. Der Wolfsspitz ist die älteste Varietät der großen Spitze. Der weiße Großspitz war aufgrund seiner edlen Erscheinung früher in vornehmen Kreisen sehr beliebt. Schwäbische Weinbauern dagegen hielten bevorzugt schwarze Großspitze, um zwei- und vierbeinige Nascher von den reifen Trauben fernzuhalten.

Verwendung: Der Spitz wurde nie als Jagdhund verwendet, sondern schon vor Jahrtausenden als Wachhund gehalten. Dementsprechend ist sein Jagdtrieb nur sehr verkümmert ausgebildet. Dafür ist er der geborene Wächter für Haus und Hof und meldet mit seiner angeborenen Bellfreudigkeit jeden Eindringling und alarmiert seine Menschen. Er fühlt sich seiner Familie und seinem Zuhause eng verbunden.

Charakter: Unabhängig von ihrer Körpergröße besitzen alle Spitze ähnliche Charaktereigenschaften. Sogar die Kleinsten unter ihnen sind Fremden gegenüber misstrauisch und schlagen mit ihrem hohen Stimmchen an. Als Wachhunde wurden Spitze, insbesondere der Wolfsspitz, früher häufig auf Lastkähnen mitgeführt und dadurch auch als Fuhrmannsspitz bezeichnet.

Besonderheiten: Das üppige Fell mit der prächtigen „Mähne" macht ihn unempfindlich gegenüber Witterungseinflüssen, bedarf aber regelmäßiger Pflege in Form von Bürsten und Kämmen. Er ist der ideale Begleithund. Groß- und Mittelspitz sind auch beim Hundesport mit Begeisterung bei der Sache. Die kleineren Varietäten brauchen nicht übermäßig viel Auslauf und fühlen sich auch in Etagenwohnungen wohl. Sie sind sowohl für ältere Menschen als auch solche mit wenig Hundeerfahrung geeignet.

# 7 | Deutscher Stichelhaariger Vorstehhund

Kontinentale Vorstehhunde | FCI-Nr. 232

Herkunft: Deutschland
Größe: Rüden mindestens 60 cm; Hündinnen mindestens 58 cm.
Farben: Braun und Weiß; Braunschimmel mit oder ohne Platten oder braun gemantelt.

Geschichte: Schon auf Holzschnitten aus dem 16. Jahrhundert sind „straufhaarige" oder stichelhaarige Hühnerhunde zu sehen. Aus diesen hat sich der heutige „Stichelhaar", wie er kurz genannt wird, entwickelt. Er ist wohl die älteste deutsche rauhaarige Vorstehhundrasse und war maßgeblich an der Entstehung des Deutsch Drahthaar beteiligt, von dem er auch heute nur schwer zu unterscheiden ist. 1888 erfolgte der Nachweis, dass es sich bei dem Stichelhaar um die rauhaarige Form des deutschen Hühnerhundes handelte. Vier Jahre später wurde der erste Rasseklub gegründet. Auf die Reinzucht wurde großer Wert gelegt. Einkreuzungen ausländischer Rassen wurden abgelehnt. Ursprünglich war die Rasse in Böhmen und Mähren, Österreich, Brandenburg und Hessen in den Waldrevieren verbreitet. Nach dem Krieg und der Teilung Deutschlands beschränkte sich das Hauptzuchtgebiet auf Ostfriesland. Bis heute ist der Stichelhaar in den südlichen Regionen kaum anzutreffen. Seine Hochburg bleibt der norddeutsche Raum, wobei er immer noch zu den seltensten deutschen Vorstehhunden zählt.

Verwendung: Der Stichelhaar ist ein vielseitiger, zäher und ausdauernder Jagdgebrauchshund. Er ist nicht nur voller Jagdpassion, sondern auch Wächter für Haus und Hof sowie Beschützer seines Herrn. Wie die meisten Jagdhunde ist er zu Menschen freundlich.

Besonderheiten: Das harte, borstige Fell schützt den Stichelhaar vor Witterungseinflüssen. Die Unterwolle ist im Winter stark ausgebildet, im Sommer dagegen nur schwach oder verschwindet sogar vollständig. Typisch ist der „Schnurrbart" am Fang.

Alle Vertreter dieser seltenen Rasse werden jagdlich eingesetzt. Daher fallen sie unter die Ausnahmeregelung des Kupierverbotes, sodass Hunde mit langer Rute kaum zu finden sind.

# 8 | Deutscher Wachtelhund

Stöberhunde | FCI-Nr. 104

Herkunft: Deutschland
Größe: Rüden 48–54 cm; Hündinnen 45–51 cm.
Farben: Einfarbig Dunkelbraun, häufig mit weißen Abzeichen oder rotem oder gelbem Brand; Braunschimmel oft mit braunem Kopf, braunen Platten oder braunem Mantel.

**Geschichte:** Der Wachtelhund ist eine alte Rasse, die völlig dem „Deutschen Stöberhund" entspricht, der zu Beginn des 18. Jahrhunderts beschrieben wurde. Der heutige Wachtelhund geht auf eine Population dieser Stöberhunde zurück, die gegen Ende des 19. Jahrhunderts auf der oberbayerischen Seenplatte bestand. Seit 1897 wird er rein und nach Leistung gezüchtet. Zunächst unterschied man zwei Linien: die Braunen und die Braunschimmel, wobei die Braunen ruhiger und leichtführiger waren, die Braunschimmel jedoch temperamentvoller und ausdauernder auf der Schweißfährte. Nach Vermischung der beiden Linien sind heute keine Wesensunterschiede mehr feststellbar.

**Verwendung:** Der Wachtelhund ist der typische kleine, vielseitige Gebrauchshund, der vor allem von Förstern und Berufsjägern geschätzt wird. Seine Haupteinsatzgebiete sind Wald und Wasser, für das Feld ist er nur bedingt geeignet. Er muss spurlaut und fährtensicher stöbern, wird als Wasser- und Buschierhund verwendet und für die Verlorensuche und die Schweißarbeit eingesetzt. Hase und Fuchs werden apportiert, größeres Wild muss der Hund verweisen und im Idealfall verbellen.

**Charakter:** Der Deutsche Wachtelhund ist ein passionierter Jagdhund, der nur sehr selten als reiner Familien- und Begleithund gehalten wird, da seine große Jagdpassion häufig zum Problem werden kann, wenn er nicht jagdlich geführt wird. Er ist sehr temperamentvoll und bewegungsfreudig und sollte frühzeitig konsequent erzogen werden. Da die Zuchtauswahl nur nach Leistung und nicht nach Schönheit erfolgt, wird er auch ein reiner Gebrauchshund bleiben. Dennoch ist er im Haus ruhig und angenehm zu halten. Er besitzt ein freundliches Wesen und ist seinen Menschen gegenüber treu und anhänglich. Als Wachhund ist er nicht geeignet.

# 2 | Dobermann

Pinscher und Schnauzer | FCI-Nr. 143

Herkunft: Deutschland
Größe: Rüden 68–72 cm; Hündinnen 63–68 cm.
Gewicht: Rüden 40–45 kg; Hündinnen 32–35 kg.
Farben: Schwarz mit rostrotem Brand; Braun mit rostrotem Brand.

**Geschichte:** Der Dobermann ist der größte Pinscher. Er trägt den Namen des Mannes, der diese Rasse erschaffen hat. Dobermann war Steuereintreiber, Abdeckereiverwalter und städtischer Hundefänger in Apolda. Dadurch kam er an die Hunde, aus denen er eine möglichst „scharfe" Rasse züchten wollte. Maßgeblich beteiligt waren die sogenannten „Fleischerhunde", die einer Art Mischung aus Rottweiler und Schäferhund entsprachen, sowie verschiedene andere Rassen. In den 1870er-Jahren züchtete Dobermann Hunde, die wachsame Hof- und Haushunde waren und als Hüte- und Polizeihunde sowie bei der Jagd auf Raubwild eingesetzt wurden.

**Verwendung:** Heute gilt der Dobermann als eine klassische Schutzhundrasse, die häufig im Schutz- und Wachdienst verwendet wird, beim Polizeidienst allerdings eine untergeordnete Rolle spielt. Er wird vorwiegend als reiner Begleit- und Familienhund gehalten. Dann braucht er aber auf alle Fälle eine gründliche Erziehung, damit sein Schutztrieb und seine vorhandene Schärfe in die richtige Bahn gelenkt werden. Auf dem Hundeplatz arbeitet der Dobermann konzentriert mit und auch im Hundesport wie Agility oder Turnierhundesport oder bei der Fährtenarbeit ist er freudig bei der Sache.

Charakter: Der Dobermann ist ein eleganter, muskulöser und temperamentvoller Hund, mit einer angeborenen Schärfe, der unter konsequenter Führung ein zuverlässiger Begleithund ist.

Besonderheiten: Das extrem kurze, glatte Fell bedarf keiner besonderen Pflege. Durch seinen natürlichen Glanz betont es die elegante Erscheinung dieser Hunde ebenso wie den athletischen Körper. Früher wurden bei Dobermännern Ohren und Rute kupiert, um ihnen ein „schneidiges Aussehen“ zu verleihen. Nach dem Tierschutzgesetz ist heute beides bei uns verboten. Trotz zahlreicher Bemühungen

ist es übrigens bisher nicht gelungen, stehohrige Dobermänner zu züchten. In manchen Bundesländern wird diese Rasse zu den gefährlichen Hunden gezählt, deren Haltung mit bestimmten Auflagen verbunden ist. Daher sollte man sich vor Anschaffung dieser Rasse nach den aktuellen Bestimmungen erkundigen.

## 2 | Dogo Argentino

Molossoide | FCI-Nr. 292

Herkunft: Argentinien
Größe: Rüden bis 68 cm; Hündinnen 60–65 cm.
Gewicht: Rüden etwa 45 kg; Hündinnen 10 bis 15 Prozent weniger.
Farben: Weiß; am Kopf ist ein dunkler Fleck erlaubt.

Geschichte: Anfang des 20. Jahrhunderts hatte der argentinische Arzt Dr. Martinez den Wunsch nach einem schneidigen Wachhund, der aber auch für die Jagd auf Puma, Jaguar und Wildschwein geeignet war. So begann er in den 1920er-Jahren mit der Zucht. Ausgangsrasse war der als Kriegs- und Jagdhund verwendete große, weiße Perro de Pelea Cordobés (die weiße Farbe war von Vorteil, um ihn leichter von den Wildtieren zu unterscheiden), der wiederum aus vier Hunderassen entstanden war: Vom Mastin Español hatte er die Kraft, vom Bulldog den geräumigen Brustkorb und das stoische Wesen, der Boxer brachte Zuverlässigkeit und leichte Erziehbarkeit mit hinein, und vom Bull Terrier erbte er Mut und Kampfgeist. Weiterhin kreuzte Martinez Deutsche Doggen und Pyrenäen Berghunde mit ein. English Pointer vererbten die feine Nase und der Irish Wolfhound die Schnelligkeit. Später wurden noch Bordeaux-Doggen für mehr Mut und Kraft eingekreuzt. Das Ergebnis war ein vorzüglicher Jagd- und Schutzhund, der sich auch als Polizei- und Blindenführhund bewährt hat. 1960 wurde er von der FCI anerkannt.

Charakter: Der Dogo Argentino bellt wenig und ist bei der Jagd ruhig. Die Hunde jagen in Meuten und zögern nicht, auch gefährliche Raubtiere anzugreifen. Grundlos zeigt er keine Aggressivität. Als Familien- und Begleithund braucht er eine gründliche Erziehung und einen Menschen, den er bedingungslos als Rudelführer anerkennt. Dann ist er ein zuverlässiger Beschützer und treuer Begleiter.
Der Dogo Argentino eignet sich für die Begleit- und Schutzhundausbildung.

Besonderheiten: Früher wurden die Ohren dieser Hunde kupiert, vermutlich um den Raubtieren weniger Angriffsfläche bei einem Kampf zu bieten.
In manchen Bundesländern wird diese Rasse zu den gefährlichen Hunden gezählt, deren Haltung mit bestimmten Auflagen verbunden ist. Daher sollte man sich vor Anschaffung dieser Rasse nach den aktuellen Bestimmungen und Vorschriften erkundigen.

# 2 | Dogo Canario

Molossoide | FCI-Nr. 346

Herkunft: Kanarische Inseln
Größe: Rüden 60–65 cm; Hündinnen 56–61 cm.
Gewicht: Je nach Größe 45–55 kg.
Farben: Gestromt und Gelbbraun mit schwarzer Maske.

**Geschichte:** Erstmals wurde der Presa Canario, wie er bislang genannt wurde, im 16. Jahrhundert in Aufzeichnungen von den Kanarischen Inseln erwähnt. Wahrscheinlich wurde er von den spanischen Eroberern und Kolonialisten auf die Inseln gebracht. Ein Einfluss durch andere Rassen zum Beispiel aus Großbritannien ist nicht auszuschließen. Die Umbenennung in Dogo Canario erfolgte auf Anregung der FCI-Standard-Kommission, da das Wort „Presa" einfach „Packer" bedeutet, was mit zu viel Negativ-Image behaftet ist. Im Jahr 2002 wurde die Rasse von der FCI vorläufig angenommen.
Fest steht, dass der Dogo Canario immer zum Bewachen der landwirtschaftlichen Anwesen und der Rinder eingesetzt wurde. Er wurde früher sogar für Hundekämpfe verwendet. Daher wurde bis zu deren Verbot Mitte des 20. Jahrhunderts bei der Zuchtauswahl hauptsächlich auf kämpferische und selbstbewusste Exemplare Wert gelegt. Danach wurde es ruhig um die Rasse. Seit etwa 1970 hielt sie dann auch als Wachhund in den städtischen Gebieten Einzug. 1982 schlossen sich Züchter auf Teneriffa zusammen, um die Rasse zu erhalten und ein einheitliches Erscheinungsbild anzustreben.

**Charakter:** Der Dogo Canario besitzt eine imposante Erscheinung voller Kraft und einen ausgeprägten Wach- und Schutztrieb. Er hat ein ausgeglichenes Wesen und eine tiefe Stimme. Gegenüber seinen Menschen und in der Familie ist er loyal und freundlich, Fremden gegenüber aufgeschlossen. Er zögert nicht anzugreifen, wenn er seine Familie oder sein Heim als bedroht ansieht.
Gegenüber Artgenossen verhält er sich dominant und geht einem Streit nicht aus dem Weg, ohne ihn jedoch zu suchen. Er weicht seinem Führer normalerweise nicht von der Seite und neigt nicht zum Streunen. Dieser Hund ist also auf keinen Fall etwas für Anfänger. Er braucht eine gründliche und konsequente Erziehung und muss seinen Menschen bedingungslos als Rudelführer akzeptieren.

**Besonderheiten:** In manchen Bundesländern wird diese Rasse zu den gefährlichen Hunden gezählt, deren Haltung mit bestimmten Auflagen verbunden ist. Daher sollte man sich vor Anschaffung dieser Rasse nach den aktuellen Bestimmungen und Vorschriften erkundigen.

# 2 | Do Khyi

Molossoide | FCI-Nr. 230

Tibet-Dogge, Tibetischer Hirtenhund

Herkunft: Tibet
Größe: Rüden ab 66 cm; Hündinnen ab 61 cm; größere Hunde sind erwünscht.
Farben: Grau oder Blau mit oder ohne lohfarbene Abzeichen; Gold in allen Schattierungen; Zobelfarben; Weiß nur an Brust und Zehenspitzen toleriert.

**Geschichte:** Die Heimat des Do Khyi ist das „Dach der Welt" in Tibet, wo sich diese Rasse ohne großen Einfluss durch den Menschen selbstständig entwickelt hat. Aufgrund von Abbildungen dieser imposanten Hunde ist anzunehmen, dass sie seit mindestens 3000 Jahren in fast unveränderter Form bestehen. Schon vor unserer Zeitrechnung verbreiteten sie sich außerhalb Tibets. Als Beschützer der Karawanen prägten sie verschiedene Hunderassen in den Ländern entlang der Reiseroute mit. In ihrer Heimat wurden sie als Wachhunde in den Ortschaften und vor allem in Klöstern gehalten. Die im 19. und 20. Jahrhundert nach Europa gelangten Hunde verstarben meist recht jung, und die wenigen Nachkommen überlebten den Zweiten Weltkrieg nicht. Erst 1979 wurde der Grundstock für die Zucht in Deutschland gelegt. Bis heute ist die Rasse auf einen relativ kleinen Liebhaberkreis beschränkt, der sich um die Erhaltung der ursprünglichen Eigenschaften bemüht.

**Charakter:** Der Do Khyi zeichnet sich durch Kraft, Zähigkeit, Ausdauer, Nervenstärke, Selbstbewusstsein und eine enge Bindung an die ihm vertrauten Menschen aus. Er ist bezüglich der Haltungsbedingungen recht anspruchslos. Er braucht ein großes Grundstück, auf dem er sich frei bewegen kann, und ist mit gelegentlichen Spaziergängen zufrieden. Der Do Khyi ist der geborene Wachhund, der allem Fremden gegenüber misstrauisch, aber nicht aggressiv ist. Er zeichnet sich weiterhin durch Stolz und Sturheit aus. Er lernt zwar schnell, lässt sich aber mit Zwang nicht erziehen. Bei ständigen Wiederholungen von Übungen verweigert er die Mitarbeit. Schon vom Welpenalter an sollte man daher spielerisch den Grundgehorsam üben. Für eine gründliche Ausbildung oder Hundesport ist der Do Khyi jedoch nicht unbedingt geeignet. Wer ihn als eigenständige Persönlichkeit akzeptiert, findet in ihm einen wachsamen, zuverlässigen und liebevollen Partner.

## 6 | Dreifarbiger Serbischer Laufhund

Laufhunde | FCI-Nr. 229

**Geschichte:** Diese Rasse entstand erst gegen Ende des 19. Jahrhunderts, als Serbische Laufhunde mit Posavatz-Laufhunden gekreuzt wurden. Seit dieser Zeit wurde die Rasse in Serbien und Bosnien gezüchtet.

**Charakter:** Die Hunde sind sehr lebhaft und temperamentvoll und freundlich zu Menschen. Sie sind ausgezeichnet geeignet für die Jagd auf Fuchs, Hase und Wildschwein. Sie besitzen ausgeprägte Härte gegenüber dem Wild, insbesondere gegen Wildschweine, und nehmen es auch mit Wildkatzen auf.
Die serbischen Bracken jagen spurlaut mit einer mittelhohen, klaren Stimme. Sie besitzen viel Energie und Ausdauer. Im Haus sind diese Hunde ruhig und anhänglich.
Sie sind leichtführig, lassen sich gut ausbilden und eignen sich auch als zuverlässige Begleithunde.

### Srpski Trobojni Gonic, Dreifarbige Serbische Bracke

Herkunft: Serbien und Montenegro
Größe: Rüden 45–55 cm; ideal 51 cm; Hündinnen 44–54 cm; ideal 49 cm.
Gewicht: Rüden und Hündinnen bis 24 kg.
Farben: Rot mit schwarzem Mantel und weißen Abzeichen an Kopf, Hals, Brust, Läufen und Schwanzspitze.

**Besonderheiten:** Dank der relativ hohen Läufe sind sie auch in unwegsamem Gelände unermüdlich bei der Arbeit. Das dichte, wetterfeste Fell macht sie widerstandsfähig gegen Witterungseinflüsse. Leider sind sie sogar in ihrer Heimat recht selten geworden und außerhalb so gut wie nicht anzutreffen.

## 7 | Drentsche Patrijshond

Kontinentale Vorstehhunde | FCI-Nr. 224

### Drent'scher Hühnerhund

Herkunft: Niederlande
Größe: Rüden und Hündinnen 55–63 cm. Eine Abweichung von 2 cm nach oben wird bei gut proportionierten Hunden toleriert.
Farben: Weiß mit braunen oder orangefarbenen Abzeichen; dreifarbig (mit Loh) erlaubt; Mantelfärbung in diesen Farben toleriert, aber wenig erwünscht.

**Geschichte:** Die Rasse stammt von Hunden ab, die im 16. Jahrhundert über Frankreich aus Spanien in die Niederlande gelangten. Patrijs bedeutet im Holländischen Rebhuhn. Die Zucht dieser Rasse erfolgte zunächst in den östlichen Niederlanden, insbesondere in der Provinz Drenthe. Daher rührt der Name. Es erfolgte immer eine Reinzucht, eine Vermischung mit anderen Rassen wurde vermieden. Die engsten Verwandten sind der Kleine Münsterländer und der Epagneul Français. 1943 wurde die Rasse offiziell anerkannt.

**Verwendung:** Der Drentsche Patrijshond ist der ideale, vielseitige Jagdgebrauchshund. Er bleibt „unter der Flinte" und entfernt sich nicht zu weit vom Jäger. Er steht in angemessener Entfernung vor und erstarrt dabei wie zu einer Statue. Dauert es sehr lange, bis sich der Jäger nähert, schaut er sich nach ihm um. Er ist geeignet für die Jagd auf alle Wildarten zu Land

und zu Wasser in unterschiedlichstem Gelände. Er apportiert zuverlässig und ist auch dank seiner hervorragenden Nase für die Schweißarbeit zu verwenden. Alle diese Eigenschaften liegen ihm im Blut.
Charakter: Der Drentsche Patrijshond benötigt wenig Ausbildung und lernt schnell. Wegen seines sensiblen Wesens darf er auf keinen Fall mit Zwang und Gewalt erzogen werden. Er ist nicht nur ein gelehriger Jagdgefährte, sondern auch ein treuer und anhänglicher Familienhund. Er besitzt ein freundliches, etwas zurückhaltendes Wesen und bellt nur bei vermeintlicher Gefahr. Er schwimmt gern und ist auch ein idealer Begleiter beim Joggen oder Radfahren. Mit Artgenossen versteht er sich normalerweise gut.
Der Körper des Drentsche Patrijshond ist länger und der Kopf schmaler als bei den großen deutschen Vorstehhundrassen.

# 6 | Drever

Laufhunde | FCI-Nr. 130

## Schwedische Dachsbracke

Herkunft: Schweden
Größe: Rüden 32–38 ; Hündinnen 30–36 cm.
Gewicht: Rüden und Hündinnen 14,5–15,5 kg.
Farben: Alle Farben mit weißen Abzeichen sind zulässig.

Geschichte: Der Drever ist noch eine recht junge Laufhund-Rasse. Erst im 20. Jahrhundert wurde er aus der Westfälischen Dachsbracke und schwedischen Laufhunden herausgezüchtet.
Verwendung: Obwohl er außerhalb seiner Heimat nur selten anzutreffen ist, wurde der Drever in Schweden zu einem der beliebtesten Jagdgehilfen. Wegen der kurzen Läufe ist er nicht so schnell wie die meisten anderen Laufhunde. Er hat eine ausgezeichnete Nase, ist zuverlässig beim Aufspüren von Hasen und auch Rehen und treibt diese dem Jäger zu. Er hat eine große Jagdpassion, ist sehr ausdauernd, arbeitsfreudig und zäh und sollte unbedingt ausreichend gefordert werden. Sein Wesen sowie seine Verwendungsmöglichkeiten entsprechen weitgehend dem der anderen Dachsbracken-Rassen.
Heute werden gelegentlich wieder einige Drever bei den Westfälischen Dachsbracken mit eingezüchtet, um die recht klein gewordene Zuchtbasis dieser deutschen Rasse wieder zu vergrößern. Bei uns ist der Drever kaum zu finden.

# 6 | Dunker

Laufhunde | FCI-Nr. 203

## Dunkerbracke

Herkunft: Norwegen
Größe: Rüden und Hündinnen 48–57 cm.
Gewicht: Rüden und Hündinnen 17–23 kg.
Farben: Loh mit einem schwarzen Sattel und einigen weißen Abzeichen; Blue Merle.

Geschichte: Der Dunker entstand etwa in den 1920er-Jahren, als russische Laufhunde und norwegische Hunde miteinander gekreuzt wurden. Das Ergebnis war ein relativ leicht gebauter Hund, der aber voller Energie steckt und sehr ausdauernd ist. Der Name stammt von dem Schöpfer dieser Rasse.

Verwendung: In seinem Ursprungsland Norwegen ist der Dunker ein sehr populärer Spürhund. Er wurde dazu gezüchtet, Hasen mit der Nase aufzuspüren, sie anschließend zu verfolgen und zu apportieren. Er besitzt eine enorme Ausdauer und ist bei unterschiedlichsten landschaftlichen Gegebenheiten einsetzbar.

Charakter: Der Dunker hat ein äußerst freundliches und gutmütiges Wesen und ein ruhiges Temperament. Er ist leichtführig, gut zu erziehen und baut eine enge Beziehung zu seinen Menschen auf. Deshalb ist er nicht nur ein beliebter Jagdgefährte, sondern auch ein begehrter Haus- und Familienhund geworden.

Besonderheiten: Mit der bei dieser Rasse auch vorkommenden Blue-Merle-Zeichnung, die eigentlich für Jagdhunde recht ungewöhnlich ist, erscheint der Dunker auch von der äußeren Erscheinung her für viele interessant. Das Erbgut für die Blue-Merle-Färbung hat er von den russischen Harlekin-Bracken erhalten, die zur Entstehung der Rasse beigetragen haben. Außerhalb Norwegens ist der Dunker äußerst selten. Gelegentlich sieht man Exemplare auf Hundeausstellungen.

# 9 | Elo

nicht FCI-anerkannt

Herkunft: Deutschland
Größe: Groß-Elo – 46–60 cm; Klein-Elo – 35–45 cm.
Gewicht: Groß-Elo – 22–25 kg; Klein-Elo – 10–15 kg.
Farben: Alle Farben erlaubt, erwünscht ist Weiß mit braunen, roten, schwarzen und/oder grauen Flecken verschiedener Schattierungen.

Geschichte: Der Elo ist eine sehr junge Hunderasse, deren Zucht erst im Jahr 1987 begann. Ziel war es, einen Hund zu züchten, der möglichst viele Eigenschaften des idealen Familienhundes in sich vereint, wie zum Beispiel ruhiges bis mittleres Temperament, kein Jagdtrieb, geringe Bellfreudigkeit, Verträglichkeit mit Mensch und Tier, pflegeleichtes Fell und ein ansprechendes Äußeres. Ausgangsrassen waren Old English Sheepdog und Eurasier, wobei später noch Chow-Chow und Samojede mit eingekreuzt wurden. Um die kleine Variante zu erhalten, wurden große Elos mit Pekingese, Kleinspitz und Japan-Spitz verpaart. Betreut wird diese Hunderasse von der Elo® Zucht- und Forschungsgemeinschaft e. V. Da die Zuchtbasis relativ eng geworden ist – ein normales Phänomen bei neuen Rassen – wird gelegentlich immer wieder ein Eurasier mit eingekreuzt.

Charakter: Wesen und Veranlagung dieser Hunde entsprechen weitgehend dem Zuchtziel nach einem problemlosen, freundlichen und anhänglichen Familienhund. Der Elo besitzt ein ruhiges bis mittleres Temperament und eine hohe Reizschwelle. Er ist aufmerksam und freundlich, verhält sich aber Fremden gegenüber zurückhaltend. An Artgenossen ist er nicht so sehr interessiert und verhält sich auch angeleint friedlich. Der Jagdtrieb soll möglichst wenig ausgeprägt sein, ebenso die Bellfreudigkeit. Bei der Weiterzucht dieser jungen Rasse wird auch besonders auf diese Merkmale geachtet.

Besonderheiten: Mittlerweile konnte man schon ein relativ einheitliches Erscheinungsbild bei dieser Rasse erzielen, wobei Haarlänge und -beschaffenheit noch erheblich variieren können.
Laut Standard sind zwei Varianten zugelassen: eine rauhaarige und eine glatthaarige. Die glatthaarigen Tiere sind an Gesicht und Läufen kurz behaart und besitzen ansonsten ein mittellanges Fell. Der Rauhaar-Elo wirkt wuscheliger und hat an Gesicht und Läufen eine längere, teilweise wellige Behaarung. Elos haben Stehohren, wirken kräftig bis gedrungen und tragen ihre Rute über dem Rücken gerollt.

## 2 | English Bulldog

Molossoide | FCI-Nr. 149

Herkunft: Großbritannien
Größe: Rüden und Hündinnen bis 40 cm.
Gewicht: Rüden etwa 25 kg; Hündinnen etwa 23 kg.
Farben: Rot gestromt; alle anderen Farben gestromt; Weiß; einfarbig Rot; Falbfarben; gescheckt; Kombinationen dieser Farben. Schwarz und Schwarz-Loh sind unerwünscht.

Geschichte: Der Bulldog ist der englische Nationalhund. Er war nicht immer so friedlich, wie wir ihn heute kennen. Seine Vorfahren waren Furcht einflößende Hunde, die den römischen Legionären kampflustig gegenübertraten. Im Mittelalter erhielt er den Namen Bulldog, da er so aggressiv war „wie ein kleiner Stier". Jahrhunderte lang waren Bullenkämpfe auf den Dorfplätzen Englands an der Tagesordnung. Der Bulle wurde angebunden und die Hunde mussten ihn angreifen. Hierbei waren kurze Beine, wildes Temperament und kräftige Kiefer mit Vorbiss von Vorteil. 1835 wurden diese Kämpfe verboten. Danach wollte man diese Hunde züchterisch zu friedlichen Begleithunden umwandeln. Man nahm ihnen die Angriffslust und überbetonte zu ihrem Leidwesen den plumpen Rumpf und die eingedrückte Nase.

Charakter: Der English Bulldog ist heute bei uns relativ selten zu sehen und nur auf einen kleinen Liebhaberkreis beschränkt. Sein groteskes und mürrisches Aussehen steht im Gegensatz zu seinem absolut liebenswürdigen und geduldigen Wesen. Er besitzt eine stoische Gelassenheit und ist fast nicht aus der Ruhe zu bringen. Er legt keinen Wert auf lange Spaziergänge oder viel Bewegung und ist somit auch in kleinen Wohnungen zu halten. Auch wenn man versucht, ihn konsequent zu erziehen, wird man nicht allzu viel Erfolg damit haben. Er besitzt eine starke Persönlichkeit und ist nur für Menschen geeignet, die seinen Charakter akzeptieren.

Besonderheiten: Durch die verkürzten Nasengänge kommt es bei dieser Rasse zu Atemproblemen, die Hunde „schnaufen" und leiden auch häufig unter Schweratmigkeit. Bedingt durch den breiten Kopf gibt es bei der Geburt Probleme, sodass die Welpen meistens mit Kaiserschnitt geholt werden müssen.

# 8 | English Cocker Spaniel

Apportierhunde | FCI-Nr. 5

Herkunft: Großbritannien
Größe: Rüden 39–41 cm; Hündinnen 38–39 cm.
Gewicht: 12–14,5 kg.
Farben: Rot; Schwarz; Schwarz mit Loh; Braun; Braun mit Loh und Zobel; Blauschimmel; Blauschimmel mit Loh; Braunschimmel; Braunschimmel mit Loh; Orangeschimmel; Schwarz-Weiß; Schwarz-Weiß mit Loh; Braun-Weiß; Braun-Weiß mit Loh; Orange-Weiß.

Geschichte: Schon aus dem 14. Jahrhundert findet man Quellen, die Spaniels als Jagdhunde beschreiben. Die Unterscheidung der Rassen erfolgte Ende des 18. Jahrhunderts, als zwischen dem „Cocking" und dem „Springing" Spaniel sowie dem Wasserspaniel unterschieden wurde. Der Begriff Cocker stammt vermutlich vom englischen „woodcock" (= Waldschnepfe) ab. Ende des 19. Jahrhunderts teilte man den Cocker den Field-Spaniels zu. 1892 wurde der erste Standard für den English Cocker Spaniel herausgegeben. Heute werden in der Zucht Schönheits- von Jagdlinien unterschieden. Letztere werden mehr aufgrund der jagdlichen Fähigkeiten als nach Schönheit für die Zucht ausgewählt und vorwiegend in Jägerhand abgegeben.
Verwendung: Obwohl der Cocker Spaniel bei uns vorwiegend als reiner Begleithund gehalten wird, besitzt er doch eine ausgeprägte Jagdpassion. Er ist ein Stöberhund, der das Wild aufscheucht, und ein Apportierer, der das geschossene Stück findet und apportiert. Auf der Jagd ist der Cocker in seinem Element, aber nur die wenigsten Vertreter dieser Rasse werden jagdlich geführt. Wird er als reiner Familienhund gehalten, muss seine Jagdleidenschaft auf alle Fälle berücksichtigt werden. Am besten beschäftigt man ihn sinnvoll mit Fährten- oder Apportierarbeit oder Hundesport. Auf alle Fälle sollte er sicheren Gehorsam zeigen, damit sein Jagdtrieb nicht mit ihm durchgeht.
Charakter: Dank seines sanften und freundlichen Wesens, seines seidigen Fells und dem ansprechenden Gesichtsausdruck mit den übermäßig langen

Behängen hat sich der Cocker schon vor Jahrzehnten als beliebter Familienhund etabliert. Er ist normalerweise problemlos zu halten. Er hat ein munteres, freundliches Wesen und ist weitgehend frei von Aggression sowohl Menschen als auch Artgenossen gegenüber. Der Cocker hängt sehr an seinen Menschen und verträgt bei der Ausbildung keine harte Hand. Bei einer konsequenten, aber liebevollen Erziehung zeigt er dagegen gern seine Arbeitsfreude und Begeisterung.
Besonderheiten: Der English Cocker Spaniel bedarf keiner übermäßigen Pflege. Nur die langen Ohren sollten regelmäßig kontrolliert und einfach mit einem feuchten Tuch gereinigt werden, um eventuellen Entzündungen vorzubeugen. Seitdem die Ruten nicht mehr kupiert werden dürfen, erkennt man deutlich das unermüdliche Rutenspiel, das diese fröhlichen Hunde auszeichnet.

# 6 | English Foxhound

Laufhunde | FCI-Nr. 159

Englischer Foxhound
Herkunft: Großbritannien
Größe: Rüden 57–63 cm; Hündinnen 53–60 cm.
Gewicht: Rüden bis zu 45 kg; Hündinnen wesentlich leichter.
Farben: Alle Farben erlaubt; meistens zwei- oder dreifarbig.

Geschichte: Der englische Foxhound ist ein Jagdhund mit jahrhundertealter Tradition. Es stammt von Bracken ab, die früher noch bei der Netzjagd eingesetzt wurden. Aus der Brackenjagd entwickelte sich die Parforcejagd, wobei die Hunde in der Meute das Wild verfolgen, bis es ermüdet. Obwohl diese Jagd in Deutschland Ende des Mittelalters kaum mehr ausgeübt wurde, hat man sie in Frankreich als die „königliche Jagd" kultiviert. Dennoch sind die bekanntesten Parforcehunde die Englischen Foxhounds. Sie entstanden durch Kreuzungen aus Bracken mit Greyhounds, Terriern und Bulldoggen. Auch der Bloodhound, der mit den Normannen nach England gelangte, sowie der heute ausgestorbene Talbot Hound zählen zu den Vorfahren. Die Entstehungszeit liegt vermutlich im 15. Jahrhundert. Gewünscht wurde ein schneller Laufhund mit einer guten Nase, der den Bedürfnissen der damals in Großbritannien so beliebten Fuchsjagden entsprach. 1964 wurde der English Foxhound von der FCI anerkannt.

Verwendung: Der Foxhound war schon immer ein Meutehund und ist auch heute noch kaum als Familienhund für die Einzelhaltung geeignet. Die wenigen bei uns vorkommenden Foxhounds leben auch zum größten Teil in Meuten. Da bei uns die Jagd mit Hundemeuten auf lebende Tiere verboten ist, werden diese Hunde bei den alljährlich im Herbst stattfindenden Schleppjagden auf künstliche Fährten angesetzt, wobei ihnen die Jagdteilnehmer zu Pferde folgen.

Charakter: Die Hunde besitzen eine enorme Ausdauer, da sie früher manchmal ganze Tage eine Fuchsfährte verfolgen mussten. Daher benötigen sie also sehr viel Auslauf. Da sie immer dazu gezüchtet wurden, selbstständig in der Meute zu arbeiten, und wegen ihrer großen Jagdpassion ist es äußerst schwierig, den Einzelhund zum Gehorsam zu erziehen. Trotz ihres freundlichen Wesens sind sie als reine Begleithunde nicht zu empfehlen. Sie sollten möglichst rassegemäß in Meuten oder zumindest kleinen Gruppen gehalten werden.

## 7 | English Pointer

Britische und Irische Vorstehhunde | FCI-Nr. 1

### Pointer

Herkunft: Großbritannien

Größe: Rüden 63–69 cm; Hündinnen 61–66 cm.

Farben: Zitronenfarben-Weiß; Orange-Weiß; Leberbraun-Weiß; Schwarz-Weiß; einfarbig und dreifarbig auch zugelassen.

Geschichte: Der Pointer ist der klassische Vorstehhund, der auch letztendlich bei der Entstehung aller kontinentalen Vorstehhundrassen mitbeteiligt war. Seine ursprüngliche Heimat ist Spanien, wo die Pointer allerdings schwerer und massiger waren und zum Teil heute noch sind. In

England kreuzte man dann Foxhounds mit ein und machte so den Pointer schneller und eleganter. Der Pointer ist prädestiniert für die Niederwildjagd, wobei seine Stärke nach wie vor im Feld liegt. Beim Vorstehen (point = anzeigen) bleibt er in einer charakteristischen Pose stehen, um seinem Führer den Standort des Wildes anzuzeigen. Wie Gemälde aus verschiedenen Epochen belegen, hat sich der Pointer bezüglich seines Aussehens und seiner Arbeitsweise in den letzten Jahrhunderten kaum verändert.

Charakter: Der Pointer besitzt eine aristokratische Erscheinung, die den Eindruck von Kraft und Energie erweckt. Bei der Arbeit ist er schnell und ausdauernd. Typisch ist der ausgeprägte Stopp. Sein Wesen ist freundlich und ausgeglichen. Er ist leichtführig, sehr gehorsam und gut auszubilden. Er ist ein angenehmer Familienhund und ruhiger Hausgenosse, der zu jedermann freundlich ist.

Verwendung: Der Pointer hat ein großes Laufbedürfnis und sollte darüber hinaus auch sinnvoll seiner Eignung entsprechend beschäftigt werden. Daher werden die meisten bei uns vorkommenden Pointer jagdlich geführt. Trotz seiner Zuverlässigkeit und hervorragenden Vorsteheigenschaften gehört er bei uns zu den selteneren Jagdhunden, da die meisten Jäger einen vielseitigeren Jagdgebrauchshund bevorzugen. Denn eigentlich ist der Pointer der typische Jagdhelfer für den Falkner. Bei der Beizjagd zeigt er im Feld das Federwild durch Vorstehen an und jagt es auf Kommando des Falkners auf, damit der Greifvogel es schlagen kann.

## 7 | English Setter

Britische und Irische Vorstehhunde | FCI-Nr. 2

Herkunft: Großbritannien
Größe: Rüden 65–68 cm; Hündinnen 61–65 cm.
Farben: Schwarz-Weiß (Bluebelton); Orange-Weiß (Orangebelton); Zitronenfarben-Weiß (Lemonbelton); Leberbraun-Weiß (Liverbelton); Tricolor (Bluebelton oder Liverbelton mit Loh).

Geschichte: Bei der Bezeichnung der Farben bedeutet „belton" eine Tüpfelung und/oder ein Zusammenlaufen der Farben. Belton ist ein Dorf in Northumberland. Die Bezeichnung wurde von dem Züchter gewählt, der die Rasse in der heutigen Form geprägt hat und mit seiner Reinzucht 1825 begann.

Verwendung: Die Setter stammen von Pointern und verschiedenen Spanielrassen ab. Bei der jagdlichen Verwendung sind sie vielseitiger als der Pointer. Obwohl viele Setter heute rein nach Schönheit gezüchtet werden, gehört der English Setter eher zu den Rassen, die auch bei uns noch häufiger jagdlich eingesetzt werden. In der für Setter typischen Position zeigt er das Wild an. Dabei senkt er sein Hinterteil so ab, dass er eigentlich eher vorsitzt (daher Setter von set = setzen) als vorsteht.

Charakter: Der English Setter ist sehr temperamentvoll und besitzt eine große Jagdpassion. Daher ist er als reiner Begleithund nur bedingt zu empfehlen, da viele Hundebesitzer seinem ausgeprägten Bewegungsdrang und seiner Jagdleidenschaft nicht entsprechen können. Der English Setter besitzt eine aparte Erscheinung und ein freundliches Wesen, daher ist es kein Wunder, dass häufig der Wunsch nach dieser Rasse als Familienhund aufkommt. Entscheidet man sich für diese Rasse, sollte man den Hund jedenfalls gründlich erziehen, ihm beim Joggen oder am Fahrrad viel Auslauf bieten und am besten noch einen Hundesport wie Agility oder Turnierhundesport ausüben, damit er ausreichend gefordert und ausgelastet ist.

# 8 | English Springer Spaniel

Stöberhunde | FCI-Nr. 125

Herkunft: Großbritannien
Größe: Rüden und Hündinnen um 51 cm.
Farben: Braun-Weiß; Braun-Weiß mit Loh; Schwarz-Weiß; Schwarz-Weiß mit Loh.

Geschichte: Der English Springer Spaniel ist der größte Vertreter der Spaniels und zugleich auch die älteste Jagdhundrasse. Allerdings wurde der erste Standard erst 1902 aufgestellt. Seine ursprüngliche Verwendung war das Finden und Aufjagen des Wildes bei der Netzjagd, bei der Beizjagd und bei der Jagd mit dem Greyhound.
Verwendung: Der English Springer ist einer der wenigen Spaniels, die auch bei uns gelegentlich jagdlich geführt werden. Bezüglich der jagdlichen Verwendung ist er allerdings auf die Buschierarbeit beschränkt, da er nicht spurlaut ist und somit in Blickverbindung mit seinem Führer arbeitet. Daher ist die häufigste Verwendung die Kaninchen- und Fasanenjagd sowie die Wasserarbeit, da er auch zuverlässig am Wasser und im Schilf stöbert und das Wild apportiert.
Charakter: Der Englisch Springer Spaniel ist freundlich, unkompliziert und gehorsam. Er ist kräftig und kompakt gebaut und sehr lebhaft. Von allen britischen Spanielrassen ist er am höchsten auf den Läufen. Seine Leichtführigkeit und seine Anhänglichkeit machen ihn zu einem idealen Familien- und Begleithund. Allerdings darf man nicht vergessen, dass er ein Gebrauchshund mit Jagdpassion ist. Er braucht viel Auslauf und Bewegung und möglichst rassegemäße Beschäftigung, auch wenn er nicht jagdlich geführt wird. Im Vergleich zu dem ihm sehr ähnlichen, aber kleineren Cocker Spaniel ist er bei uns noch höchst selten zu sehen.
Besonderheiten: Bei den Zuchtlinien der English Springer Spaniel kann man die original englischen Linien von dem amerikanischen Typ unterscheiden, der keine Tupfen, sondern nur klar abgegrenzte Platten und eine abfallende Rückenlinie hat. Früher wurde die Rute kupiert. Heute fallen die Hunde unter das Rutenkupierverbot, da sie bei uns in der Regel nicht jagdlich geführt werden.

# 3 | English Toy Terrier (Black and Tan)

Zwerg-Terrier | FCI-Nr. 13

Toy Manchester Terrier
Herkunft: Großbritannien
Größe: Rüden und Hündinnen 25–30 cm.
Gewicht: Rüden und Hündinnen 2,7–3,6 kg.
Farben: Schwarz mit Loh.

Geschichte: Der English Toy Terrier ist mit dem Manchester Terrier eng verwandt, der etwas größer ist, aber ihm ansonsten verblüffend ähnlich sieht. Auch hat er etwas von einem Windhund, sodass vielleicht Italienisches Windspiel oder Whippet mit eingekreuzt worden sind. Schon aus dem 16. Jahrhundert sind Gemälde bekannt, auf denen solche Terrier abgebildet sind. Genauere Beschreibungen finden sich dann im frühen 19. Jahrhundert. Damals wurden die Hunde hauptsächlich zum Töten von Ratten verwendet. Hierzu hielten die Briten regelrechte Wettkämpfe ab, wobei sie ihrer Wettleidenschaft frönen konnten. 1826 wurde die Rasse zum ersten Mal auf einer Ausstellung präsentiert.
Bis etwa 1900 waren die Hunde in England sehr beliebt und begehrte Gesellschaftshunde der feinen Damen. Schließlich gelangten sie auch nach Frankreich und Deutschland. Die weitere Zucht hatte zum Ziel, immer kleinere und zartere Hunde zu erhalten, was auf Kosten der Gesundheit der Tiere ging. Die Rasse drohte auszusterben. Einigen Liebhabern gelang es jedoch, sie zu erhalten und wieder gesunde und elegante Toy Terrier zu züchten, wie wir sie heute kennen.

**Charakter:** Der English Toy Terrier ist ein pflegeleichter und anhänglicher Gesellschaftshund. Er kann noch Mäuse und Ratten jagen, ist ein ausdauernder Läufer und auch für Hundesport wie Agility ausgezeichnet geeignet. Er ist aber auch mit normalen Spaziergängen zufrieden und lässt sich problemlos in einer Stadtwohnung halten. Fremden gegenüber ist er anfangs zurückhaltend und Besucher oder andere ungewöhnliche Dinge werden kurz, aber heftig verbellt. Auch wenn er äußerlich leicht mit einem Zwergpinscher verwechselt werden kann, so bleibt er doch ein echter Terrier.

# 2 | Entlebucher Sennenhund

Schweizer Sennenhunde | FCI-Nr. 47

Herkunft: Schweiz
Größe: Rüden 44–50 cm; Hündinnen 42–48 cm. Eine Abweichung von 2 cm nach oben wird toleriert.
Gewicht: Rüden 25–30 kg; Hündinnen 20–25 kg.
Farben: Grundfarbe Schwarz mit möglichst symmetrischen gelb- bis rostbraunen und weißen Abzeichen.

**Geschichte:** Wie der Appenzeller war der Entlebucher oder „Schärlig“, „Länder“ oder „Chüherhündli“, wie er früher genannt wurde, ein Küherhund, der zum Treiben und Hüten des Viehs verwendet wurde. Er musste robust, wachsam, genügsam, ausdauernd und geschickt sein. Er stammt aus den entlegenen Tälern des Emmentals, des Entlebuchs (Name!) und dem Gurnigelgebiet. Auch im Tal des Schärligbaches (Name!) kam er vor. Erstmals wurde die Rasse 1913 auf einer Ausstellung präsentiert.

Charakteristisch für den Entlebucher war die Stummelrute. Etwa die Hälfte der Tiere soll damals mit Stummelrute, dem sogenannten „Mutzschwanz“, geboren worden sein. Somit wurden alle anderen Exemplare kupiert. Verbunden mit dem Rutenkupieren war auch ein Aberglaube, der besagte, Hunde mit kupierten Schwänzen könnten keine Tollwut bekommen oder würden nicht mehr so gut wildern. Erst seit 1993 ist die lange Rute als erlaubtes Merkmal im Standard mit aufgenommen. Seit Bestehen des Rutenkupierverbotes kann man davon ausgehen, dass alle jüngeren Tiere mit kurzer Rute einen angeborenen Mutzschwanz besitzen.

**Charakter:** Der Entlebucher ist temperamentvoll, geschickt und verspielt. Er ist sehr lernfreudig und der geborene Apportierer. Hüten und Treiben liegen ihm im Blut. Das sogenannte „Stechen“, das Kneifen in die Fesseln, ist bei jungen Hunden im Spiel noch häufig zu beobachten. Der Entlebucher ist wachsam und bellfreudig. Er ist sehr anhänglich, Fremden gegenüber leicht misstrauisch. Mit einem fröhlichen Spiel kann man ihn jedoch schnell für sich gewinnen. Trotz seiner relativ geringen Körpergröße ist der Entlebucher eher ein Hund für aktive Menschen. Als Begleiter beim Joggen, Reiten oder am Fahrrad kann er sich richtig ausleben.

# 7 | Epagneul bleu de Picardie

Kontinentale Vorstehhunde | FCI-Nr. 106

Bleu Picard

Herkunft: Frankreich

Größe: Rüden und Hündinnen 55–60 cm; 2 cm Toleranz nach oben und unten sind erlaubt.

Farben: Schwarz-Grau; grau meliert.

Geschichte: Wie der Epagneul Picard stammt auch diese Rasse aus der nordfranzösischen Landschaft Picardie. Entstanden ist sie aus einer Farbmutation des Epagneul Picard. Die Behauptung, Gordon Setter wären mit eingezüchtet, trifft nicht zu, da dem Bleu Picard die lohfarbenen Abzeichen völlig fehlen.
Schon 1512 wurden schwarze Epagneuls erstmalig urkundlich erwähnt. König Ludwig XII. bedankte sich in einem Brief für zwei Bleu Picards. Die Rasse musste durch ihre jagdlichen Fähigkeiten herausgestochen haben, denn eigentlich wollte man, wie heute auch noch, keine schwarzen Jagdhunde. Deshalb hat man im Namen die Bezeichnung „Bleu" gewählt. In Frankreich finden sich zwei Linien dieser Rasse. Die nordfranzösische Linie ist dem Epagneul Picard sehr ähnlich, die südfranzösische ist wesentlich feingliedriger.

Charakter: Der Bleu Picard zeichnet sich durch seine unerschütterliche Ruhe und seine große Jagdpassion aus. Er besitzt dieselben vielseitigen Eigenschaften wie Epagneul Picard und Epagneul Français. Besonders ausgeprägt ist bei dieser Rasse die Schärfe. Er ist ein angenehmer und freundlicher Familienhund und ein ruhiger Hausgenosse.
Der Bleu Picard besticht durch seine äußerst aparte Erscheinung, da er eben diese für Jagdhunde ungewöhnliche Färbung besitzt. Selbst in Frankreich ist diese Rasse bis heute noch relativ selten, gewinnt aber allmählich an Popularität.

# 7 | Epagneul Breton

Kontinentale Vorstehhunde | FCI-Nr. 95

Herkunft: Frankreich

Größe: 48–51 cm mit einer Toleranz von 1 cm nach oben und unten; Idealgröße für Rüden 49–50 cm, für Hündinnen 48–49 cm.

Farben: Weiß und Orange; Weiß und Braun; Schwarz und Weiß; Weiß, Orange und Schwarz; Weiß, Orange und Braun; Schimmelung mit einer dieser Farben.

Geschichte: Die Heimat des Epagneul Breton liegt im Zentrum der Bretagne. Er stammt vermutlich von den im Mittelalter bekannten sogenannten „Vogelhunden" ab. Ohne Zweifel ist er die älteste französische Vorstehhundrasse. Er wurde zur Jagd und in der Falknerei eingesetzt. Gegen Ende des 19. Jahrhunderts wurden Laverack-Setter mit eingekreuzt. Dadurch wurde der robuste „Bretone" rasanter bei der Suche und erreichte den besten Stil eines Vorstehhundes.

Verwendung: Der Epagneul Breton sucht mit hoher Nase schnell und raumgreifend und steht zuverlässig vor. Er ist auch für die Arbeit nach dem Schuss, für die Verlorensuche und die Wasserarbeit geeignet. Er ist kein Stöberhund. Die Raubwildschärfe ist weniger stark ausgeprägt.

Charakter: Der Epagneul Breton hat ein sanftes, ausgeglichenes Wesen. Er besitzt eine große Jagdpassion, ist sehr umgänglich mit Artgenossen und ist nicht nur ein guter Jagdhund, sondern auch als Familien- und Begleithund ideal geeignet. Er ist sehr anpassungsfähig, nicht sehr bellfreudig und angenehm im Haus zu halten. Der Epagneul Breton ist leichtführig und kann ohne Härte ausgebildet werden. Er braucht viel Bewegung und sollte möglichst jagdlich geführt werden.

Besonderheiten: In Frankreich ist der Bretone der beliebteste Jagdhund. Weltweit ist er die am weitesten verbreitete Jagdgebrauchshundrasse. Die Rute wird bei dieser Rasse auf höchstens 10 cm Länge kupiert. Manche Tiere werden auch ohne Rute geboren. Die jagdlich geführten Tiere fallen auch bei uns unter die Ausnahmeregelung des Rutenkupierverbotes.

# 7 | Epagneul de Pont-Audemer

Kontinentale Vorstehhunde | FCI-Nr. 114

Herkunft: Frankreich
Größe: Rüden und Hündinnen 52–58 cm.
Farben: Braun; Braun mit Grau oder Weiß.

Geschichte: Die ersten Exemplare dieser Rasse gab es schon im 19. Jahrhundert. Sie entstand vermutlich aus Kreuzungen zwischen Epagneul Français und Irish Water Spaniel. 1886 begann man in Frankreich mit der Reinzucht des Epagneul de Pont-Audemer. Die Rasse fand immer größere Verbreitung vor allem in der Normandie. Benannt wurde sie nach der Stadt Audemer in Nordfrankreich. Leider erlitt die Zucht durch die beiden Weltkriege einen derartigen Rückschlag, dass die Rasse kurz vor dem Aussterben stand. 1949 begann man mit der Reaktivierung der Zucht. Es fanden sich zahlreiche Liebhaber der Rasse, und so konnte wieder ein gesicherter Bestand aufgebaut werden. Allerdings ist der Pont-Audemer bis heute nicht so populär wie die meisten anderen Epagneuls.

Verwendung: Im Süden Frankreichs wird dieser Hund von den Jägern hauptsächlich für die Wasserarbeit eingesetzt. Er ist der ideale Jagdbegleiter für Wasser, Sumpf, Dickungen und Wald. Bei uns finden sich nur vereinzelte Exemplare, die auch erst in den letzten Jahren nach Deutschland gelangt sind.

Charakter: Wie seine Vettern steht auch dieser Epagneul sicher vor, hat einen ausgeprägten Spur- und Fährtensinn, eine gesunde Härte und eine große Wasserpassion. Mit seinem freundlichen Wesen und seiner Führerbezogenheit ist er auch ein angenehmer Familienhund.

Besonderheiten: Der Epagneul de Pont-Audemer sieht dem Epagneul Picard am meisten ähnlich. Hauptunterscheidungsmerkmal ist das etwas gekräuselte Fell und das Haarbüschel am Scheitel, das ihm ein gewisses lustiges Aussehen verleiht. Die Rute wird um ein Drittel kupiert, was bei jagdlich geführten Hunden auch bei uns noch erfolgt.

# 7 | Epagneul du Larzac

Kontinentale Vorstehhunde | Nicht FCI-anerkannt

Herkunft: Frankreich
Größe: Rüden und Hündinnen 52–54 cm.
Farben: Weiß; Grau mit rötlich braunen Platten und Sprenkelungen; Braunschimmel.

Geschichte: Im Jahre 1982 fand sich erstmals ein Hinweis auf diese Rasse in einer französischen Hundezeitschrift, wobei auch zum Erhalt dieser seltenen Hunde aufgerufen wurde. Ob diese Rasse die Urform des Epagneul Français ist oder eine Kreuzung aus Epagneul Français und Epagneul Breton, ist ungewiss. Zwischenzeitlich galt die Rasse als ausgestorben, aber 1992 wurde sie erneut in einer Zeitschrift vorgestellt.
Einige engagierte französische Züchter haben sich dieser Rasse angenommen, um sie vor dem Aussterben zu bewahren.

Verwendung: Der Epagneul du Larzac wird für die Niederwildjagd verwendet. Mit seiner relativ geringen Größe, der hervorragenden Nase und den geschlossenen Fußballen ist er für die Jagd in trockenem, sehr felsigen Gelände geeignet.
Bei uns sind diese Hunde nicht zu finden.

# 7 | Epagneul Français

Kontinentale Vorstehhunde | FCI-Nr. 175

Herkunft: Frankreich
Größe: Rüden 55–61 cm; Hündinnen 54–59 cm; 2 cm Toleranz nach oben und unten sind erlaubt.
Farben: Weißer Grund mit braunen Platten; zu viele Sprenkel sind unerwünscht.

Geschichte: Der Epagneul Français gehört zu den ältesten Vorstehhundrassen Frankreichs. Er ist der „sich legende Hund" des Mittelalters. Laut urkundlichen Erwähnungen wurde er schon 1512 auf dem Hofe Ludwigs XII. gehalten. Im 17. Jahrhundert wurde er in Versailles zur Rebhuhn- und Fasanenjagd verwendet. Nach der Französischen Revolution verschwanden viele französische Rassen. Erst Mitte des 19. Jahrhunderts wurde der fast ausgestorbene Epagneul Français gerettet.
Die Ähnlichkeit mit dem Münsterländer Vorstehhund ist möglicherweise kein Zufall. Es könnte sein, dass der Epagneul Français bei den Münsterländer Vorstehhunden mit eingekreuzt wurde.
Verwendung: Der Epagneul Français ist attraktiv und elegant und erfüllt alle Voraussetzungen für einen Vollgebrauchshund: sehr gute Nasenleistung, sicheres Finden, Vorstehen, Durchstehen bei der Suche und Buschieren. Der Apportiertrieb ist ihm angeboren. Er lässt sich gut ausbilden, ist sehr führerbezogen, hält auch bei der Arbeit immer Verbindung mit seinem Führer und ist sehr gehorsam. Alles in allem ist er ein hervorragender, ausgeglichener Jagdhund und ein angenehmer Familienhund. Er hat sich auch schon in anderen Bereichen wie zum Beispiel der Rettungshundearbeit bewährt.
Besonderheiten: Die Rute wird nicht kupiert. Sie soll leicht in S-Form getragen werden und muss vollständig behaart sein, wodurch die typische Fahne entsteht. Kraushaare sind nur an den Ohren erlaubt. Vertreter dieser Rasse gehörten zu den ersten französischen Vorstehhunden, die nach Deutschland kamen. 1985 wurde der erste Epagneul Français, eine Hündin, importiert, welche den Grundstock für die Zucht bei uns legte.

# 7 | Epagneul Picard

Kontinentale Vorstehhunde | FCI-Nr. 108

Herkunft: Frankreich
Größe: Rüden und Hündinnen 55–61 cm; 2 cm Toleranz nach oben und unten sind erlaubt.
Farben: Dunkelbraun mit grauen Platten am ganzen Körper, lohfarbene Abzeichen an den Läufen, am Fang und über den Augen; Grauschimmel ist erlaubt.

Geschichte: Der Epagneul Picard verdankt seinen Namen der Gegend, aus der er stammt, der Picardie in Nordfrankreich. Diese Landschaft ist abwechslungsreich gegliedert in Feld, Wasser, Wald und Sumpf. Für die Jagd unter solchen Bedingungen benötigt man einen robusten und arbeitsfreudigen Hund, der sicher vorsteht und auch bei Bedarf stundenlang die Felder absucht. Er muss auch in den zahlreichen Gewässern Wasserwild finden und sollte außerdem sehr führerbezogen sein. Mit diesen Eigenschaften hat man gleich zwei Rassen, den Epagneul Picard und den Epagneul bleu de Picardie, gezüchtet. Anfang des 20. Jahrhunderts galten beide noch als eine Rasse. Auch heute wird der Epagneul Picard hauptsächlich in seiner

ursprünglichen Heimat gezüchtet. Er ist der kräftigste Vertreter der französischen Langhaarrassen. 1908 wurde die Rasse als eigenständig angemeldet und von der FCI anerkannt. Bis heute ist die Picardie die Hochburg der Zucht dieser Rasse.

Verwendung: Trotz seiner Vielseitigkeit und hervorragenden Jagdeigenschaften ist dieser Jagdhund in Deutschland immer noch recht selten zu sehen. Die wenigen Anhänger dieser Rasse bei uns schätzen die große Jagdpassion dieser Hunde, ihre enorme Ruhe und ihre Zuverlässigkeit. Der Epagneul Picard lässt sich vielseitig einsetzen, ist sicher bei der Nachsuche, besitzt eine große Wasserfreudigkeit und hat eine feine Nase, nicht zu vergessen die gute Führigkeit und Führerbezogenheit. Wie alle „Franzosen" ist er also ein hervorragender Jagdhund und angenehmer Familienhund.

## 7 | Epagneul St. Usuge

Kontinentale Vorstehhunde | FCI-Anerkennung beantragt

Herkunft: Frankreich
Größe: Rüden 47–54 cm; Hündinnen 41–49 cm.
Farben: Braun mit grauen Flecken; Braunschimmel; Loh-Abzeichen sind fehlerhaft.

Geschichte: Die Heimat dieser Rasse liegt im französischen Jura. Lange Zeit geriet sie in Vergessenheit außer bei den Jägern in ihrem Heimatgebiet. Nachdem 1936 das letzte Mal ein Exemplar auf einer Ausstellung gezeigt wurde, war die Rasse zehn Jahre lang fast verschwunden. Nach dem Zweiten Weltkrieg wurden die letzten Exemplare zusammengesucht, um mit diesen eine neue Zucht aufzubauen. Mittlerweile hat sich die Rasse etabliert, und es gibt sogar regelmäßig Anfragen von Welpeninteressenten aus Übersee und Deutschland.

Der Epagneul St. Usuge ist der kleinste französische Vorstehhund. Obwohl die Rasse in dieser Form vermutlich schon seit Jahrhunderten existiert, wurde sie bisher noch nicht offiziell von der FCI anerkannt, in absehbarer Zeit dürfte aber damit zu rechnen sein. Vom SCC (Société Centrale Canine) in Frankreich ist die Rasse Anfang 2003 anerkannt worden.

Charakter: Der Epagneul St. Usuge besitzt ein äußerst freundliches Wesen und ist extrem leichtführig. Er ist temperamentvoll und flink, arbeitet gut im Feld, am liebsten aber im Wasser und im Wald, im Sumpf und im Dickicht. Er ist ein Spezialist für Federwild. Seine Stärke liegt in der Jagd auf Wasserwild und Schnepfen.

Der Epagneul St. Usuge ist geeignet für diejenigen, die einen kleineren, vielseitig einsetzbaren Gebrauchshund und gleichzeitig einen fröhlichen Familienhund möchten.

# 6 | Erdélyi Kopó

Laufhunde | FCI-Nr. 241

Transsylvanischer Laufhund, Ungarische Bracke

Herkunft: Ungarn

Größe: Rüden und Hündinnen 55–65 cm.

Gewicht: Rüden und Hündinnen mindestens 25 kg.

Farben: Schwarz mit lohfarbenen Abzeichen; kleine weiße Abzeichen an Brust, Pfoten und Rutenspitze erlaubt. Die niederläufige Form ist vorwiegend rotbraun gefärbt, wobei auch kleine weiße Abzeichen erlaubt sind.

**Geschichte:** Die genaue Herkunft dieser Rasse liegt im Dunkeln. Vermutlich gelangten ihre Vorfahren aus Russland oder aus dem Balkan in die Karpaten. Im Laufe der Jahrhunderte haben sich die Hunde im Erscheinungsbild nur wenig verändert. Der hochläufige Typ wurde hauptsächlich für die Jagd auf Wildschwein, Hirsch und Luchs gezüchtet. Die kleineren Vertreter waren spezialisiert für die Jagd auf Hase und Fuchs. Nach dem Zweiten Weltkrieg drohte die Rasse auszusterben. Nur einigen engagierten Züchtern in Ungarn und in den angrenzenden Ländern hat sie ihr Überleben zu verdanken.
Die hochläufige Form der Ungarischen Bracke ist eine der größten Bracken, die sich durch einen kräftigen, muskulösen Körperbau auszeichnet. Die niederläufige Form ist vermutlich schon ausgestorben, zumindest ist sie schon länger nicht mehr nachgewiesen worden.

**Verwendung:** Die Ungarische Bracke besitzt die für Jagd auf Großwild notwendige Härte. Sie ist mutig, anspruchslos und ausdauernd, dafür aber nicht so schnell bei der Jagd. Sie hat einen charakteristischen Spurlaut. Sie spürt das Wild auf und stellt es zuverlässig. Sie kann ebenso für die Nachsuche oder die Apportierarbeit ausgebildet werden. Die Hunde sind stark führerbezogen. Zu Hause geben sie einen guten Wachhund ab. Fremden gegenüber sind sie zunächst reserviert, aber nicht aggressiv. Sie haben ein gemäßigtes Temperament und lassen sich gut ausbilden. Sie eignen sich auch für verschiedene Hundesportarten. Außerhalb ihrer Heimat ist diese Rasse nur vereinzelt anzutreffen.

# 5 | Eurasier

Asiatische Spitze und verwandte Rassen | FCI-Nr. 291

Herkunft: Deutschland

Größe: Rüden 52–60 cm, ideal 56 cm; Hündinnen 48–56 cm, ideal 52 cm.

Gewicht: Rüden 23–32 kg, ideal 26 kg; Hündinnen 18–26 kg, ideal 22 kg.

Farben: Alle Farben und Farbkombinationen zugelassen außer Weiß, weiß gescheckt und Leberfarben.

**Geschichte:** Der Eurasier ist eine relativ junge Hunderasse. Der erste Wurf fiel 1960 in Weinheim an der Bergstraße. Die Ausgangsrassen waren Chow-Chow und Wolfsspitz. Später wurden auch noch Samojeden eingekreuzt. Zunächst hieß die Rasse noch Wolf-Chow. 1973 wurde der Name mit der offiziellen Anerkennung in Eurasier umgewandelt, da die Ausgangsrassen aus Europa und Asien stammen.

**Charakter:** Bei der Erschaffung dieser Rasse war es Ziel, einen angenehmen Familienhund mit ausgeglichenem Wesen und einer hohen Reizschwelle zu erhalten. Das typische Erscheinungsbild der Polarhunde sollte erhalten bleiben, das Wesen aber an die hiesigen Verhältnisse angepasst sein. Der Eurasier ist sehr anhänglich und zeigt ein außerordentliches Feingefühl für die Stimmung seiner Menschen. Fremden gegenüber ist er eher zurückhaltend. Er ist von Natur aus wachsam, ohne aggressiv oder übermäßig bellfreudig zu sein. Er hat sich eine gewisse Selbstständigkeit bewahrt und zeigt in vielen Situationen eigenständige Entscheidungen.

Verwendung: Der Eurasier ist recht anpassungsfähig und findet sich in der Stadt ebenso zurecht wie auf dem Land und fühlt sich auch in einer Etagenwohnung wohl, wenn er ausreichend Bewegung erhält. Sein Jagdtrieb ist nur schwach ausgebildet und für den Schutzdienst ist er nicht geeignet. Er möchte vor allem viel zusammen mit seinen Menschen unternehmen und ist mit Begeisterung bei hundesportlichen Aktivitäten dabei.

Der Eurasier ist ein angenehmer Begleit- und Familienhund.

Besonderheiten: Das üppige Fell mit der dichten Unterwolle und den langen Grannenhaaren bedarf regelmäßiger Pflege, besonders zu Zeiten des Haarwechsels.

# 8 | Field Spaniel

Stöberhunde | FCI-Nr. 123

Herkunft: Großbritannien
Größe: Rüden und Hündinnen um 45 cm.
Gewicht: Rüden und Hündinnen 18–25 kg.
Farben: Schwarz; Leberbraun; Schimmel; sowie alle diese Farben mit Loh; bei einfarbigen Hunden ist Weiß oder Schimmel auf der Brust zulässig.

Geschichte: Anfang des 19. Jahrhunderts wurden die beiden Rassen Field und Cocker Spaniel noch nicht voneinander unterschieden, und verschiedene Spaniel-Rassen wurden miteinander gekreuzt.

In der zweiten Hälfte des 19. Jahrhunderts entwickelte sich dann der Field Spaniel, als man einen Hund züchten wollte, der im dichten Gebüsch arbeiten kann und vom Land sowie aus dem Wasser sicher apportiert. Die Unterscheidung vom Cocker Spaniel erfolgte dann nach dem Gewicht.

Verwendung: Die schwereren Hunde entwickelten sich zum Field Spaniel. Dieser sieht dem Cocker Spaniel auch heute noch sehr ähnlich, ist aber etwas größer und länger. Er gilt als der Spaniel mit der größten Jagdpassion. Er ist sehr widerstandsfähig und wird besonders für die Jagd auf hartem Gelände verwendet. Er ist ein ruhiger Buschierer und auch für die Wasserarbeit gut geeignet.

Charakter: Der Field Spaniel hat ein ausgeglichenes, aber dennoch lebhaftes Wesen und besitzt einen kräftigen, sportlichen Körperbau. Er ist widerstandsfähig und hat eine robuste Konstitution. Er ist leichtführig und lässt sich gut ausbilden. Er sollte entweder als Jagdhund geführt oder als Begleithund in ländlichen Gegenden gehalten werden. In der Stadt fühlt er sich nicht so wohl. Fremden gegenüber ist er eher reserviert. Er schlägt an, wenn er Ungewöhnliches bemerkt, ist aber kein Wachhund. Da er gern ins Wasser geht, sollte man ihm dazu regelmäßig Gelegenheit geben.

Bei uns ist der Field Spaniel eine Rarität und auch auf Ausstellungen nur vereinzelt anzutreffen.

# 2 | Fila Brasileiro

Molossoide | FCI-Nr. 225

Herkunft: Brasilien
Größe: Rüden 65–75 cm; Hündinnen 60–70 cm.
Gewicht: Rüden mindestens 50 kg; Hündinnen mindestens 40 kg.
Farben: Einfarbig alle Farben erlaubt außer Weiß, Mausgrau, gefleckt, gesprenkelt oder Black and Tan; weiterhin zugelassen gestromt mit oder ohne schwarze Maske.

Geschichte: Der Fila Brasileiro ist die erste international anerkannte brasilianische Hunderasse. Er wird als der beste Schutz- und Wachhund der Welt bezeichnet. Die ursprüngliche Verwendung dieser imposanten Hunde ist vielfältig. Jahrhunderte lang wurden sie in Brasilien für die Jagd auf Jaguar und Wildschwein verwendet. Sie können ausgezeichnet schwimmen und sind relativ unempfindlich gegen Attacken von Moskitos und anderen Insekten, was ideale Voraussetzungen für den Einsatz im Dschungel sind. Sie waren auch bei der Jagd auf Indios dabei, die auf den Plantagen als Sklaven arbeiten mussten. Sie wurden für den Einsatz bei Guerilla-Truppen trainiert und leisten heute noch wertvolle Dienste bei Sonder- oder Antiterror-Einheiten in verschiedenen Ländern. In den Städten sind sie beliebte Wachhunde, und auch auf dem Land werden sie als Beschützer der Viehherden geschätzt.

Charakter: Wer sich einen Fila zulegt, sollte Erfahrung mit großen Hunden besitzen und sich bewusst sein, zu was diese Rasse fähig ist. Der Fila ist absolut treu und zuverlässig seiner Familie gegenüber. Solange einer seiner Menschen in der Nähe ist, ist er freundlich und ruhig. Entfernt sich aber die vertraute Person oder wird er durch etwas Ungewöhnliches alarmiert, kann er blitzschnell zum Angriff übergehen. Er ist ein absolut unbestechlicher Wächter. Das Wort „Fila" bedeutet „festhalten", das heißt, der Hund stellt jeden, den er für einen Feind hält. Bei direkter Bedrohung greift er auch an. Ein Fila muss seinen Menschen als Rudelführer akzeptieren und sollte zuverlässig gehorchen.

Besonderheiten: In manchen Bundesländern wird diese Rasse zu den gefährlichen Hunden gezählt, deren Haltung mit bestimmten Auflagen verbunden ist. Daher sollte man sich vor Anschaffung dieser Rasse nach den aktuellen Bestimmungen und Vorschriften erkundigen.

# 5 | Finnen-Spitz

Nordische Jagdhunde | FCI-Nr. 49

Suomenpystykoira
Herkunft: Finnland
Größe: Rüden 44–50 cm; Hündinnen 39–45 cm.
Farben: Rötliches Braun oder gelbliches Rot mit hellerer Schattierung.

Geschichte: Der Finnen-Spitz ist der Nationalhund Finnlands. Der finnische Name bedeutet wörtlich übersetzt „finnisches Spitzohr". Früher wurde er als „finnischer, bellender Vogelhund" bezeichnet. 1897 erhielt er seinen heute noch gültigen Namen. Die Finnen selber nennen den Hund „Rot-Spitz", um ihn von anderen spitzähnlichen einheimischen Hunden zu unterscheiden. Er gehört zu den wenigen einfarbig roten Hunderassen. Die ersten spitzähnlichen Hunde gelangten mit den Auswanderern aus Zentralrussland vor etwa zweitausend Jahren nach Finnland. Da das Überleben erheblich von der jagdlichen Leistung der Hunde abhing, selektierten die Menschen ihre Hunde damals stark nach ihren Fähigkeiten.

Verwendung: Finnen-Spitze werden in ihrer Heimat vorwiegend zur Birk- und Auerwildjagd eingesetzt. Sie können aber auch Elch und Bär stellen. Durch lautes Bellen ziehen sie die Aufmerksamkeit des gestellten Wildes auf sich und zeigen dem Jäger den Standort an.

Charakter: Finnen-Spitze haben ein besonders enges Verhältnis zu ihren Menschen. Bestrafung oder rohe Behandlung zerstört ihr Selbstbewusstsein und verängstigt sie. Fehlverhalten muss ignoriert und richtiges Verhalten belohnt werden. Absoluter Gehorsam kann von diesen Hunden nicht verlangt werden. Wegen ihres ausgeprägten Jagdtriebes unternehmen sie gern längere Ausflüge auf eigene Faust. Sie sind recht bellfreudig. Zu Fremden sind sie zurückhaltend freundlich. Gleichgeschlechtlichen Artgenossen gegenüber verhalten sie sich häufig dominant. Sie sind sehr reinlich und besitzen nicht den typischen Hundegeruch. Finnen-Spitze sind selbstständig und sensibel und vereinnahmen ihre Menschen sehr stark. Sie sind nur etwas für Menschen, die ihre Mitteilungsfreude und ihre Selbstständigkeit akzeptieren und bereit sind, ihren Hund absolut gewaltfrei und ohne Tadel zu erziehen.

# 5 | Finnischer Lapphund

Nordische Wach- und Hütehunde | FCI-Nr. 189

Suomenlapinkoira, Lapinkoira

Herkunft: Finnland
Größe: Rüden 46–52 cm; Hündinnen 40–46 cm.
Farben: Alle Farben erlaubt. Die Grundfarbe muss überwiegen. Abzeichen an Kopf, Hals, Brust, Läufen und Rutenspitze erlaubt.

Geschichte: In Lappland züchteten die Samen über Jahrhunderte einen Hundetyp, der ihnen zunächst bei der Jagd auf Rentiere, später beim Treiben und Hüten der oft riesigen Rentierherden behilflich war. Dank seines dichten, langen Haarkleides war er außerdem an die arktischen Bedingungen optimal angepasst. Bis ins 20. Jahrhundert hinein gab es viele verschiedene auf diese Weise entstandene Hundetypen. Erst 1940 begannen die Finnen mit der Reinzucht ihres Lapphundes. Laut Standard soll er nicht nur hervorragende Hüteeigenschaften besitzen, sondern auch ein zuverlässiger Wach- und Hofhund sein.
Verwendung: Heute wird der Lapinkoira selbst in seiner Heimat kaum mehr als Hütehund eingesetzt. Er hat sich immer mehr zum Haus- und Familienhund entwickelt. Er ist lernwillig und lässt sich gut ausbilden. Damit er ausreichend körperlich und geistig gefordert wird, sollte man mit ihm Hundesport wie Agility, Obedience usw. betreiben oder ihn sogar zum Rettungshund ausbilden.
Charakter: Der Lapinkoira ist ein typischer nordischer Spitz mit langem, dichtem Fell und einer über dem Rücken gerollt getragenen Rute. Er hat ein freundliches und ausgeglichenes Wesen und hängt sehr an seiner Familie. Er hält sich gern im Freien auf und übernimmt im Garten die Aufgabe des Wachhundes, der alles Ungewöhnliche mit seinem Bellen meldet. Fremden gegenüber ist er dennoch freundlich. Sein Jagdinstinkt ist nur schwach ausgebildet, sodass er bei den täglichen Spaziergängen auch ohne Leine ein angenehmer Begleiter ist. Der bei uns bisher noch kaum vorkommende Lapinkoira ist der ideale Familienhund für aktive, sportliche Menschen, die viel und gern im Freien unternehmen.

# 6 | Finnischer Laufhund

Laufhunde | FCI-Nr. 51

Finnenbracke, Suomenajokoira

Herkunft: Finnland
Größe: Rüden 55–61 cm; Hündinnen 52–58 cm.
Gewicht: Je nach Größe 20–25 kg.
Farben: Dreifarbig; schwarzer Mantel; Läufe, Schultern und Kopf braun; weiße Abzeichen.

Geschichte: Schon seit dem 18. Jahrhundert gab es in Finnland Bracken. Sie wurden für die Jagd während der Sommermonate eingesetzt.
Diese Rasse entstand aber erst im 19. Jahrhundert nach einem gezielten Zuchtprogramm. Einheimische Laufhunde wurden mit schwedischen, deutschen und französischen Laufhunden sowie Foxhounds gekreuzt. Das Ergebnis war ein eleganter, dreifarbiger Laufhund, der zum Aufspüren, aber nicht zum Apportieren verwendet wird, obwohl er in dichten Waldregionen den Jäger auch zu erlegtem Federwild führt.

Verwendung: Die Finnenbracke wird normalerweise für die Hasenjagd verwendet, gelegentlich verwendet man sie aber auch für die Jagd auf Hochwild.
Charakter: Die Finnenbracke hat ein ruhiges, sanftes Wesen und ist daher auch ein angenehmer Familien- und Begleithund. Allerdings braucht sie viel Auslauf und Beschäftigung und fühlt sich daher am wohlsten, wenn sie gemäß ihrer Veranlagung jagdlich geführt wird. In ihrem Heimatland ist diese Rasse als Jagdhund und auch als Begleithund recht beliebt und weit verbreitet. Bei uns trifft man nur gelegentlich auf Vertreter dieser Rasse, die dann auch in der Regel jagdlich geführt werden.

# 8 | Flat Coated Retriever

Apportierhunde | FCI-Nr. 121

Herkunft: Großbritannien
Größe: Rüden 58–61 cm; Hündinnen 56–59 cm.
Gewicht: Rüden 25–35 kg; Hündinnen 25–34 kg.
Farben: Schwarz; Leberbraun.

Geschichte: Der vom St. John's Hund abstammende Wavy Coated Retriever ist wohl der direkte Vorfahre des Flat Coated Retrievers. In der Mitte des 19. Jahrhunderts wollte man die hervorragenden Apportierleistungen mit einem eleganten Erscheinungsbild kombinieren. Hierzu wurden extrem dunkle Irish Setter sowie Schottische Schäferhunde mit eingekreuzt. 1898 wurden die „Flats" erstmalig ins Zuchtbuch des Kennel Club eingetragen. Neben den schwarzen Exemplaren sah man auch immer wieder leberbraune, die aber wegen der rezessiven Vererbung dieses Merkmals bis heute nur selten auftreten. Gelegentlich werden auch gelbe Welpen geboren. Diese Farbe hat sich aber nicht durchgesetzt und wird nicht offiziell anerkannt. Obwohl die Flats vor rund hundert Jahren in England der beliebteste Retrieverschlag waren, sieht man sie bei uns heute noch verhältnismäßig selten.

Verwendung: Hierzulande wird der Flat nur von wenigen Liebhabern jagdlich geführt, und zwar vorwiegend für die Arbeit nach dem Schuss an Land und im Wasser. Wegen des schlankeren, leichteren Körperbaus ist er aber nicht nur für die Apportierarbeit, sondern auch für Sportarten wie Agility oder Flyball geeignet. Seine Wasserfreudigkeit ist ebenso ausgeprägt wie bei den anderen Retrievern. Ausreichend Bewegung durch ausgedehnte Spaziergänge, Laufen am Fahrrad oder Hundesport in Verbindung mit Kopfarbeit wie zum Beispiel Fährtenarbeit und Dummy-Arbeit machen dieses Tempera-

mentsbündel im Haus zu einem ruhigen, angenehmen Hund.
Charakter: Der Flat ist sehr temperamentvoll, was sich manchmal sogar als eine gewisse Nervosität äußern kann. Von allen Retrieverrassen ist er wohl der sensibelste, der eine besonders einfühlsame Erziehung benötigt. Sein freundliches, temperamentvolles Wesen macht ihn zu einem geeigneten Familienhund, der aber von seinem Besitzer eine gewisse Sport-

lichkeit verlangt. Der Flat ist die richtige Wahl für Menschen, die einen Hund suchen, der die angenehmen Eigenschaften der Retriever und eine elegante Erscheinung sowie Temperament in sich vereint.

Besonderheiten: Obwohl der Flat Coated Retriever langes, seidiges, glänzendes Fell besitzt, ist seine Haarpflege relativ problemlos. Er muss nur gelegentlich gebürstet werden. Das seidige Haar neigt nicht zum Verfilzen und wirkt immer glänzend und gepflegt. Es trocknet schneller als beim Golden Retriever, da der Flat weniger Unterwolle besitzt. Dennoch ist er nicht besonders kälteempfindlich.

## 3 | Fox Terrier (drahthaarig)

Hochläufige Terrier | FCI-Nr. 169

Herkunft: Großbritannien
Größe: Rüden maximal 39 cm; Hündinnen etwas kleiner.
Gewicht: Rüden etwa 8 kg; Hündinnen etwas weniger.
Farben: Weiß mit schwarzen oder lohfarbenen Abzeichen.

Geschichte: Die rauhaarigen oder drahthaarigen Fox Terrier stammen ursprünglich aus den englischen Kohlerevieren Durham und Derbyshire und aus Wales. Sie waren gute Kaninchenjäger und wurden natürlich auch für die Fuchs- und Dachsjagd verwendet. Lange Zeit wurden die glatthaarigen und die drahthaarigen Fox Terrier zusammen gezüchtet. Die drahthaarigen stammen von einem Glatthaar-Fox-Rüden und einer rauhaarigen Hündin unbekannten Stammbaums ab. 1876 erfolgte offiziell die Trennung der beiden Rassen. Während der Glatthaar-Fox vorwiegend ein Jagdhund geblieben ist, hat sich der Drahthaar-Fox eher zu einem Familien- und Begleithund entwickelt. Noch vor wenigen Jahrzehnten war diese Rasse sehr in Mode, heute ist sie dagegen recht selten geworden, vermutlich weil andere kleine Terrier-Rassen populärer geworden sind.

Charakter: In jedem Fox Terrier steckt noch eine gehörige Portion Jagdblut. Das sollte man bei der Haltung dieser lebhaften und furchtlosen Hunde berücksichtigen. Fox Terrier sind robust, arbeitsfreudig und selbstbewusst. Da sie nicht gerade leichtführig sind und eine gewisse Härte besitzen, sollten sie unbedingt mit Konsequenz erzogen werden. Dann sind sie aber durchaus angenehme Familien- und Begleithunde, die genügend Bewegung und am besten eine sinnvolle Beschäftigung wie zum Beispiel Hundesport benötigen, wenn sie nicht – wie ja in den wenigsten Fällen – jagdlich geführt werden.

Besonderheiten: Das drahtige Fell muss zweimal im Jahr (zu Zeiten des natürlichen Fellwechsels im Frühjahr und Herbst) getrimmt werden. Ansonsten benötigt es nicht viel Pflege. Es ist von Natur aus hart und Schmutz abweisend. Die Hunde sollten auf keinen Fall geschoren werden. Besonders älteren Hunden tut ein gelegentliches Bad gut, da die Haut recht fettig werden kann und das Haar dann viel Schmutz aufnimmt.

## 3 | Fox Terrier (glatthaarig)

Hochläufige Terrier | FCI-Nr. 12

Herkunft: Großbritannien
Größe: Rüden maximal 39 cm; Hündinnen etwas kleiner.
Gewicht: Rüden 7,2–8,1 kg; Hündinnen 6,8–7,7 kg.
Farben: Einfarbig Weiß oder vorherrschend Weiß mit lohfarbenen oder schwarzen Abzeichen.

Geschichte: Die Heimat des glatthaarigen Fox Terriers liegt vermutlich in den englischen Grafschaften Cheshire und Shropshire. Früher waren diese Terrier als Stallhunde für die Vernichtung der Schädlinge zuständig. Später hat man sie dann jagdlich verwendet und zwar vornehmlich für die Arbeit unter der Erde am Fuchsbau. Flüchtete der Fuchs vor der Foxhound-Meute in seinen Bau, wurde der Fox Terrier, den man in der Satteltasche mitführte, in den Bau geschickt, um den Fuchs herauszujagen. Ursprünglich waren die Fox Terrier schwarz-rot oder braun-rot gefärbt. Erst durch Einkreuzung von Foxhound und Beagle, wodurch die Terrier spurlaut wurden, entstand die weiß-bunte Färbung. Erst 1876 wurden die glatthaarigen gezielt

getrennt von den drahthaarigen Fox Terriern weitergezüchtet.

Verwendung: Heute wird der Glatthaar-Fox hauptsächlich jagdlich geführt, wobei er im Allgemeinen nicht sehr häufig ist. Sein hauptsächliches Einsatzgebiet ist die Jagd auf Fuchs und Wildschwein. Die Hunde sind wendig, spurlaut und besitzen die notwendige Schärfe und Härte, um allein oder in der Meute die Sau zu stellen. Die überwiegend weiße Färbung ist übrigens von Vorteil bei der Jagd auf Schwarzwild, da die Hunde sich besser von dem Wild abheben und nicht so schnell aus Versehen wie saufarbene Jagdterrier oder Dackel erschossen werden können.

Charakter: Der temperamentvolle und furchtlose Glatthaar-Fox ist kein leichtführiger Hund. Wer ihn als Familienhund halten möchte, sollte ihn unbedingt konsequent erziehen und ihm außerdem eine sinnvolle Beschäftigung bieten, wenn er nicht jagdlich geführt wird.

Besonderheiten: Das glatte Haar ist relativ pflegeleicht und sollte nur gelegentlich gebürstet werden.
Ein Trimmen ist bei diesen Hunden nicht erforderlich.
Früher wurde die Rute dieser Hunde wie auch beim Drahthaar kupiert. Heute wird dies nur noch bei jagdlich geführten Hunden durchgeführt.

## 6 | Français blanc et noir | Français blanc et orange | Français tricolore

Laufhunde: Français blanc et noir | FCI-Nr. 220, Français blanc et orange | FCI-Nr. 316, Français tricolore | FCI-Nr. 219

Herkunft: Frankreich

**Français blanc et noir**

Farben: Weiß-Schwarz mit blassen lohfarbenen Abzeichen.

Größe: Rüden 65–72 cm; Hündinnen 62–68 cm.

**Français blanc et orange**

Farben: Weiß-Orange.

Größe: Rüden und Hündinnen 62–70 cm, + 2 cm.

**Français tricolore**

Farben: Dreifarbig (Weiß/Schwarz/Loh).

Größe: Rüden 62–72 cm; Hündinnen 60–68 cm.

Geschichte: Diese drei französischen Laufhundrassen unterscheiden sich im Prinzip nur durch die verschiedenen Färbungen und geringfügig in der Größe. Sie sind die klassischen Meutehunde, die kräftig gebaut und gut bemuskelt sind und sich durch Klasse und Eleganz auszeichnen. Typisch für sie ist das ausgeprägte Hinterhauptbein. Sie wurden eigens dazu gezüchtet, um in der Meute für die Hochwildjagd eingesetzt zu werden.
Sie sind durch Kreuzungen verschiedener französischer Laufhunde mit Foxhounds erst im 20. Jahrhundert entstanden. Bei der weiß-schwarzen Form besteht ein erheblicher Einfluss des Bleu de Gascogne. Der dreifarbige Typ entstand noch durch zusätzliche Einkreuzungen von Poitevin, Gascon Saintongeois und Billy. Der seltene weiß-orange Laufhund wurde erst später herausgezüchtet. Die Ähnlichkeit mit den drei Farbvarianten des eng verwandten Grand anglo-français ist sehr groß und häufig sind die Hunde nur schwer voneinander zu unterscheiden.

Charakter: Diese Laufhunde besitzen ein freundliches Wesen und normalerweise ein gesundes Sozialverhalten Artgenossen

gegenüber, da sie die typischen Meutehunde sind. Außerhalb Frankreichs findet man nur wenige Meuten, in denen diese Rassen vertreten sind. Da bei uns die Jagd mit Hundemeuten verboten ist, werden sie hier nur auf der künstlichen Fährte bei den alljährlich im Herbst stattfindenden Schleppjagden eingesetzt. Sie eignen sich nicht als reine Begleithunde in Einzelhaltung. Sie fühlen sich am wohlsten in der Meute und wenn sie entsprechend ihrer jagdlichen Fähigkeiten gefordert werden.

# 9 | Französische Bulldogge

Kleine doggenartige Hunde | FCI-Nr. 101

Herkunft: Frankreich
Größe: Rüden und Hündinnen etwa 30 cm (muss im Verhältnis zum Gewicht stehen).
Gewicht: Rüden und Hündinnen 8–14 kg.
Farben: Falbfarben (Fauve), gestromt oder nicht gestromt oder mit begrenzter Scheckung; Falbfarben (Fauve), gestromt oder nicht gestromt mit mittlerer oder Überhand nehmender Scheckung.

Geschichte: Zur Entstehung dieser Rasse hat maßgeblich der English Bulldog beigetragen. Diese Hunde fanden in der Mitte des 19. Jahrhunderts viele Anhänger in Paris und Umgebung. Dort wurden dann Terrier und kleine Griffons mit eingekreuzt, wodurch relativ schnell der einheitliche Rassetyp der Französischen Bulldogge entstand. Schon 1898 wurde der erste Standard festgelegt und die Rasse anerkannt.

Charakter: Die Französische Bulldogge ist ein aufgeweckter, wachsamer und mutiger Hund, der aber keine zu große Bellfreudigkeit zeigt. Er benötigt nicht übermäßig viel Auslauf, ist aber dennoch ein ausdauernder Begleiter bei Spaziergängen und jederzeit zu einem Spiel bereit. Bei der Erziehung sollte man eine gewisse Portion Sturheit mitberücksichtigen und entsprechend darauf eingehen. Die Rasse ist pflegeleicht und besitzt ein freundliches Wesen, wodurch sie der ideale Familien- und Begleithund ist, der sich auch in einer Etagenwohnung oder in der Stadt wohlfühlt.

Besonderheiten: Dieser Hund zeigt ein ganz typisches Erscheinungsbild: der muskulöse, gedrungene Körper vom Molossertyp, die großen, nach vorn gerichteten Stehohren („Fledermausohren") und die angeborene kurze Rute, die eingerollt dicht am Körper anliegt. Der Standard schreibt einen Vorbiss vor, wobei die Zähne vollständig von den Lefzen bedeckt sind. Auffallend sind weiterhin die großen, runden Augen und die extrem kurze Nase.

# 10 | Galgo Español

Kurzhaarige Windhunde | FCI-Nr. 285

Spanischer Windhund

Herkunft: Spanien

Größe: Rüden 62–70 cm; Hündinnen 60–68 cm.

Farben: Schwarz; braun gestromt; alle Beigetöne; Zimtfarben; Gelb; Rot; Weiß; gescheckt. Weiße Abzeichen an Schnauze, Schwanzspitze und Pfoten erwünscht.

Geschichte: Die Vorfahren dieser Windhundrasse sind wahrscheinlich die Windhunde, die mit den Kelten im 6. Jahrhundert v. Chr. auf die Iberische Halbinsel gelangten. Sie erhielten den Namen „Canis Gallicus", aus dem sich das Wort „Galgo" entwickelt hat, was einfach Windhund bedeutet. Bei der weiteren Entwicklung des Galgo Español waren vermutlich noch der Podenco Ibicenco und der Sloughi beteiligt.
Der Galgo wurde für die Hasenjagd im offenen Gelände eingesetzt. Hierfür musste er schnell, ausdauernd und extrem wendig sein. Seit der Zeit des römischen Reiches wurde die Hasenjagd auch in Form von Wettkämpfen ausgeübt.
Erst in den 1930er-Jahren verloren die Spanier das Interesse an dieser Tradition und wandten sich dem Windhundrennen zu. Hierbei waren die Greyhounds schneller als die Galgos, sodass diese miteinander gekreuzt wurden. Nur wenige ursprüngliche Galgos blieben erhalten. Erst 1972 wurde die Rasse anerkannt.

Charakter: Der Galgo ist sehr anhänglich und bellt wenig. Fremden gegenüber ist er zurückhaltend, aber nicht aggressiv. Hat er genügend Bewegung, ist er im Haus ruhig. Er braucht nicht unbedingt stundenlange Wanderungen, sondern möchte sich über kurze Zeit richtig ausrennen können. Seine Erziehung muss sehr einfühlsam erfolgen. Dann ist er anhänglich und gehorsam. Beim Freilauf dürfen natürlich sein Bewegungsdrang und sein noch vorhandener Jagdtrieb nicht unberücksichtigt gelassen werden.

Verwendung: Für sportliche Menschen ist der Galgo der ideale Begleiter beim Joggen, am Fahrrad und beim Reiten. Als Sportart ist das Coursing geeignet.

Besonderheiten: Der Galgo Español hat die charakteristisch flache Muskulatur des Langstreckenläufers. Man unterscheidet die rauhaarigen von den glatthaarigen Typen, wobei die Übergänge fließend sind. Der sogenannte Galgo Ingles-Español ist durch Einkreuzungen von englischen und irischen Greyhounds entstanden und wird in Spanien bei Rennen und zur Kaninchenjagd eingesetzt.

# 7 | Gammel Dansk Hønsehund

Kontinentale Vorstehhunde | FCI-Nr. 281

Altdänischer Vorstehhund

Herkunft: Dänemark

Größe: Rüden 54–60 cm; Hündinnen 50–56 cm.

Gewicht: Rüden und Hündinnen 18–24 kg.

Farben: Weiß mit braunen Flecken und braunen Platten.

Geschichte: Die Vorfahren des Altdänischen Vorstehhundes sind vermutlich spanische Pointer und Bloodhounds, die im 18. Jahrhundert über die Niederlande nach Dänemark gelangten. Da diese Rasse relativ selten gezüchtet wurde, stand sie nach dem Zweiten Weltkrieg kurz vor dem Aussterben. Gerade noch rechtzeitig konnte sie vor diesem Schicksal bewahrt werden. Heute zählt sie in ihrem Heimatland zu den beliebtesten Jagd- und Sporthunden. Außerhalb Dänemarks ist diese Rasse kaum zu finden.

Verwendung: Im Gegensatz zu vielen anderen kurzhaarigen Vorstehhunden ist der Gammel Dansk Hønsehund relativ schwer und kompakt gebaut. Daher arbeitet er auch vergleichsweise langsamer als andere entsprechende Jagdhundrassen. Er steht nicht nur zuverlässig vor, sondern ist auch ein begeisterter Apportierer und ausdauernd auf der Schweißfährte. Eine gewisse Ähnlichkeit im äußeren Erscheinungsbild besteht mit dem Braque Français und mit dem Deutsch Kurzhaar.

Charakter: Der Gammel Dansk Hønsehund besitzt ein ruhiges, sanftes Wesen und lässt sich gut erziehen. Er ist angenehm im Haus und freundlich zu Menschen; daher ist er auch als Familien- und Begleithund recht beliebt geworden. Außerdem wird er gern als Fährten- und Suchhund ausgebildet.

Besonderheiten: Das kurze, dichte Fell ist pflegeleicht. Typisch ist die ausgeprägte Kehlwamme. Die Ohren sind relativ hoch angesetzt und liegen eng an. Manche Tiere neigen zu einem offenen Unterlid, was jedoch nicht erwünscht ist und bei der Auswahl und Zucht unbedingt berücksichtigt werden sollte.

## 6 | Gascon Saintongeois

Laufhunde: Grand Gascon Saintongeois | FCI-Nr. 21
Petit Gascon Saintongeois | FCI-Nr. 21

**Grand Gascon Saintongeois**

Größe: Rüden 65–72 cm; Hündinnen 62–68 cm.

**Petit Gascon Saintongeois**

Größe: Rüden 52–58 cm; Hündinnen 50–56 cm.

Herkunft: Frankreich
Farben: Weiß mit schwarzen Flecken und braunen Abzeichen über den Augen.

Geschichte: Der Gascon Saintongeois entstand 1845, als zwei alte französische Laufhundrassen miteinander gekreuzt wurden. Es existierte die Rasse Saintongeois, die allerdings durch starke Inzucht sehr geschwächt war. Fremdblut musste eingekreuzt werden. Hierzu wurden die Grand Bleu de Gascogne von Baron Ruble ausgewählt. Leider blieb der erwünschte Erfolg, die Wiederbelebung des Saintongeois, aus. Das Blut der Bleus war zu dominant. Das Ergebnis war somit der Gascon Saintongeois, der viele Merkmale der Bleus erhalten hat: die Kopfform, die langen, gefalteten Behänge und die tiefe Stimme.

Verwendung: Die Rasse ist außerhalb Frankreichs kaum anzutreffen. Besonders im Südwesten ist sie auch heute noch ein beliebter Meutehund. Der Gascon Saintongeois hat ein freundliches Wesen, ist anhänglich und ruhig und auch verträglich mit Artgenossen. Er ist leichtführig und gut auszubilden. Er ist nicht nur ein zuverlässiger Jagdhund, sondern auch ein angenehmer Familienhund. Der kleine Schlag wird vorwiegend für die Hasenjagd eingesetzt, der große auf Reh und größeres Wild.

# 9 | Goldendoodle und Labradoodle

Gesellschaftshunde | nicht FCI-anerkannt

Herkunft: Australien (Labradoodle) und USA (Goldendoodle)
Größe: Rüden und Hündinnen etwa 55–65 cm.
Gewicht: Rüden und Hündinnen etwa 25–35 kg.
Farben: Jede Schattierung von Gold oder Cremefarben; einige weiße Haare nur an der Brust sind zulässig.

Geschichte: Ende der 1980er-Jahre wurden in Australien erstmalig Labrador Retriever mit Großpudeln gekreuzt, um möglichst wenig haarende Blindenführhunde zu erhalten. Mitte der 1990er-Jahre begann man dann in den USA, Golden Retriever mit Großpudeln zu kreuzen. In den USA gibt es seitdem schon eine Reihe Züchter, die spezielle Kreuzungen mit Pudeln hervorbringen, um Hunde zu erschaffen, die einerseits wie Pudel nicht haaren und somit auch für Allergiker eher geeignet sind, und andererseits die positiven Eigenschaften beider Ausgangsrassen besitzen. Bei der Kreuzung zwischen Pudel und Retriever funktioniert das relativ gut. Beim Goldendoodle und beim Labradoodle handelt es sich somit nicht um zufällige Mischlingshunde, sondern sie entstehen durch eine geplante Kreuzungszucht. Mittlerweile haben sich auch bei uns einige Hundeliebhaber dieser Aufgabe verschrieben.

Verwendung: Alle gezielt hervorgebrachten Pudelmischlinge werden als Familien- und Begleithunde gehalten. Je nach Elterntieren und Größe sind sie für die verschiedenen Hundesportarten geeignet. Auch die Wasserfreudigkeit, die ja sowohl bei Pudeln als auch bei Retrievern ausgeprägt ist, kann sich bei den Nachkommen durchsetzen. Da die beiden Retrieverrassen sich sehr gut als Rettungs-, Blinden- oder Behindertenbegleithunde eignen und ein Pudel in der Regel auch leicht zu erziehen ist, lassen sich deren Mischlinge meistens auch sehr gut für die entsprechenden Aufgaben ausbilden.

Besonderheiten: Bezüglich der Felleigenschaften sei erwähnt, dass Pudelmischlinge durchaus auch in gewisser Weise haaren können, aber in der Regel wesentlich weniger als beispielsweise Retriever. Und je weniger ein Hund haart, desto eher ist er für einen Allergiker geeignet, wobei es auch Personen gibt, die auf Pudel oder Pudelmischlinge durchaus allergisch reagieren können.
Außer den Retriever-Pudel-Kreuzungen hat sich schon vor über zehn Jahren in den USA die Kreuzung aus Cocker Spaniel und Pudel, der sogenannte Cockapoo, durchgesetzt. Es gibt ihn in allen Farben und vier verschiedenen Größen. Es wurde sogar versucht, den Cockapoo als eigene Rasse beim American Kennel Club anerkennen zu lassen. Bei uns hat sich der Cockapoo allerdings nicht durchgesetzt, in den USA freut er sich jedoch weiter großer Beliebtheit.

# 8 | Golden Retriever

Apportierhunde | FCI-Nr. 111

Herkunft: Großbritannien
Größe: Rüden 56–61 cm; Hündinnen 51–56 cm.
Farben: Jede Schattierung von Gold oder Cremefarben; einige weiße Haare nur an der Brust sind zulässig.

Geschichte: Aus den St. John's Hunden, den Vorfahren von fünf der sechs Retrieverrassen, entstanden sogenannte Wavy Coated Retriever. Als ein gelber Rüde dieser Rasse mit einer Tweed-Spaniel-Hündin (wasserbegeisterte Apportierhunde) 1868 verpaart wurde, begann die Geschichte des Golden Retrievers. Unter weiterer Einkreuzung der Ausgangsrassen sowie eines Bloodhounds und verschiedenen Irish Settern entstand diese Rasse, die erst 1913 anerkannt wurde und 1920 ihren endgültigen Namen erhielt. Zunächst waren dunkle „Goldens" sehr gefragt. Seit den 1930er-Jahren wurde auch die Farbe „Creme" in den Standard aufgenommen, da man immer mehr Gefallen an den helleren Hunden fand.
Beim Golden Retriever unterscheidet man heutzutage verschiedene Zuchtlinien: die Arbeitslinie, die Schönheitslinie und die allgemein weniger bekannte Dual-Purpose-Linie. Golden aus der Arbeitslinie werden seit jeher speziell für die Jagd gezüchtet. Sie sind in der Regel nicht so kräftig wie die Golden aus der Schönheitslinie, wesentlich temperamentvoller und arbeitsfreudiger und meist eher von

dunkelgoldener Farbe. Sie werden mehr nach Leistung und weniger nach Schönheit selektiert. Die Dual-Purpose-Linie ist eine „Mehrzwecklinie". Ziel der Züchter ist hier eine Kombination von äußerst schönen und gleichzeitig perfekt arbeitenden Hunden.

Verwendung: Der Golden Retriever wurde wegen seiner großen Wasserfreudigkeit, dem ausgeprägten Apportiertrieb und der Weichmäuligkeit für die Jagd auf Wasservögel, später auch anderes Federwild sowie Haarwild eingesetzt. Dank ihrer großen Lernbereitschaft und Freundlichkeit werden Golden auch häufig zu Blindenführhunden ausgebildet oder als Therapiehunde verwendet. Aufgrund seines Körperbaus ist der Golden hauptsächlich bei den schnellen Hundesportarten nicht unbedingt eine Sportskanone, ist aber für jede Art körperlicher Betätigung zusammen mit seinen Menschen zu begeistern. Heute hat sich diese Rasse – vor allem wegen ihres ansprechenden Äußeren – zu einem der beliebtesten „Modehunde" entwickelt. In den letzten Jahren hat ihm allerdings sein kurzhaariger Vetter, der Labrador Retriever, den Rang diesbezüglich abgelaufen.

Charakter: Das freundliche Wesen, der „will to please" und die Lernfreude machen den Golden zum idealen Familienhund. Allerdings unterschätzen viele den Jagdtrieb ihres Vierbeiners. Er muss bei der Erziehung berücksichtigt werden und durch die Wahl der richtigen Aufgabe (Dummy-Arbeit, Fährtenarbeit) entsprechend in die gewünschte Richtung gelenkt werden.

Besonderheiten: Leider ist den Golden Retrievern nicht das Schicksal der Modehunde erspart geblieben, bei denen durch unkontrollierte Zucht unerwünschte Eigenschaften (Wesensschwäche, Aggressivität, Überängstlichkeit, körperliche Defekte) auftreten. Deshalb ist es besonders wichtig, nur Tiere von verantwortungsvollen Züchtern zu erwerben und auf wesensfeste, gesunde Vorfahren zu achten.

# 6 | Gontzschai

Laufhunde | FCI-Anerkennung beantragt

Herkunft: Russland
Größe: Rüden 57–65 cm; Hündinnen 54–62 cm.
Farben: Weiß mit schwarzen Platten und gelbroten Abzeichen.

Geschichte: Die ersten Bracken und Windhunde gelangten vermutlich im 13. Jahrhundert mit den Tataren nach Russland. Die Bracken sollten das Wild aus den Wäldern auf das freie Feld treiben, damit es die Jäger zu Pferde mit ihren Windhunden hetzen konnten. Über Jahrhunderte war das Erscheinungsbild der Bracken in Russland sehr unterschiedlich, weil auf einen einheitlichen Typ kein Wert gelegt wurde. Englische und französische Laufhunde gelangten dann im 18. Jahrhundert nach Russland. In den 1880er-Jahren wurden englische Foxhounds mit alten russischen Bracken gekreuzt, wodurch die heute als Gontzschai bekannte gescheckte und schnellere Brackenrasse entstand. 1895 wurde der erste Standard für diese Rasse aufgestellt.

Heute werden in Russland zwei Brackentypen gezüchtet: die Russische Bracke und die Anglo-russische Bracke, die in den 1950er-Jahren in „Russische gescheckte

Bracke“ umbenannt wurde, heute aber wieder ihren ursprünglichen Namen erhalten hat.
Früher wurde besonderer Wert auf den Jagdlaut der russischen Bracken gelegt. Sie heulten bei der Verfolgung des Wildes ununterbrochen in einem typischen schwer zu beschreibenden Ton. Durch die Einkreuzung der westlichen Laufhunde ging dieses Merkmal aber weitgehend verloren.
Verwendung: Der Gontzschai wird in seiner Heimat vorwiegend für die Jagd auf Hase und Fuchs, entweder einzeln oder in der Koppel, eingesetzt. Die Hunde haben eine hervorragende Nase, suchen selbstständig und sind sehr ausdauernd. Daher sind sie für westliche Jagden, die in begrenzten Gebieten stattfinden, nur bedingt geeignet. Die wenigen bei uns lebenden Exemplare werden jagdlich geführt und erbringen dabei hervorragende Leistungen. Wie die meisten Jagdhunde besitzen sie ein freundliches Wesen und sind angenehme Familienhunde.

## 6 | Gończy Polski

Laufhunde | FCI-Nr. 354

### Polnischer Laufhund

Herkunft: Polen
Größe: Rüden 55–59 cm, Hündinnen 50–55 cm.
Gewicht: Rüden und Hündinnen 22–26 kg, je nach Größe.
Farben: Black and Tan, wobei das Tan eine Mischung aus Braun und Rot ist; Braun (Chocolate) and Tan; Rot mit schwarzer, brauner oder fleischfarbener Nase. Kleine weiße Abzeichen an den Zehen und an der Brust sind erlaubt.

Geschichte: In der polnischen Literatur lässt sich die Jagd mit Laufhunden bis ins 13. Jahrhundert zurückverfolgen. In Polen, einem Land mit dichten Wäldern und einem reichhaltigen Angebot an großen Wildtieren, waren diese Laufhunde unersetzliche Jagdhelfer. Schon im 17. Jahrhundert hatten sich mindestens zwei verschiedene Laufhundarten in Polen entwickelt. Im 19. Jahrhundert wurde in der Literatur schon die schwerere Bracke von dem etwas leichteren Laufhund unterschieden. Eine detaillierte Beschreibung von 1823 bis 1825 kann als Grundlage für den ersten Standard betrachtet werden. Der Gończy Polski ist eng verwandt mit seinem großen Vetter, dem Ogar Polski, der Polnischen Bracke, die schon länger von der FCI anerkannt ist. Der Ogar Polski ist die schwerere, größere und etwas heller gefärbte Variante, wogegen der heute als Gończy Polski bezeichnete Hund kleiner, leichter und dunkler gefärbt ist. Seine Heimat ist die Region im Südosten von Polen. Nachdem 1996 für den Ogar Polski ein Standard festgelegt wurde, geriet die etwas kleinere Rasse fast ein wenig in Vergessenheit. Dank der hervorragenden jagdlichen Eigenschaften haben sich aber seine Liebhaber, vor allem die Jäger, für den Erhalt dieser Rasse eingesetzt. Erst 1989 wurde auch ein Register für den Gończy Polski eröffnet. Schließlich dauerte es noch 17 Jahre, bis diese Rasse von der FCI im Jahr 2006 vorläufig angenommen wurde. Bei uns ist der Gończy Polski bisher kaum anzutreffen, weder als Familien- noch als Jagdhund.
Charakter: Die Jagdpassion des Gończy Polski ist noch ausgeprägter als bei seinem großen Vetter. Daher ist er nicht ganz so ruhig und weniger leicht zu führen. Der Gończy Polski wird vorwiegend für die Jagd auf Wildschwein und Rotwild verwendet. In seiner ursprünglichen Heimat im südlichen Polen wird er auch gelegentlich für die Jagd auf Hase und Fuchs eingesetzt. Der Gończy Polski ist ein kompakter, kräftiger, aber nicht schwerer mittelgroßer Hund. Er gilt als sehr mutig und gut zu erziehen. Er darf nicht aggressiv sein, Fremden gegenüber aber durchaus zurückhaltend. Der Gończy Polski ist nicht nur ein hervorragender Jagdhund, sondern auch ein ausgezeichneter Wachhund. Bei der Jagd ist er an seiner melodischen Stimme zu erkennen, die bei Hündinnen höher ist als bei Rüden.
Besonderheiten: Das harsche, eng anliegende Fell besitzt eine dichte Unterwolle, im Winter mehr als im Sommer. Am Kopf und an den Behängen ist das Haar kürzer und weich. Hunde mit der Farbe Black and Tan haben dunkle, braune und rote Vertreter dagegen etwas hellere Augen.

# 7 | Gordon Setter

Britische und Irische Vorstehhunde | FCI-Nr. 6

Herkunft: Großbritannien
Größe: Rüden 66 cm; Hündinnen 62 cm.
Farben: Tiefglänzendes Schwarz mit kastanienrotem Brand.

Geschichte: Erstmals 1776 wurden in Schriften Vogelhunde erwähnt, die für die Netzjagd Federwild aufspürten und sich dann im entsprechenden Abstand davor niederkauerten oder setzten, um es anzuzeigen. Sie wurden als „setting dogs" oder kurz Setter bezeichnet. Gegen Ende des 18. Jahrhundert gab es schon schwarz-weiße Setter manchmal mit braunen Abzeichen. Nach verschiedenen Einkreuzungen von Irish Setter, Bloodhound, schwarzem Labrador und sogar Collie hatte sich um 1860 das Erscheinungsbild des heutigen Gordon Setters, der lange Zeit als Schottischer Setter bezeichnet wurde, herausgebildet. Erst 1924 erhielt er seinen heute gültigen Namen. Obwohl der Gordon Setter auch in Deutschland einen großen Aufschwung erlebte, warfen die beiden Weltkriege die Zucht bei uns stark zurück. Erst in den 1960er-Jahren gelang mit Importtieren ein neuer Anfang mit der Zucht.
Verwendung: Der Gordon Setter ist der größte und kräftigste Setter und wohl auch derjenige unter ihnen, der noch die stärkste Jagdpassion besitzt. Seine Stärke liegt in der Arbeit auf dem Feld, wo er systematisch und ausdauernd mit hoher Nase sucht. Er ist auch geeignet zum Stöbern und Buschieren sowie bei der Nachsuche in Feld und Wald. Er geht gern ins Wasser und apportiert willig. Bei entsprechender Ausbildung ist er also ein vielseitiger und zuverlässiger Jagdbegleiter. Er wird aber auch als Familien- und Begleithund sehr geschätzt und ist außerdem für verschiedene Hundesportarten geeignet.
Charakter: Der Gordon Setter hat ein ausgeglichenes und freundliches Wesen, ist sehr temperamentvoll und lässt sich gut erziehen. Aber selbst als reiner Familienhund, wenn er nicht jagdlich geführt wird, sollte er eine gründliche Erziehung erhalten, die sich spätestens bei Spaziergängen und beim Freilauf in der Natur auszahlt. Als ausdauernder Begleiter beim Joggen oder am Fahrrad kann er seinem enormen Bewegungsdrang nachkommen.

# 1 | Gos d'Atura Català

Schäferhunde | FCI-Nr. 87

Perro de pastor catalán, Katalanischer Schäferhund

Herkunft: Spanien
Größe: Rüden 47–55 cm; Hündinnen 45–53 cm.
Farben: Die Farben der von Weitem einfarbig erscheinenden Hunde setzen sich aus verschiedenfarbigen Haaren zusammen. Falbfarben von hell bis dunkel; Zobel aus kastanienbraunen, falbfarbenen, weißen und schwarzen Haaren; Grau aus weißen, grauen und schwarzen Haaren.

Geschichte: Diese Rasse entstand im 18. Jahrhundert in den katalanischen Pyrenäen, von wo aus sie sich über ganz Katalonien ausbreitete. Ihr ursprüngliches Arbeitsgebiet war das Hüten von Schafherden. Sie hatten eine enge Bindung an den Schäfer und bewachten die ihnen anvertraute Herde selbstständig und zuverlässig. Der erste Standard für diese Rasse wurde 1929 aufgestellt. Der Gos d'Atura war übrigens die erste spanische Hunderasse, deren Standard von der FCI, und zwar im Jahr 1982, anerkannt wurde.
Charakter: Der Gos d'Atura ist ein aktiver, aber dennoch ruhiger Hund. Seine Eigenart, zunächst misstrauisch gegenüber Fremden zu sein, hängt mit seinem Erbe als Beschützer der Herden zusammen. Er ist äußerst widerstandsfähig gegen Witterungseinflüsse, da er darauf gezüchtet wurde, unter extremen Bedingungen zu arbeiten. Er ist sehr wachsam, seinen Menschen gegenüber aber freundlich und anhänglich. Bei seiner Erziehung sollten seine Eigenständigkeit und manchmal eine gewisse Sturheit mitberücksichtigt werden.
Verwendung: Der Gos d'Atura ist ein rustikaler Arbeitshund geblieben, der an der Schafherde arbeiten und erfolgreich an Arbeitsprüfungen teilnehmen kann. Darüber hinaus hat er sich aber immer mehr zum Familienhund entwickelt und ist ein unermüdlicher Begleiter bei sportlichen Aktivitäten seiner Menschen wie zum Beispiel beim Wandern, Joggen oder Radfahren. Da er eine enge Beziehung zu seinen Menschen aufbaut, arbeits- und lernfreudig ist, eine schnelle Auffassungsgabe besitzt und sich durch große Bewegungsfreudigkeit auszeichnet, ist er natürlich für den Hundesport geradezu prädestiniert. Mit Begeisterung ist er beim

Turnierhundesport oder beim Agility dabei. Als Familienhund sollte er ausreichend Auslauf erhalten und auch geistig von seinem Besitzer gefordert werden.

Besonderheiten: Das lange, glatte oder leicht gewellte Haar muss regelmäßig gebürstet werden. Der Fellwechsel vollzieht sich in zwei Phasen, wobei erst der vordere Teil des Körpers betroffen ist und anschließend der Haarwechsel an der hinteren Körperhälfte erfolgt. Der Gos d'Atura ist auch ein Hund, der ständig seine Farbe wechselt. Im Laufe des Jahres verändert sich das Fell nicht nur in Dichte und Länge, sondern auch in der Intensität der Tönung und in den einzelnen Farbnuancen. Nach Abschluss des Haarwechsels ist auch die Farbe intensiver. Laut Standard soll es auch eine glatthaarige Variante geben, die aber offenbar so selten ist, dass sie vielleicht kurz vor dem Aussterben steht. Eine weitere Besonderheit sind die doppelten Afterkrallen an den Hinterpfoten, die einen knöchernen Zehenstrahl besitzen und laut Standard nicht fehlen dürfen.

# 6 | Grand anglo-français blanc et noir | Grand anglo-français blanc et orange | Grand anglo-français tricolore

Laufhunde: Grand anglo-français blanc et noir | FCI-Nr. 323, Grand anglo-français blanc et orange | FCI-Nr. 324, Grand anglo-français tricolore | FCI-Nr. 322

**Grand anglo-français blanc et noir**
Farben: Weiß-Schwarz.
**Grand anglo-français blanc et orange**
Farben: Weiß-Orange.
**Grand anglo-français tricolore**
Farben: Dreifarbig (Schwarz/Weiß/Loh).
Herkunft: Frankreich
Größe: Rüden und Hündinnen 62–72 cm.

Geschichte: Obwohl diese drei Rassen als jeweils eigenständig anerkannt worden sind, kann man sie eigentlich als drei verschiedene Farbvarianten desselben Typs ansehen. Sie entstanden erst Ende des 19. Jahrhunderts aus Kreuzungen verschiedener französischer Laufhunde und dem englischen Foxhound, wobei der Foxhound-Einfluss größer ist als zum Beispiel beim Français tricolore. Ihre offizielle Anerkennung erfolgte erst recht spät. Diese Rasse ist in Frankreich ein beliebter Meutehund und wird gelegentlich auch als Begleithund gehalten. Am häufigsten ist die dreifarbige Variante. Der schwarzweiße Typ, der vermutlich viel Erbgut vom Bleu de Gascogne und Gascon Saintongeois in sich trägt, ist weniger häufig und nur im jagdlichen Einsatz zu sehen. Am seltensten ist der weiß-orange Typ, bei dem noch der Billy mit eingekreuzt wurde. Außerhalb Frankreichs sind nur vereinzelt Hunde dieser Rassen in gemischtrassigen Meuten zu finden.

Verwendung: Diese Hunde werden für die Jagd auf Reh, Rothirsch und Wildschwein eingesetzt. Sie arbeiten hervorragend in der Meute und sollten auch entsprechend gehalten werden. Menschen gegenüber sind sie äußerst freundlich.

# 6 | Grand bleu de Gascogne

Laufhunde | FCI-Nr. 22

Herkunft: Frankreich
Größe: Rüden 65–72 cm; Hündinnen 62–68 cm.
Farben: Blau (entsteht durch ein Gemisch aus weißen und schwarzen Haaren) mit schwarzen Platten und roten Abzeichen.

**Geschichte:** Die Hunde der Gruppe „Bleu de Gascogne" gelten mit ihrem aristokratischen Blick, ihrer stolzen Haltung und ihrer kräftigen Stimme heute als die edelsten Laufhunde. Von ihrem direkten Vorfahren, dem Bloodhound, haben sie die guten jagdlichen Qualitäten geerbt: eine hervorragende Nase, ein gutes Auge und das Temperament. Der Grand bleu de Gascogne ist der größte und wohl auch imposanteste Vertreter dieser Gruppe. Typisch sind die Kehlwamme, die langen, gefalteten Behänge und der melancholische Blick. Schon zu Zeiten Heinrichs IV. wurde diese Rasse auf Schloss Bruka über Generationen gezüchtet. Bis zu seinem Tod 1892 erlaubte ihr Züchter, der Baron de Ruble, keine Einkreuzung von anderen Hunden, sodass die Rasse bis dahin völlig frei von Fremdblut war. Anfang des 19. Jahrhunderts war dieser Zustand aber nicht mehr zu halten. Das Fell wurde zu schwarz, ein Merkmal, das von den schwarzen Bloodhounds, die als Ausgangsrasse dienten, herrührte. Die Rasse konnte nur durch Einkreuzen von Fremdblut erhalten werden. Da sich der Bloodhound bis dahin schon so stark verändert hatte, kam er nicht mehr in Frage. Ausgewählt wurden der Gascon Saintongeois und der Ariégeois. Der Grand bleu de Gascogne verlor an Popularität, weil die Jagd mit so großen Hunden häufig zu schwer war. Bis heute ist diese Rasse selbst in ihrem Heimatland recht selten geblieben und bei uns nur vereinzelt zu sehen.

**Verwendung:** Der „Grand Bleu" ist ein passionierter Laufhund, der sich als reiner Familien- und Begleithund weniger eignet. Aufgrund seiner Größe braucht er viel Auslauf und sollte entsprechend seiner Veranlagung als hervorragender Spürhund auch jagdlich gefordert werden. Früher wurde er für die Jagd auf Wolf, Bär und Luchs verwendet, heute auf Rotwild, aber auch Fuchs und Hase. Er arbeitet langsam und konzentriert und besitzt eine unverwechselbar tiefe Stimme.

**Besonderheiten:** Die langen Ohren sollten regelmäßig mit einem feuchten Tuch gereinigt werden, um eventuellen Entzündungen vorzubeugen.

# 6 | Grand griffon vendéen

Laufhunde | FCI-Nr. 282

Herkunft: Frankreich
Größe: Rüden und Hündinnen 60–65 cm.
Gewicht: Rüden und Hündinnen 20–25 kg.
Farben: Beige; Graubraun; Weiß-Orange; Weiß-Grau; Weiß und Graubraun; dreifarbig.

**Geschichte:** Der Grand griffon vendéen besitzt mehrere Vorfahren wie den Bloodhound, den italienischen Pointer (Segugio) und den Griffon nivernais. Wie der Name schon verrät, stammt er aus der Region Vendée in Frankreich. Die Rasse wurde über lange Jahre bei den königlichen Jagden hauptsächlich für die Schwarzwildjagd eingesetzt. Die Hunde wurden auch als die „weißen Hunde des Königs" bezeichnet.

Der Grand griffon vendéen ist bei uns recht selten anzutreffen. Etwas häufiger ist sein kleinerer Vetter, der Basset griffon vendéen, der ihm in Charakter, Aussehen und Fellbeschaffenheit recht ähnlich ist.
Verwendung: Der Grand griffon vendéen ist ein passionierter Jagdhund mit einer ausgezeichneten Nase. Er ist für jedes Gelände geeignet. Zu Beginn der Jagd ist er äußerst aufgeregt und kaum zu halten. Nach einigen Stunden allerdings ermüdet er, und seine Begeisterung lässt dann nach. Daher ist diese Rasse eigentlich nur für Jagden geeignet, die nicht länger als einen halben Tag andauern.
Dank des drahtigen, rauen Deckhaares und der dichten Unterwolle ist dieser Hund für die Wasserarbeit ideal geeignet. Allerdings erfordert das Fell auch ein gewisses Maß an Pflege, vor allem auch, um den typischen Hundegeruch zu vermeiden.
Charakter: Dieser mutige und temperamentvolle Hund eignet sich nicht nur für die Jagd, sondern ebenso als Familienhund. Allerdings sollte man sich darüber im Klaren sein, dass er eine gewisse Sturheit bzw. Eigenwilligkeit besitzt. Dies sollte man bei der Erziehung unbedingt berücksichtigen. Wird zu viel Druck ausgeübt, stellen die Hunde auf „stur" und sind nicht mehr zur Mitarbeit zu bewegen.

## 10 | Greyhound

Kurzhaarige Windhunde | FCI-Nr. 158

Herkunft: Großbritannien
Größe: Rüden und Hündinnen 66–76 cm; Rüden ideal 71–76 cm; Hündinnen ideal 68–71 cm.
Farben: Alle Farben erlaubt.

Geschichte: Der Greyhound repräsentiert mit seinem eleganten, geschmeidigen Körper das typische Erscheinungsbild eines Windhundes. Er gilt als der schnellste Hund der Welt. Schon vor Jahrtausenden existierten diese Hunde in der Form, wie sie heute sind. Etwa 375 v. Chr. brachten die Kelten sie auf die britischen Inseln. Das Halten und Züchten von Windhunden war früher in verschiedenen Kulturen das Vorrecht des Adels. Sie waren auch die einzigen Hunde, die an Gottesdiensten in der Kirche teilnehmen durften.
Verwendung: Der Greyhound ist der typische Hetzjäger, der auf Sicht jagt und früher besonders für die Niederwildjagd eingesetzt wurde. Daher liegt seine Stärke auch bei den Kurzstrecken. Sein eleganter Körper mit dem federnden Gang zeugt von Kraft und Energie.
Wer sich heute einen Greyhound anschafft, muss sich darüber im Klaren sein, dass dieser Hund einen enormen Bewegungsdrang besitzt und ihm das Hetzen im Blut liegt. Nur wenn er die Möglichkeit besitzt, auf der Rennbahn oder beim Coursing diesen Trieb auszuleben, ist er psychisch und körperlich ausgeglichen.
Charakter: Der Greyhound ist im Haus ein sanfter und ruhiger Hausgenosse. Er hängt liebevoll an seinen Menschen und braucht unbedingt engen Familienanschluss. Er sollte sanft und ohne Härte erzogen werden, wobei er für einen Windhund recht gelehrig und gehorsam ist. Draußen in der freien Natur muss man allerdings aufpassen; denn sobald sein Hetzinstinkt wachgerufen wird, hat der Greyhound auch die beste Erziehung vergessen und kommt nur noch seinem Trieb nach. Daher muss man beim Freilauf dieser Hunde sehr vorsichtig sein. Am besten ist es daher, mit ihnen einen adäquaten Hundesport zu betreiben. Allerdings darf man diese edlen Hunde auf keinen Fall als reine „Sportgeräte" betrachten – wie es leider in vielen Ländern der Fall ist –, die dann „ausgemustert" werden, wenn sie nicht mehr den gewünschten Erfolg erzielen. Er ist nur etwas für sportliche und aktive Menschen.

# 9 | Griffon belge | Griffon bruxellois

Kleine belgische Hunderassen: Griffon belge | FCI-Nr. 81,
Griffon bruxellois | FCI-Nr. 80

**Griffon belge**
Belgischer Griffon

Farben: Schwarz; Schwarz-Loh (Black and Tan).

**Griffon bruxellois**
Brüsseler Griffon

Farbe: Rot.
Die beiden Rassen unterscheiden sich nur in der Farbe, sind aber ansonsten gleich. Der kurzhaarige Schlag ist der Petit Brabançon, der unter diesem Namen weiter hinten beschrieben ist.
Herkunft: Belgien
Größe: Rüden und Hündinnen 21–28 cm.
Gewicht: Rüden und Hündinnen 3–5 kg.

Geschichte: Schon im 18. Jahrhundert wurden in Belgien kleine, rauhaarige Hunde als Ratten- und Mäusefänger verwendet. Als sich später der belgische Königshof für diese Hunde interessierte, stiegen sie auf in die Häuser der Adeligen und Reichen. Mitte des 19. Jahrhunderts veränderte man durch gezielte Einkreuzungen das Äußere dieser Hunde. Vom Mops erbten sie den typischen, großen Kopf, die großen Augen und den kompakten Körperbau. Die zurückgestoßene Nase und die kräftige rote Farbe stammten von King Charles Spaniels der Ruby-Varietät. Als die Rasse um 1880 nach England gebracht wurde, kreuzte man auch noch Yorkshire Terrier ein.
Charakter: Die Zwerggriffons sind anhänglich, zärtlich und vertragen sich gut mit ihresgleichen und anderen Haustieren. Sie sind zwar wachsam, bellen aber nur leise, sodass sie ideale Haushunde sind, auch für beengte Wohnverhältnisse und Etagenwohnungen. Sie brauchen nicht viel Auslauf und sind daher für die Stadt oder für ältere Leute geeignete Begleithunde und lassen sich gut überallhin mitnehmen.
Besonderheiten: Normalerweise werden die rauhaarigen Schläge getrennt von dem kurzhaarigen Petit Brabançon gezüchtet. Dennoch werden gelegentlich Brabançon eingekreuzt, um die feste Haarstruktur und die kräftigen Farben zu erhalten.
Das abgestorbene Haar muss regelmäßig durch Handtrimmen herausgezupft werden. Nur so bleibt die gewünschte Struktur des Fells erhalten.
Typisch für diese Rassen ist der Vorbiss. Vor Inkrafttreten des Kupierverbotes wurde die Rute dieser kleinen Hunde ganz kurz kupiert.

# 6 | Griffon bleu de Gascogne

Laufhunde | FCI-Nr. 32

Herkunft: Frankreich
Größe: Rüden 50–57 cm; Hündinnen 48–55 cm.
Farben: Blau (entsteht durch ein Gemisch aus weißen und schwarzen Haaren) mit schwarzen Platten und roten Abzeichen.

Geschichte: Diese alte Rasse war lange Zeit außerhalb Frankreichs nicht bekannt. Der Ursprung liegt in den Pyrenäen, wo diese Hunde als „Bleu Griffoné“ bezeichnet wurden, weil nicht alle Exemplare das typische Griffon-Fell besaßen. Der Griffon Bleu wurde lange Zeit etwas stiefmütterlich behandelt, weil die Hunde häufig von Petit-Bleu-Züchtern stammten und die Reinheit der Rasse angezweifelt wurde. Aus welchen Rassen – außer dem Bleu de Gascogne – der Griffon Bleu hervorgegangen ist, bleibt ungewiss. Es könnten der Griffon Vendéen, aber auch der Griffon

nivernais gewesen sein. 1920 wurde der erste Standard aufgestellt. Ursprünglich ist diese Rasse für die Hasenjagd geschaffen worden, tatsächlich wird sie aber hauptsächlich für die Jagd auf Wildschweine eingesetzt. Anfang der 1970er-Jahre brach für den Griffon Bleu eine schwere Zeit an, und er stand kurz vor dem Aussterben. Engagierte Züchter in Frankreich setzten sich aber glücklicherweise für die Rasse ein. Anfang der 1990er-Jahre war der Griffon Bleu außerhalb von Südfrankreich noch unbekannt. Seit 1991 wächst das Interesse allmählich wieder an, der Bestand nimmt kontinuierlich zu, und sogar bei uns werden einige Griffon Bleu gehalten und jagdlich geführt.

Charakter: Der Griffon bleu de Gascogne ist ein attraktiver, harmonisch gebauter Hund mit einer rustikalen Erscheinung. Von den Bleus hat diese Rasse die gute Nase und die tiefe Stimme ebenso wie den freundlichen Charakter und die Leichtführigkeit geerbt. Vom Griffon stammen die Fellbeschaffenheit und der kompaktere Körperbau. Der Kopf ist kürzer als bei den „blauen Verwandten" ebenso die Behänge. Dank ihres freundlichen Wesens sind sie nicht nur zuverlässige Jagdgefährten, sondern auch geeignete Familien- und Begleithunde, die im Haus angenehm und ruhig sind. Mit Artgenossen verstehen sie sich in der Regel gut.

## 7 | Griffon d'arrêt à poil dur (Korthals)

**Kontinentale Vorstehhunde | FCI-Nr. 107**

### Korthals-Griffon

Herkunft: Frankreich
Größe: Rüden 55–60 cm; Hündinnen 50–55 cm.
Farben: Blaugrau; Grau mit braunen Platten; einfarbig Braun oder mit grauen Haaren gestichelt; Weiß mit Braun.

Geschichte: Der Name Griffon könnte seinen Ursprung in dem spanischen Wort „grifo" haben, der jemanden mit zerzaustem Haupthaar beschreibt. Somit weist der Name auf das äußere Erscheinungsbild dieser Hunde hin. Als Griffon werden verschiedene rauhaarige Jagdhunderassen bezeichnet. Diese Hunderasse ist nach ihrem Begründer Korthals benannt, der 1870 mit der Auslese dieser rauhaarigen Griffons begann. Seit 1888, dem Gründungsjahr des Rasseklubs, wird die Rasse in Reinzucht weitergezüchtet.

Verwendung: Der Korthals-Griffon ist ein vielseitiger Jagdbegleiter. Er ist robust und dank seines harschen Fells mit der dichten Unterwolle unempfindlich gegen Witterungseinflüsse und Dornengestrüpp. Typisch ist auch seine ausgeprägte Wasserpassion. Er ist widerstandsfähig und hart und hat sich zu einem vielseitigen Vorstehhund für alle Geländearten entwickelt. Seine Nasenleistung ist hervorragend.

Charakter: Da der Korthals-Griffon leichtführig und besonders freundlich, ja sogar sensibel ist, gilt er als idealer Familienhund, der jedoch seine Menschen auch zu beschützen weiß. Dennoch fehlt ihm eine übermäßige Schärfe. Trotz dieser vielen guten Eigenschaften ist diese Rasse bei uns noch eher selten anzutreffen. Wer aber das eher ruhige Wesen schätzt, findet in ihm einen zuverlässigen Begleiter.

Besonderheiten: Da diese Hunde fast ausschließlich jagdlich geführt werden, wird bei ihnen leider oft noch die Rute um ein Drittel bis knapp die Hälfte kupiert. Das abgebildete Exemplar ist unkupiert. Der **Griffon Boulet**, der auch unter dem Namen **Griffon à poil laineux** bekannt ist (FCI-Nr. 174) und ebenso zu den französischen Vorstehhunden gehört, ist vermutlich in den letzten Jahren ausgestorben. Eventuell haben sich einige Exemplare in Russland erhalten. Er entstand in der zweiten Hälfte des 19. Jahrhunderts und wurde nach seinem Züchter Boulet benannt. Seine Vorfahren waren Barbet und Korthals-Griffon. Er war ein vielseitiger Jagdhund für jedes Wild und jedes Gelände.

# 6 | Griffon fauve de Bretagne

Laufhunde | FCI-Nr. 66

Herkunft: Frankreich
Größe: Rüden und Hündinnen 48–56 cm. Eine Abweichung von 2 cm nach oben oder unten wird bei vorzüglichen Hunden toleriert.
Farben: Falbfarben mit Weizengold und Ziegelrot als beste Farbnuancen.

Geschichte: Der Griffon fauve de Bretagne ist eine alte französische Laufhundrasse. Ihr Vorfahre ist der Fauve de Bretagne, der schon 1570 in einer Schrift von Kaiser Karl IX. erwähnt wird. Aus ihm gingen sowohl der Griffon fauve als auch der Basset fauve de Bretagne hervor. Um 1885 schien die Rasse vom Aussterben bedroht. Durch die Einkreuzung von Grand Griffon Vendéen konnte sie erhalten werden.

Verwendung: Ursprünglich wurde der Griffon fauve von den Bauern in der Bretagne für die Jagd auf Wölfe verwendet. Heute wird er eher für die Fuchsjagd eingesetzt, besitzt aber auch ausreichend Wildschärfe, um auf Schwarzwild zu jagen. Im Gegensatz zu früher, als er meistens in der Meute gejagt hat, wird er heute vorwiegend einzeln für die Jagd eingesetzt. Er ist ein kräftig gebauter Hund, der muskulös und kraftstrotzend erscheinen soll. Durch sein harsches, trockenes, recht kurzes Fell, das niemals wollig oder gekräuselt sein darf, ist er gut gegen Witterungseinflüsse geschützt.

Charakter: Der Griffon fauve besitzt eine große Jagdpassion, ist aber selbst in seinem Heimatland recht selten geworden. Er wird nicht nur ausschließlich jagdlich geführt, sondern hat sich dank seines freundlichen Wesens auch zu einem angenehmen Familien- und Begleithund entwickelt. Er sollte aber auf alle Fälle ausreichend Auslauf erhalten und möglichst seinen Anlagen entsprechend zum Beispiel durch Fährtenarbeit oder alternativ zur Jagd durch Hundesport gefordert werden. Er versteht sich gut mit Artgenossen und fühlt sich auch in einer Meute wohl. Bei uns ist diese Rasse so gut wie nicht zu finden.

# 6 | Griffon nivernais

Laufhunde | FCI-Nr. 17

Herkunft: Frankreich
Größe: Rüden 55–60 cm; Hündinnen 53–58. Eine Abweichung von 2 cm nach oben ist erlaubt.
Farben: Graublau; Wolfsgrau; Braun; Saufarben; Dürrlaubfarben.

Geschichte: Rauhaarige Laufhunde wurden von Händlern aus dem Mittelmeerraum nach Mitteleuropa gebracht. Schon seit dem 12. oder 13. Jahrhundert gibt es sie in Frankreich. Die Vorfahren des Griffon nivernais sind vermutlich die „grauen Hunde des Königs“ (Gris de St. Louis), ein mittlerweile ausgestorbener Windhundschlag, sowie der Chien de Bresse. Die Nachkommen kamen besonders in den Regionen Nivernais (Name!) und Vendéen vor. Während der französischen Revolution wurde die Rasse immer seltener. Erst Anfang des 20. Jahrhunderts hat man sich wieder um eine Reinzucht bemüht.

Verwendung: Der Griffon nivernais ist auf Ausdauer und Schnelligkeit gezüchtet worden. Durch seinen Mut, seine Härte und Wildschärfe hat er sich bei uns besonders für die Wildschweinjagd bewährt. Er ist zwar robust, aber eher für raue Klimate geeignet, da er etwas hitzeempfindlich ist.
Der Griffon nivernais ist kurzjagend und fährtentreu und besitzt einen guten, tiefen Laut. Seine Stärke liegt eher in der Ausdauer als in der Schnelligkeit.

Charakter: Der Griffon nivernais ist leichtführig und lässt sich zu einem zuverlässigen Jagdgefährten ausbilden. Er besitzt ein freundliches Wesen.

Besonderheiten: Das struppige, borstige, ziemlich dicke, harte Haar verleiht dem Hund einen zerzausten Eindruck. Es bietet einen zuverlässigen Schutz gegen Witterungseinflüsse und Dornengestrüpp und bedarf keiner speziellen Pflege. Es sollte aber auf keinen Fall gekräuselt oder wollig sein.

## 5 | Grönlandhund

Nordische Schlittenhunde | FCI-Nr. 274

Herkunft: Grönland
Größe: Rüden mindestens 60 cm; Hündinnen mindestens 55 cm.
Farben: Alle Farben zulässig, sowohl einfarbig als auch gefleckt.

Geschichte: Der Grönlandhund ist wohl eine der ursprünglichsten Schlittenhunderassen. In seiner Heimat ist er auch heute noch in großer Zahl anzutreffen und im Winter immer noch das einzige zuverlässige Transportmittel. Den Hunden wird dort ein Höchstmaß an Ausdauer, Zugkraft und Widerstandsfähigkeit abverlangt. Nicht umsonst haben diese kräftigen Arbeitstiere Amundsen dazu verholfen, den Wettlauf zum Südpol zu gewinnen.

Charakter: Grönlandhunde besitzen einen ausgezeichneten Orientierungs- und Spürsinn, einen ausgeprägten Willen, eine bedingungslose Arbeitsbereitschaft und eine unglaubliche Flexibilität. Nicht zu unterschätzen ist auch der noch vorhandene Jagdtrieb, wurden sie doch früher auch für die Jagd auf Robben, Bären und Rentiere eingesetzt. Trotz seiner physischen Härte ist der Grönlandhund Menschen gegenüber immer freundlich. Er ist kein Wachhund.

Besonderheiten: Bei uns ist diese Rasse kaum und sogar in Skandinavien nur selten anzutreffen. Der Grönlandhund fühlt sich nur in der Meute richtig wohl, wobei die Rangordnung immer wieder neu bestimmt und festgelegt wird. Dabei gehen die Tiere nicht zimperlich miteinander um, wodurch regelmäßige Blessuren nicht ausbleiben. Auch der Mensch muss ständig seine Position als Rudelführer beweisen. Erkennt der Grönlandhund seinen Menschen als Chef an, wird er von ihm klar geführt und kann er ausreichend arbeiten, ist er gut zu halten. Als reiner Familienhund ohne rassegemäße Beschäftigung im Schlittenhundesport ist er nicht geeignet. Er ist und bleibt ein Arbeitshund.

# 7 | Großer Münsterländer Vorstehhund

Kontinentale Vorstehhunde | FCI-Nr. 118

Herkunft: Deutschland
Größe: Rüden 60–65 cm; Hündinnen 58–63 cm.
Gewicht: Rüden und Hündinnen etwa 30 kg.
Farben: Weiß mit schwarzen Platten und Tupfen; überwiegend schwarz geschimmelt; Kopf schwarz, auch mit weißer Blesse oder Schnippe.

Geschichte: Die Vorfahren des Großen Münsterländers sind die weiß-bunten Vogel- und Beizhunde. Ebenso trägt diese Rasse eine gehörige Portion Brackenblut in sich und zählt einige spanische und englische Vorstehhundrassen zu ihren Ahnen. Sie ist am engsten verwandt mit dem Deutschen Langhaarigen Vorstehhund. Als bei diesem die schwarze Farbe von der Zucht ausgeschlossen wurde, gründete sich 1919 der erste Verein für die Reinzucht des schwarz-weißen Großen Münsterländer Vorstehhundes in Haltern im Münsterland (Name!). 1922 begann dann die planmäßige Zucht dieser Rasse basierend auf 83 Hunden.

Verwendung: Der Große Münsterländer ist der einzige deutsche Vorstehhund, bei dem die Farbe Schwarz ein Muss ist. Er besitzt eine ausgeprägte Wild- und manchmal auch Mannschärfe. Typisch ist der lockere Spurlaut, dessen Vorhandensein auch Zuchtvoraussetzung ist. Der Große Münsterländer steht nicht nur zuverlässig vor, sondern ist auch zum Stöbern im Wald ebenso wie für die Verlorensuche und die Schweißarbeit nach dem Schuss geeignet. Durch die Beschaffenheit des Haarkleides ist er auch beim Stöbern in Dornenhecken gut gegen Verletzungen geschützt. Großer Wert wird auch auf die Wasserarbeit gelegt.

Charakter: Der Große Münsterländer ist ein vielseitig einsetzbarer Jagdgebrauchshund und besitzt zudem ein ansprechendes Äußeres. Er hat ein lebhaftes Wesen, ohne nervös zu sein. Er ist leichtführig und zuverlässig. Sein freundliches Wesen macht ihn außerdem zu einem angenehmen Familienhund. Da bei der Zucht hauptsächlich nach der Gebrauchstüchtigkeit ausgewählt wird, werden auch fast alle Hunde dieser Rasse jagdlich geführt. Hunde, die nicht jagdlich eingesetzt werden, sollten durch Begleithundausbildung, Hundesport oder Fährtenarbeit auf alle Fälle adäquat beschäftigt und gefordert werden.

# 2 | Großer Schweizer Sennenhund

Schweizer Sennenhunde | FCI-Nr. 58

Herkunft: Schweiz
Größe: Rüden 65–72 cm; Hündinnen 60–68 cm.
Gewicht: Rüden 50–60 kg; Hündinnen 45–55 kg.
Farben: Grundfarbe Schwarz mit braunrotem Brand und weißen, symmetrischen Abzeichen.

Geschichte: Bis zum Ende des 19. Jahrhunderts war der Große Schweizer Sennenhund dem Bernhardiner noch sehr ähnlich. Erst als nur noch rot-weiße Hunde als Bernhardiner anerkannt wurden und ihre Zucht in eine andere Richtung erfolgte, wurde der Große Schweizer zu einer eigenständigen Rasse. Zunächst wurde er noch für eine kurzhaarige Variante des Berners gehalten, weil bei beiden Rassen häufig kurz- und langhaarige Welpen in einem Wurf fielen. In der ersten Hälfte des 20. Jahrhunderts verlief die Zucht noch sehr schleppend und stützte sich auf eine sehr kleine Basis, da nicht genügend Tiere vorhanden waren. Im Zweiten Weltkrieg stiegen die Welpenzahlen an, da die Großen Schweizer von der Armee als Zug- und Lasttiere (sogenannte Basthunde) eingesetzt wurden.

Charakter: Der Große Schweizer ist selbstbewusst und strahlt Ausgeglichenheit und Ruhe aus. Seine Reizschwelle ist recht hoch. Er besitzt ein mäßiges Temperament und kann manchmal recht stur oder dickköpfig sein. Mit Sachverstand und Geduld muss man dieser Eigenschaft von Anfang an in der Erziehung begegnen. Bekannt ist der Große Schweizer für seine Wachsamkeit. Allein durch seine imposante Erscheinung und seine gewaltige Stimme flößt er Fremden Respekt ein. Ein gewisser Schutztrieb ist ihm nicht abzusprechen. Der Große Schweizer ist nicht unbedingt ein Hund für Anfänger. Mit einer gründlichen, konsequenten Erziehung wird er zu einem zuverlässigen Begleithund, der aber jederzeit bereit ist, seine Menschen sowie Haus und Hof vehement zu verteidigen.

Verwendung: Aufgrund seiner Körpergröße ist der Große Schweizer zum Karrenziehen oder Lastentragen geeignet.

Auch für die Fährtenarbeit lässt er sich gut einsetzen. Gewalttouren beim Joggen, am Fahrrad oder neben dem Pferd sollte man dagegen vermeiden. Auch für schnelle Hundesportarten ist er nicht geeignet. Das Stockhaar des Großen Schweizers besteht aus kräftigen Grannenhaaren mit feinem Wollhaar als Unterwolle. Dieses Fell schützt ihn wirksam vor Kälte und Nässe, sodass er auch bei schlechtem Wetter stundenlang einsetzbar ist.

Besonderheiten: Der Große Schweizer ist ein Spätentwickler. Erst mit drei Jahren ist er richtig erwachsen und hat das typische kräftige Erscheinungsbild erreicht. Aufgrund der Körpergröße sollten die Hunde in den ersten ein bis zwei Lebensjahren knapp ernährt und körperlich nicht zu stark gefordert werden, um Gelenkerkrankungen vorzubeugen.

## 6 | Haldenstøvare

Laufhunde | FCI-Nr. 267

Geschichte: Diese Rasse ist eine relativ neue Schöpfung, die erst in den 1950er-Jahren entstand. Hierfür kreuzte man in Südnorwegen einheimische Laufhunde mit englischen Foxhounds.
Das Ergebnis war ein zuverlässiger Jagdhund mit einem ruhigen, freundlichen Wesen.

Verwendung: Die hauptsächliche Verwendung ist die Hasenjagd. Die Hunde jagen nicht in der Meute, sondern arbeiten einzeln mit ihrem Führer.

Charakter: Der Haldenstøvare besitzt ein ruhiges, zutrauliches, aber dennoch stolzes Wesen. Wegen seiner attraktiven Erscheinung und seiner Anhänglichkeit ist er in seiner Heimat auch ein beliebter Familien- und Begleithund. Allerdings ist er selbst dort recht selten und bei uns überhaupt nicht anzutreffen.

### Haldenbracke

Herkunft: Norwegen
Größe: Rüden und Hündinnen 51–64 cm.
Gewicht: Rüden und Hündinnen 23–29 kg.
Farben: Weiß mit schwarzen Platten und lohfarbenen Abzeichen.

# 6 | Hamiltonstøvare

Laufhunde | FCI-Nr. 132

Hamilton-Laufhund

Herkunft: Schweden
Größe: 47–57 cm; Rüden ideal 57 cm; Hündinnen ideal 53 cm.
Farben: Dreifarbig (Schwarz/Loh/Weiß).

Geschichte: Laufhunde sind in Schweden seit dem 16. Jahrhundert bekannt. Bis 1789 war das Jagen mit ihnen ein Privileg der Adeligen. Nachdem es auch den einfachen Leuten erlaubt wurde, das Land zu bejagen, fanden die Jagdhunde auch weitere Verbreitung. Der Hamiltonstøvare soll aus Kreuzungen von deutschen und schweizerischen Laufhunden sowie Foxhounds und Harriers hervorgegangen sein. Bei einer Hundeausstellung 1886 in Schweden wurden 189 Laufhunde vorgestellt. Darunter waren auch die Stammeltern des Hamiltonstøvare, der damals noch Schwedischer Laufhund genannt wurde. Den endgültigen Namen erhielt die Rasse 1921 zu Ehren des Mannes, der sie erschaffen hat und der auch den Schwedischen Kennel Club gegründet hat.

Verwendung: Der Hamiltonstøvare ist ein Laufhund mit sicherem Spurlaut und wird für die Jagd auf Hase und Fuchs, aber nicht für Hochwild eingesetzt.

# 6 | Hannover'scher Schweißhund

Schweißhunde | FCI-Nr. 213

Herkunft: Deutschland
Größe: Rüden 50–55 cm; Hündinnen 48–53 cm. Eine Abweichung von 2 cm nach oben oder unten ist erlaubt.
Gewicht: Rüden 30–40 kg; Hündinnen 25–35 kg.
Farben: Hell bis Dunkelhirschrot; mehr oder weniger stark gestromt mit und ohne Maske; kleiner weißer Brustfleck wird toleriert.

Geschichte: Der Hannover'sche Schweißhund ist unmittelbar aus den Leithunden des Mittelalters hervorgegangen, deren direkte Vorfahren die Segusierhunde der Kelten waren. Die Leithunde waren in der Brackenmeute die ruhigsten Hunde und hatten die beste Nase. Sie dienten vorwiegend zum Auffinden von Hochwild, meist eines bestimmten Tieres, sollen aber auch für die Jagd auf Wildschwein, Wolf und Bär verwendet worden sein. Mit Verbesserung der Schusswaffen wurden sie überflüssig, dagegen wurden nun Hunde benötigt, um das angeschossene Wild auf der Wundfährte zu finden. Um die Hetzpassion und die Lautfreudigkeit wieder in die Hunde zu bringen, wurden sie mit Roten Hannover'schen Haidbracken gekreuzt. Das Ergebnis war der Hannover'sche Schweißhund, den es in der Form, wie wir ihn heute kennen, seit etwa 200 Jahren gibt.

Verwendung: Dieser Schweißhund ist ein absoluter Spezialist unter den Jagdhunden. Seine herausragenden Leistungen liegen auf der Wundfährte von Hochwild. Da die Hunde auf der gesunden Fährte ausgebildet werden und sich somit am Individualgeruch zu orientieren lernen, sind sie später in der Lage, noch sehr alte Wundfährten sicher auszuarbeiten. Damit diese Fähigkeit nicht verkümmert, sollten die Hunde regelmäßig Gelegenheit bekommen, ihrer Arbeit nachzugehen. Daher sind sie nur etwas für Jäger und Förster, die auch wirklich genügend Einsatzmöglichkeiten für diese Hunde haben. Aus diesem Grund zählt diese Rasse bei uns eher zu den weniger häufigen Jagdhunden.
Der etwas gedrungen wirkende, kräftig bemuskelte Körper befähigt den Hund zur ausdauernden Arbeit.
Der Hannover'sche Schweißhund besitzt ein ruhiges, freundliches Wesen und ist daher auch ein angenehmer Hausgenosse, der aber rassegemäß beschäftigt werden muss. Das kurze, harsche, Fell bedarf keiner besonderen Pflege.

## 6 | Harrier

Laufhunde | FCI-Nr. 295

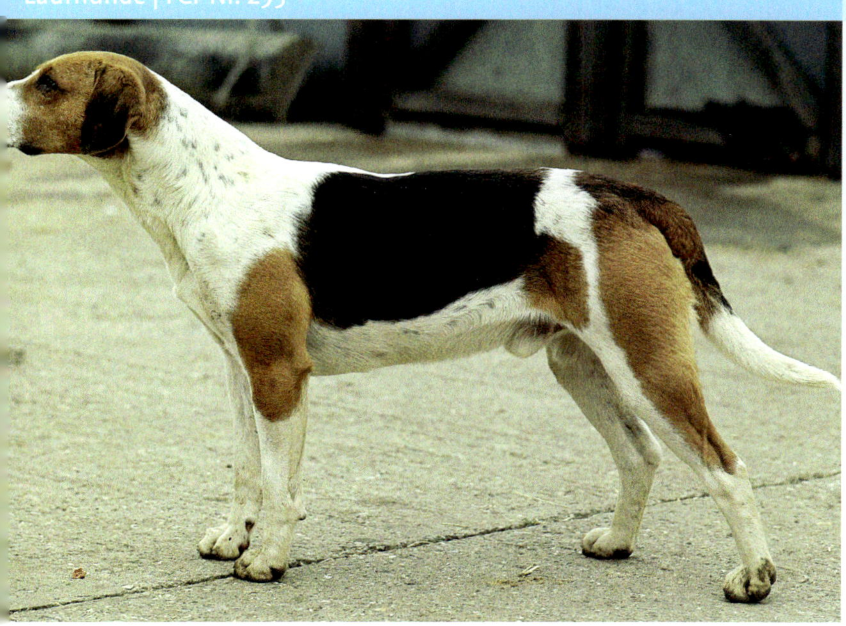

Herkunft: Großbritannien
Größe: Rüden und Hündinnen 45–53 cm.
Gewicht: Rüden und Hündinnen 20–27 kg.
Farben: Die Fellfarbe ist nicht von Bedeutung, wobei Dreifarbigkeit (Schwarz/Weiß/Loh) bevorzugt wird.

Geschichte: Der Harrier ist ein Meutehund aus England. Man könnte ihn als eine Mischung aus Beagle und Foxhound beschreiben. Die ersten Aufzeichnungen über eine Harrier-Meute stammen aus dem 13. Jahrhundert. Ursprünglich wurde er für die Hasenjagd zu Fuß verwendet. Hierfür musste er langsam und methodisch jagen. Später, als die Fuchsjagd in Mode kam, wurde die Rasse daraufhin gezüchtet, vor den Reitern zu jagen. Der Name stammt von dem normannischen Wort „harier" ab, was „Jagdhund" bedeutet. Heute ist der Harrier auf den britischen Inseln sowie in Australien und Neuseeland immer noch ein gefragter Meutehund für die Fuchs- und Hasenjagd. In den USA hat er sich zu einem beliebten Familienhund entwickelt. Bei uns ist die Rasse so gut wie nicht bekannt.

Charakter: Der Harrier steckt voller Energie, ist unabhängig und eigenständig sowie sehr ausdauernd. Er wurde dazu gezüchtet, den ganzen Tag vor den Jägern zu arbeiten und nicht aufzugeben, was auch immer geschieht. Wenn das gejagte Wild schon erschöpft ist, wird es von dem scheinbar nimmermüden Harrier mühelos gestellt.
Wegen seiner ihm eigenen Unabhängigkeit, verbunden mit einer gewissen Sturheit, sind eine gründliche Erziehung und Gehorsamstraining für diese Rasse unerlässlich. Die Hunde brauchen viel Auslauf und wollen abwechslungsreich beschäftigt sein. Sie sind ideale Begleiter beim Joggen, Radfahren, Reiten und Wandern. Sie besitzen ein freundliches Wesen und begrüßen auch Fremde wie alte Bekannte. Dennoch melden sie zu Hause mit lauter Stimme, wenn sie etwas Ungewöhnliches bemerken. Mit Artgenossen vertragen sie sich als ursprüngliche Meutehunde gut.

## 9 | Havaneser

Bichons und verwandte Rassen | FCI-Nr. 250

### Bichon Havanais

Herkunft: Westliches Mittelmeergebiet
Größe: Rüden und Hündinnen 23–27 cm mit einer Toleranz von 2 cm nach oben und unten.
Gewicht: Rüden und Hündinnen 3,5–6 kg.
Farben: Selten vollständig Reinweiß; Falbfarben in verschiedenen Tönungen; Schwarz; Havannabraun; Tabakfarben, Rötlichbraun; Flecken in den erwähnten Farben sind zulässig.

Geschichte: Diese Hunde entstanden an der spanischen und italienischen Mittelmeerküste. Vermutlich gelangten sie mit den spanischen Eroberern in die Karibik, wo sie sich auf Kuba als eigenständige Rasse weiterentwickelten. Daher wird Kuba heute auch häufig als ihr eigentliches Heimatland angesehen, zumal die Hunde nach der kubanischen Hauptstadt benannt wurden. Eine andere Bezeichnung war früher auch „Havana Silk Dog" (Havanna Seidenhündchen).

Der Havaneser war besonders im 17. Jahrhundert ein beliebter Begleithund für die adeligen Damen, geriet danach aber bald in Vergessenheit. Früher wurde er auch viel bei Wanderbühnen und im Zirkus vorgeführt, da ihm leicht irgendwelche Kunststücke beizubringen sind. Im 20. Jahrhundert war diese Rasse allerdings recht selten geworden. Exilkubaner, die nach USA gelangten, nahmen Hunde dieser Rasse mit, wodurch ihre Zucht wieder einen Aufschwung erlangte.

Charakter: Der Havaneser ist freundlich, offen und leicht zu erziehen. Er besitzt Temperament und ist immer zu einem Spiel bereit. Er hängt sehr an seinen Menschen und möchte immer dabei sein. Er hat eine kräftige Konstitution, schwimmt ausgezeichnet und geht gern ins Wasser. Er besitzt ebenso gute Hüteeigenschaften. In Kuba wurde er oft zum Hüten aller Arten von Vieh verwendet. Daher bewacht er auch gern seine „Herde" und kündet Fremde gebührend an. Bei Gefahr ist er beherzt und mutig.

Besonderheiten: Das weiche Haarkleid besitzt nur wenig oder gar keine Unterwolle und muss regelmäßig gekämmt und gebürstet werden, um das seidige Aussehen zu behalten. Die verschiedenen Falbfarben sind leicht schwarz gewolkt zulässig.

## 6 | Hellinikos Ichnilatis

Laufhunde | FCI-Nr. 214

### Griechischer Laufhund

Herkunft: Griechenland
Größe: Rüden 47–55 cm; Hündinnen 45–53 cm.
Gewicht: Rüden und Hündinnen 17–20 kg.
Farben: Schwarz mit Loh; ein kleines weißes Abzeichen auf der Brust ist erlaubt.

Geschichte: Dieser Laufhund vom Brackentyp stammt vermutlich von ägyptischen Spürhunden ab, die von den Phöniziern nach Griechenland gebracht wurden. Es besteht eine enge Verwandtschaft mit dem Segugio Italiano. Beide Rassen haben wahrscheinlich gemeinsame Vorfahren. Der Hellinikos Ichnilatis ist die einzige griechische Hunderasse, die von der FCI anerkannt ist. Außerhalb ihrer Heimat ist sie nicht anzutreffen.

Verwendung: Dieser Laufhund besitzt eine hervorragende Nase und ist optimal an die Klimabedingungen und die geografischen Gegebenheiten Griechenlands angepasst.
Der Hellinikos Ichnilatis wird besonders für die Jagd in waldreichen Gebieten

eingesetzt. Er hat ein lebhaftes Wesen, ist robust, äußerst ausdauernd und besitzt eine hervorragende Nase. Er soll sehr gut auszubilden und sehr folgsam sein. Dank seines freundlichen Wesens ist er ein angenehmer Familienhund. Wegen seiner großen Jagdpassion und seiner hervorragenden jagdlichen Fähigkeiten sollte er allerdings jagdlich geführt werden.

**Besonderheiten:** In Griechenland wird der Hellinikos von einem eigenen Klub betreut, der sich um die Reinzucht bemüht, damit diese ohnehin seltene Hunderasse nicht vom Aussterben bedroht wird.

## 5 | Hokkaido

Asiatische Spitze und verwandte Rassen | FCI-Nr. 261

Ainu Ken, Ainu Inu

Herkunft: Japan

Größe: Rüden 48,5–51,5 cm; Hündinnen 45,5–48,5 cm.

Farben: Sesam; gestromt; Rot; Schwarz; Schwarz-Loh; Weiß.

**Geschichte:** Vermutlich brachte das Volk der Ainu (Name!) diese Hunderasse vor über 3000 Jahren mit nach Japan. Als die Ainu um 1140 von der Hauptinsel verdrängt wurden, wanderten sie nach Hokkaido aus. Dort wurden die Hunde hauptsächlich zur Jagd auf Bären und anderes Wild gezüchtet. Der Hokkaido wurde zu Kriegszeiten aber auch zum Auffinden von Flüchtlingen eingesetzt. Als er nach dem Krieg nicht mehr gebraucht wurde, hat man die meisten dieser Hunde getötet. Nur die königliche Blutlinie wurde in Japan erhalten. Heute ist er zum „Japanischen Naturdenkmal" erklärt und darf offiziell nicht aus Japan ausgeführt werden. Die wenigen außerhalb Japans existierenden Hunde haben meist eine abenteuerliche Odyssee hinter sich. In Europa scheint zurzeit keine Zucht dieser Rasse zu existieren.

**Charakter:** Der Hokkaido ist äußerst wachsam, seinem Besitzer treu ergeben, aber besitzt große Schärfe und ist aggressiv gegen Artgenossen und Fremde. Er verteidigt Haus und Hof sehr vehement. Er ist auf keinen Fall ein Hund für Anfänger und eignet sich als Familienhund nur bedingt bei äußerst konsequenter Erziehung und reichlich Beschäftigung in Form von Arbeit oder sportlicher Betätigung. Sein Jagdtrieb geht häufiger mit ihm durch, wobei Zäune und Absperrungen nur selten seinen Ausbruchsversuchen standhalten.

**Besonderheiten:** Der Hokkaido ist ein robuster mittelgroßer Hund, dessen dichtes Fell ihn vor Witterungseinflüssen und Verletzungen schützt. Er ist kräftig bemuskelt und äußerst ausdauernd. Gemäß dem Standard soll der Hokkaido einen keilförmigen Kopf und das typische „Entengesicht" besitzen.
Aufgrund der geringen Zuchtbasis der wenigen heute noch existierenden Hunde und wegen des schwierigen Charakters wird diese Rasse vermutlich früher oder später zum Aussterben verurteilt sein.

# 1 | Hollandse Herdershond

Schäferhunde | FCI-Nr. 223

Holländischer Schäferhund in den Varietäten Kurzhaar, Langhaar, Rauhaar

Herkunft: Niederlande

Größe: Rüden 57–62 cm; Hündinnen 55–60 cm.

Farben: Gestromt auf braunem Untergrund (gold gestromt) oder auf grauem Untergrund (silber gestromt); schwarze Maske bevorzugt; beim Rauhaar zusätzlich Blaugrau und Pfeffer-Salz.

**Geschichte:** Bis zum Ende des 19. Jahrhunderts wurden die Holländischen Schäferhunde vorwiegend nach ihrer Gebrauchstüchtigkeit und weniger nach Aussehen gezüchtet. 1874 wurde dann der erste „inländische Schäferhund" in Amsterdam ausgestellt. 1878 erhielt die Rasse ihren endgültigen Namen. Trotz Aufstellung eines Standards kümmerte sich lange Zeit niemand so recht um die Reinzucht dieser Rasse. Erst als die Schafherden verschwanden, suchten die wenigen Liebhaber der Rasse eine neue Aufgabe für sie und widmeten sich ihrem Erhalt. 1960 wurde der Hollandse Herdershond endlich von der FCI als eigenständig anerkannt. Außerhalb ihres Heimatlandes hat sich diese Rasse noch nicht sehr durchgesetzt, obwohl sie die gleichen Eigenschaften und dieselbe Eignung besitzt wie ihre deutschen und belgischen Verwandten. Allerdings konnte in den letzten Jahren ein langsam ansteigendes Interesse in den Nachbarländern der Niederlande verzeichnet werden. Erst seit 1998 haben sich wenige Züchter bei uns offiziell dem Holländischen Schäferhund gewidmet.

**Charakter:** Der Holländische Schäferhund wurde früher nicht nur für die Arbeit an den Schafen, sondern auch als Bewacher von Haus und Hof, als Fänger von Ratten und anderen Schädlingen sowie zum Ziehen von Lasten eingesetzt. Somit war er vielseitig zu verwenden. Er ist wachsam, arbeitsfreudig, gehorsam, treu und besitzt einen ausgeprägten Schutztrieb. Fremden gegenüber ist er misstrauisch und zurückhaltend, aber nicht aggressiv. Der Hollandse Herdershond ist wenig anspruchsvoll und aufgrund seiner früheren Verwendung an ein raues und karges Leben angepasst.

**Verwendung:** Diese Rasse eignet sich als Hütehund, Polizeihund, Rettungssuchhund, Schutzhund und Blindenführhund. Reine Familienhunde sollten eine gründliche Erziehung und ausreichend Beschäftigung, zum Beispiel Hundesport oder Fährtenarbeit, erhalten. Der Holländische Schäferhund reagiert sehr stark auf akustische Signale, was bei seiner Erziehung und Ausbildung berücksichtigt werden sollte. Eine gewisse Hundeerfahrung sollte man haben, wenn man sich für diese Rasse entscheidet.

**Besonderheiten:** Die drei verschiedenen Haarvarietäten unterscheiden sich auch ein wenig im Wesen. Der Langhaar gilt als der sensibelste der drei Varietäten. Er ist etwas ruhiger als die anderen und als Familienhund am besten geeignet. Der Kurzhaar ist der lebendigste Vertreter, braucht viel Bewegung und Beschäftigung und ist problemlos für die unterschiedlichsten Aufgaben auszubilden. Der Rauhaar wird als Allrounder bezeichnet und ist vielseitig einsetzbar.

# 2 | Hollandse Smoushond

Pinscher und Schnauzer | FCI-Nr. 308

Herkunft: Niederlande
Größe: Rüden 37–42 cm; Hündinnen 35–40 cm.
Gewicht: Je nach Größe zwischen 8 und 12 kg.
Farben: Gelb in allen Schattierungen; Strohgelb mit dunkler Maske ist am beliebtesten.

Geschichte: Der Smoushond zählt zu den Schnauzern. Sein Name wird häufig mit „Holländischer Schnauzer" oder „Holländischer Rattler" übersetzt.
Die Rasse war früher in ihrer Heimat weit verbreitet, wobei sich aber niemand großartig um deren Reinzucht kümmerte. Es handelte sich um richtige Stallhunde, die zur Mäuse- und Rattenjagd eingesetzt wurden. Um 1850 tauchten die ersten Smoushonds in Amsterdam auf. Vermutlich waren sie Nachkommen von gelben Schnauzern, die in Deutschland nicht beliebt waren und nach Holland abgeschoben wurden.
1905 wurde der erste Standard aufgestellt. Das Interesse an der Rasse ließ aber immer mehr nach und nach dem Zweiten Weltkrieg galt sie als ausgestorben. Erst 1972 wurde der erste Wurf einer neuen Smoushond-Generation geboren. Über zwanzig Jahre gezielte Zucht waren notwendig, um wieder einen einheitlichen Typ dieser Rasse zu erhalten.
Außerhalb ihres Heimatlandes Niederlande ist die Rasse heute kaum anzutreffen.
Charakter: Der Smoushond ist ein lebhafter, wachsamer Haushund, der gut als Familien- und Begleithund gehalten werden kann. Er braucht nicht übermäßig viel Auslauf und fühlt sich auch in einer Stadtwohnung wohl.
Besonderheiten: Das harte, struppige Haar, das weder gekraust noch wellig oder wollig sein darf, muss nur gelegentlich gebürstet werden. Dank der dichten Unterwolle ist der Hund vor Witterungseinflüssen geschützt. Nach dem alten Standard wurden Ohren und Rute kupiert. Heute trägt der Smoushond eine lange Rute und Kipp- oder Hängeohren.

# 2 | Hovawart

Molossoide | FCI-Nr. 190

Herkunft: Deutschland
Größe: Rüden 62–70 cm; Hündinnen 53–66 cm.
Gewicht: Etwa so viel Pfund wie cm Widerristhöhe.
Farben: Schwarz; Schwarzmarken; Blond; weiße Abzeichen gestattet.

Geschichte: In verschiedenen Schriften des 13. Jahrhunderts wird erstmals ein Hofhund beschrieben, der sich von anderen Rassen unterscheidet und als „hovewart" oder „hofwart" bezeichnet wird, was nichts anderes als „Wächter des Hofes" bedeutet. Es ist aber nicht ausgeschlossen, dass dieser Hundetyp schon viel länger existierte. Auf alle Fälle wurde er zu jeder Zeit als zuverlässiger Wachhund und für den persönlichen Schutz sehr geschätzt. Aber erst Anfang des 20. Jahrhunderts wurde mit der Reinzucht dieser Hunde begonnen.
Verwendung: Heute zählt der Hovawart zu den klassischen Schutzhundrassen. Er lässt sich gut erziehen und ausbilden und zeichnet sich durch enge Führerbezogenheit und Arbeitsbereitschaft aus. Er hat sich im Polizei-, Wach- und Rettungsdienst bestens bewährt, aber auch als Familien- und Begleithund ist er äußerst vielseitig

einsetzbar. Als anhänglicher, treuer Begleiter, der viel Auslauf braucht, liebt er lange Wanderungen mit seinen Menschen. Die Begleithundausbildung ist für ihn kein Problem, ebenso eignet er sich gut für den Schutzdienst oder die Fährtenarbeit. Als zuverlässiger Wachhund meldet er Fremde lautstark an, verhält sich aber ansonsten angenehm ruhig. Das Einzige, wozu er nicht geeignet ist, ist die Jagd. Der Hetztrieb, der wie bei vielen anderen Hunden besonders in jungen Jahren gelegentlich durchbricht, kann ihm durch erzieherische Maßnahmen abgewöhnt werden.

Besonderheiten: Bei der Zucht sollte nicht unbedingt auf ein einheitliches Erscheinungsbild, sondern eher auf die Erhaltung der körperlichen und charakterlichen Merkmale Wert gelegt werden, welche die Gebrauchstüchtigkeit des Hovawarts ausmachen.

# 1 | Hrvatski Ovcar

Schäferhunde | FCI-Nr. 277

## Kroatischer Schäferhund

Herkunft: Kroatien

Größe: 40–50 cm; man unterscheidet heute eine kleinere Linie mit Tieren auch unter 40 cm von einer größeren, die gelegentlich die 50 cm überschreitet.

Farbe: Schwarz.

Geschichte: Diese Hunderasse wurde erstmalig in einem Dokument von 1374 ausführlich erwähnt. Danach haben die Kroaten bei der Besiedelung des Landes im 7. Jahrhundert diese Hunde mitgebracht. Die planmäßige Zucht begann aber erst im Jahr 1935. 1949 wurde die Rasse zum ersten Mal auf einer Ausstellung gezeigt. Es dauerte aber noch bis 1968, dass die Rasse offiziell anerkannt wurde, obwohl schon seit 1949 ein Standard existierte. Ein Jahr später wurde der Kroatische Schäferhund auch von der FCI aufgenommen.

Verwendung: Der Hrvatski Ovcar war schon immer ein wertvoller Helfer für die Hirten. Er gehört zu den Hütehunden, die jegliche Art von Vieh zusammenhalten. Der Hütetrieb ist bei ihm angeboren, er muss dafür nicht speziell ausgebildet werden. Er treibt die Tiere in die gewünschte Richtung, verschafft sich Respekt bei ihnen und bringt weggelaufene Tiere wieder zurück. Er soll sogar über die Rücken von dicht gedrängten Schafen hinweglaufen, wenn es die Situation erfordert. In Aussehen und Charakter ähnelt er sehr dem ungarischen Mudi. Vermutlich können beide Rassen auf gemeinsame Vorfahren zurückblicken. In seiner Heimat ist der Hrvatski Ovcar immer häufiger auch als Haus- und Begleithund anzutreffen. Seine Aufmerksamkeit und sein Mut machen ihn zu einem zuverlässigen Wachhund. Jeder Fremde wird durch heftiges Bellen angekündigt und im Notfall auch durch eine gezielte Attacke am Betreten des von ihm bewachten Grundstückes gehindert. Bei uns ist diese Rasse noch sehr selten anzutreffen. Aufgrund seiner Schnelligkeit und seines Temperamentes eignet sich der Kroatische Schäferhund ausgezeichnet für sportliche Aktivitäten wie zum Beispiel Agility.

Charakter: Dieser robuste Hund ist wenig krankheitsanfällig und besitzt kaum Jagdleidenschaft. Er zeichnet sich durch seine Lebhaftigkeit, seine Lauffreude und seinen Mut aus. Wer sich an der Bellfreudigkeit nicht stört und mit dem ungestümen Temperament zurechtkommt, findet in dieser Rasse sicherlich einen zuverlässigen Begleiter.

Besonderheiten: Die Rute wurde früher häufig auf 4 cm Länge kupiert. Es werden aber auch gelegentlich Welpen mit Stummelrute geboren. In einem Wurf können sowohl Welpen mit langer als auch mit kurzer Rute fallen.

# 6 | Hygenhund

Laufhunde | FCI-Nr. 266

Hygenbracke

Herkunft: Norwegen

Größe: 47–58 cm; Rüden ideal 54 cm, Hündinnen ideal 51 cm.

Gewicht: Je nach Größe 20–24 kg.

Farben: Haselnussbraun; Gelbrot; Schwarz mit hellbraunen Flecken mit oder ohne weiße Abzeichen; Weiß mit hellbraunen bis gelben oder schwarzen Flecken.

Geschichte: Der Hygenhund wurde nach seinem Züchter Hygen benannt. Dieser begann in den 1830er-Jahren, aus verschiedenen Laufhunden unter Einkreuzung von Beagles diese Rasse herauszuzüchten.
Verwendung: Dieser relativ kompakt gebaute Hund eignet sich am besten für die Hasenjagd. Er ist temperamentvoller als die anderen skandinavischen Laufhunde und wird auch vorwiegend für die Jagd eingesetzt.
Als reiner Familien- und Begleithund wird er weniger häufig gehalten, da er viel Auslauf braucht und möglichst rassegemäß, also jagdlich eingesetzt werden sollte. Er soll auch einen guten Wachhund abgeben.
Außerhalb seiner Heimat ist der Hygenhund kaum anzutreffen.

# 3 | Irish Glen of Imaal Terrier

Hochläufige Terrier | FCI-Nr. 302

Herkunft: Irland

Größe: Rüden maximal 35,5, cm; Hündinnen entsprechend weniger.

Gewicht: Rüden etwa 16 kg; Hündinnen entsprechend weniger.

Farben: Blau gestromt; Weizenfarben.

Geschichte: Dieser Terrier stammt von der irischen Ostküste aus der Grafschaft Wicklow, die im Glen (glen = Tal) of Imaal liegt. 1575 wurde diese Hunderasse erstmals erwähnt. Wie alt sie genau ist, bleibt ungewiss. Die Bewohner dieses Tals züchteten einen Hund, der an das raue Klima und die harten Lebensbedingungen angepasst war, viele Eigenschaften eines großen Hundes in sich vereinte, aber anspruchslos genug war, um das karge Leben seiner Besitzer zu teilen. So entstand ein kompakter Hund mit starker Muskulatur und großem Kopf, der aber relativ niedrig blieb. Er hatte viele Arbeiten zu verrichten. Er hielt Haus und Hof von schädlichen Nagern und kleinen Raubtieren frei. Er wurde zur Jagd auf Fuchs und Dachs eingesetzt. Er trieb Arbeitsmaschinen wie Butterfässer und Futterhäcksler an, indem er auf Laufbändern laufen musste, und er war natürlich ein Wachhund. Selbst bei fragwürdigen Hundekämpfen kam er zum Einsatz. Der Irish Glen of Imaal Terrier war nie sehr zahlreich. Um 1950 stand er kurz vor dem Aussterben und wurde von wenigen Züchtern davor bewahrt. Erst 1980 fand diese Rasse auch außerhalb Irlands Verbreitung.

Charakter: Dieser Terrier ist ein wachsamer Familienhund, der normalerweise große Ruhe ausstrahlt. Wenn es darauf ankommt, verteidigt er aber seine Menschen und sein Heim energisch. Er besitzt die tiefe Stimme eines größeren Hundes. Frühe Sozialisation auch mit Artgenossen und der regelmäßige Besuch von Welpengruppen und später Erziehungskursen ist unbedingt zu empfehlen, da die Hunde sonst eine starke Neigung zum Raufen mit gleichgeschlechtlichen Artgenossen entwickeln. Neben Gehorsamstraining ist auch Hundesport wie zum Beispiel Mini-Agility eine geeignete Beschäftigung für diese Hunde.

Besonderheiten: Die Fellpflege beschränkt sich auf regelmäßiges gründliches Bürsten und gelegentliches Auszupfen der abgestorbenen Haare. Die weiche, wärmende Unterwolle wird von dem rauen, mittellangen Deckhaar geschützt.

# 7 | Irish Red and White Setter

Britische und Irische Vorstehhunde | FCI-Nr. 330

## Irischer rot-weißer Setter

Herkunft: Irland
Größe: Rüden 62–66 cm; Hündinnen 57–61 cm.
Farben: Weiß mit nicht durchbrochenen, roten Flächen.

Geschichte: Diese Rasse entstand vermutlich schon gegen Ende des 17. Jahrhunderts. Der rot-weiße Setter ist dem Irish Red Setter sehr ähnlich, aber mit ziemlicher Sicherheit die ältere der beiden Rassen. Durch gezielte Zuchtwahl wurde die rote Variante herausgezüchtet. Ende des 19. Jahrhunderts erfreute sich diese schon größerer Beliebtheit als der rot-weiße Setter, und das ist bis heute so geblieben. Man glaubte sogar zwischenzeitlich, der rot-weiße Setter sei ausgestorben. Seit 1920 war man daher sehr bemüht, diese Rasse wieder zu etablieren, und ab 1944 mit Gründung eines eigenen Klubs galt der Bestand als gesichert. Allerdings beschränkt sich eine einigermaßen große Zuchtbasis nur auf England und Irland. Bei uns finden sich nur sehr wenige Züchter dieser Rasse, daher ist er im Gegensatz zu seinem roten Vetter immer noch recht selten. Erst 1989 wurden die ersten Exemplare ins Zuchtbuch eingetragen.

Verwendung: Der rot-weiße Setter wird von Jägern mehr geschätzt als sein einfarbiger Vetter, da er ein ausgeglicheneres Wesen besitzt und sich vor allem in herbstlicher Umgebung besser von seinem Umfeld abhebt. Wie alle Setter zeigt er das typische Vorsitzen.

Charakter: Der Irish Red and White Setter ist ein freundlicher Hund, der voller Energie steckt und Mut und Entschlossenheit zeigt. Er ist leichtführig und zuverlässig. Auch wenn er als reiner Familienhund gehalten wird, sollte er gründlich und konsequent erzogen werden. Dann gibt er einen zuverlässigen Begleiter ab, ob beim Spaziergang, beim Joggen oder Radfahren oder bei hundesportlichen Aktivitäten. Der kräftige, athletische Körper steckt voller Energie und besitzt einen enormen Bewegungsdrang gepaart mit überschäumendem Temperament. Daher sollte dieser Setter viel Auslauf und Beschäftigung erhalten.

# 7 | Irish Red Setter

Britische und Irische Vorstehhunde | FCI-Nr. 120

### Irischer roter Setter

Herkunft: Irland
Größe: Rüden 58–67 cm; Hündinnen 55–62 cm.
Farben: Kastanienbraun; kleine weiße Abzeichen erlaubt.

**Geschichte:** Der Ursprung des Irish Red Setters liegt im frühen 18. Jahrhundert, als man in Irland begann, ihn aus der rot-weißen Variante herauszuzüchten. Er sollte ein Jagdhund für die Arbeit vor dem Schuss sein, wobei seine besondere Stärke im Feld liegt. 1882 wurde der erste Klub für diese Rasse gegründet. Damals glaubten viele, er sei der einzige irische Setter. Seit dieser Zeit erfreute er sich – nicht zuletzt wegen seiner eleganten Erscheinung – immer größerer Beliebtheit, wobei gleichzeitig der Bestand des rot-weißen Setters abnahm. In Irland wird der rote Setter heute immer noch als Jagdhund geschätzt und muss auch entsprechende Leistungsprüfungen ablegen. Bei uns haben sich die Setter-Liebhaber in zwei Lager gespalten. Die Minderheit hält an einer Leistungszucht fest und will den jagdtauglichen Gebrauchshund erhalten. Die meisten Red Setter entstammen bei uns jedoch den Schönheitszuchten und werden als reine Familien- und Begleithunde gehalten. Vor etwa dreißig Jahren war diese Rasse bei uns schon fast zum Modehund geworden. Die Nachfrage hat aber etwas nachgelassen, was sicherlich nicht zum Nachteil der Hunde gereicht. Auf jeden Fall ist der rote Ire der am häufigsten bei uns gehaltene Setter.

**Verwendung:** In seiner Heimat wird der Irish Setter bis heute für die Feldsuche nach Federwild eingesetzt. Bei uns werden jagdlich geführte Setter vielseitig und auch für die Arbeit nach dem Schuss eingesetzt. Der Setter ist ein „Hochwindzieher", er hält die Nase beim Verfolgen einer Spur also hoch. Er ist auch nicht spurlaut, sondern bleibt bei der Spurensuche ruhig. Als Wachhund ist er nicht geeignet.

**Charakter:** Der Irish Red Setter hat ein freundliches und temperamentvolles Wesen und steckt voller Energie. Er geht eine intensive Beziehung zu seinen Menschen ein und braucht engen Kontakt. Er ist schnell, ausdauernd und sitzt in der typischen Setter-Position vor. Er ist nichts für bequeme Menschen, sondern sollte durch ausgiebige Spaziergänge mit Freilauf, als Begleiter beim Joggen oder Radfahren oder beim Hundesport den erforderlichen Auslauf erhalten. Er ist verspielt, lässt sich mit entsprechender Konsequenz gut erziehen und sollte wie alle Hunde mit Jagdpassion den Grundgehorsam beherrschen, damit er auch in der freien Natur zuverlässig gehorcht. Im Haus ist er angenehm zu halten und ruhig.

# 3 | Irish Soft Coated Wheaten Terrier

Hochläufige Terrier | FCI-Nr. 40

Herkunft: Irland
Größe: Rüden 46–48 cm; Hündinnen etwas weniger.
Gewicht: Rüden 18–20,5 kg; Hündinnen etwas weniger.
Farben: Alle Schattierungen von heller Weizenfarbe bis zu Rotgold.

**Geschichte:** Über die Herkunft des „Wheaten" weiß man nicht viel. Vermutlich existierte die Rasse schon seit Jahrhunderten in Irland, und zwar im Süden und Südwesten. Die Hunde waren die Wolfhounds der armen Leute und wurden als Wach-, Jagd- und vielseitige Gebrauchshunde gehalten. Durch Kreuzung mit einem großen, blauen Hund, der als einziger einen Schiffbruch vor der Küste überlebte, trugen die Wheaten gegen Ende des 18. Jahrhunderts zur Entstehung des Kerry Blue Terriers bei. Bis 1932 wurde von dem Wheaten nicht viel Notiz genommen. Als er in diesem Jahr bei einer Feldprüfung Aufsehen erregte, nahm man sich seiner

an, und somit erhielt er 1937 seinen offiziellen Namen.

Charakter: Der Irish Soft Coated Wheaten Terrier ist ein temperamentvoller Familien- und Begleithund, der gern sein Heim bewacht und Besucher lautstark begrüßt. Er besitzt ein freundliches Wesen, ist gutmütig und in der Regel frei von Aggression, wobei Raufereien unter Rüden nicht auszuschließen sind. Frühe Sozialisation und viel Kontakt mit Artgenossen können dem vorbeugen. Wie alle Terrier muss auch er konsequent erzogen werden. Er eignet sich gut für die Begleithundausbildung und ist auch beim Hundesport mit Begeisterung bei der Sache.

Besonderheiten: Schon im Namen der Rasse sind Farbe (weizenfarbig) und Beschaffenheit des Haares (weich) beschrieben. Das weiche, seidige Haar soll wellig oder offen gelockt sein. Das ungetrimmte Haar sollte nicht länger als 12,7 cm sein. Beim Trimmen wird das Haar über den Augen und unter dem Kiefer lang gelassen.

## 3 | Irish Terrier

Hochläufige Terrier | FCI-Nr. 139

Herkunft: Irland
Größe: Rüden und Hündinnen etwa 45 cm.
Gewicht: Rüden etwa 12 kg; Hündinnen etwa 11 kg.
Farben: Rot; Rotweizen; gelbliches Rot; weißer Brustfleck häufig.

Geschichte: Der Irish Terrier wurde erstmalig 1875 offiziell erwähnt. Vermutlich ist er die älteste der vier irischen Terrier-Rassen. Davor war das Erscheinungsbild dieses Terriers recht unterschiedlich, weil es auch schwarz-loh gefärbte und gestromte Exemplare gab. Ursprünglich wurden sie als Jagdhunde und zum Vernichten von schädlichen Nagetieren verwendet. Sie galten außerdem als „die Wächter der armen Leute, die Freunde der Bauern und die Lieblinge der vornehmen Herren". Seit dem Ende des 19. Jahrhunderts bemühten sich die Züchter um eine einheitliche rote Farbe, die bis heute typisch für diesen Terrier ist. Er gelangte bald nach England und in die USA. Im Ersten Weltkrieg wurden diese Terrier als Botenhunde eingesetzt, wobei sie ihre Wesensfestigkeit und ihre Fähigkeiten unter Beweis stellen konnten. Gefahren oder Verletzungen begegnen diese Hunde „mit äußerster Verachtung".

Charakter: Der Irish Terrier besitzt das für Terrier typische Temperament, ist furchtlos und manchmal etwas eigensinnig. Trotzdem ist er als Familien- und Begleithund geeignet und lässt sich mit der nötigen Konsequenz gut erziehen. Die Ausbildung in einer Hundegruppe ist von Vorteil, da diese Terrier schon mal zum Raufen neigen und sich zu unerbittlichen

Kämpfern entwickeln können, wenn sie angegriffen werden. Seine Schnelligkeit und Ausdauer machen ihn auch zu einem geeigneten Sporthund, und sogar für den Schutzdienst ist er geeignet. Menschen gegenüber ist der Irish Terrier freundlich und gutmütig und gilt als anhänglich und treu.

Besonderheiten: Das dichte, drahtige Fell sollte regelmäßig gebürstet und zwei- bis dreimal im Jahr getrimmt werden.

# 8 | Irish Water Spaniel

Wasserhunde | FCI-Nr. 124

## Irischer Wasserspaniel

Herkunft: Irland
Größe: Rüden 53–59 cm; Hündinnen 51–56 cm.
Farbe: Leberbraun.

Geschichte: Auf den ersten Blick ist diese Rasse kaum als Spaniel zu erkennen. Zusammen mit seinem amerikanischen Vetter gehört dieser Spaniel zu den Wasserhunden. Schon vor Jahrhunderten wurde dieser Hund in seiner Heimat für die Jagd auf Federwild eingesetzt. Einen Aufschwung erhielt die Rasse in der zweiten Hälfte des 19. Jahrhunderts. 1890 wurde ein eigener Klub für die Belange dieser Rasse gegründet. Bei uns ist dieser Hund eine Rarität und wird auch kaum jagdlich geführt.

Charakter: Der Irish Water Spaniel gehört zu den größten Vertretern der Spaniels. Er hat ein freundliches Wesen und ist ausgesprochen arbeitsfreudig. Fremden gegenüber kann er mitunter recht abweisend sein.

Verwendung: Da er temperamentvoll ist und für die Wasserjagd gezüchtet wurde, sollte man ihn auf alle Fälle entsprechend seiner Veranlagung beschäftigen. Das kann zum Beispiel Apportierarbeit zu Wasser und zu Lande sein. Aber auch hundesportliche Aktivitäten, bei denen er sich richtig austoben kann, und natürlich eine Begleithundausbildung sind für ihn geeignet. Wird er rassegemäß ausreichend gefordert, ist er ein liebenswerter und angenehmer Begleit- und Familienhund.

Besonderheiten: Dieser Hund zeichnet sich durch das dichte, gelockte Fell aus, das ihn vor Kälte und Nässe schützt. Das Haar braucht nicht gebürstet oder gekämmt zu werden, da es sonst die typische Lockenstruktur verliert. Die Ringellocken dürfen nicht von wolliger Struktur sein und besitzen eine natürliche Fettigkeit. Ein Trimmen ist nicht erforderlich.

Gesicht, Kehle und Rute sind nur spärlich behaart im Gegensatz zur dicht behaarten Rute des American Water Spaniels. Der „Rattenschwanz“ hat diesen Hunden in ihrem Heimatland auch die Bezeichnungen „whip tail“ oder „rat tail“ eingebracht.

Die Rute wurde – im Gegensatz zu den anderen Spanielrassen – nie kupiert, da die Hunde ja für die Wasserjagd und nicht zum Stöbern im Unterholz eingesetzt wurden.

# 10 | Irish Wolfhound

Rauhaarige Windhunde | FCI-Nr. 160

## Irischer Wolfshund

Herkunft: Irland
Größe: Rüden mindestens 79 cm; Hündinnen mindestens 71 cm.
Gewicht: Rüden mindestens 54,5 kg; Hündinnen mindestens 40,5 kg.
Farben: Grau; gestromt; Rot; Schwarz; Weiß; Rehbraun; alle Falbtöne.

Geschichte: Mit den Kelten gelangten die Windhunde auch nach Irland. Dort war man bestrebt, größere Hunde als auf dem Kontinent zu züchten. Mit der Zeit setzten sich die rauhaarigen Varietäten durch, da diese an das Klima in Irland besser angepasst waren.

Nachweislich gab es diese Hunde schon im ersten Jahrhundert n. Chr. Damals wurde die Rasse Cu-Culain (= Culan-Hund) genannt. Zu dieser Zeit gelangten auch 150 Hunde nach Schottland, die dort zur Entstehung des Deerhounds beigetragen haben. Die Änderung des Namens in Wolfhound erfolgte vermutlich im 15. Jahrhundert, als die Hunde die Herden der Bauern vor den Wölfen schützen sollten. Ebenso wurden sie auch für die Jagd auf Rotwild eingesetzt. Gegen Ende des 17. Jahrhunderts war die Rasse fast ausgestorben.

Durch intensive Inzucht konnte man sie jedoch erhalten. 1885 wurde der erste Klub gegründet.

Charakter: Der Irish Wolfhound ist ein „sanfter Riese“. Er gilt als die größte Hunderasse. Er ist freundlich zu Menschen und benötigt engen Familienanschluss. Er ist ein souveräner, gutmütiger Begleithund. Seine Jagdhundpassion ist zwar nicht ganz erloschen, aber weniger ausgeprägt als bei anderen Windhunden.
Der Irish Wolfhound sollte sich auf einem großen Grundstück frei bewegen können und genießt natürlich ausgedehnte, nicht zu gemächliche Spaziergänge.
Verwendung: Die ideale sportliche Betätigung für den Irish Wolfhound ist das Coursing. Außerdem sollte er regelmäßig beim Joggen, am Fahrrad oder am Pferd in flottem Tempo bewegt werden.
Besonderheiten: Leider wurden in der Vergangenheit bei der Zucht immer größere Exemplare angestrebt – auf Kosten der Gesundheit und Langlebigkeit. Hunde, die das siebte Lebensjahr überschreiten, gehören heute schon fast zu den Ausnahmen. Um diese freundliche und imposante Hunderasse zu erhalten, sollte unbedingt ein Umdenken in der Zucht stattfinden, indem vermehrt auf Gesundheit und Langlebigkeit und weniger auf Größe und Erscheinung selektiert wird.

## 5 | Islandhund

Nordische Wach- und Hütehunde | FCI-Nr. 289

Islenskur Fjárhundur

Herkunft: Island
Größe: Rüden 46 cm; Hündinnen 42 cm.
Farben: Etliche Farben erlaubt wie Loh, Creme, Braun, Grau oder Schwarz; eine Farbe muss vorherrschen.

Geschichte: Der Islandhund ist die einzige Hunderasse, deren Ursprungsland Island ist. Im 7. Jahrhundert besiedelten die Kelten und Germanen aus Irland und Schottland diese Insel und hatten vermutlich schon die ersten Hunde dabei. Später hatten auch die Wikinger diese Insel für sich entdeckt. Sie brachten ihr Vieh und die zum Hüten, Treiben und Bewachen nötigen Hunde mit. Diese sind vermutlich die direkten Vorfahren der Islandhunde. Daher werden sie auch häufig Wikingerhunde genannt. Der Norwegische Buhund und der Islandhund sind eng miteinander verwandt. Nur durch die geografische Trennung haben sie sich unabhängig voneinander entwickelt. Die ersten Islandhunde kamen dann durch Pferdeeinkäufer nach Mitteleuropa, die ihnen ähnliche Haltungsbedingungen wie in Island bieten konnten.
Verwendung: Islandhunde sind reine Treib-, Hüte- und Haushunde, wobei sie in Island nicht mit ins Haus genommen werden. Sie sind unentbehrliche Arbeitshunde für Bauern und Viehzüchter. Die Hunde mussten robust, ausdauernd, anspruchslos und gehorsam, aber auch flink und mutig sein, wenn sie tagelang mit den Viehherden durch unwegsames Gelände zogen. Sie durften absolut keine Aggressivität zeigen und wurden danach streng selektiert.
Charakter: Islandhunde sind freundliche und angenehme Hausgenossen. Ihre Haltung im Haus ist absolut problemlos. Sie sind sehr familienbezogen und lernen schnell und willig. Sie dürfen auf keinen Fall als Schutzhunde ausgebildet werden, sind aber zuverlässige Wachhunde. Ihre Erziehung sollte liebevoll und ohne Härte erfolgen, da sie trotz ihrer körperlichen Robustheit recht sensibel sind. Sie sind absolut gutmütig und treu und würden

am liebsten ihre Menschen überallhin begleiten. Wegen ihrer Leichtführigkeit ist eine Begleithundausbildung kein Problem, und beim Hundesport sind sie mit Begeisterung dabei. Dank ihrer Anpassungsfähigkeit fühlen sie sich bei ausreichender Beschäftigung überall wohl. Sie sind als Reitbegleithunde gut geeignet, besonders für Reiter von Islandpferden.

Besonderheiten: Das dichte Fell sollte zur Zeit des Fellwechsels regelmäßig gebürstet werden, um das abgestoßene Haar zu entfernen. Typisch für die Rasse sind die teilweise vorkommenden doppelten Wolfskrallen, die nicht entfernt werden sollten. Diese Rasse ist noch nicht so stark durchgezüchtet. Das erkennt man daran, dass es viele verschiedene Farben gibt und auch die Haarlänge recht unterschiedlich sein kann.
Der kurzhaarige Typ hat laut Standard mittellanges, ziemlich raues Deckhaar mit dichter, weicher Unterwolle. Bei der langhaarigen Variante ist das Deckhaar länger, aber ebenso rau mit dichter, weicher Unterwolle. Typisch für beide Varianten ist die buschig behaarte Rute.

# 6 | Istarski Kratkodlaki Gonic | Istarski Ostrodlaki Gonic

Laufhunde: Istarski Kratkodlaki Gonic | FCI-Nr. 151,
Istarski Ostrodlaki Gonic | FCI-Nr. 152

Herkunft: Kroatien

**Istarski Kratkodlaki Gonic**
Istrische Kurzhaarige Bracke
Größe: 44–56 cm; Rüden ideal 50 cm; Hündinnen ideal 48 cm.
Gewicht: Rüden und Hündinnen 14–20 kg.
Farben: Weiß mit gelb-orangefarbenen Abzeichen.

**Istarski Ostrodlaki Gonic**
Istrische Rauhaarige Bracke
Größe: 46–58 cm; Rüden ideal 52 cm; Hündinnen ideal 50 cm.
Gewicht: Rüden und Hündinnen 16–24 kg.
Farben: Weiß mit gelb-orangefarbenen Abzeichen.

Geschichte: Diese beiden Rassen gehen auf einen gemeinsamen Ursprung zurück und unterscheiden sich nur in Fellbeschaffenheit und geringfügig in der Größe. Der rauhaarige Schlag ist etwas größer und auch kräftiger gebaut als der glatthaarige, der dank des schlanken Körpers und des weißen, kurzen Fells eine elegante Erscheinung darstellt. Die ursprüngliche Heimat der Istrischen Bracken ist Slowenien. Sie wurden in Istrien gezielt gezüchtet und verbreiteten sich später als vielseitige Jagdhunde im gesamten Bereich des ehemaligen Jugoslawiens. Erstmalig wurden sie unter diesem Namen 1866 in Wien auf einer Ausstellung gezeigt.
Der rauhaarige Schlag entstand aus der Istrischen Glatthaarigen Bracke durch das Einkreuzen des französischen Griffon Vendéen.

Verwendung: Die Istrischen Bracken besitzen ein mittelmäßiges Temperament und ein freundliches Wesen. Sie werden vorwiegend für die Jagd auf Hasen und Füchse, aber auch auf Wildschweine verwendet. Sie jagen am besten in der Koppel, können aber auch einzeln eingesetzt werden. Sie eignen sich auch als Schweißhunde für die Nachsuche. Sie sind spurlaut mit hoher, klarer Stimme und sehr ausdauernd. Der rauhaarige Schlag ist etwas größer und kräftiger als der glatthaarige und weist eher eine gewisse Sturheit auf. Er wird zwar auch zur Hasen- und Fuchsjagd verwendet, seine Spezialität ist aber die Jagd auf Wildschwein und Hirsch.
Besonderheiten: Dank der eher harschen Fellbeschaffenheit sind die rauhaarigen Hunde stärker gegen Witterungseinflüsse geschützt als ihre kurzhaarigen Vettern. Die Istrischen Bracken sind außerhalb ihrer Heimat kaum anzutreffen. Sie werden vorwiegend als Jagdgebrauchshunde und nur selten als reine Begleit- und Familienhunde gehalten.

# 10 | Italienisches Windspiel

Kurzhaarige Windhunde | FCI-Nr. 200

Herkunft: Italien
Größe: Rüden und Hündinnen 32–38 cm.
Gewicht: Rüden und Hündinnen höchstens 5 kg.
Farben: Schwarz; Grau; Schiefergrau; Gelb (Isabellfarben in allen Nuancen); Weiß wird nur an Brust und Pfoten toleriert.

Geschichte: Das Italienische Windspiel ist die kleinste Windhundrasse der Welt, zeigt aber keine Merkmale der Verzwergung. In seiner Erscheinung erinnert es an einen kleinen Greyhound. Es stammt wahrscheinlich von den kleinwüchsigen Windhunden ab, die an den Höfen der Pharaonen in Ägypten lebten. Auch Cleopatra soll diese Hunde gezüchtet haben. Über Griechenland gelangte die Rasse im 5. Jahrhundert v. Chr. nach Italien. Wie zahlreiche Gemälde belegen, waren diese Hunde besonders zur Renaissance an den Adelshöfen bei den Damen sehr beliebt. Seit 1971 ist die Rasse offiziell als Rennhundrasse anerkannt, ist aber nur selten bei Rennveranstaltungen zu sehen, vermutlich wegen ihrer geringen Verbreitung.

Charakter: Das Italienische Windspiel ist ideal für Windhundliebhaber, die keine großen Hunde halten wollen oder können oder nur in beschränkten Wohnverhältnissen leben. Wenn sich die Hunde draußen austoben können, fühlen sie sich auch in einer Stadtwohnung wohl. Aufgrund ihrer geringen Körpergröße benötigen sie nicht übermäßig viel Auslauf, zeigen aber auch bei längeren Spaziergängen Ausdauer.
Sie sind anhänglich und freundlich und brauchen viel Zuwendung. Sie lassen sich nicht abrichten, aber mit viel Güte durchaus erziehen. Die Hunde bellen wenig und haben ständig das Bedürfnis, ihre Zuneigung zu zeigen. Sie werden sehr alt (oft über 15 Jahre) und bleiben bis ins hohe Alter körperlich fit.
Da diese Hunde sehr gesellig sind, ist es sinnvoll, sie zu mehreren zu vergesellschaften. Bei Begegnungen mit größeren Artgenossen sollte man vorsichtig sein, weil sie dank ihres ausgeprägten Selbstbewusstseins wenig Respekt großen Hunden gegenüber zeigen.

Besonderheiten: Trotz des kurzen Haarkleides sind sie relativ unempfindlich gegen Kälte. Das pflegeleichte Fell hinterlässt kaum Schmutz im Haus.

# 3 | Jack Russell Terrier

Niederläufige Terrier | FCI-Nr. 345

Herkunft: Großbritannien
Entwicklung: Australien
Größe: Rüde und Hündinnen 25–30 cm.
Gewicht: Pro 5 cm Größe etwa 1 kg, also ideal 5–6 kg.
Farben: Weiß muss vorherrschen, mit schwarzen, lohfarbenen oder braunen Abzeichen.

Geschichte: Bis zum Jahr 2002, als der Jack Russell Terrier endlich von der FCI anerkannt wurde, gab es ständig Verwechslungen dieser Rasse mit dem Parson Russell Terrier, der längere Beine hat und daher zu den hochläufigen Terriern zählt. Allerdings sind diese Verwechslungen völlig verständlich, da beide Rassen denselben Ursprung haben und sich nach wie vor im äußeren Erscheinungsbild sehr ähneln. Benannt sind diese Hunde nach einem Pfarrer, der Mitte des 19. Jahrhunderts in der englischen Grafschaft Devon lebte.
Er war ein begeisterter Jäger und züchtete diesen Terrier, damit er den Fuchs in seinem Bau aufstöbern konnte. Ausgangsrassen waren verschiedene Typen des alten Fox Terriers. Die Hunde sollten weiß sein,

damit sie nicht mit den Füchsen verwechselt und aus Versehen erschossen wurden. Sie mussten klein und wendig sein, damit sie in den Fuchsbau passten. Und die Rute sollte lang genug sein (etwa eine Handbreit), damit man sie notfalls aus dem Bau herausziehen konnte. Früher wurde daher die Rute dieser Hunde, die ja ausschließlich jagdlich eingesetzt wurden, auf eine entsprechende Länge kupiert. Heute allerdings werden die meisten Exemplare nicht mehr für die Jagd verwendet, sondern als Familien- und Begleithunde gehalten, daher ist das Kupieren der Rute für solche Hunde nicht mehr erlaubt und auch nicht sinnvoll.

Während bei uns Jack und Parson Russell Terrier bis auf die Körpergröße noch kaum Unterschiede aufweisen, kann der Jack Russell Terrier in Australien schon auf eine viel längere Geschichte als eigenständige Rasse zurückblicken. Bedingt durch die geografische Abgeschiedenheit konnte sich die Rasse in Australien anders entwickeln und besitzt dort ein viel eigenständigeres Exterieur als die europäischen Vertreter. Somit wird häufig der Standpunkt vertreten, dass Australien eigentlich das Land ist, in dem sich der Jack Russell Terrier entwickelt hat.

Charakter: Dieser Hund ist lebhaft, flink, mutig und arbeitsfreudig und trotz seiner relativ geringen Körpergröße nichts für bequeme Menschen. Ursprünglich als Jagdterrier gezüchtet ist er furchtlos und sollte seiner Körpergröße angepasst am besten hundesportlich beschäftigt werden. In der Mini-Klasse beim Agility ist er kaum zu schlagen. Auch für Turnierhundesport oder Dog Dance ist er zu begeistern. Beim Obedience muss der Grundgehorsam sehr gut sein. Wie alle Terrier benötigt er eine konsequente Erziehung, die man trotz seiner Kleinheit nicht unterschätzen darf. Bei Reitern hat er sich auch zu einem beliebten Reitbegleithund entwickelt.

Besonderheiten: Das Fell des Jack Russell Terriers kann rau, glatt oder stichelhaarig sein. Rauhaarige Vertreter müssen mehrmals jährlich getrimmt werden, um die gewünschte Felldichte zu erhalten. Werden sie nicht getrimmt, verwächst die Unterwolle mit dem Deckhaar, das Fell klappt auseinander und der Schutz vor Nässe und Kälte geht verloren. Der Jackie ist ein robuster und langlebiger Hund. Aufgrund seines Temperaments kann es aber vorkommen, dass er sich körperlich zu sehr verausgabt. Hier sollte der Mensch rechtzeitig Einhalt gebieten.

## 5 | Jämthund

Nordische Jagdhunde | FCI-Nr. 42

Geschichte: Der Jämthund ist der größte und kräftigste Vertreter der als Elchhunde bezeichneten Rassen. Erst im Jahr 1946 wurde der Jämthund als eigenständige Rasse anerkannt. Dass er sich gegen die norwegischen Vettern durchsetzen konnte, verdankt er vor allem den Jägern in Jämtland und Härjedalen, die an dieser Rasse festhielten. Auch heute noch ist er schwer von dem norwegischen grauen Elchhund zu unterscheiden.

In Schweden ist der Jämthund ein weit verbreiteter Jagdgebrauchshund. Von seiner ursprünglichen Anlage her zählt er zu den Stöberhunden. Er wurde auch als Wach- und Schlittenhund verwendet sowie beim Militär eingesetzt. Außerhalb seiner Heimat ist er nur selten anzutreffen.

Charakter: Wie die Norwegischen Elchhunde ist auch der Jämthund ein mutiger, kräftiger, energischer Hund mit einer großen Jagdpassion. Er spürt das Wild auf, stellt es und beginnt erst dann mit dem Verbellen, um dem Jäger die Position anzuzeigen. Er ist also selbstständiges Arbeiten gewohnt. Er ist nicht leichtführig und muss mit viel Verständnis und Konsequenz ausgebildet werden.

### Schwedischer Elchhund

Herkunft: Schweden
Größe: Rüden 57–65 cm, ideal 61 cm; Hündinnen 52–60 cm, ideal 57 cm.
Farben: Dunkel- oder Hellgrau, hellere Partien auf Fang, Wangen und Kehle ebenso wie an Bauch, Läufen und Rutenunterseite.

Gegenüber vertrauten Personen verhält er sich äußerst freundlich und ist im Haus ein angenehmer Familienhund. Er ist wachsam und alarmiert durch sein Bellen, ohne anzugreifen.

**Verwendung:** Soll der Jämthund als Familien- und Begleithund gehalten werden, muss er auf alle Fälle gründlich erzogen werden, damit man seinen angeborenen Jagdtrieb unter Kontrolle halten und ihm dadurch auch Freilauf ermöglichen kann. Sinnvoll ist es weiterhin, ihn entsprechend seiner Veranlagungen rassegemäß zum Beispiel durch Fährtenarbeit zu beschäftigen, wenn er nicht jagdlich geführt wird. Bei uns entscheiden sich nur wenige Jäger für einen Jämthund, da dessen Jagdmethode sicherlich nicht immer mit den hiesigen Verhältnissen in Einklang zu bringen ist.

## 9 | Japan-Chin

Japanische Spaniel und Pekingesen | FCI-Nr. 206

Herkunft: Japan
Größe: Rüden und Hündinnen 18–24 cm.
Gewicht: Rüden und Hündinnen 2–4 kg.
Farben: Weiß mit schwarzen oder gelbroten Platten.

**Geschichte:** Im japanischen Altertum zählte der Chin – übersetzt bedeutet das „Kostbarkeit" – zu den heiligen Hunden. Ob diese Rasse eine gemeinsame Wurzel mit den chinesischen Palasthunden hat, ist nicht mit Sicherheit feststellbar. Tatsache ist aber, dass im 7. und 8. Jahrhundert der Tribut von China an Japan teils in Hunden zu entrichten war. Die japanischen Adeligen züchteten den Chin mit übertriebener Sorgfalt. Je kleiner er war, desto kostbarer war er. Auf vielen Kunstgegenständen ist er abgebildet. Er wurde sogar in Bambuskäfigen gehalten oder von den adeligen Damen als „Ärmelhündchen" herumgetragen. 1873 tauchte der erste Chin auf einer Ausstellung in Birmingham auf. Das erste Paar dieser Rasse gelangte als Geschenk an die deutsche Kaiserin 1880 nach Deutschland. Aber erst Jahre später gelang die gezielte Zucht dieser Hunde. Besonders problematisch war die Umgewöhnung der importierten Hunde, da diese an ihre Heimat angepasst waren und dort nur vegetarisch ernährt wurden.

**Charakter:** Die Hunde sind lebhaft und elegant und besitzen einen grazilen, aber dennoch kräftigen Knochenbau. Ein besonderes Merkmal ist der hohe Gang der Vorderhand. Sie sind anhänglich und zärtlich und ideale Begleiter auch für ältere Menschen. Sie brauchen nicht viel Auslauf, sind ruhig und fühlen sich auch in einer Stadtwohnung wohl. Aufgrund ihrer Klein-

heit können sie auch überallhin mitgenommen werden, zumal sie auch nicht sehr bellfreudig sind. Gegenüber Artgenossen und anderen Haustieren sind sie friedlich, vertragen allerdings im Spiel keine allzu raue Behandlung durch große Hunde.

Besonderheiten: Das seidige Fell sollte zweimal wöchentlich gebürstet werden, um ein Verfilzen zu verhindern. Gelegentliches Baden hält die weiße Farbe schön hell. Die Gesichtsfalten können mit etwas Creme gepflegt und sauber gehalten werden.

## 5 | Japan-Spitz

Asiatische Spitze und verwandte Rassen | FCI-Nr. 262

### Nihon Supittsu

Herkunft: Japan

Größe: Rüden 30–38 cm; Hündinnen etwas kleiner.

Farbe: Weiß.

Geschichte: Vermutlich ist der Vorfahre des Japan-Spitz der deutsche weiße Großspitz. Er soll 1920 über Sibirien und China nach Japan gelangt sein. Bis 1936 wurden noch andere weiße Spitze aus verschiedenen Ländern importiert und eingekreuzt, um die Rasse zu verbessern. Die in seinem Heimatland sehr beliebte Rasse ist in Europa recht selten anzutreffen. Die Zucht steht hier noch am Anfang, auf Ausstellungen sind aber regelmäßig einige Exemplare dieser Rasse zu sehen.

Charakter: Der Japan-Spitz ist lebhaft, temperamentvoll und anhänglich. Er genießt die Nähe seiner Menschen und ist der ideale Familienhund. Dank seines feinen Gehörs ist er ein zuverlässiger Wächter für Haus und Hof. Da sich seine Bellfreudigkeit aber in Grenzen hält und er nicht grundlos bellt, ist er ebenso für die Etagenwohnung geeignet. Im Standard der Rasse ist sogar vorgeschrieben, dass der Hund „nicht lärmen" darf. Der Japan-Spitz lernt schnell und ist flink, daher ist er für schnelle Sportarten wie Agility, aber auch für die Gehorsamsausbildung gut geeignet. Erhält er genügend Auslauf und Bewegung in Form von Spaziergängen und Spiel mit seinen Menschen, ist er im Haus sehr angenehm zu halten. Er ist anhänglich und auch mit Artgenossen verträglich, dennoch hat er ein selbstbewusstes Wesen. Sein Jagdtrieb bricht nur selten durch. Wenn er anfangs zu Fremden etwas zurückhaltend ist, schließt er doch nach kurzer Zeit Freundschaft. Er besitzt ein unkompliziertes Wesen und ist daher auch für Menschen ohne Hundeerfahrung durchaus geeignet.

Besonderheiten: Das dichte Haarkleid schützt vor Kälte und ist Schmutz abweisend. Bis auf regelmäßiges Bürsten erfordert es keine weitere Pflege. Trotz seiner Kleinheit besitzt der Japan-Spitz eine kräftige Konstitution und ist robust.

## 3 | Japanischer Terrier

Niederläufige Terrier | FCI-Nr. 259

Herkunft: Japan

Größe: Rüden und Hündinnen 31–38 cm.

Farben: Weiß mit schwarzen und lohfarbenen Abzeichen.

Geschichte: Der Ursprung dieser japanischen Terrier-Rasse liegt in der Umgebung der Hafenstädte Kobe und Yokohama. Dort kreuzte man im 18. Jahrhundert importierte britische Terrier, besonders den glatthaarigen Fox Terrier, mit einheimischen Hunden. 1920 wurde mit der Reinzucht begonnen. Um 1930 hatte sich dann ein einheitlicher Rassetyp gebildet. Somit erhielt man eine Rasse mit

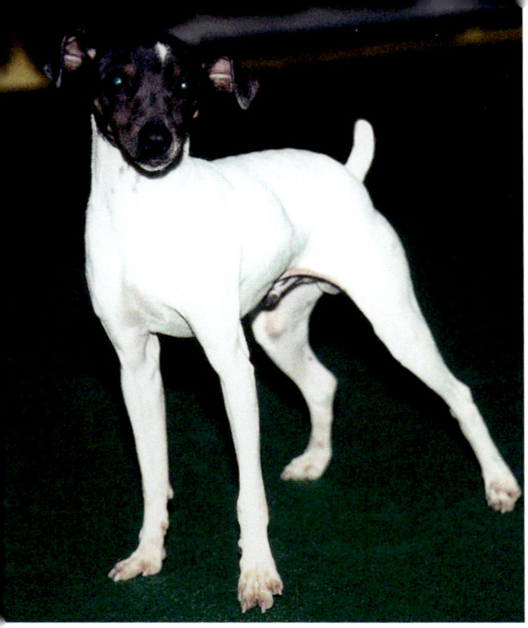

einem leichteren Körperbau, als ihn seine Terriervorfahren besaßen. Dieser Hund wurde in Japan fast ausschließlich als Familienhund ohne besondere Aufgaben gehalten. Mittlerweile hat sich die Rasse so sehr verändert, dass man diese Hunde eigentlich nicht mehr als typische Terrier bezeichnen kann.

**Charakter:** Der Japanische Terrier ist höchstens einmal auf internationalen Ausstellungen außerhalb seines Heimatlandes zu sehen. Er ist ein temperamentvoller Hund, der zwar seinen regelmäßigen Auslauf benötigt, aber ansonsten problemlos auch in kleineren Wohnungen gehalten werden kann. Somit ist er optimal an die häufig beengten Wohnverhältnisse im dicht besiedelten Japan angepasst.

**Besonderheiten:** Das kurze, glatte Fell des Japanischen Terriers bedarf keiner besonderen Pflege. Er ist selbst in seinem Heimatland ziemlich selten geworden. Es hat sich daher eine Gruppierung für den Erhalt dieser Rasse gebildet.

Die Rute des Japanischen Terriers wird nach dem dritten oder vierten Schwanzwirbel kupiert. Da die Rasse nur in ihrem Heimatland vorkommt, fällt sie nicht unter das Rutenkupierverbot.

## 5 | Kai

Asiatische Spitze und verwandte Rassen | FCI-Nr. 317

Kai-tora-ken, Koshu-Tora

Herkunft: Japan
Größe: Rüden 50–56 cm; Hündinnen 45–50 cm.
Farben: Schwarz; Rot; schwarz-rot gestromt; an Bauch und Brust sind Abzeichen erlaubt.

**Geschichte:** Wie Shikoku und Kishu stammt auch der Kai von mittelgroßen Hunden ab, die schon vor Jahrtausenden nach Japan gelangten. Die Rasse entstand im Kai Distrikt (Name!). Der Kai wurde als Jagdhund zum Einsatz in gebirgigem Gelände gezüchtet. Früher jagte er vornehmlich Bär und Hirsch.

Aber auch heute noch wird er in seiner Heimat zur Jagd, speziell auf Hasen, Vögel, Dachs und Wildschwein, verwendet.

**Charakter:** Der Kai ist ein selbstständiger Jäger mit einer gewissen Schärfe und Härte, der eine konsequente Erziehung erfordert, wobei seine Mentalität unbedingt berücksichtigt werden muss. Er ist robust, widerstandsfähig und wachsam.

**Besonderheiten:** Seine ausgeprägte Neigung, Rudel zu bilden, hat dazu beigetragen, dass diese Rasse sehr rein erhalten worden ist. 1934 wurde sie zum „Japanischen Naturdenkmal" erklärt. Somit ist eine offizielle Ausfuhr dieser Hunde verboten. Vermutlich existieren daher keine (oder nur sehr wenig) Exemplare dieser Rasse außerhalb Japans. Innerhalb Japans werden gelegentlich Hunde dieser Rasse, wie das hier abgebildete Exemplar, auf Ausstellungen gezeigt.

## 2 | Karakachan

nicht FCI-anerkannt

Karakachansko Kuche, Karakachan Dog

Herkunft: Bulgarien

Größe: Rüden 63–73 cm; Hündinnen 60–70 cm.

Gewicht: Rüden 40–50 kg; Hündinnen 35–45 kg.

Farben: Gefleckt in allen Farben oder einfarbig in Schwarz, Grau, Braun, Kastanie oder Gelb; Reinweiß kommt selten vor.

**Geschichte:** Der Karakachan gehört zu den ursprünglichen Hirtenhunden des Balkans. Früher waren diese Hunde ein wertvoller Besitz der Hirten. Sie bewachten die riesigen, teilweise mehrere tausend Tiere umfassenden Herden und schützten sie zuverlässig vor Beutegreifern und Dieben.

Den Namen hat diese Hunderasse vermutlich von alten bulgarischen Slawenstämmen erhalten. Der Ursprung dieser Rasse soll bis zu den Thrakern zurückreichen, eines der ältesten indoeuropäischen Völker, die sich in Südosteuropa und Kleinasien ansiedelten.

**Verwendung:** Aufgrund seines kräftigen, muskulösen Körpers wirkt der Karakachan auf jeden Eindringling durchaus respekteinflößend. Typisch ist sein selbstbewusstes Auftreten in Kombination mit einer außergewöhnlichen Treue seinen Menschen gegenüber. Wer sich für diese Rasse interessiert, muss unbedingt das selbstständige Arbeiten und die Unerschrockenheit dieser Hunde berücksichtigen und sollte sich zunächst gründlich über das typische Wesen der mutigen Hirtenhunde informieren. Bei uns ist der Karakachan bisher nur vereinzelt anzutreffen. Nur wenn er von klein auf sorgfältig für das Zusammenleben mit Menschen geprägt wird, kann er auch als wachsamer Beschützer und liebevoller Familienhund gehalten werden. Er darf auf keinen Fall im Zwinger isoliert werden, sondern sollte viel Kontakt mit seinen Menschen haben.

**Besonderheiten:** Bei dieser Rasse unterscheidet man den kurzhaarigen Typ mit einer Haarlänge bis zu 6 cm, vom langhaarigen Typ, dessen Haare über 6 cm lang sind. In seinem Heimatland kümmert man sich seit 1992 gezielt um die Zucht dieser Rasse und setzt sie erfolgreich zum Schutz der Herden vor Wölfen ein. Jungtiere werden kostenlos an Schäfer abgegeben.

## 5 | Karelischer Bärenhund

Nordische Jagdhunde | FCI-Nr. 48

Karjalankarhukoira

Herkunft: Finnland

Größe: Rüden 54–60 cm; Hündinnen 49–55 cm.

Farben: Schwarz oder Schwarz mit braunem Schimmer und weißen Flecken oder Abzeichen an Kopf, Hals, Brust, Bauch und Gliedmaßen. Einfarbig Schwarz ist zulässig.

**Geschichte:** Über die Entstehung dieser Rasse ist nicht viel bekannt. Der Karelier, wie die Rasse kurz genannt wird, ist mit dem russisch-europäischen Laika verwandt. Seine Heimat liegt in dem Teil Finnlands, der früher zur Sowjetunion gehört hat. Er wurde eigens für die Jagd auf große Wildtiere, insbesondere Braunbären, gezüchtet.

**Verwendung:** Der Karelier besitzt alle Eigenschaften, die ein Hund für die Jagd auf wehrhaftes nordisches Großwild besitzen muss.

Der kompakte, stahlharte Körper kann explosiv eine enorme Kraft entwickeln. Seine Nase ist außerordentlich gut, und er geht auch gern ins Wasser. Kampftrieb, Wachsamkeit, Unabhängigkeit und Mut sind Voraussetzungen für die erfolgreiche Jagd auf Bär, Elch, Luchs und Schwarzwild. Der

Karelier verschwindet auf der Jagd lautlos im Gelände und verfolgt auf große Distanz die Fährte des Wildes. Er meldet dem Jäger die Fährte, indem er auf kürzestem Wege zurückkehrt und ihm somit die richtige Richtung anzeigt. Dann entfernt er sich erneut, um das Wild zu stellen, es zu verbellen und notfalls auch anzugreifen, bis der Jäger zum Schuss kommt.

Charakter: Obwohl der Karelier auch bei uns gelegentlich jagdlich geführt wird, ist er hier immer noch eine Rarität. Seine Haltung erfordert viel Erfahrung, Verständnis und Einfühlungsvermögen. Für seine Familie ist der Karelier ein treuer und anhänglicher Begleiter. Gegenüber Artgenossen zeigt er sich jedoch äußerst wild und rauflustig. Er besitzt einen starken Unabhängigkeitsdrang und zieht gern auf eigene Faust los. Daher muss er konsequent erzogen und seinem enormen Bewegungsdrang muss entsprechend nachgekommen werden. Am besten ist er daher bei solch einem Jäger aufgehoben, der ihn entsprechend seinen Veranlagungen einsetzt und auf die Eigenarten dieser Rasse einzugehen versteht.

## 2 | Kaukasischer Owtscharka

Molossoide | FCI-Nr. 328

### Kavkazskaïa Ovtcharka

Herkunft: Russland
Größe: Rüden nicht unter 65 cm; Hündinnen nicht unter 62 cm.
Farben: Jede Farbe außer Schwarz, schwarz gefleckt und braunen Farbtönen ist zulässig. In der Regel sind die Tiere grau meliert, hell, rostfarben, weiß oder auch in diesen Farben gescheckt oder getigert.

Geschichte: Nachweislich existiert diese Rasse seit mehr als 600 Jahren, vermutlich aber schon weit länger. In den Hochgebirgen des Kaukasus wurde der „Kaukase" als Hirtenhund gehalten. Wichtige Eigenschaften waren Selbstständigkeit und Verteidigungsbereitschaft. Die Arbeit an der Herde erfordert Kraft, Beweglichkeit, Mut und Wachsamkeit. Diese Eigenschaften hat sich der Kaukase bis heute erhalten. In seinem Heimatland werden den Hunden noch die Ohren kurz kupiert, damit sie bei möglichen Kämpfen keine Angriffsfläche für den Feind bieten. Unkupierte Hunde tragen dreieckige, mittelgroße Schlappohren. 1969 wurden die ersten Hunde in die damalige DDR importiert. Nach etwa zehn Jahren gelangten sie auch in die Bundesrepublik.

Charakter: Der Kaukase ist ein starker, ausgeglichener und furchtloser Hund mit einer gewissen Eigenwilligkeit. Misstrauen und Schärfe gegenüber Fremden sind normal. Auch wenn der Kaukase einen ruhigen Eindruck macht, reagiert er nach eigenem Ermessen blitzschnell gegen mögliche Angreifer – ob Mensch oder Tier. Gegenüber der eigenen Familie entwickelt sich die Verbundenheit langsam, wird dann aber sehr intensiv. Der Kaukase entscheidet selbst, wen er zu seinen Freunden zählt. Er muss geduldig und liebevoll, aber konsequent erzogen werden. Er darf auf keinen Fall zusätzlich als Schutzhund ausgebildet werden, und man sollte ihm nicht gezielt das Beißen beibringen, da er dann zu einer Gefahr werden kann. Wer sich für diese Rasse interessiert, muss unbedingt den eigenwilligen Charakter berücksichtigen. Er ist nichts für Anfänger und wird in den falschen Händen schnell verdorben. Nur mit Güte und Weitblick lässt er sich in unsere moderne Zivilisation einfügen. Eine frühe Sozialisierung ist sehr wichtig.

Besonderheiten: Man unterscheidet Langhaar-, Kurzhaar- und Zwischentyp. Wichtig bei allen Varianten ist die dichte Unterwolle. Das Fell ist selbstreinigend, das heißt, normales Bürsten und Kämmen reichen als Fellpflege aus.
In manchen Bundesländern wird diese Rasse zu den gefährlichen Hunden gezählt, deren Haltung mit bestimmten Auflagen verbunden ist. Daher sollte man sich vor Anschaffung dieser Rasse nach den aktuellen Bestimmungen und Vorschriften erkundigen.

# 6 | Kerry Beagle

nicht FCI-anerkannt

Herkunft: Irland
Größe: Rüden 50–60 cm; Hündinnen 45–50 cm.
Farben: Schwarz-Loh (Black and Tan); Weiß-Loh (White and Tan); blau gefleckt (blue mottle); dreifarbig.

**Geschichte:** Der Kerry Beagle gehört zur Familie der Bracken. Er ist dem Harrier sehr ähnlich. Kerry ist eine Grafschaft in Irland, wo die Hunde auch heute noch in Meuten gehalten werden. Die Bezeichnung Beagle ist irreführend, da ihre Körpergröße die des Beagles erheblich überschreitet. Wie alle Bracken stammt auch der Kerry Beagle vom Bloodhound ab. Im Gegensatz zu vielen anderen Bracken liegt seine Wiege aber nicht in Frankreich, sondern in Spanien. Nicht erst mit dem Untergang der Armada 1588 gelangten diese Hunde nach Irland, da bereits vor dieser Zeit ein reger Handelsverkehr zwischen Irland und Spanien herrschte. Auch nach Amerika kam der Kerry Beagle, wo er zur Entstehung des American Foxhound beigetragen hat. In Deutschland existiert nur eine Meute dieser Hunderasse in der bei dieser Rasse vorherrschenden Farbe Schwarz-Loh und ist deshalb bei uns allgemein als „Black and Tan" bekannt. 1983 wurden die ersten Tiere auf den Kontinent zur Gründung einer Meute importiert.

**Verwendung:** Ursprünglich wurde der Kerry Beagle zur Jagd auf Hasen eingesetzt, wobei er seine Beute nicht töten durfte. Seit über 250 Jahren wird er auch für die Jagd auf Hirsch und Fuchs (seit 1946 nur noch auf Fuchs) in Irland verwendet. Bei uns werden die Hunde ausschließlich auf künstlichen Fährten bei der Schleppjagd eingesetzt.

**Charakter:** Der Kerry Beagle zeichnet sich durch eine feine Nase und eine enorme Ausdauer aus. Die tiefe, imposante Stimme (Geläut) ist typisch für ihn. Er besitzt ausgezeichnete jagdliche Qualitäten, eine gute Spursicherheit und ist sehr schnell. Die relativ sensiblen Hunde müssen sehr einfühlsam geführt werden, da sie unter Druck oder Gewalteinwirkung die Arbeit verweigern. Bei richtiger Führung gehen sie begeistert und mit Freude an die Arbeit. Gelegentlich werden Tiere aus der Meute abgegeben, die sich dann als Einzelhund im jagdlichen Einsatz als Schweißhund gut bewährt haben. Der Kerry Beagle ist freundlich zu Menschen und schließt sich seiner Familie eng an.

# 3 | Kerry Blue Terrier

Hochläufige Terrier | FCI-Nr. 3

Herkunft: Irland
Größe: Rüden 45,5–49,5 cm; Hündinnen 44,5–48 cm.
Gewicht: Je nach Größe 15–18 kg.
Farben: Blau in allen Schattierungen mit oder ohne schwarze Abzeichen.

**Geschichte:** Seinen Namen hat dieser Hund von der Grafschaft Kerry im Südwesten Irlands erhalten. Dort soll in der Bucht von Tralee Ende des 18. Jahrhunderts ein Boot Schiffbruch erlitten haben, dessen einziger Überlebender ein großer, blauer Hund war. Er schwamm an Land und galt dort als großer Kämpfer, der jeden Widersacher tötete, der sich mit ihm anlegte. Dieser Hund wurde mit Wheaten Terriern verpaart. Die aus diesen Verbindungen hervorgegangenen dunkelblauen Welpen waren der Grundstock für die Reinzucht des Kerry Blue Terriers. Bis 1945 tauchten immer wieder weizenfarbige Welpen in Kerry-Blue-Würfen auf. Mittlerweile scheint diese Farbe jedoch durchgezüchtet zu sein. Anfang des 20. Jahrhunderts wurden die ersten Exemplare dieser Rasse ausgestellt und fielen durch ihr etwas ungehobeltes Benehmen, aber auch durch den ihnen eigenen besonderen Charme auf.

**Charakter:** Mit seinem seidenweichen Fell und der außergewöhnlichen Farbe ist der Kerry Blue Terrier wohl der eleganteste Vertreter unter den Terriern. Liebhaber dieser Rasse schätzen sein schneidiges Temperament und seine geradezu liebevolle

Anhänglichkeit, die er seinen Menschen entgegenbringt. Der Kampfgeist des Urvaters ist allerdings bei dieser Rasse erhalten geblieben. Gegenüber Artgenossen verhält sich der Kerry Blue meistens rüpelhaft und sollte daher möglichst an der Leine geführt werden, wenn mit Hundebegegnungen zu rechnen ist.

Verwendung: Der Kerry Blue Terrier ist für die Begleithund- und sogar Schutzhundausbildung geeignet. Auch auf der Jagd hat sich die Rasse bewährt.

Besonderheiten: Die Fellpflege dieser Hunde ist sehr aufwendig. Sie sollten täglich gebürstet und gekämmt werden. Etwa alle vier Wochen werden sie gebadet, und das Fell wird geschnitten. Allerdings haaren sie nicht. Die Welpen werden schwarz geboren und erhalten erst etwa mit 18 Monaten ihre endgültige Färbung.

## 9 | King Charles Spaniel

Englische Gesellschaftsspaniel | FCI-Nr. 128

Herkunft: Großbritannien
Größe: Rüden und Hündinnen 25–30 cm.
Gewicht: Rüden und Hündinnen etwa 5 kg.
Farben: a) King Charles – Black and Tan (Schwarz und Loh); b) Ruby – Kastanienrot einfarbig; c) Blenheim – Weiß mit roten Abzeichen: d) Prince Charles (dreifarbig: Weiß mit schwarzen Platten und braunroten Abzeichen). Nur die Farbvarianten a und b sowie c und d dürfen jeweils miteinander gekreuzt werden.

Geschichte: Wann dieser kleine Spaniel nach Großbritannien kam, ist ungewiss. Aber schon aus dem 14. Jahrhundert kennt man Schriften, in denen solch ein rot-weißer Hund abgebildet ist. In den Jahrhunderten danach umgaben sich die Mitglieder der Königsfamilien gern mit Hunden dieser Rasse. So hat einer dieser Hunde Maria Stuart in den Rockfalten zum Schafott begleitet. Und auch Charles I. wurde überallhin von seinen Hunden begleitet. Er erließ ein Gesetz, dass diese Hunde überall im Königreich Zutritt zu öffentlichen Gebäuden erhielten. Obwohl sie häufig als Toy-Spaniel bezeichnet werden, hat König Eduard VII. diesen Namen verboten, damit die alten Bezeichnungen für die vier Farbvarietäten beibehalten wurden. Nur die Farbvarianten a und b sowie c und d dürfen miteinander gekreuzt werden. Die Weißträger sind wesentlich häufiger als die beiden anderen Farbvarianten. Typisch für diesen kleinen Spaniel sind die ausgeprägte Schädelwölbung, die als „Dom" bezeichnet wird, und der kurze Fang.

Charakter: Obwohl die Spaniels Stöberhunde sind und auch die Gangart und die Körperhaltung an die der großen Spaniels erinnert, ist der King Charles Spaniel ein reiner Gesellschaftshund geworden, dessen Jagdpassion weitgehend erloschen ist. Er besitzt ein aufgewecktes, lebhaftes Wesen. Auch Fremden gegenüber ist er aufgeschlossen und freundlich, Seine große Anhänglichkeit und seine Verträglichkeit mit Artgenossen waren und sind heute noch typische Rassemerkmale. Der King Charles Spaniel braucht nicht sehr viel Auslauf, ist ein idealer Begleithund für weniger sportliche Menschen und fühlt sich auch in einer Stadtwohnung wohl.

Besonderheiten: Das seidige Haar braucht keine übermäßige Pflege, sollte aber regelmäßig gekämmt werden. Früher wurde die Rute dieser Hunde kurz kupiert. Die Rasse ist bei uns recht selten und wird nur wenig gezüchtet. Er darf nicht verwechselt werden mit dem Cavalier King Charles Spaniel, der ein direkter Nachfahre von ihm ist und wesentlich häufiger vorkommt.

# 5 | Kishu

Asiatische Spitze und verwandte Rassen | FCI-Nr. 318

Herkunft: Japan
Größe: Rüden 49–55 cm; Hündinnen 43–49 cm.
Farben: Weiß; Rot; Sesam.

**Geschichte:** Der Kishu stammt von mittelgroßen Hunden ab, die schon vor Jahrtausenden nach Japan gelangt sind. Die Rasse entstand in den Bergregionen des Bezirkes Kishu (Name!). Anfangs war das Fell dieser Hunde auffallend gefleckt. Seit 1934 wurden aber nur noch einfarbige Tiere bei dieser Rasse akzeptiert. 1945 verschwanden die letzten gefleckten Exemplare. Heute findet man meistens Kishus mit weißem Fell.

Die Hunde wurden ursprünglich für die Jagd, vornehmlich auf Wildschweine, gelegentlich auch auf Hirsche, verwendet. Im Jahre 1934 wurde diese Rasse zum „Japanischen Naturdenkmal" erklärt. Die Ausfuhr von Kishus aus Japan ist mit erheblichen Schwierigkeiten verbunden und erfordert viel Zeit und bürokratischen Aufwand. Außerhalb Japans trifft man deshalb nur sehr selten auf Vertreter dieser Rasse.

**Charakter:** Als ursprünglicher Jagdhund besitzt die Rasse eine gewisse Schärfe und einen ausgeprägten Jagdtrieb. Die Tiere sind zäh und robust. Ihr dominantes, selbstbewusstes Wesen erfordert eine äußerst konsequente Erziehung. Ihren Menschen gegenüber sind die Hunde anhänglich und absolut treu. Außerdem sind sie recht wachsam. Kishus sind keine Hunde für Anfänger. Mit dem richtigen Einfühlungsvermögen und einer konsequenten Führung werden sie jedoch zu treuen Familienhunden. Sie besitzen einen großen Bewegungsdrang, dem sie am liebsten bei langen Wanderungen oder als Begleiter am Fahrrad nachkommen. Sie sind nicht nur als Einzelhund, sondern auch im Rudel gut zu halten.

**Besonderheiten:** Das Fell bedarf keiner besonderen Pflege und besitzt auch kaum Eigengeruch. Bei uns ist diese Rasse noch äußerst selten, sodass in absehbarer Zeit kaum mit einer Zunahme des Bestandes zu rechnen ist. Eine der wenigen Zuchtstätten in Europa befindet sich in den Niederlanden.

# 7 | Kleiner Münsterländer Vorstehhund

Kontinentale Vorstehhunde | FCI-Nr. 102

Herkunft: Deutschland
Größe: Rüden 54 cm; Hündinnen 52 cm. Eine Abweichung von 2 cm nach oben oder unten wird toleriert.
Farben: Braun-Weiß und Braunschimmel mit braunen Platten, Mantel oder Tupfen; lohfarbene Abzeichen an Fang und Auge gestattet.

**Geschichte:** Mit seinem Vetter, dem Großen Münsterländer, ist dieser Hund nicht näher verwandt als mit den anderen Vorstehhundrassen. Die Herkunft des Kleinen Münsterländers ist nicht ganz genau geklärt. Er soll durch Weiterzüchtung des von Frankreich importierten Epagneul Breton entstanden sein. Nachweislich wurde er schon 1812 im Münsterland gezüchtet. Allerdings stiftete die Namensgebung etwas Verwirrung, da er lange Zeit als „Heidewachtel" bezeichnet wurde, wodurch eine Verwechslungsgefahr mit den ähnlich aussehenden Wachtelhunden, die ja zu den Stöberhunden zählen, bestand. Der erste Standard wurde 1921 aufgestellt und seither mehrfach überarbeitet.

Verwendung: Besonderer Wert wird bei der Zuchtauswahl auf die Gebrauchstüchtigkeit gelegt. Der Kleine Münsterländer ist ein sehr vielseitiger Jagdgebrauchshund, dessen Schwerpunkt bei der Arbeit nach dem Schuss liegt. Daher ist es nicht verwunderlich, dass diese Hunde bei den Schweißprüfungen im Vergleich zu anderen vielseitigen Rassen bemerkenswert gut abschneiden. Er ist unempfindlich gegen Witterungseinflüsse und ist bei jedem Wetter und in Feld, Wald und Wasser einsetzbar. Von den Jägern wird er als zuverlässiger Gebrauchshund geschätzt.

Charakter: Der Kleine Münsterländer zählt zu den kleineren Vorstehhundrassen und ist auch ein angenehmer Familienhund. Im Haus verhält er sich ruhig. Er hat ein freundliches Wesen und hängt sehr an seinen Menschen. Obwohl diese Hunde jagdlich geführt werden sollen, findet doch das eine oder andere Exemplar seine Verwendung als reiner Begleithund. Mit einer gründlichen Erziehung, bei ausreichender Beschäftigung und wenn er genügend Auslauf als Begleiter beim Joggen, Radfahren oder Reiten erhält, bereitet seine Haltung keine Probleme.

Besonderheiten: Die lohfarbenen Abzeichen, die manchmal vorkommen, werden als Jungklaus'sche Abzeichen bezeichnet.

# 1 | Komondor

Schäferhunde | FCI-Nr. 53

Herkunft: Ungarn
Größe: Rüden mindestens 70 cm; Hündinnen mindestens 65 cm.
Gewicht: Rüden 50–60 kg; Hündinnen 40–50 kg.
Farbe: Weiß.

Geschichte: Der Komondor ist wohl die älteste ungarische Hirtenhundrasse. Im 9. Jahrhundert sollen diese Hunde aus dem Karpatenbecken nach Ungarn gekommen sein. Laut Überlieferung wurde 1544 erstmalig ein ungarischer Hirtenhund als Komondor bezeichnet. Der Komondor ist eng mit dem Do Khyi verwandt und stammt somit vom Molosser und Bronzehund ab. Für die nomadisierenden Hirten war der Komondor unentbehrlich zum Schutz der Viehherde, der Lebensgrundlage dieser Menschen. Die weiße Fellfarbe war wie bei allen Hirtenhunden erwünscht, um ihn von angreifenden Wölfen unterscheiden zu können. Das extrem lange, zotthaarige Fell schützte ihn einerseits vor der Sommerhitze und andererseits vor extremer Kälte. Außerdem war es ein wirksamer Schutz vor Bissverletzungen. Wichtig dagegen war die dunkle Pigmentierung der Haut, da Hunde mit dunkler Haut widerstandsfähiger sind. Auch heute noch wird laut Standard eine dunkle Hautpigmentierung gefordert.

Verwendung: Bei uns kann der Komondor nicht mehr seiner ursprünglichen Tätigkeit nachgehen. Daher sollte zumindest ein Haus mit großem Garten vorhanden sein, wo er sich frei bewegen und das er als sein Revier bewachen kann.

Charakter: Der Komondor ist kein Hund für jedermann, er ist selbstständig und dominant. Er ist seiner Familie treu ergeben und verkraftet einen Besitzerwechsel nur schlecht. Er bewacht Familie und Revier zuverlässig und würde sie mit unglaublichem Mut bis zum Äußersten verteidigen. Der Hund ist robust und anspruchslos. Als Unterkunft reichen im Sommer ein schattiger Platz und im Winter ein windgeschützter Ort. Wer sich für diesen selbstbewussten Hund entscheidet, ihn aber wegen des Felles aus hygienischen Gründen nicht unbedingt im Haus haben möchte, kann ihn also ruhigen Gewissens mit einer entsprechenden Unterkunft draußen halten. Dabei darf der soziale Kontakt mit der Familie aber nicht zu kurz kommen.

Besonderheiten: Das lange Fell darf nicht gebürstet werden, sondern soll zu Zotten oder Schnüren verfilzen, die nur mit den Fingern auseinander gezupft werden.

# 9 | Kontinentaler Zwergspaniel

Kontinentaler Zwergspaniel und Russischer Zwerghund | FCI-Nr. 77

Herkunft: Frankreich/Belgien
Größe: Rüden und Hündinnen 20–28 cm.
Gewicht: Rüden und Hündinnen je zwei Größentypen mit 1,5–2,5 kg und 2,5–4,5 kg.
Farben: Zweifarbig oder dreifarbig; auf weißem Grund alle Farben erlaubt; selten einfarbig Rot, Braun oder Schwarz.

Geschichte: Bei dem Kontinentalen Zwergspaniel unterscheidet man zwei Varietäten. Der stehohrige **Papillon** (= Schmetterling) wird auch Schmetterlingshündchen genannt und ist die häufiger auftretende Variante. Der hängeohrige **Phalène** (= Nachtfalter) ist zwar der ursprüngliche Typ, ist heute aber wesentlich seltener anzutreffen. Die ersten Darstellungen von Hunden, die dem heutigen Phalène entsprechen, findet man auf italienischen Gemälden des 13. und 14. Jahrhunderts, wo sie meist mit Personen des Adels abgebildet sind. Ob die Vorfahren dieser Hunde aus Ostasien stammen, ist nicht geklärt. Ab dem 16. Jahrhundert verbreiteten sich die damals seltenen und teuren Hunde nach Frankreich und andere europäische Länder, vermutlich, weil sie als Gastgeschenke Verwendung fanden. Frankreich ist es letztlich zu verdanken, dass sich diese Rasse so erhalten hat.
In England wurde ein etwas anderer Typ bevorzugt, sodass im 18. Jahrhundert die Trennung des Englischen Toy Spaniels von dem Kontinentalen Zwergspaniel erfolgte. Der stehohrige Typ hat sich irgendwann um 1700 entwickelt, wie Gemälde aus dieser Zeit belegen. Nach dem Niedergang des französischen Adels wurde es auch um diese Hunde ruhig. Erst gegen Ende des 19. Jahrhunderts fanden sich in Frankreich und Belgien wieder Liebhaber der Rasse zusammen und bemühten sich um die Reinzucht. Der erste Standard wurde 1905 aufgestellt.

Charakter: Der Kontinentale Zwergspaniel ist ein aufgeweckter, sehr menschenbezogener Hund, der gern mit seiner Familie spielt und schmust, aber auch sehr sensibel ist. Besonders als Jungtier darf er nicht vernachlässigt und muss gut sozialisiert werden, damit er später nicht scheu wird. Er bleibt nicht gern allein und möchte möglichst immer dabei sein. Fremden gegenüber ist er etwas zurückhaltend und lässt sich nicht von jedem anfassen. Er ist wachsam und schlägt sofort an, wenn er etwas Ungewöhnliches bemerkt. Daher sollte von vornherein durch richtige Erziehung seine Bellfreudigkeit im Rahmen gehalten werden. Er benötigt zwar nicht übermäßig viel Auslauf, liebt aber dennoch ausgedehnte Spaziergänge, bei denen er sich austoben kann und auch mal etwas aufstöbern oder apportieren darf. Allerdings ist das Jagdhunderbe des Spaniels bei dieser Rasse nur noch sehr gering ausgeprägt.

Besonderheiten: Die Hunde besitzen keine Unterwolle, daher ist ihre Fellpflege relativ unkompliziert. Die langen Haare an den Ohren, den Läufen und der Rute werden regelmäßig gekämmt, um Verknotungen vorzubeugen. Da die Hunde von sich aus Schmutz meiden, sehen sie daher bei regelmäßigem Bürsten immer adrett aus.
Die Lebenserwartung liegt mit durchschnittlich 12 bis 15 Jahren relativ hoch.

# 8 | Kooikerhondje

Stöberhunde | FCI-Nr. 314

### Holländischer Entenlock-Hund, Kleiner Holländischer Wasserwild-Hund

Herkunft: Niederlande
Größe: Rüden und Hündinnen 35–40 cm.
Gewicht: Rüden und Hündinnen um 10 kg.
Farben: Rote oder orangefarbene Flecken auf weißem Grund; Dreifarbigkeit ist nicht erlaubt; die dunklen Haare an den Ohrspitzen sind typisch und werden als „Ohrringe" bezeichnet.

Geschichte: Der Kooikerhondje ist eine alte holländische Rasse. Auf Gemälden aus dem 16. Jahrhundert sind Hunde abgebildet, die dem heutigen Kooikerhondje verblüffend ähnlich sehen. Der Name stammt von dem holländischen Wort „Kooi", das eine Falle bezeichnet, mit der Enten in den kleinen Kanälen Hollands gefangen wurden. Sobald sich die Enten von diesen Fallen entfernten, mussten die Hunde sie wieder hineintreiben.
Nachdem der Entenbestand zurückging, gab es auch für die Hunde keine Verwendung mehr, und die Rasse stand kurz vor dem Aussterben. In den 1930er-Jahren ließ man sie wieder aufleben, aber erst 1971 wurde sie endgültig anerkannt.
Verwendung: Einige Kooikerhondje üben heute noch diese Tätigkeit aus, wenn Enten von Wissenschaftlern zum Zwecke des Markierens eingefangen werden. Halbzahme Enten schwimmen zuerst in die mit Ködern bestückte Falle, gefolgt von den Wildenten, die von den Hunden vom Ufer hineingetrieben werden.
Charakter: Der Kooikerhondje ist ein fröhlicher, robuster und sportlicher Familienhund. Allem Fremden gegenüber ist er anfangs zurückhaltend. Seinen Menschen schließt er sich eng an, ist treu und anhänglich. Er ist der ideale Familienhund und auch für Anfänger geeignet. Er lässt sich gut erziehen und ist auch im Hundesport mit Freude bei der Sache. Er geht gern ins Wasser und apportiert auch gern. Aber auch für weniger Sportbegeisterte ist er ein angenehmer Begleiter, der ausgedehnte Spaziergänge liebt. Er fühlt sich sowohl auf dem Land als auch in der Stadt wohl, wenn er ausreichend Auslauf erhält.

# 5 | Korea Jindo Dog

Asiatische Spitze und verwandte Rassen | FCI-Nr. 334

### Koreanischer Jindo

Herkunft: Korea
Größe: Rüden 50–55 cm, ideal 53–54 cm; Hündinnen 45–50 cm, ideal 48–49 cm.
Gewicht: Rüden 18–23 kg; Hündinnen 15–19 kg.
Farben: Rot; Weiß; Schwarz; Schwarz mit Loh; Wolfsgrau; Brindle.

Geschichte: Diese Hunde sind nach der Insel Jindo im Südwesten Koreas benannt. Über Jahrhunderte, bis die Insel durch eine Brücke mit dem Festland verbunden wurde, kamen sie nur dort vor. Es gibt zahlreiche Geschichten über Jindos, die von der Insel weggebracht wurden, aber nichts unversucht ließen, durch Schwimmen oder mit der Fähre wieder in ihre Heimat zu gelangen.
Der Jindo ist nach dem koreanischen Gesetz als 53. Naturdenkmal geschützt. Seine Ausfuhr ist offiziell verboten, obwohl seit den 1980er-Jahren regelmäßig Hunde in die USA und andere Länder gebracht werden. 1995 wurde die Rasse vorläufig von der FCI anerkannt.

Verwendung: Der Jindo wurde für die Jagd auf Hirsch, Wildschwein, Kaninchen, Waschbär und Dachs verwendet. Großes Wild wurde in der Meute gejagt. War die Beute gestellt, rannte ein Hund zum Jäger zurück, um diesen zu holen, während die anderen bei dem erlegten Wild warteten. Das Militär von Süd-Korea benutzte die Jindos als Wachhunde, da sie in der Lage waren, unter Tausenden von Mitarbeitern einen Eindringling sofort zu identifizieren. Die Hunde sollen sich an 30.000 verschiedene Gerüche erinnern können.

Charakter: Diese Hunde besitzen starke ursprüngliche, wilde Instinkte. Ihrem Menschen sind sie treu ergeben. Sie sind sehr stolz und unabhängig und haben ein extrem gutes Orientierungsvermögen. Gegenüber Artgenossen sind sie unerbittliche Kämpfer.

Besonderheiten: Unabhängig von der Fellfarbe müssen Lippen und Nase schwarz sein. Nur bei weißen Hunden ist ein fleischfarbener Nasenschwamm erlaubt.

# 2 | Kraski Ovcar

Molossoide | FCI-Nr. 278

Geschichte: Der Kraski Ovcar ist eng mit dem Sarplaninac verwandt, bleibt aber kleiner. Er ist ein slowenisches Naturdenkmal und die älteste landeseigene Hunderasse. 1939 wurde er als Illyrischer Schäferhund anerkannt. Den heutigen Namen erhielt er 1968. Der Ursprung der Rasse liegt einige Jahrhunderte zurück. Die erste Beschreibung findet man in einem Schrifttum aus dem Jahr 1689. Kynologen vermuten, dass diese Hunde ein Bindeglied zwischen griechischen Molossern und deutschen Schäferhunden sind. Außerhalb ihrer Heimat ist diese Rasse nur vereinzelt anzutreffen.

Charakter: Der Kraski Ovcar wurde immer als guter Hirtenhund geschätzt und hat sich diese Fähigkeiten bewahrt, auch wenn er heute eher als Begleit- und Familienhund gehalten wird.

Er ist unabhängig, zuverlässig und mutig und handelt umsichtig. Er hat eine ausgeprägte Persönlichkeit und ordnet sich ungern unter, sondern sieht sich eher als gleichwertigen Partner. Nur mit der nötigen Ausdauer, mit Einfühlungsvermögen und Konsequenz lässt er sich erziehen. Unter Druck verweigert er seine Mitarbeit.

Der Kraski Ovcar ist ein guter Wachhund, der als besonders zuverlässig im Vergleich zu anderen Rassen gilt. Der Schutztrieb ist ihm angeboren; er sollte und braucht auch nicht weiter gefördert zu werden. Seine Familie, ihm anvertraute Tiere sowie Haus und Hof werden im Notfall vehement verteidigt. Außerdem besitzt er immer noch ausgezeichnete Hüteeigenschaften.

Der Kraski Ovcar ist kein Hund für Anfänger, sondern nur für Menschen, die auf das selbstständige Wesen eines Hirtenhundes einzugehen vermögen und ihn entsprechend einfühlsam erziehen können.

### Karst-Schäferhund, Kra-evec

Herkunft: Slowenien

Größe: Rüden 57–63 cm; Hündinnen 54–60 cm.

Gewicht: Rüden 30–42 kg; Hündinnen 25–37 kg.

Farben: Eisengrau; Silbergrau; Dunkelgrau; dunkle Exemplare können typische Streifen auf den Läufen tragen.

# 9 | Kromfohrländer

Kromfohrländer | FCI-Nr. 192

Herkunft: Deutschland
Größe: Rüden und Hündinnen 38–46 cm.
Gewicht: Rüden und Hündinnen 10–14 kg.
Farben: Weiße Grundfarbe mit hell- bis dunkelbraunen Flecken oder braunem Mantel.

**Geschichte:** Beim Kromfohrländer unterscheidet man zwei Varietäten nach der Fellbeschaffenheit: den rauhaarigen und den glatthaarigen Typ. Er gehört zu den neueren deutschen Rassen, dessen Standard erst 1955 anerkannt wurde. Der Name stammt von dem Höhenzug „Krumme Furche" im Siegerland (auf Plattdeutsch „Krom Fohr"), durch den 1945 amerikanische Soldaten zogen. Sie verschenkten dort eine rehbraune Hündin, die mit einem Grand Griffon Vendéen mehrfach gepaart wurde. Die Welpen besaßen Merkmale beider Ausgangsrassen, unterschieden sich aber von ihnen und stellten einen eigenen Typ dar. Sie waren der Grundstock für die Zucht, in die auch Drahthaar-Foxterrier-Blut mit einfloss.

**Charakter:** Der Kromfohrländer ist ein anpassungsfähiger, sanftmütiger und aufmerksamer Familienhund. Er wurde ursprünglich als Wach- und Begleithund gezüchtet und ist heute ein problemloser, angenehmer, aber dank seines Terrier-Erbes auch temperamentvoller Hausgenosse, der sich gut erziehen lässt und auch für verschiedene Hundesportarten geeignet ist. Da er kaum Jagdtrieb besitzt, stellt beim Spaziergang der Freilauf kein Problem dar, zumal er ohnehin immer engen Kontakt zu seinen Menschen hält. Fremden gegenüber ist er zunächst zurückhaltend bis misstrauisch. Der Kromfohrländer ist auch ein Hund für Anfänger und kann durchaus in der Stadt gehalten werden, wenn er genügend Auslauf erhält.

# 1 | Kuvasz

Schäferhunde | FCI-Nr. 54

Herkunft: Ungarn
Größe: Rüden 71–76 cm; Hündinnen 66–70 cm.
Gewicht: Rüden 48–62 kg; Hündinnen 37–50 kg.
Farben: Weiß; Elfenbeinfarben gestattet.

**Geschichte:** Der Kuvasz stammt ursprünglich aus dem türkisch-asiatischen Raum. Sein Name leitet sich von dem Wort „Kawash" ab, das „bewaffneter Sicherheitswächter" oder „Bogenschütze" bedeutet. Eine Theorie besagt, dass der Kuvasz im 13. Jahrhundert erstmalig in Ungarn erschienen ist. Er wurde nicht nur als Hirtenhund, sondern laut Aufzeichnungen im 15. Jahrhundert auch zur Wolf- und Bärenjagd verwendet. Später bewachte er Häuser und kleine Gehöfte. Um die Herden und später die Dörfer vor Feinden zu schützen, waren Mut, Kraft, Eigenständigkeit, Gewandtheit und Zähigkeit Voraussetzung – Eigenschaften, die auch heute noch dieser Rasse zu eigen sind.

**Charakter:** Nur mit viel Einfühlungsvermögen und Geduld lassen sich diese Hunde ausbilden, da sie recht eigenwillig und selbstständig sind. Der Kuvasz ist sehr empfindsam und darf niemals roh behandelt werden. Er sollte auf keinen Fall als Schutzhund ausgebildet werden. Sein angeborener Schutztrieb ist so wirkungs-

voll und zuverlässig, wie man es ihm niemals antrainieren könnte. Er besitzt eine hohe Reizschwelle und hat einen sicheren Instinkt für ernste Gefahr. Im Notfall verteidigt er seine Familie und sein Heim vehement. Ideal ist für den Kuvasz ein Haus mit einem großen eingezäunten Grundstück, das er als sein Revier bewachen kann.

Es ist wichtig, dass der Kuvasz von klein auf viel Kontakt mit anderen Menschen und Artgenossen bekommt, damit der sonst eher zurückhaltende Hund nach außen umgänglicher und freundlicher wird.

Besonderheiten: Das weiße, gewellte Haar ist Schmutz abweisend und pflegeleicht. Es neigt nicht zum Verfilzen. Gelegentliches Durchbürsten reicht als Fellpflege völlig aus. Typisch sind die dunklen, mandelförmigen, schwarz umrandeten Augen sowie das schwarze Nasen- und Lefzenpigment.

Der Kuvasz besitzt eine robuste Gesundheit und ist anspruchslos – in der Regel benötigt er etwa nur die halbe Menge an Futter, die sonst Hunde dieser Größe brauchen.

## 8 | Labrador Retriever

**Apportierhunde | FCI-Nr. 122**

Herkunft: Großbritannien
Größe: Rüden 56–57 cm; Hündinnen 54–56 cm.
Farben: Schwarz; Gelb; Leber- oder Schokoladenfarben; ein kleiner weißer Brustfleck ist zulässig.

Geschichte: Die Urahnen des Labrador Retrievers waren St. John's Hunde, die noch bis zur Mitte des 19. Jahrhunderts aus Neufundland nach Großbritannien gelangten. Alle heute lebenden „Labis" gehen auf drei Zuchtlinien von englischen bzw. schottischen Adelsfamilien zurück. Erst Anfang des 20. Jahrhunderts wurde der Name „Labrador Retriever" offiziell eingeführt und ein Standard definiert. Das wohl älteste Foto eines Labis entstand 1867 und zeigt, wie wenig sich der damalig gezüchtete Typ vom heutigen Dual-Purpose-Typ (dem Retriever, der sich sowohl für die Jagd als auch für die Ausstellung eignet) unterscheidet.

Charakter: Der Labrador Retriever ist ein freundlicher Hund mit einem ausgeprägten „will to please". Er ist aufmerksam, lernbegierig und ein echtes Energiebündel. Durch frühzeitige Erziehung und Konsequenz muss er lernen, sein Temperament zu zügeln. Er ist aufgeschlossen Fremden gegenüber und neigt dazu, jede Person stürmisch zu begrüßen. Sein Markenzeichen ist die ständig wedelnde „Otterrute". Der Labi ist gutmütig, besitzt eine vorzügliche Nase und eine ausgeprägte Wasserfreudigkeit, sodass er bei Wind und Wetter in jedes Gewässer springt, auch wenn es eine dreckige Pfütze ist. Seine Weichmäuligkeit ist Voraussetzung für die Apportierarbeit. Das freundliche Naturell dieser Rasse und ihre Leichtführigkeit machen sie zu einem idealen Familienhund. Die Tiere zeigen normalerweise keine Anzeichen von Aggressivität, Scheu oder Wesensschwäche. Man sollte aber nicht vergessen, dass sie ursprünglich Jagdhunde sind, deren Aufgabe es ist, angeschossenes Wild zu suchen und heranzutragen (to retrieve). Wer dies berücksichtigt, die Hunde entsprechend beschäftigt und gut erzieht, hat an ihnen sicherlich viel Freude.

Verwendung: Dummy- oder Fährtenarbeit sind die richtigen Einsatzgebiete für

diese Rasse. Für schnelle Sportarten ist sie allerdings weniger geeignet. Neben dem Schäferhund wird der Labi am häufigsten als Blindenführhund ausgebildet. Auch als Therapiehund, Behindertenbegleithund und Rettungshund hat er sich schon bewährt.

Besonderheiten: Eine seiner Leidenschaften ist Fressen. Labis neigen zu Übergewicht, was durch konsequentes Abteilen der Futterrationen und natürlich ausreichend Bewegung vermieden werden kann. Das kurze Fell bedarf keiner besonderen Pflege.

In den letzten Jahren hat der Labrador Retriever seinem langhaarigen Vetter, dem Golden Retriever, in der Beliebtheitsskala den Rang abgelaufen. Wie bei jeder „Moderasse" ist es daher auch beim Labi ganz wichtig, auf seriöse Züchter zu achten und Welpen aus gesunden Linien auszuwählen.

## 8 | Lagotto Romagnolo

Wasserhunde | FCI-Nr. 298

### Wasserhund der Romagna

Herkunft: Italien
Größe: Rüden 43–48 cm; Hündinnen 41–46 cm. Eine Abweichung von 1 cm nach oben oder unten wird toleriert.
Gewicht: Rüden 13–16 kg; Hündinnen 11–14 kg.
Farben: Schmutzigweiß; Braun; Weiß-Braun; Braun-Weiß; Orange; Weiß-Orange; Braunschimmel.

Geschichte: Der Lagotto ist wahrscheinlich einer der ältesten bekannten Wasserhunde. Es gibt Nachweise dafür, dass diese Hunde schon um 1600 in den Lagunen von Comacchio und den Sümpfen der Romagna existierten. Der Lagotto bewachte Haus und Boote und spürte Wasservögel auf, die er auch apportierte. Er konnte

stundenlang im eiskalten Wasser schwimmen, um die erlegten Vögel zu den Booten zu bringen. Nur das kompakte, lockige Fell mit der dichten Unterwolle bewahrte die Hunde vor Auskühlung.
Mit der Trockenlegung der Sümpfe änderte sich auch der Einsatzbereich dieser Hunde. Dank ihres hervorragenden Geruchssinns waren sie ausgezeichnete Trüffelsucher und sind es heute noch. Zwei Jahre dauert die Ausbildung zum Trüffelsuchhund. Etwa zwischen 1840 und 1890 „mutierte" der Lagotto vom Wasserhund zum Trüffelsucher. Durch ständige Einkreuzungen anderer Rassen wäre der Lagotto in seiner ursprünglichen Form fast ausgestorben. Erst Ende der 1970er-Jahre bemühte man sich wieder um seine Reinzucht. 1995 wurde er dann schließlich von der FCI anerkannt.
Charakter: Der Lagotto ist ein fröhlicher, temperamentvoller und sehr friedlicher Hund. Er ist der ideale Familienhund und ebenso für verschiedene Hundesportarten wie Agility, Obedience, Fährtenarbeit und sogar für den Rettungsdienst geeignet. Im Haus ist er wachsam und meldet Besucher mit eifrigem Bellen. Die Wasserfreude und das Apportieren liegen ihm im Blut und sollten auch gefördert werden.
Besonderheiten: Der Lagotto haart nicht und wird nicht gebürste. Zweimal jährlich wird das Fell auf 3 mm Länge abgeschoren.

## 5 | Laika

Nordische Jagdhunde: Laika (ostsibirisch) | FCI-Nr. 305, Laika (russisch-europäisch) | FCI-Nr. 304, Laika (westsibirisch) | FCI-Nr. 306

**Laika (ostsibirisch)**
Herkunft: Russland
Größe: Rüden 55–63 cm; Hündinnen 53–61 cm.
Farben: Pfeffer-Salz; Weiß; Grau; Schwarz; Rot; Braun.

**Laika (russisch-europäisch)**
Herkunft: Russland
Größe: Rüden 52–58 cm; Hündinnen 50–56 cm.
Farben: Schwarz; Grau; Weiß; Pfeffer-Salz; dunkel mit weißen Flecken; Weiß mit dunklen Flecken.

**Laika (westsibirisch)**
Herkunft: Russland
Größe: Rüden 54–60 cm; Hündinnen 52–58 cm,
Farben: Weiß; Pfeffer-Salz; Rot; Grau; Schwarz ist zugelassen, ebenso Gescheckte und mit Platten.

Geschichte: Die drei anerkannten Laika-Rassen stammen aus den Staaten der ehemaligen Sowjetunion. Nur der Westsibirische Laika ist bei uns in wenigen Exemplaren anzutreffen. Die beiden anderen Rassen sind kaum außerhalb ihrer Heimat zu finden. Diese Hunde werden dort vorwiegend zur Jagd auf Bären, Rotwild, Schwarz- und Federwild eingesetzt.
Der Name Laika leitet sich von dem russischen Wort „Lajati" ab, das „bellen" bedeutet. Dies gibt einen Hinweis auf ihre Art zu jagen, wenn sie das Wild stellen und verbellen, bis der Jäger zum Schuss kommt. Auf der Fährte sind sie allerdings stumm. Erst im Jahre 1957 rückte diese bis dahin außerhalb ihrer Heimat unbekannte Hunderasse in den Blickpunkt, als nämlich die Raumkapsel „Sputnik" als erstes Lebewesen einen Hund dieser Rasse ins All transportierte.
Charakter: In ihrem Standard werden die Laika-Rassen als lebhafte und ausgeglichene Hunde mit einer kräftigen, trockenen Konstitution beschrieben. Sie sind freundlich zu Menschen, besitzen aber eine große Jagdpassion, brauchen viel Auslauf und sollten möglichst jagdlich geführt werden. Wer sie als reine Familien- und Begleithunde halten möchte, muss sie von klein auf gründlich erziehen, damit sie bei den täglichen Spaziergängen nicht selbstständig auf die Jagd gehen.

# 3 | Lakeland Terrier

Hochläufige Terrier | FCI-Nr. 70

Herkunft: Großbritannien
Größe: Rüden und Hündinnen maximal 37 cm.
Gewicht: Rüden 7,7 kg; Hündinnen 7 kg.
Farben: Schwarz-Loh; Blau-Loh; Rot, Weizenfarben; rot gestromt; Leberbraun; Blau; Schwarz.

**Geschichte:** Dieser Terrier stammt aus dem Lake District (Name!) aus der englischen Grafschaft Cumberland. Hier brauchte man eine Hunderasse, welche die Schafe vor den Füchsen schützen konnte. Dazu kreuzte man verschiedene Terrier, vermutlich Border, Bedlington, Dandie Dinmont und Fox Terrier. Das Ergebnis war ein mutiger Gebrauchsterrier, der die notwendige Schärfe besaß, um die Füchse bis in ihren Bau zu verfolgen (daher die geringe Größe) und sie dort auch zu töten. Anfangs war diese Rasse auch unter dem Namen „Patterdale Terrier" bekannt. Obwohl er schon lange ein wertvoller Jagdhund war, tauchte er erst 1912 auf einer Ausstellung auf. Als er 1928 unter dem heute gültigen Namen in Großbritannien anerkannt wurde, begann offiziell die Reinzucht dieser Rasse. Bei uns zählt der Lakeland Terrier eher zu den weniger häufigen Terrier-Rassen.

**Charakter:** Seinen Jagdtrieb hat dieser Hund bis heute nicht verloren, und er ist auch ein aufmerksamer Wächter. Wie alle Terrier muss er mit konsequenter Hand erzogen werden, vor allem weil er auch gern zu Raufereien mit Artgenossen neigt. Seinen Menschen gegenüber zeigt er sich fröhlich und anhänglich. Als Familien- und Begleithund braucht er viel Beschäftigung. Mit seinem Temperament ist er auch durchaus für Hundesportarten geeignet, bei denen es um Schnelligkeit und Geschicklichkeit geht, wobei er auf alle Fälle einen Grundgehorsam beherrschen muss. Erhält er ausreichend Bewegung und Beschäftigung, fühlt er sich auch in einer Stadtwohnung wohl. Da er sehr wasserbegeistert ist, sollte man ihm auch gelegentlich die Möglichkeit zum Schwimmen geben.

**Besonderheiten:** Das drahtige Fell sollte täglich gebürstet und etwa dreimal im Jahr getrimmt werden. Früher wurde die Rute ein Stück kupiert.

# 2 | Landseer

Molossoide | FCI-Nr. 226

Herkunft: Deutschland/Schweiz
Größe: Rüden 72–80 cm; Hündinnen 68–73 cm.
Farben: Weiß mit schwarzen Platten, Kopf schwarz mit weißer Blesse und Schnauzenpartie.

**Geschichte:** Im 17. Jahrhundert brachten Seefahrer schwarz-weiße Hunde aus Neufundland mit, die dort den Fischern geholfen hatten, indem sie Netze im Wasser geschleppt und Boote durch die Brandung gezogen haben. Der Maler Sir Edwin Landseer schuf viele Gemälde dieser damals besonders vom Adel geschätzten Hunde. Sie wurden dadurch bekannter und erhielten so den Namen des Künstlers. Bis Anfang des 20. Jahrhunderts wurden die Landseer häufig noch mit den schwarzen Neufundländern gekreuzt. Erst danach erfolgte eine Reinzucht. Landseer sind etwas hochbeiniger und temperamentvoller als Neufundländer. Sie werden auch als europäisch-kontinentaler Typ bezeichnet.

**Charakter:** Bei uns wird der Landseer vorwiegend als Familien- und Begleithund gehalten. Er hat ein ausgeglichenes, selbstbewusstes Wesen und hängt hingebungsvoll an seiner Familie, die er auch beschützt, wenn es sein muss. Anderen Hunden gegenüber zeigt er sich häufig dominant. Er bewacht aufmerksam Haus und Hof und schlägt an, wenn er etwas Ungewöhnliches bemerkt. Trotz ihrer

Größe besitzen die Hunde ein lebhaftes Temperament. Einer gewissen Sturheit und Unnachgiebigkeit sollte man bei der Erziehung mit Geduld und Einfühlungsvermögen begegnen.

Verwendung: Eine Begleithundausbildung ist problemlos zu absolvieren. Für den Schutzdienst sind sie ebenso wenig geeignet wie für schnelle Hundesportarten. Landseer brauchen viel Auslauf und sinnvolle Beschäftigungsmöglichkeiten. Sie sollten regelmäßig ihrer großen Leidenschaft, dem Schwimmen, nachkommen können. Besonders gern apportieren sie Gegenstände aus dem Wasser. Wegen ihrer Wasserfreudigkeit werden sie heute auch häufig als Wasserrettungshunde ausgebildet, die bei der Rettung Ertrinkender eingesetzt werden.

Besonderheiten: Speziell im ersten Lebensjahr muss man bei diesen großen, schweren Hunden darauf achten, dass sie nicht körperlich überfordert und ausgewogen und knapp ernährt werden, um Schädigungen der Gelenke vorzubeugen.

## 5 | Lapinporokoira

Nordische Wach- und Hütehunde | FCI-Nr. 284

### Finnischer Lapplandhirtenhund

Herkunft: Finnland

Größe: Rüden 48–54 cm; Hündinnen 43–49 cm.

Farben: Schwarz in verschiedenen Schattierungen; Grau; Rotbraun; weiße Abzeichen über den Augen, auf den Wangen, an Hals, Brust und Gliedmaßen.

Geschichte: Die Vorfahren des Lapinporokoiras sind die Arbeitshunde der Samen, die auf eine etwa 2000 Jahre alte Geschichte zurückblicken können. Ursprünglich wurde diese Rasse in Lappland als Hütehund für die Rentiere, später auch für anderes Vieh eingesetzt. Heute ist der Lapinporokoira selbst in seinem Heimatland selten geworden, da seine Arbeit dank des Einsatzes von Motorschlitten nicht mehr benötigt wird. 1950 begann man mit der Erfassung dieser Hunde, um sie als eigenständige Rasse registrieren zu lassen.

Charakter: Der Lapinporokoira ist nicht nur ein ausgezeichneter Hütehund, sondern kann auch erfolgreich als Begleithund oder im Hundesport geführt werden. Er ist ruhig, anpassungsfähig und lernt schnell. Seiner Familie ist er treu ergeben. Er ist stets bestrebt, für seine Menschen in allen Situationen Helfer und Begleiter zu sein. Sein „will to please" ist sehr ausgeprägt. Fremden gegenüber ist er zurückhaltend, aber nicht unfreundlich. Er ist wachsam und verteidigt Haus und Hof sowie seine Familie, allerdings nur mit Drohgebärden. Er beißt nur zu, wenn sein eigenes Leben bedroht ist.

Besonderheiten: Der Lapinporokoira besitzt einen starken Knochenbau und eine kräftige Muskulatur. Das mittellange Haarkleid mit der dichten Unterwolle ist an die unwirtlichen Bedingungen des arktischen Klimas angepasst.
Außerhalb seiner Heimat ist er nur äußerst selten anzutreffen.

## 2 | Leonberger

Molossoide | FCI-Nr. 145

Herkunft: Deutschland
Größe: Rüden 72–80 cm, empfohlen 76 cm; Hündinnen 65–75 cm, empfohlen 70 cm.
Farben: Löwengelb; Rot; Rotbraun; Sandfarben; alle Kombinationen dieser Farben; jeweils mit schwarzer Maske.

**Geschichte:** In den 30er- und 40er-Jahren des 19. Jahrhunderts hatte Heinrich Essig, ein Stadtrat aus Leonberg, die Vorstellung, einen löwenähnlichen Hund zu züchten – vielleicht auch oder gerade weil der Löwe das Wappentier der Stadt Leonberg ist. Er paarte eine schwarzweiße Neufundländer-Hündin mit einem Bernhardiner-Rüden. Später kreuzte er auch noch Pyrenäen-Berghunde mit ein. Die ersten Kreuzungsergebnisse waren große Hunde mit überwiegend weißem Fell. Der erste echte Leonberger wurde 1846 geboren. Diese Rasse sollte alle positiven Eigenschaften der Ausgangsrassen in sich vereinen. Schon bald galten die Leonberger als Statussymbol der Stadt und wurden in die ganze Welt verkauft. Ende des 19. Jahrhunderts wurde der Leonberger besonders von Bauern gehalten, die seine Eigenschaften als Wach- und Zughund schätzten.

**Charakter:** Heute wird der Leonberger fast ausschließlich als Familien- und Begleithund gehalten, dem man allerdings wegen seiner Größe ein Haus mit Garten bieten sollte. Mit seinem ausgeglichenen Wesen ist er ein angenehmer, folgsamer Begleiter, der am liebsten überallhin mitgenommen werden möchte. Er ist selbstsicher, souverän und nicht aggressiv. Für einen Hund seiner Größe ist er ungewöhnlich unterordnungsbereit und leichtführig. Gegenüber Artgenossen verhalten sich nur manchmal dominante Rüden etwas rüpelhaft. Er hat sehr viel Geduld, kann aber auch mal etwas stur sein. Als Auslauf genügen ihm freie Bewegung im Garten und regelmäßige Spaziergänge. Für Hundesport ist er weniger geeignet.

**Besonderheiten:** Das üppige Fell sollte vor allem beim Rüden eine deutliche Mähne bilden und muss regelmäßig gebürstet werden, besonders beim Fellwechsel.

## 9 | Lhasa Apso

Tibetanische Hunderassen | FCI-Nr. 227

Herkunft: Tibet
Patronat: Großbritannien
Größe: Rüden 25,4 cm; Hündinnen etwas kleiner.
Farben: Alle Farben.

**Geschichte:** Der Lhasa Apso stammt aus den Hochlagen des Himalayas, wo lange, eisige Winter mit kurzen, heißen Sommern abwechseln. Dementsprechend ist dieser kleine Hund robust und widerstandsfähig und durch sein dichtes, üppiges Fell gegen das extreme Wetter geschützt. Nachweislich gab es den Lhasa Apso schon Jahrhunderte vor unserer Zeitrechnung in den Klöstern und adeligen Häusern Tibets. Er ist der „tibetische Löwenhund“, der als „Löwe Buddhas“ in der Kunst dargestellt wurde. Die wertvollen Hunde wurden nie verkauft, sondern nur als Wegbegleiter oder Glücksbringer an hochgeschätzte Freunde verschenkt. Sie hatten bei den Tibetern immer eine privilegierte Stellung, die ihr Wesen mitgeprägt hat.

Charakter: Der Lhasa Apso ist stolz, eigenwillig und selbstbewusst. Fremden gegenüber ist er misstrauisch und er entscheidet selbst, wem er seine Gunst schenkt. Hat man einmal das Vertrauen eines Lhasa Apso gewonnen, ist er überaus anhänglich und anpassungsfähig. Im Haus ist er ruhig und angenehm, und er kann überallhin mitgenommen werden. Dennoch mag er ausgedehnte Spaziergänge und tobt sich draußen gern aus. Er lässt sich nicht herumkommandieren, und mit Gewalt erreicht man bei ihm überhaupt nichts. Er zeigt keine Unterwürfigkeit und schließt sich oft einem Familienmitglied besonders stark an. Er ist aufmerksam und daher auch ein guter Wächter, der gern von einem erhöhten Aussichtspunkt aus das Geschehen überblickt. Lhasa Apso sind die richtigen Hunde für Individualisten, die einen kleinen, fröhlichen Begleiter, aber keinen unterwürfigen Schoßhund wollen und welche die erforderliche aufwendige Fellpflege nicht abschreckt.

# 9 | Löwchen

Bichons und verwandte Rassen | FCI-Nr. 233

## Petit Chien Lion

Herkunft: Frankreich

Größe: Rüden und Hündinnen 26–32 cm. Eine Abweichung von 1 cm nach oben oder unten ist erlaubt.

Gewicht: Rüden und Hündinnen ungefähr 6 kg.

Farben: Alle Farben oder alle kombinierten Färbungen sind erlaubt.

Geschichte: Der „kleine Löwenhund“ gehört zu den Bichon-Rassen. Hauptmerkmal ist die löwenartige Schur, die standardmäßig und somit vor allem bei Ausstellungshunden vorgeschrieben ist. Der Ursprung der Rasse lässt sich bis ins 14. Jahrhundert zurückverfolgen. In einer Kathedrale sind zum Beispiel zwei Löwchen in Stein gehauen mit einer Löwenschur dargestellt, wie sie heute noch durchgeführt wird, und auch auf vielen alten Gemälden sind diese Hunde abgebildet. Die Löwchen waren immer reine Begleit- und Schoßhunde. Der ursprüngliche Sinn dieser Schur könnte gewesen sein, dass sie als lebende Wärmflaschen verwendet wurden, wobei sie natürlich mehr Wärme abgeben, wenn das Haar kurz geschoren ist. Obwohl sie früher Modehunde waren, sind die Löwchen um 1900 fast völlig verschwunden. Lange war es ruhig um die Rasse. 1966 soll es weltweit nur noch 40 Exemplare gegeben haben. Wenigen engagierten Züchtern ist es zu verdanken, dass die Rasse vor dem Aussterben bewahrt wurde.

Charakter: Das Löwchen ist ein lebhafter, anhänglicher, problemloser Begleithund, der keine außergewöhnlichen Ansprüche stellt und auch mit beengteren Wohnverhältnissen zurechtkommt. Er ist menschenfreundlich, bellt wenig und lässt sich leicht erziehen. Im Vergleich zu den anderen Gesellschaftshunderassen ist das Löwchen trotz seiner angenehmen Eigenschaften bei uns noch relativ selten zu sehen. Dabei ist er sicherlich für alle Menschen jeden Alters, die einen freundlichen, kleinen Begleithund suchen, gut geeignet.

Besonderheiten: Das dichte, lange Haarkleid ist seidig und gewellt, besitzt aber keine Unterwolle.

# 10 | Lurcher

Windhunde | nicht FCI-anerkannt

Herkunft: Großbritannien

Geschichte: Der Lurcher ist keine eigentliche Windhundrasse, sondern ein Sammelbegriff für verschiedene Windhundmischlinge, die nach den Wünschen der Besitzer gezüchtet wurden. Diese Mischlinge entstanden schon vor Jahrhunderten in Großbritannien und Irland. Sie sind bis heute dort weit verbreitet und werden immer noch zur Hasen- und Kaninchenjagd eingesetzt. Auf dem europäischen Festland begegnet man dagegen einem Lurcher nur selten. Aufgrund der unterschiedlichen Größen und da es sich nicht um eine anerkannte Rasse handelt, kann ein Lurcher bei uns nicht an Ausstellungen oder offiziellen Windhundrennen teilnehmen. Beim Coursing ist er gelegentlich anzutreffen.

Die Ursprungsrassen des Lurchers sind Deerhound, Greyhound und Whippet. Die Puristen unter den Lurcher-Fans meinen, dass ein Lurcher immer eine Mischung aus einem Windhund und einem anderen Arbeitshund wie beispielsweise Collie, Retriever oder Terrier sei. Grundsätzlich zählen aber auch die Kreuzungen verschiedener Windhunde untereinander zu den Lurchern. Um homogene Typen zu erhalten, werden heute sogar vermehrt Lurcher mit Lurcher verpaart.

Charakter: Aufgrund der unterschiedlichen Abstammung können sowohl die Größe als auch die Art des Haarkleides sowie natürlich bestimmte Wesenszüge und spezielle Veranlagungen variieren. Das Haarkleid eines Lurchers kann kurz- oder rauhaarig sein. Die Augen sind meistens dunkel, Nasenschwamm und Lefzen gut pigmentiert. Ein für Lurcher typisches Merkmal ist das Rosenohr. Im Zweifelsfall ist daran zu erkennen, ob man einen Lurcher vor sich hat.

Es kommen sowohl alle Farben als auch verschiedene Fleckungen vor. Wie alle Windhunde besitzt auch der Lurcher einen ausgeprägten Jagdtrieb in Form einer starken Hetzleidenschaft, die nur durch gründliche Erziehung unter Kontrolle gehalten werden kann. Je nach individuellen Eigenschaften ist ein Lurcher auch für verschiedene Hundesportarten geeignet.

# 10 | Magyar Agar

Kurzhaarige Windhunde | FCI-Nr. 240

Ungarischer Windhund

Herkunft: Ungarn

Größe: Rüden 65–70 cm; Hündinnen etwas kleiner.

Farben: Weiß; Braun; Gelb; Schwarz; einfarbig, gestromt oder gescheckt.

Geschichte: Zur Entstehung des Magyar Agar haben verschiedene Windhundrassen beigetragen. Während der Völkerwanderung in der Zeit vom 4. bis 6. Jahrhundert kamen mit den Hunnen orientalische Windhundrassen in das heutige Ungarn. 890 fielen die Magyaren, ein kriegerisches Reitervolk vom Ural, ins Land ein und brachten wahrscheinlich Barsois mit. Durch Einkreuzung in die schon vorhandenen Windhunde entstand als neue Rasse der Ungarische Windhund.

Jahrhunderte lang wurde er vom Adel zur Jagd verwendet. Um 1900 wurden Greyhounds aus England importiert, um die Rasse zu veredeln. Erst 1966 wurde der Magyar Agar anerkannt. Heute ist man bei der Zucht bemüht, den Unterschied zum Greyhound zu betonen.

Charakter: Der Magyar Agar gehört zu den wachsamen Windhunden, die ihr Heim vehement verteidigen. Er schließt sich eng an seine Menschen an und ist im Haus ruhig und angenehm. Fremden gegenüber ist er reserviert und selbst-

bewusst. Sein stolzer Charakter bedarf einer einfühlsamen Erziehung. Sein Geruchssinn ist weniger gut ausgeprägt, sodass er ein reiner Sichtjäger ist. Seiner unbändigen Kraft und seinem enormen Bewegungsdrang sollte er auf der Rennbahn oder beim Coursing nachkommen dürfen. Dann ist er entsprechend ausgeglichen und zeigt sein freundliches, sanftes Wesen. Freilauf in der Natur ist bei ihm immer mit Risiken verbunden, da sein Instinkt ihn zur Hetzjagd treibt. Er ist kein Hund für Anfänger; eine gewisse Erfahrung im Umgang mit Windhunden sollte man schon besitzen.

**Besonderheiten:** Der Magyar Agar ist robust und kräftig. Sein kurzes Fell ist etwas derber als das der anderen kurzhaarigen Windhundrassen. Er ist abgehärtet und somit unempfindlich gegen Witterungseinflüsse, ebenso ist er dank seiner Widerstandskraft wenig verletzungsgefährdet.

## 7 | Magyar Vizsla

Kontinentale Vorstehhunde: Magyar Vizsla (Drahthaar) | FCI-Nr. 239, Magyar Vizsla (Kurzhaar) | FCI-Nr. 57

Herkunft: Ungarn

**Magyar Vizsla (Drahthaar)**
Ungarischer Vorstehhund

Größe: Rüden 58–64 cm; Hündinnen 54–60 cm. Eine Abweichung von 4 cm nach oben oder unten ist erlaubt.
Farben: Verschiedene Nuancen von Sandgelb.

**Magyar Vizsla (Kurzhaar)**
Ungarischer Vorstehhund

Größe: Rüden 56–61 cm; Hündinnen 52–57 cm. Eine Abweichung von 4 cm nach oben oder unten ist erlaubt.
Farben: Semmelgelb oder verschiedene Nuancen von Sandgelb.

Bis auf die Beschaffenheit des Haarkleides ist der Standard dieser beiden Rassen weitgehend gleich, daher werden sie hier zusammen beschrieben. Beim kurzhaarigen Vizsla wurde die Rute bisher manchmal, beim drahthaarigen fast immer kupiert. Der Kurzhaar-Vizsla kommt wesentlich häufiger vor als sein rauhaariger und etwas größerer Vetter.

**Geschichte:** Die Vorfahren des Vizsla waren die pannonische Bracke, der „gelbe Jagdhund" der Türken, und auch der Sloughi ist in der Ahnenreihe vertreten. Schon Anfang des 18. Jahrhunderts glichen diese Hunde dem heutigen Erscheinungsbild. Zur Veredelung wurden im 19. Jahrhundert noch andere Jagdhundrassen eingekreuzt, bis der gelbe, eigenständige, ungarische Jagdhund entstand. Um den drahthaarigen Typ zu erhalten, kreuzte man in den 1930er-Jahren Deutsch Drahthaar mit ein. Die Selektion erfolgte bei beiden Rassen hauptsächlich nach Gebrauchstüchtigkeit.

**Charakter:** Der Vizsla ist leicht gebaut, besitzt eine elegante Erscheinung und ein lebhaftes Temperament. Er ist sehr leichtführig, lernt schnell, ist aber äußerst empfindlich gegen grobe Behandlung. Das Windhunderbe verleiht ihm die Fähigkeit, auch bei größter Hitze unermüdlich arbeiten zu können. Er hat eine gute Nase, steht fest vor, besitzt gute Anlagen zum Stöbern und Apportieren sowie eine ausgeprägte Wasserfreudigkeit und bleibt ständig in Kontakt zu seinem Führer. Der besonders beim Stöbern oft gewünschte Spurlaut fehlt dieser Rasse häufig.

**Verwendung:** Der Vizsla hat durch sein freundliches Wesen schon viele Anhänger außerhalb von Jägerkreisen gefunden. Er ist ein idealer Familien- und Begleithund, der sich sehr eng an seine Menschen anschließt. Wenn er nicht jagdlich geführt wird, sollten seine Energie und Passion adäquat anderweitig eingesetzt werden. Hierzu bietet sich der Hundesport geradezu an. Nicht von ungefähr sieht man immer wieder Vizslas, die mit Begeisterung Agility und andere Sportarten ausüben. Sein Temperament und der nicht zu schwere, muskulöse Körperbau prädestinieren ihn geradezu dafür. Dank seiner hervorragenden Nase ist er auch für die Fährtenarbeit gut geeignet. Der Vizsla gehört also zu den Jagdhunden, die sich auch ohne jagdlichen Einsatz wohlfühlen, wenn sie sinnvoll beschäftigt werden.

## 9 | Malteser

Bichons und verwandte Rassen | FCI-Nr. 65

Herkunft: Zentrales Mittelmeergebiet
Größe: Rüden 21–25 cm; Hündinnen 20–23 cm.
Gewicht: Rüden und Hündinnen 3–4 kg.
Farben: Weiß; eine blasse Elfenbeintönung ist zulässig.

**Geschichte:** Diese Rasse gibt es nachweislich schon seit über 2000 Jahren. Schon auf Abbildungen aus der Zeit der Pharaonen und dem alten Griechenland waren weiße, langhaarige Zwerghunde zu sehen. Aristoteles bezeichnete diese Vorfahren aller bichonartigen Hunde als „canes melitensis“. Im alten Rom waren sie begehrte Schoßhunde der Reichen und Mächtigen. Gesichert ist, dass der Malteser von der mittlerweile versunkenen Insel Melitea im Adriatischen Meer stammt. Mit der Renaissance hat er auch in Europa Einzug in Adels- und Königshäuser gehalten. Er wurde ursprünglich als Ratten- und Mäusefänger auf Schiffen und in Häfen eingesetzt. Aber schon bald wurde er zu einem reinen Prestigeobjekt, das der Oberschicht vorbehalten war.

**Charakter:** Heute ist der Malteser ein idealer Begleithund für Menschen, die zwar gern regelmäßig, aber nicht übermäßig lange spazieren gehen. Er fühlt sich auch in einer Stadtwohnung wohl und gilt ebenso für ältere Personen als problemloser Begleiter. Er besitzt ein ausgeglichenes Temperament, neigt nicht zu übermäßigem Bellen und schließt sich seinen Menschen treu an. Trotz seiner Kleinheit ist der Malteser mutig und wachsam. Er hat eine recht hohe Lebenserwartung und wird nicht selten über 15 Jahre alt. Dieser lebhafte Hund ist oft bis ins hohe Alter munter und verspielt.

**Besonderheiten:** Wer sich für einen Malteser entscheidet, muss jeden Tag mindestens eine halbe Stunde für die notwendige Fellpflege aufwenden. Das seidig glänzende Haar muss täglich gebürstet werden, damit die Hunde gepflegt aussehen. Das Fell besitzt keine Unterwolle. Es ist völlig glatt ohne Locken oder Kräuselung und muss am Körper schwer bis auf den Boden fallen.

# 3 | Manchester Terrier

Hochläufige Terrier | FCI-Nr. 71

Herkunft: Großbritannien
Größe: Rüden 40–41 cm; Hündinnen 38 cm.
Farben: Schwarz mit lohfarbenen Abzeichen; die Farben müssen klar voneinander abgegrenzt sein.

Geschichte: Dieser Terrier hat seinen Ursprung in den Industriegebieten Nordenglands. Sogenannte „Black and Tan Terrier" waren schnell genug, um schädliche Nagetiere erbeuten zu können. Aus dem kurzhaarigen Schlag dieser Terrier hat sich dann der Manchester Terrier entwickelt, vermutlich unter Einkreuzung von Whippets, von denen diese Rasse ihre Geschmeidigkeit und Eleganz geerbt hat. Seinen heutigen Namen erhielt sie erst gegen Ende des 19. Jahrhunderts. Die Jagd auf Ratten war damals auch eine Art Sport. Es wurden Wettkämpfe abgehalten, und man hat auf die Hunde gewettet. Der Rekord waren hundert Ratten, die innerhalb von 6½ Minuten von einem Manchester Terrier getötet wurden.
Um 1900 wurde diese Rasse in Deutschland eingeführt. Nach dem Zweiten Weltkrieg war sie aber wieder verschwunden. Erst 1971 gelangte wieder ein Manchester Terrier nach Deutschland. Seit 1977 werden die Hunde bei uns gezüchtet, wenn auch in geringer Zahl.

Charakter: Der Manchester Terrier ist ein eleganter und pflegeleichter Familienhund. Er hat ein wachsames, fröhliches Wesen, ist Fremden gegenüber zurückhaltend, aber nicht aggressiv. Da er arbeitsfreudig und eifrig ist, lässt er sich relativ leicht erziehen und zum Begleithund ausbilden. Bei den verschiedenen Hundesportarten wie Agility oder Turnierhundesport ist er mit Begeisterung bei der Sache. Er begleitet seine Menschen aber auch einfach gern beim Joggen und Radfahren, da er mühelos große Geschwindigkeiten erreichen kann. Er braucht also viel Bewegung. Erhält er genügend Auslauf, ist er ein zuverlässiger Begleiter und ein äußerst angenehmer und ruhiger Hausgenosse, der sich auch in einer Stadtwohnung wohlfühlt.
Besonderheiten: Das kurze, glatte Fell ist äußerst pflegeleicht.

# 1 | Maremmen-Abruzzen-Schäferhund

Schäferhunde | FCI-Nr. 201

Cane da pastore Maremmano-Abruzzese

Herkunft: Italien
Größe: Rüden 65–73 cm; Hündinnen 60–68 cm.
Gewicht: Rüden 35–45 kg; Hündinnen 30–40 kg.
Farbe: Weiß.

Geschichte: Die Vorfahren dieser großen, weißen Hirtenhunde gelangten aus dem Mittleren Osten nach Europa. Schon im 1. Jahrhundert v. Chr. wird in Mittelitalien eine Rasse beschrieben, welche die Schafherden vor den Wölfen beschützte. Dies ist auch der Grund für die weiße Fellfarbe. Die Hunde ließen sich so besser von den meist in der Dämmerung angreifenden Wölfen unterscheiden. Sie wurden auch als Wachhunde für Haus und Hof verwendet. Von jeher waren die Maremmen und die Abruzzen die Heimat dieser Hunde (Name!). Aber erst 1958 erhielt die Rasse den heute gültigen Namen.
Charakter: Diese Hunde besitzen alle typischen Eigenschaften der beschützenden Hirtenhunde: Sie sind sehr

selbstständig, weil sie häufig allein mit den ihnen anvertrauten Herden waren. Die von ihnen verlangten Aufgaben führen sie mit Mut, Entschlossenheit und Umsicht aus. Sie sind misstrauisch gegenüber Fremden und kämpferisch veranlagt. Sie sind widerstandsfähig gegen Witterungseinflüsse, robust und wachsam. Ihren Menschen sind sie treu ergeben, und bei Gefahr zögern sie nicht, sie oder das von ihnen bewachte Hab und Gut vehement zu verteidigen.

**Verwendung:** Diese stolzen Hunde sind nichts für Anfänger. Ihre Eigenständigkeit erschwert die Erziehung, die mit viel Geduld und Einfühlungsvermögen erfolgen muss. Die Hunde wurden dazu gezüchtet, selbstständig zu arbeiten und Verantwortung zu übernehmen. Daher werden sie niemals unterwürfigen Gehorsam zeigen. Sie lassen sich schwer ausbilden und sind für Hundesport nicht besonders geeignet. Am besten bietet man ihnen ein großes Grundstück, das sie bewachen können. Wer mit den Eigenarten dieser Hunde zurechtkommt, findet in ihnen einen treuen Begleiter mit ausgeprägtem Schutzinstinkt.

**Besonderheiten:** Das üppige Fell liegt eng an und fühlt sich fast rau an. Eine leichte Wellung ist gestattet. Das Haar bildet einen deutlichen Halskragen. Nur im Winter ist die Unterwolle stärker ausgebildet.

## 9 | Markiesje

nicht FCI-anerkannt

Herkunft: Niederlande
Größe: Rüden und Hündinnen etwa 35 cm.
Farben: Schwarz mit oder ohne weiße Abzeichen.

**Geschichte:** Der Markiesje ist außerhalb der Niederlande so gut wie unbekannt, obwohl diese Rasse einige Jahrhunderte alt ist. Auf Gemälden des 17. und 18. Jahrhunderts sind häufig holländische Bürger und Edelleute mit einem kleinen, schwarzen Hund, gelegentlich mit weißen Abzeichen, abgebildet. Offensichtlich waren die Auftraggeber der Bilder sehr stolz auf ihre Hündchen und bestanden darauf, dass sie detailliert mit abgebildet wurden.
Erst im Jahr 1977 fanden in den Niederlanden Bestrebungen statt, diese Rasse wieder aufleben zu lassen und ein gezieltes Zuchtprogramm aufzustellen. 1999 wurde die Rasse auf nationaler Ebene von den Kynologen in den Niederlanden anerkannt, wartet aber noch auf die internationale Anerkennung durch die FCI.

**Charakter:** Der Markiesje ist ein fröhlicher, ruhiger Begleithund mit einer eleganten Erscheinung. Er ist weder übermäßig bellfreudig noch aggressiv, ist anpassungsfähig und gelehrig.
Der Markiesje ist ein problemloser Begleiter, der sich auch in der Stadt wohlfühlt, wenn er seiner Größe entsprechend genügend Auslauf erhält. Er ist lebhaft und wendig und auch durchaus für hundesportliche Aktivitäten wie Flyball oder Agility (natürlich in der Mini-Klasse) geeignet.

**Besonderheiten:** Typisch für den Markiesje sind die nach vorn geklappten Ohren, der freundliche Gesichtsausdruck und das seidige Fell. Eine gewisse Ähnlichkeit mit dem Papillon besteht, aber der Markiesje ist keine verzwergte Rasse und auch robuster. Vermutlich gehört zu seinen Vorfahren der King Charles Spaniel, andere glauben, dass der Phalène mit zu der Entstehung dieser Rasse beigetragen hat. Das seidige Haar braucht keine besondere Pflege. Gelegentliches Bürsten reicht aus.

## 2 | Mastiff

Molossoide | FCI-Nr. 264

### Old English Mastiff

Herkunft: Großbritannien
Größe: Keine Angaben laut Standard. In der Regel Rüden ab 76 cm und Hündinnen ab 69 cm.
Gewicht: Keine Angaben laut Standard. In der Regel Rüden ab 75 kg; Hündinnen ab 65 kg.
Farben: Apricot; Silber; Falbfarben; dunkel gestromt; immer schwarzer Fang und schwarze Ohren.

**Geschichte:** Die Vorfahren des Mastiffs stammen aus Asien, die vermutlich mit Kaufleuten nach England gelangt sind. Vor etwa 2000 Jahren nahmen die Römer sie mit in ihre Heimat, um sie als Kriegs- und Kampfhunde zu verwenden. Im Laufe der Zeit hat der Mastiff die Entstehung vieler anderer Rassen beeinflusst, insbesondere die des Bullmastiffs. Heute ist der Mastiff recht selten geworden. Das mag zum Teil daran liegen, dass er eine enorme Größe besitzt und somit sowohl bezüglich Ernährung als auch Haltungsbedingungen recht anspruchsvoll ist.

**Verwendung:** Der Mastiff sollte nur in einem Haus mit großem Garten gehalten werden und braucht natürlich gemäß seiner Größe hochwertiges und ausgewogenes Futter, besonders in der Jugend, um körperlichen Schäden vorzubeugen.
Der Mastiff ist der geborene Schutz- und Wachhund. Er braucht und sollte auch nicht für diese Aufgaben extra ausgebildet werden. Er ist nicht besonders lauffreudig und gibt sich mit regelmäßigen Spaziergängen zufrieden. Aufgrund seiner Körpermasse ist er für sportliche Aktivitäten nicht geeignet.

**Charakter:** Der Mastiff hat ein ruhiges, freundliches Wesen und eine sehr hohe Reizschwelle. Wenn diese allerdings überschritten wird, ist er kaum beherrschbar und verteidigt bedingungslos seine Menschen und deren Hab und Gut. Aufgrund seiner enormen Größe und auch der damit verbundenen Körperkraft muss er unbedingt von klein auf sanft, aber konsequent erzogen werden, damit er unter Kontrolle gehalten werden kann. Fremden gegenüber ist er zunächst zurückhaltend, aber nie aggressiv, sucht aber schon bald von sich aus den Kontakt und schließt Freundschaft.

**Besonderheiten:** In manchen Bundesländern wird diese Rasse zu den gefährlichen Hunden gezählt, deren Haltung mit bestimmten Auflagen verbunden ist. Daher sollte man sich vor Anschaffung dieser Rasse nach den aktuellen Bestimmungen und Vorschriften erkundigen.

# 2 | Mastín de los Pirineos

Molossoide | FCI-Nr. 92

### Pyrenäen-Mastiff

Herkunft: Spanien
Größe: Rüden mindestens 77 cm, erwünscht über 81 cm; Hündinnen mindestens 72 cm, erwünscht über 75 cm.
Farben: Weiß mit mittelgrauen, goldgelben, braunen, schwarzen, silbernen, hellbeigen, sandfarbenen oder marmorierten Flecken; immer eine deutliche Maske; Ohren immer gefleckt.

Geschichte: Schon vor über 3000 Jahren wurden auf der Iberischen Halbinsel dieser Rasse ähnliche Hunde zum Beschützen und Hüten der Schaf- und Rinderherden verwendet. Sie verteidigten die manchmal riesigen Herden gegen Bären, Wölfe und Wilderer und begleiteten sie auf ihren Wanderzügen von einem Weidegrund zum nächsten. Wie der Name besagt, liegt die Heimat der Rasse in den Pyrenäen, dem Gebirgszug zwischen Frankreich und Spanien. Erst 1946 wurde mit der Reinzucht dieser Rasse begonnen. Bis heute ist der Mastín de los Pirineos bei uns noch recht selten anzutreffen.

Charakter: Diese imposanten Hunde zeichnen sich durch einen äußerst ruhigen und freundlichen Charakter aus. Sie sind zwar mutig und bewachen und verteidigen ihre Menschen sowie Haus und Hof bedingungslos, wenn es sein muss, zeigen aber ohne Veranlassung keine Aggression. Vor Fremden weichen sie nicht zurück, sind aber nicht unfreundlich. Artgenossen gegenüber verhalten sie sich gutmütig und geraten selten in Raufereien.

Der Pyrenäen-Mastiff schließt sich eng an seine Menschen an. Am wohlsten fühlt er sich in einem Haus mit großem Grundstück, wenn er selbst entscheiden kann, wann er sich draußen oder im Haus aufhält. Er sollte regelmäßig Auslauf in Form von ausgedehnten Spaziergängen oder als Begleiter am Fahrrad erhalten.

Verwendung: Die Erziehung erfordert viel Geduld, da diese Hunde zum selbstständigen Arbeiten gezüchtet wurden und sich somit eine gewisse Eigenständigkeit bewahrt haben. Für eine Schutzhundausbildung sind sie nicht geeignet. Ihr angeborener Wach- und Schutztrieb reicht völlig aus, um im Notfall instinktsicher die Familie zu verteidigen.

# 2 | Mastín Español

Molossoide | FCI-Nr. 91

### Spanischer Mastiff

Herkunft: Spanien
Größe: Rüden mindestens 77 cm; Hündinnen mindestens 72 cm.
Farben: Alle Farben; bevorzugt einfarbig Gelb, Löwenfarbig, Rot, Schwarz, Wolfsgrau, Hirschrot; gestromt und gescheckt auch zulässig.

Geschichte: Schon im 12. Jahrhundert soll es in Spanien Hunde gegeben haben, die dem heutigen Mastín Español sehr ähnlich waren. Sie wurden als Hirtenhunde verwendet, welche die Schafherden bewachen und notfalls gegen Wölfe verteidigen mussten. Die Hunde mussten wachsam, kräftig, robust, genügsam und wehrhaft sein. Im 20. Jahrhundert, als der Bestand der Wölfe zurückging, nahm auch die Zahl dieser Hunde ab. Aber bis heute werden sie in einigen Gegenden als Hirtenhunde eingesetzt. 1911 wurde die Rasse offiziell erfasst. Der erste Standard von 1949 wurde 1981 gründlich überarbeitet, als die FCI die Rasse anerkannte.

Charakter: Der Mastín Español ist kein leichtführiger Hund. Er ist nur etwas für

Menschen, die schon Erfahrung mit großen Hunden haben.
Er wurde danach selektiert, selbstständig zu arbeiten und auch eigene Entscheidungen zu treffen. Daher lässt er sich nur ungern Befehle erteilen, und seine Erziehung verlangt sehr viel Geduld und Einfühlungsvermögen. Die Hunde sollten möglichst schon als Welpe gut sozialisiert werden und später am besten in einer Gruppe mit dem Ziel der Begleithundprüfung ausgebildet werden. Seiner Familie ist der Mastín Español liebevoll zugetan, und er sollte engen Kontakt zu ihr haben. Er muss aber unbedingt seinen Rudelführer als solchen akzeptieren, damit er sich freiwillig unterordnet und somit beherrschbar bleibt. Ihm sollte ein Haus mit großem Garten zur Verfügung stehen, da er sich gern draußen aufhält und natürlich sein Heim aufmerksam bewacht. Jeder Eindringling wird lautstark gemeldet. In der Dämmerung ist seine Aufmerksamkeit besonders groß.

Besonderheiten: Das Haarkleid besteht aus Stockhaar und dichter Unterwolle. Besonders zu Zeiten des Fellwechsels sollte es regelmäßig gebürstet werden. Ein typisches Merkmal dieser Rasse ist die doppelte Kehlwamme. In manchen Bundesländern wird diese Rasse zu den gefährlichen Hunden gezählt, deren Haltung mit bestimmten Auflagen verbunden ist. Daher sollte man sich vor Anschaffung dieser Rasse nach den aktuellen Bestimmungen und Vorschriften erkundigen.

## 2 | Mastino Napoletano

Molossoide | FCI-Nr. 197

Herkunft: Italien
Größe: Rüden 63–73 cm; Hündinnen 60–68 cm.
Gewicht: Rüden 60–70 kg; Hündinnen 50–60 kg.
Farben: Grau; Beigegrau; Schwarz; manchmal auf Brust und Zehenspitzen kleine weiße oder bräunliche Flecken.

Geschichte: Die Vorfahren dieser Rasse waren vermutlich die römischen Mastiffs, die als Wachhunde dienten, mit wilden Tieren im Circus gekämpft haben und für die Jagd auf Großwild verwendet wurden. Mit den Legionären zogen sie durch Europa und trugen somit zur Entstehung verschiedener Mastiffrassen bei. Offiziell wurde der erste Mastino Napoletano erst 1946 ausgestellt. 1949 erfolgte dann die Anerkennung als eigenständige Rasse.
Charakter: Der Mastino Napoletano ist ein schwerer, massiger Hund, der schon allein durch seine Erscheinung Respekt einflößt. Er kennt keine Furcht und verteidigt seine Familie und deren Hab und Gut vehement. Dennoch ist er nicht grundlos aggressiv oder bissig, sondern hat eher ein ausgeglichenes Wesen. Er ist der geborene Wächter. Typisch ist der fast schleichende, geruhsame Gang. Dennoch erfolgt sein Angriff bei Gefahr blitzschnell.
Dieser Hund ist schon aufgrund seines Äußeren und seiner Größe nicht jedermanns Sache, zumal er auch entsprechend großzügige Wohnverhältnisse benötigt. Trotz seiner für manchen Furcht einflößenden Erscheinung ist er nicht gefährlicher als

andere große Hunderassen, wenn er entsprechend erzogen wird. Er ist durchaus geeignet für die Begleithundausbildung. Allerdings sollte sein Hundeführer ihn auch im Notfall körperlich beherrschen können. Besonderheiten: Der massige Kopf mit der faltigen Haut verleiht ihm den typischen Gesichtsausdruck. Die Lider sollten nicht zu offen sein, um die Anfälligkeit für Augenerkrankungen zu verringern. Durch die offenen Lefzen kommt es auch zu starkem Speichelfluss. Früher wurden die Ohren dieser Hunde kurz kupiert. Das natürliche Hängeohr liegt eng am Kopf an. In manchen Bundesländern wird diese Rasse zu den gefährlichen Hunden gezählt, deren Haltung mit bestimmten Auflagen verbunden ist. Daher sollte man sich vor Anschaffung dieser Rasse nach den aktuellen Bestimmungen und Vorschriften erkundigen.

## 9 | Mi-Ki

nicht FCI-anerkannt

Herkunft: USA
Größe: Rüden und Hündinnen bis 28 cm.
Gewicht: Steht in Proportion zur Größe.
Farben: Alle Farben erlaubt.

Geschichte: Diese kleine, zierliche Hunderasse tauchte um 1980 erstmals in den USA im Bundesstaat Wisconsin auf. Die Vorfahren waren Papillon, Malteser und Japan Chin, die von Kanadiern ins Land gebracht worden waren. Der Name leitet sich von einem Kosenamen ab, den die Züchterin und Begründerin der Rasse, Maureen Westberg, verwendet hatte. Vom Japan Chin hat der Mi-Ki die kurze Schnauze, die Augen und die behaarte Ringelrute geerbt. Vom Papillon stammt das liebenswürdige Wesen und vom Malteser das seidige Fell. Im Jahre 1995 wurde der Mi-Ki vom States Kennel Club anerkannt. Im Jahr 2003 existierten etwa 800 reinrassige Mi-Kis in den USA.
Charakter: Die geringe Körpergröße, sein freundliches, aufgewecktes Wesen und die Tatsache, dass der Mi-Ki nicht haart, machen ihn zu einem pflegeleichten und unkomplizierten Begleiter, der aber auch durchaus im Obedience-Ring gegen andere Hunderassen bestehen kann.
Besonderheiten: Das Erscheinungsbild dieser Rasse ist noch sehr vielfältig. Es gibt steh- und hängeohrige sowie kurz- und langhaarige Hunde in allen Farbschlägen. Allerdings sind einfarbige Hunde sehr selten und daher recht begehrt. Das Gleiche gilt für schwarz-weiße Hunde, die sich nicht selten später in Richtung blau-weiß oder silber-weiß entwickeln. Der kurzhaarige Typ hat ein anliegendes Haarkleid und nur eine knappe Befederung an Ohren und Beinen. Langhaarige Hunde besitzen ein langes, seidiges Fell ohne Unterwolle, eine starke Befederung sowie einen Schnauzbart. Bei langhaarigen Hunden werden Gesicht und Pfoten geschoren. Die Fellpflege ist unkompliziert, die längeren Haare werden regelmäßig gekämmt, um Verknotungen vorzubeugen. Der Körper soll kräftig und kompakt sein, wobei er von den Schultern an gemessen etwas länger als hoch sein soll.

## 6 | Montenegrinischer Gebirgslaufhund

Laufhunde | FCI-Nr. 279

Crnogorski Planinski Gonic, Montenegrinische Gebirgsbracke

Herkunft: Serbien und Montenegro
Größe: Rüden und Hündinnen 44–54 cm.
Farben: Schwarz mit braunen Abzeichen über den Augen und an den Läufen.

Geschichte: Nach dem jüngsten Balkan-Krieg wurden diese Hunde offiziell als jugoslawische bzw. serbische Rasse anerkannt, ursprünglich stammen diese Hunde aber aus Slowenien. Seit dem 18. Jahrhundert wurden sie für die Jagd in den Bergen auf Bär, Luchs, Wolf, Hirsch und Wildziege verwendet. Heute wird der Montenegrinische Gebirgslaufhund in jeglichem Gelände vorwiegend für die Fuchs- und Kaninchenjagd eingesetzt. Trotzdem eignet er sich am besten für die Jagd im Gebirge, da er an felsige Untergründe und starke Temperaturschwankungen angepasst ist.

**Charakter:** Die Hunde besitzen mittelmäßiges Temperament, sind äußerst friedlich und ausgesprochen freundlich zu Menschen. Daher geben sie auch angenehme Hausgenossen ab. Beim Suchen und Treiben sind sie geduldig und ausdauernd.
**Verwendung:** Sie werden heute vorwiegend in Koppeln oder kleinen Meuten für die Jagd auf Bären und Wildschweine verwendet. Ihre Stimme ist im Allgemeinen recht tief.
**Besonderheiten:** Die kräftigen Hunde haben ein kurzes Fell, das keiner besonderen Pflege bedarf. Charakteristisch ist der für ihre Größe relativ lange Körper. Dieser früher sehr häufig vorkommende Gebrauchshund ist nicht zuletzt durch die Kriegswirren im ausgehenden 20. Jahrhundert selbst in seiner Heimat recht selten geworden und außerhalb wohl überhaupt nicht anzutreffen. Es gibt in Europa einige ähnlich aussehende Laufhunde, aber die charakteristischen Abzeichen über den Augen (Vieräugl) unterscheiden ihn von den anderen Laufhundrassen und erinnern im Aussehen stark an die Brandlbracke.

# 9 | Mops

**Kleine doggenartige Hunde | FCI-Nr. 253**

Herkunft: Großbritannien
Größe: Rüden und Hündinnen bis zu 32 cm.
Gewicht: Rüden und Hündinnen 8–14 kg.
Farben: Fauve (Falbfarben); Schwarz; Silber; Apricot.

**Geschichte:** Wahrscheinlich liegt der Ursprung des Mopses in China, wo schon lange vor unserer Zeitrechnung in Palästen kleine Hunde gehalten und gezüchtet wurden. Der Urahn ist vermutlich der „Lo-Sze“, der um 1000 n. Chr. in großer Zahl gezüchtet wurde. Durch Handelsbeziehungen im 16. Jahrhundert gelangten die ersten Vertreter dieser Rasse nach Europa, wo sie in viele Königs- und Adelshäuser Einzug hielt. In England wurde der Mops konstant gezüchtet. Zunächst war es noch üblich, die Ohren zu kupieren, bis Königin Viktoria dies verbot. Möpse waren immer recht selten und teuer. Mit der Zeit kamen sie „aus der Mode“ und zählen bis heute zu den eher seltenen Vertretern der Kleinhunde, obschon sie in den letzten Jahren wieder mehr im Kommen sind. Im 19. Jahrhundert wurde aus dem vitalen, athletischen Hund allmählich ein Schoßhund für die Damen, der mit Süßigkeiten verwöhnt wurde, dadurch hoffnungslos verfettet war und zur Karikatur seiner selbst wurde. Dadurch erhielt er ein negatives Image. Zum Glück liegen heute die Bestrebungen der Zucht wieder darin, muskulöse, gesunde Hunde ohne übermäßige Faltenbildung hervorzubringen, die auch durch eine nicht mehr übertrieben kurze Nase weniger zu Atembeschwerden neigen.
**Charakter:** Der Mops ist ausgeglichen, anpassungsfähig und frei von Aggression. Bei jungen Hunden muss das Temperament gezügelt werden, damit sie sich nicht überanstrengen und vor allem bei warmem Wetter nicht unter Atemnot leiden. Der Mops ist ein anhänglicher, ruhiger Familien- und Begleithund, der eine eigenständige Persönlichkeit entwickelt und viel Zuwendung benötigt.
**Besonderheiten:** Für ihr Wohlbefinden müssen die Hunde unbedingt ausgewogen ernährt und ausreichend bewegt werden. Nur so können sie einen gesunden, muskulösen Körper entwickeln. Das Futter sollte konsequent abgeteilt werden, da ein Mops mehr fressen würde, als ihm gut tut. Die Rute ist über dem Rücken geringelt und wird dicht am Körper getragen.

# 1 | Mudi

Schäferhunde | FCI-Nr. 238

Herkunft: Ungarn
Größe: Rüden 41–47 cm, ideal 43–45 cm; Hündinnen 38–44 cm, ideal 40–42 cm.
Gewicht: Rüden 11–13 kg; Hündinnen 8–11 kg.
Farben: Falb; Schwarz; Blue-merle; Aschfarben; Braun; Weiß.

Geschichte: Der Mudi gehört zu den ungarischen Treib- und Hütehunden. Im Laufe der vergangenen 150 Jahre entstand diese Rasse spontan durch Kreuzungen verschiedener Hirtenhundrassen und konnte sich in ihrer Einzigartigkeit behaupten. Etwa um 1900 hatte sich der Typ Hund ausgebildet, der den Anforderungen als Hütehund am besten entsprach und wie wir den Mudi heute kennen. Der Standard wurde aber erst 1966 von der FCI anerkannt.

Charakter: Der Mudi ist ein temperamentvoller, gelehriger Hund, der weniger bellfreudig ist als Puli und Pumi und auch etwas sanfter mit dem Vieh umgeht, das er zu hüten hat. Er wurde auch als Rattenvertilger und „Saupacker" eingesetzt. Typisch sind der trippelnde Schritt und die flinke Fortbewegungsweise. Auffällig sind der aufmerksame Blick, der keilförmige Kopf und die dreieckigen Stehohren. Der Mudi besitzt eine gewisse Portion an Schärfe, ist wachsam und mutig und daher auch als zuverlässiger Wachhund geeignet. Er ist robust und anspruchslos und stellt für den sportlichen Menschen, der einen nicht allzu großen Hund möchte, sicherlich den idealen Begleiter dar. Erhält er gemäß seiner Veranlagung ausreichend Auslauf und Beschäftigung, am besten in Form von Hundesport, lässt er sich durchaus auch in einer Etagenwohnung halten.

Besonderheiten: Das Fell ist mittellang, glänzend und immer schneckenförmig gewellt. Regelmäßiges Bürsten und Kämmen reichen als Fellpflege aus. Die Rute wurde gelegentlich auf 7 bis 8 cm Länge kupiert. Es werden aber auch manchmal Welpen mit Stummelrute geboren, was nicht als Fehler angesehen wird.
Bei uns ist der Mudi noch recht selten. Da diese Rasse nicht so verbreitet ist, sind die Tiere im Allgemeinen noch sehr robust.

# 1 | Nederlandse Schapendoes

Schäferhunde | FCI-Nr. 313

Niederländischer Schapendoes, Holländischer Hütehund

Herkunft: Niederlande
Größe: Rüden 43–50 cm; Hündinnen 40–47 cm.
Gewicht: Rüden und Hündinnen etwa 15–20 kg.
Farben: Alle Farben; bevorzugt wird Blaugrau bis Schwarz.

Geschichte: Wörtlich übersetzt bedeutet Schapendoes „Schafpudel". In vielen Ländern, wo Schafzucht betrieben wurde, haben sich Hunderassen mit ähnlichem Aussehen entwickelt. So ist der Schapendoes dem PON, aber auch dem Briard oder dem Bearded Collie sehr ähnlich. Er war in der Vergangenheit ein wichtiger Helfer der Schäfer, um dessen Reinzucht sich aber niemand großartig kümmerte. Die Hunde wurden ausschließlich nach ihrem Gebrauchswert selektiert. Ende des 18. und Anfang des 19. Jahrhunderts kamen sie in Holland überall dort vor, wo es Schafherden gab. Dann gingen die Bestände zurück und im Zweiten Weltkrieg galt die Rasse als ausgestorben. 1945 begann man, mit den restlichen Exemplaren die Rasse wieder aufleben zu lassen, die bis heute noch eher zu den seltenen Hunderassen zählt.

**Charakter:** Der Schapendoes ist ein Hüte- und Treibhund, der über viel Ausdauer, Wendigkeit, Schnelligkeit und eine enorme Sprungkraft verfügt. Er hat ein freundliches Wesen, ist frei von Aggression und mit Freude bei der Arbeit. Er lässt sich gut erziehen und achtet aufmerksam auf die Anweisungen seines Menschen. Da er aber selbstständiges Arbeiten gewohnt ist, versucht er auch mal, seinen eigenen Kopf durchzusetzen, was der Mensch mit Humor nehmen sollte. Die Erziehung sollte konsequent, aber ohne Härte erfolgen.
**Verwendung:** Wer seinem Schapendoes keine Möglichkeit für die Hütearbeit bieten kann, sollte mit ihm Agility betreiben, eine Sportart, für die er ausgezeichnet geeignet ist. Bekommt der Schapendoes nicht genügend Auslauf und Beschäftigung, wird er nervös und zeigt dann im Haus unerwünschte Verhaltensweisen.
**Besonderheiten:** Das dichte Fell sollte alle ein bis zwei Wochen gründlich gebürstet werden, dabei darf nicht zu viel Unterwolle entfernt werden, um den Kälteschutz zu erhalten. Baden sollte möglichst vermieden werden.

## 2 | Neufundländer

Molossoide | FCI-Nr. 50

Herkunft: Kanada (Neufundland)
Größe: Rüden etwa 71 cm; Hündinnen etwa 66 cm.
Gewicht: Rüden etwa 68 kg; Hündinnen etwa 54 kg.
Farben: Schwarz; Braun; Weiß mit schwarzen Flecken.

**Geschichte:** Die Vorfahren dieser Rasse waren die auf Neufundland einheimischen Hunde und die großen, schwarzen Bärenhunde, die nach 1100 von den Wikingern auf die Insel gebracht wurden. Nach der Ankunft der Europäer vermischten sich noch einige weitere Rassen mit den dortigen Hunden, aber als 1610 die Insel kolonisiert wurde, hatte der Neufundländer schon Aussehen und Wesen, wie wir es heute kennen. Er war ein wichtiger Helfer für die Menschen. Zu dritt oder zu viert vor einen Schlitten gespannt zogen die Hunde ohne Begleitung schwere Lasten vom Landesinneren zur Küste. Für die Fischer zogen sie die Netze ein, apportierten verloren gegangene Fische und zogen Boote an Land.
**Verwendung:** Seine Fähigkeiten im Wasser sind legendär, und so ist der Neufundländer zu dem typischen Wasserrettungshund geworden, der heute vielfach bei der Rettung von Ertrinkenden eingesetzt wird. Das dichte, Wasser abweisende und isolierende Fell schützt ihn vor Kälte, Wind und dem kalten Wasser. Wer sich viel mit seinem Hund beschäftigt, sollte die Ausbildung zum (Wasser-)Rettungshund in Erwägung ziehen. Für den Schutzdienst ist die Rasse nicht geeignet.
**Charakter:** Bei uns hat sich der Neufundländer schon vor langer Zeit zu einem beliebten Familienhund entwickelt. Er hat ein ruhiges Wesen und ist freundlich zu jedermann. Er ist widerstandsfähig, genügsam und ausdauernd. Der Jagdtrieb ist nur noch im Ansatz erhalten. Eine gewisse stoische

Gelassenheit und seine Selbstsicherheit erfordern vom Besitzer bei der Erziehung Geduld und Einfühlungsvermögen. Wer sich für einen Neufundländer entscheidet, sollte ihm ausreichend Platz und Auslauf bieten – am besten natürlich ein Haus mit einem großen Garten – und ihm eine solide Grunderziehung angedeihen lassen. Und er sollte ihm regelmäßig Gelegenheit zum Schwimmen, seiner großen Leidenschaft, geben.

## 3 | Norfolk Terrier | Norwich Terrier

Niederläufige Terrier: Norfolk Terrier | FCI-Nr. 272,
Norwich Terrier | FCI-Nr. 72

**Norfolk Terrier**

Herkunft: Großbritannien
Größe: Rüden und Hündinnen 25–26 cm.

**Norwich Terrier**

Herkunft: Großbritannien
Größe: Rüden und Hündinnen 26 cm.
Gewicht: Rüden und Hündinnen 5–7 kg.
Farben: Alle Schattierungen von Rot, Weizen, Schwarz mit Loh oder Grizzle (grau meliert).

Geschichte: Norfolk und Norwich Terrier haben gemeinsame Vorfahren und galten lange Zeit nicht als unterschiedliche Rassen. Im 19. Jahrhundert wurden sie auf Getreidefarmen und in Pferdeställen gehalten, um dort Jagd auf Ratten und Mäuse zu machen. Für die Studenten in Cambridge war die Rattenjagd ein beliebter Sport, den sie mit diesen Hunden betrieben haben. 1932 wurde der Norwich Terrier mit Kipp- oder Stehohren als Rasse anerkannt. Erst 1964 bekamen die beiden Varianten unterschiedliche Standards und die kippohrigen Hunde erhielten den Namen Norfolk Terrier. Ihre Namen haben diese Rassen von der Grafschaft Norfolk bzw. von deren Hauptstadt Norwich erhalten.

Charakter: Beide Terrier sind liebenswerte Familienhunde, die auch etwas für hundeunerfahrene Menschen sind. Sie besitzen ein aufgewecktes, fröhliches Wesen und sind vor allem – eher terrieruntypisch – nicht streitsüchtig mit Artgenossen. Daher lassen sie sich auch gut mit anderen Hunden vergesellschaften. Sie sind sehr verspielt, lassen sich leicht erziehen und bellen auch nicht grundlos. Sie sind ausdauernd auf langen Spaziergängen, brauchen aber aufgrund ihrer Körpergröße nicht so viel Auslauf. Sie können auch in einer kleineren Wohnung gehalten werden. Sie lassen sich gut zum Begleithund ausbilden und lernen schnell kleine Kunststücke.

Besonderheiten: Das raue Fell benötigt nicht viel Pflege, gelegentliches Bürsten reicht aus. Zweimal im Jahr sollten die abgestorbenen Haare von Hand ausgezupft, also getrimmt werden. Das etwas strubbelige Aussehen entspricht dem natürlichen Erscheinungsbild, daher sollte nicht übermäßig getrimmt werden. Früher wurde die Rute kurz kupiert.

# 5 | Norrbottenspets

Nordische Jagdhunde | FCI-Nr. 276

### Norbottenspitz

Herkunft: Schweden
Größe: Rüden 44 cm; Hündinnen 41 cm.
Gewicht: Je nach Größe 12–15 kg.
Farben: Alle Farben sind zulässig.

Geschichte: Der Norrbottenspets stammt aus Nordschweden und wurde dort ursprünglich zur Vogeljagd vorwiegend auf Raufußhühner verwendet. Der Hund spürte die Vögel auf ihren Bäumen auf und verbellte sie so lange, bis der Jäger zum Schuss kam. Ursprünglich stammt er ebenso wie der ihm sehr ähnliche Lundehund von den spitzähnlichen Hunden der Wikinger ab. Der Norrbottenspets wurde aber immer seltener und galt 1936 als ausgestorben. Bestrebungen des schwedischen Hundeverbandes ließen diese Rasse aber wieder zum Leben erwecken. Durch Einkreuzungen von Lundehund und Buhund wurde erneut eine Zuchtbasis geschaffen, auf der heute wieder die Reinzucht dieser Rasse gründet. Die offizielle Anerkennung erfolgte erst 1967. Bei uns findet man Vertreter dieser Rasse nur vereinzelt.

Charakter: Heute wird der Norrbottenspets, der nach wie vor sehr selten ist, kaum noch als Jagdhund verwendet, sondern als Begleit- und Familienhund gehalten. Er ist aktiv und munter und besitzt ein freundliches und selbstbewusstes Wesen. Er ist aufmerksam und wachsam und sollte ausreichend Auslauf und Beschäftigung erhalten.
Besonderheiten: Der Norrbottenspets besitzt ein für nordische Rassen untypisch kurzes Fell. Die Rute ist nur locker gerollt und hängt auch mehr Richtung Oberschenkel (oder wird auch mal ganz nach unten getragen), anstatt eng über dem Rücken zusammengerollt zu sein. Obwohl bei dieser Rasse alle Farben zugelassen sind, werden weiße Tiere mit gelben oder rotbraunen Abzeichen – wie hier abgebildet – als ideal angesehen.

# 5 | Norwegischer Buhund

Nordische Wach- und Hütehunde | FCI-Nr. 237

### Norsk Buhund

Herkunft: Norwegen
Größe: 41–46 cm; Hündinnen etwas kleiner als Rüden.
Farben: Weizen; Rot; Schwarz; symmetrische Abzeichen wie Blesse, Halsring, Weiß an Brust und Läufen sind zulässig.

Geschichte: Der Buhund ist die norwegische Variante des kleinen Spitzes, der schon zur Steinzeit in Skandinavien weit verbreitet war. Der Name leitet sich ab von „Bu" (norwegisch für Stall oder Haus) und wird erstmalig 1698 erwähnt. Die Geschichte des Buhunds reicht über 1000 Jahre zurück. Funde aus Wikingergräbern beweisen, dass Hunde dieses Typs häufig auf norwegischen Bauernhöfen waren. Der Buhund war Wachhund und Hütehund für das Vieh. Dank seines Temperaments und seiner Beweglichkeit war der Buhund als Hütehund unübertroffen. Wegen seiner geringen Größe war er auch billig im Unterhalt, was für die Menschen damals ein wichtiges Kriterium war.
Anfang des 20. Jahrhunderts gingen die Bestände zurück, einerseits durch die vielen importierten Hunde, andererseits durch die unkontrollierte Einkreuzung anderer Rassen. Den Erhalt verdankt diese Rasse Jon Sæland, der 1926 die erste Buhund-Ausstellung organisierte und im selben Jahr das erste Zuchtbuch dieser Rasse einrichtete. Da der Buhund als „Bauernhund" nie richtig ernst genommen wurde, bekam er erst 1943 seine Anerkennung.
Charakter: Der Buhund ist ein agiler, robuster und anhänglicher Familienhund.

Er lässt sich gut erziehen, ist freundlich und besitzt einen ausgeprägten Arbeitswillen.

Verwendung: Der Buhund ist geeignet für die Hütearbeit, für Agility oder Obedience und wird in Schweden auch als Rettungs- und Behindertenbegleithund eingesetzt. Bei uns ist der Buhund allerdings noch äußerst selten zu finden.

Besonderheiten: Zusammen mit dem Lundehund wurde der Buhund dazu ausgewählt, den Norrbottenspets, der 1936 als ausgestorben galt, wieder zum Leben zu erwecken.

# 5 | Norwegischer Elchhund (grau)

Nordische Jagdhunde | FCI-Nr. 242

Norsk Elghund Grå

Herkunft: Norwegen

Größe: Rüden 52 cm; Hündinnen 49 cm.

Farben: Grau, heller an Brust, Bauch und Läufen, dunkle Maske und dunkle Ohren.

Geschichte: Der Norwegische Elchhund ist die häufigste der als „Elchhunde" bezeichneten Rassen. Er ist außerdem der norwegische Nationalhund. Schon die Wikinger besaßen etwa 4000 bis 5000 v. Chr. Hunde, die den heutigen Elchhunden recht ähnlich sahen. Allerdings wäre es vermessen zu behaupten, sie würden in direkter Linie von diesen Wikingerhunden abstammen. Nachweisbar beginnt die Rassegeschichte 1865, als der erste Norwegische Elchhund in das Zuchtbuch eingetragen wurde. 1901 wurde der Name „Dyrehund" (= Tierhund) geprägt, der bis zum Jahr 1949 seine Gültigkeit behielt. Die Hunde waren unentbehrlich bei der Elchjagd in Skandinavien. Somit hing ihre Verbreitung auch immer eng mit dem Elchbestand zusammen. Sie arbeiteten sowohl als Löshunde wie auch als Bandhunde. Der Löshund sucht selbstständig. Wenn er den Elch findet, beginnt er mit dem „Lös" = Laut geben. Als Bandhund wird er an einer 2 m langen Leine geführt und arbeitet so ruhig, dass er den Jäger vor den Elch führt. Ursprünglich sind die Elchhunde Stöberhunde, werden bei uns aber auch als Schweißhunde eingesetzt.

Verwendung: Nur wenige Elchhunde werden bei uns tatsächlich jagdlich geführt, da mit ihrer selbstständigen Art nicht jeder Jäger zurechtkommt. Als Begleithund sollten die Tiere auf alle Fälle gründlich erzogen und als Ersatz für die jagdliche Arbeit als Fährtenhunde, Rettungshunde oder im Turnierhundesport geführt werden.

Charakter: Der Elchhund ist anhänglich und temperamentvoll, unempfindlich und nervenstark. Er ist eigenständig und zeigt keinen Kadavergehorsam. Seine Erziehung erfordert Einfühlungsvermögen. Er ist eng an seine Menschen gebunden, angenehm im Haus und verteidigt bellend seine Familie, ohne anzugreifen.

# 5 | Norwegischer Elchhund (schwarz)

Nordische Jagdhunde | FCI-Nr. 268

Norsk Elghund Sort

Herkunft: Norwegen

Größe: Rüden 47 cm; Hündinnen 44 cm.

Farben: Schwarz, etwas Weiß an Brust und Pfoten wird toleriert.

Geschichte: Anfang des 16. Jahrhunderts wird der schwarze Elchhund erstmalig als Jagdhund erwähnt. Er wurde auch „Alter Osterdal-Hund" oder „Bärenhund" genannt. Um 1900 war der schwarze Elchhund mehr in den zurückliegenden Grenzgebieten von Schweden und Norwegen und in der Gegend um Trondheim anzutreffen. Seit dieser Zeit übertrafen die grauen Elchhunde diese Rasse an Anzahl und Bekanntheitsgrad. Jahrelang war der schwarze Elchhund vom Aussterben bedroht. Seit 1960 ist jedoch eine Veränderung zu verzeichnen. Ganz allmählich nehmen die Bestände dieser Rasse wieder zu.

Verwendung: Der schwarze Elchhund wird als Bandhund eingesetzt, das heißt, der Hund führt den Jäger an der Leine zum Elch. Die Tiere arbeiten dabei so ruhig, dass sie den Jäger von einem Elch zum anderen führen können, ohne die Tiere zu stören. Dadurch kann das geeignete Stück ausgewählt werden. Bei uns werden die Hunde auch zur Nachsuche eingesetzt. Die Prüfung wird dann ersatzweise mit der Hirschfährte vorgenommen.

Charakter: Äußerlich ist der schwarze Elchhund ein typischer Spitz mit einem kompakten Körper, aber leichter gebaut als sein grauer Vetter. Er ist ausgeglichen, nervenfest und selbstsicher. Er besitzt großen Mut und ist flink bei der Jagd. Er zeigt eine enge Bindung an seine Familie, ist wachsam und warnt bellend, ohne anzugreifen. Wird er als Familienhund gehalten, sollte er eine gründliche Erziehung als Begleithund bekommen und möglichst als Fährtenhund oder im Hundesport eingesetzt werden. Somit wird er rassegemäß beschäftigt und die Gefahr gemildert, dass seine Jagdpassion mit ihm durchgeht.

# 5 | Norwegischer Lundehund

Nordische Jagdhunde | FCI-Nr. 265

Norsk Lundehund

Herkunft: Norwegen

Größe: Rüden 35–38 cm; Hündinnen 32–35 cm.

Gewicht: Rüden etwa 7 kg; Hündinnen etwa 6 kg.

Farben: Rotbraun bis Falb; Schwarz; Grau; alle mit weißen Abzeichen oder Weiß mit dunklen Abzeichen.

Geschichte: „Lunde" ist der norwegische Name für Papageientaucher. Diese Vögel brüten an den steilen Felsküsten Norwegens. Der Lundehund war darauf spezialisiert, diese Vögel zu fangen, als sie noch gejagt werden durften.

Besonderheiten: Um seine Aufgaben meistern zu können, hat ihn die Natur mit außergewöhnlichen Eigenschaften ausgestattet. So besitzt er als einzige Hunderasse sowohl an den Vorder- als auch an den Hinterläufen mindestens sechs Zehen, wobei fünf an den Vorder- und vier an den Hinterpfoten effektiv auftreten müssen. Das dient der Trittsicherheit im Fels. An den Vorderläufen besteht der Daumenkomplex aus einer dreiteiligen und einer zweiteiligen Zehe. Weiterhin kann sich der Lundehund ganz flach auf den Boden legen, indem er dank spezieller Schultergelenke die Vorderbeine im 90°-Winkel abspreizt. Beim Kriechen (zum Beispiel in die Nisthöhlen) kann er die Ohren einklappen und verschließen, damit kein Schmutz eindringt. Um sich in engen Höhlen bewegen zu können, kann er den Kopf über den Nacken bis auf den Rücken biegen. Und schließlich hat er acht Zähne weniger als andere Hunde, damit er die Vögel unversehrt aus ihren Höhlen holen kann. Die Rute kann aufgerollt oder hängend getragen werden. Der ausgewachsene Hund weist im Deckhaar meistens mehr schwarze Farbe auf als der Junghund.

Charakter: Der Lundehund ist aufmerksam, freundlich, temperamentvoll und verspielt. Er ist arbeitsfreudig und ein begeisterter Apportierer. Bisweilen kann er etwas eigenwillig sein. Dennoch ist er ein problemloser Familienhund, wenn er ausreichend Auslauf und Beschäftigung erhält.

# 8 | Nova Scotia Duck Tolling Retriever

Apportierhunde | FCI-Nr. 312

Herkunft: Kanada (Nova Scotia)
Größe: Rüden 48–51 cm; Hündinnen 45–48 cm. Eine Abweichung von 3 cm nach oben oder unten ist erlaubt.
Gewicht: Rüden 20–23 kg; Hündinnen 17–20 kg.
Farben: Rot; Orange; meistens ist mindestens eine weiße Markierung an Rutenspitze, Pfoten, Brust oder eine Blesse vorhanden.

Geschichte: Der Ursprung dieser Rasse, kurz „Toller" genannt, lag vermutlich in einer Verpaarung eines St. John's Hundes mit einem Wavy Coated Retriever. Es könnten aber auch die rotbraunen Indianerhunde die Vorfahren sein, da sie ähnliche Jagdtechniken beherrschten wie der Toller. Auf alle Fälle wurden wohl später Cocker Spaniel, Irish Setter und Shelties mit eingekreuzt. Zunächst wurden die Hunde „Little River Duck Dog" genannt. 1945 wurden sie offiziell als Nova Scotia Duck Tolling Retriever anerkannt.

Die namengebende typische Eigenschaft dieser Rasse ist die Fähigkeit, Enten anzulocken. Sie wurde genutzt, um die Enten in Schussnähe zu bringen. Die Hunde wurden ins Schilf geschickt, um von dort Stöckchen oder Bälle zu apportieren. Die verspielten Hunde suchten und apportierten unermüdlich. Das aufregende Hin- und Herrennen mit hoch erhobener Rute lockte die neugierigen Enten an. Der Jäger erlegte sie und ließ sie von seinem Hund apportieren. Solange der Toller die Enten anlocken soll, darf er weder das Federvieh beachten noch ins Wasser springen. Ebenso darf er dabei nicht bellen.

Charakter: Der Toller zeichnet sich durch große Wasserfreudigkeit, Ausdauer und einen ausgeprägten Spieltrieb aus. Er ist die kleinste Retrieverrasse. Er ist flink, wachsam und entschlossen. Zu Fremden ist der Toller zunächst zurückhaltend. Er bewacht gern Haus und Hof und besitzt eine gewisse Portion Hütetrieb – ein Erbe des Shelties. Trotzdem ist er ein echter Jagdhund geblieben. Die Tätigkeit, für die er ursprünglich gezüchtet wurde, ist ein schnelles Umschalten von Spiel, „steadyness" – also Ruhe bewahren, bis der Jäger zum Schuss gekommen ist – und Apportieren. Selbst für einen Toller ist dieses Umschalten nicht ganz leicht und muss von Anfang an konsequent geübt werden.

Verwendung: Da der Toller so verspielt, flink und temperamentvoll ist, eignet er sich hervorragend für alle schnellen Hundesportarten, insbesondere Turnierhundesport, Flyball und Agility. Er ist aber auch für Obedience und Dummy-Arbeit sowie für die Rettungshundearbeit geeignet. Nur Gebrauchshundedienst sollte mit ihm nicht durchgeführt werden. Für sportliche Menschen, die einen nicht so großen, aber dennoch agilen und freundlichen Hund suchen, mit dem sie viel unternehmen möchten, ist der Toller sicherlich die richtige Wahl.

Besonderheiten: Das typische Verhalten des Toller ist im Reich der Rassehunde fast einmalig. Nur der etwas kleinere holländische Kooikerhondje kann auch durch sein spielerisches Verhalten Enten anlocken.

# 6 | Ogar Polski

Laufhunde | FCI-Nr. 52

Geschichte: Jagdhundrassen, die als Ogar bezeichnet wurden, fanden erste Erwähnung in polnischen Schriften des 14. Jahrhunderts, in denen von großen Zuchten dieser Hunde für die königliche Jagd berichtet wird. Früher wurde der Ogar Polski hauptsächlich zur Jagd auf Hase, Fuchs, Wildschwein und Reh, aber auch zur Entenjagd im Schilf verwendet. Er jagt mit vollem Laut, wobei die Stimme klar, wohltönend und von mittlerer Tonlage ist. Auf Polnisch wird dieser Klang „Gon“ genannt. Das dicke Haar ist von mittlerer Länge und besitzt dichte Unterwolle. Bei uns ist diese Rasse sehr selten, und nur wenige Exemplare werden jagdlich eingesetzt. Selbst in seinem Heimatland ist dieser imposante, kräftige Hund mit dem angenehmen Charakter nicht weit verbreitet.

Charakter: Mit konsequenter Erziehung und ausreichend Auslauf und Beschäftigung kann man die Jagdleidenschaft des Ogar Polski in Grenzen halten. Wer seiner gelegentlichen Dickköpfigkeit mit Geduld und Liebe begegnet, findet in ihm einen zuverlässigen Freund und angenehmen Begleit- und Familienhund. Er ist sehr führerbezogen und seinem Menschen treu ergeben.
Der Ogar Polski ist verspielt und freundlich und braucht unbedingt die Nähe und die enge Bindung zu seiner Familie. Trotzdem ist er wachsam und passt auf seine Menschen und sein Heim auf. Fremden gegenüber ist er zunächst zurückhaltend, aber nicht unfreundlich.
Obwohl er zur Gruppe der Laufhunde zählt, hält sich sein Bewegungsdrang in Grenzen. Dafür ist der Ogar Polski aber äußerst ausdauernd und liebt ausgedehnte Spaziergänge, wobei er aber immer Kontakt zu seinem Hundeführer hält.

### Polnische Bracke

Herkunft: Polen
Größe: Rüden 56–65 cm; Hündinnen 55–60 cm.
Gewicht: Rüden 25–32 kg; Hündinnen 20–25 kg.
Farben: Rotbraun mit schwarzem oder dunkelgrauem Mantel. Deutliche rotbraune Abzeichen über den Augen. Der Brand kann von Rotbraun bis zu einem Zimtton reichen. Kleine weiße Abzeichen sind zugelassen.

# 1 | Old English Sheepdog

Schäferhunde | FCI-Nr. 16

### Bobtail, Altenglischer Schäferhund

Herkunft: Großbritannien
Größe: Rüden mindestens 61 cm; Hündinnen 56 cm.
Farben: Alle Schattierungen von Grau, Grizzle oder Blau; Körper und Hinterläufe einfarbig oder mit weißen Socken; Kopf, Hals, Vorhand und Unterbauch weiß mit oder ohne Zeichnung.

Geschichte: Erstmalig wurde diese Rasse in Schriften vom Anfang des 18. Jahrhunderts erwähnt. Das älteste bekannte Gemälde, auf dem solch ein Hund abgebildet ist, stammt aus dem Jahr 1771. Die ursprüngliche Arbeit der Bobtails war es, die Viehherden zum Markt zu treiben und sie vor Feinden zu beschützen. Das dichte Haarkleid machte sie für Witterungseinflüsse unempfindlich.
Charakter: Heute wird der Bobtail nur noch selten für die Hütearbeit eingesetzt. Er hat sich zu einem beliebten Familien- und Begleithund entwickelt. Hat er genügend Auslauf, ist er ein ruhiger und angenehmer Hausgenosse, der eine enge Bindung zu seiner Familie aufbaut. Obwohl er noch einen gewissen Schutztrieb besitzt, ist er normalerweise nie aggressiv. Seine Reizschwelle ist sehr hoch. Er ist selbstbewusst und kann recht stur sein, was dem Menschen bei der Erziehung einiges an Geduld und Konsequenz abverlangt. Dennoch ist er dank seines ausgeglichenen und freundlichen Wesens durchaus auch für weniger hundeerfahrene Menschen geeignet.
Besonderheiten: Das üppige Haarkleid verlangt allerdings regelmäßige Pflege. Mindestens einmal wöchentlich sollte das Fell gründlich lagenweise gebürstet werden, damit es nicht verfilzt. Dies kann unter Umständen einige Stunden in Anspruch nehmen. Laut Standard darf das Fell weder geschoren noch getrimmt werden. Manchmal sieht man aber besonders im Sommer geschorene Exemplare.
Die Bezeichnung „Bobtail“ (was ja „kurzschwänzig“ bedeutet) ist eigentlich, seitdem das Rutenkupierverbot besteht, völlig irreführend. Die Hunde besitzen nämlich von Natur aus eine lange Rute. Sie wurde nur früher vollständig kupiert.

# 6 | Österreichische Glatthaarige Bracke

Laufhunde | FCI-Nr. 63

### Brandlbracke

Herkunft: Österreich
Größe: Rüden 50–56 cm; Hündinnen 48–54 cm.
Farben: Schwarz mit wenigem, scharf abgesetztem hell- bis dunkelbraunen Brand. Die zwei Marken über den Augen (Vieräugl) müssen vorhanden sein.

Geschichte: Die Brandlbracke stammt aus den österreichischen Bergen. Sie ist mit der Tiroler Bracke nahe verwandt. Beide Rassen stammen vermutlich von einem gemeinsamen Vorfahren ab und gehen sicherlich auf die Keltenbracke zurück. Erst Mitte des 19. Jahrhunderts begann man mit der gezielten Reinzucht der Brandlbracke. Sie ist etwas höher als die Deutsche Bracke. Außerdem fehlen die typischen weißen Brackenabzeichen.
Verwendung: Die Brandlbracke ist ein leichter, sprungstarker Hund und somit ideal einsetzbar im schwierigen Gelände der Berge. Sie erfreut sich allgemeiner Beliebtheit als vielseitiger Jagdhund, der sowohl für die Schweißarbeit als auch zum Brackieren verwendet wird.

Die Brandlbracke eignet sich für die Jagd auf Hase und Fuchs ebenso wie zur winterlichen Saujagd. Die gute Nase und der hohe Spurwille machen sie zu einem ebenso hervorragenden Schweißhund.
Sie ist widerstandsfähig und wesensstark. Charakteristische Merkmale sind das ausdauernde, anhaltende laute Jagen sowie das ausgezeichnete Orientierungsvermögen.

Charakter: Zu den geforderten Eigenschaften der Brandlbracke gehören Wildschärfe, eine gewisse Härte und Verteidigungsbereitschaft. Sie sollte nur von Jägern oder Förstern gehalten und entsprechend ihrer Veranlagungen jagdlich eingesetzt werden. Die Brandlbracke verhält sich Menschen gegenüber sehr freundlich, ist sehr anschmiegsam und sucht engen Kontakt zu ihrer Familie. Mit gleichgeschlechtlichen Artgenossen kann es jedoch schon mal zu Raufereien kommen.
Besonderheiten: Eng verwandt mit der Brandlbracke ist der Slovenský Kopov.

## 2 | Österreichischer Pinscher

Pinscher und Schnauzer | FCI-Nr. 64

Herkunft: Österreich
Größe: Rüden 44–50 cm, Hündinnen 42–48 cm.
Gewicht: 15–23 kg.
Farben: Semmelgelb; Fahlgelb; Braungelb; Hirschrot; Schwarz und Braun; gestromt; fast immer mit großen weißen Abzeichen.

Geschichte: Diese Pinscher-Rasse war früher ein alltäglicher Landhund, um den man sich nicht sonderlich gekümmert hat. Demnach war lange Zeit niemand an einer gezielten Reinzucht interessiert, und das Erscheinungsbild war somit recht uneinheitlich. Der Pinscher wurde als Wachhund, Rattenfänger und hofeigener Viehtreiber verwendet. Erst 1928 wurde die Rasse schließlich in Österreich anerkannt. Heute hat sie einen kleinen, aber treuen Liebhaberkreis.

Charakter: Der Österreichische Pinscher wird heute als reiner Familienhund gehalten. Er ist temperamentvoll und verspielt und hängt sehr an seinen Menschen. Er ist mutig und äußerst wachsam. Bei aller Art von hundesportlichen Aktivitäten ist er mit Begeisterung bei der Sache.
Als ursprünglicher Wächter von Haus und Hof ist die Bindung an sein Heim sehr stark. Er neigt nicht zum Wildern oder Streunen. Allerdings zeichnet er sich durch seine Bellfreudigkeit aus. Alles Ungewöhnliche und jeder Besucher wird lautstark gemeldet. Fremden gegenüber ist er zunächst misstrauisch. Er muss von sich aus den Kontakt aufnehmen. Dieser Pinscher ist ein problemloser Familien- und Begleithund. Bietet man ihm genügend Auslauf und Beschäftigung, fühlt er sich auch in einer Etagenwohnung wohl. Allerdings sollte man dann aus Rücksichtnahme auf die Nachbarn seine Bellfreudigkeit etwas dämpfen. Das eigene Haus wird von ihm mit Begeisterung bewacht.
Besonderheiten: Da er ein guter Futterverwerter ist, sollte man besonders bei etwas älteren Tieren auf eine knappe Fütterung achten. Das kurze, stockhaarige Fell bedarf keiner besonderen Pflege.

## 6 | Otterhound

Laufhunde | FCI-Nr. 294

Herkunft: Großbritannien
Größe: Rüden etwa 67 cm; Hündinnen etwa 60 cm.
Gewicht: Je nach Größe um 40 kg.
Farben: Alle Laufhundfarben.

Geschichte: Wie der Name sagt, wurden diese Hunde ursprünglich zur Otterjagd eingesetzt. Die ersten „Otter Hounds" entstanden höchstwahrscheinlich Anfang des 11. Jahrhunderts in England, wobei das Erscheinungsbild der damaligen Hunde noch sehr uneinheitlich war. Die Hunde jagten in der Meute und verfolgten den Fischotter zu Land und im Wasser, manchmal über Stunden, bis er dann erschöpft von den Jägern getötet wurde. Später überließ man das Töten der Beute auch den Hunden. Otterhounds wurden vorwiegend aus dem alten Southern Hound und dem Bloodhound herausgezüchtet. Letzterem verdanken sie auch ihre hervorragende Nase, mit der sie bis zu 36 Stunden alte Fährten ausarbeiten können.

Charakter: Otterhounds, wie man sie heute kennt, entstanden erst Ende des 19. Jahrhunderts. Sie sind freundliche, gesellige Hunde ohne Aggression und wären dadurch eigentlich ideale Familienhunde. Allerdings besitzen sie nicht nur ein ausgeprägtes Laufbedürfnis, sondern verfolgen spurlaut eine Fährte, wann immer sich ihnen Gelegenheit dazu bietet. Dieses Verhalten verlangt dem Besitzer eine Menge Nerven, Geduld und viel Mühe ab. Auch ein gewisser Eigensinn muss bei der Erziehung berücksichtigt werden. Daher sollte ein Otterhound nur als reiner Familienhund gehalten werden, wenn er durch sportliche Betätigung oder Fährtenarbeit ausreichend beschäftigt und ausgelastet ist. Seiner Wasserbegeisterung sollte auch unbedingt nachgekommen werden.

Besonderheiten: Das harte, raue Haar ist leicht gewellt und besitzt eine gewisse ölige Struktur. Der Otterhound haart nicht. Allerdings halten sich in dem Fell jede Menge Schmutz und Pflanzenteile, sodass der Hund regelmäßig gebürstet werden muss, auch um ein Verfilzen des Haarkleides zu vermeiden.

## 3 | Parson Russell Terrier

Hochläufige Terrier | FCI-Nr. 339

Herkunft: Großbritannien
Größe: Rüden 36 cm; Hündinnen 33 cm. Eine Abweichung von 2 cm nach oben oder unten wird toleriert.
Farben: Einfarbig Weiß oder vorwiegend Weiß mit lohfarbenen, gelben oder schwarzen Abzeichen.

Geschichte: Seit der Anerkennung durch die FCI im Jahr 1991 hat sowohl die Namensgebung als auch die Größe dieser Hunderasse immer wieder für Verwirrung gesorgt, weil die kleineren, zu den niederläufigen Terriern zählenden und nur als Jack Russell Terrier bezeichneten Hunde früher nicht anerkannt waren, aber häufig mit dem Parson Russell Terrier verwechselt wurden. Seit 2002 sind nun auch die kurzbeinigen Terrier als eigene Rasse von der FCI anerkannt.

Benannt sind diese Hunde nach einem Pfarrer, der Mitte des 19. Jahrhunderts in der englischen Grafschaft Devon lebte. Er war ein begeisterter Jäger und züchtete diesen Terrier, damit er den Fuchs in seinem Bau aufstöbern konnte. Ausgangsrassen waren verschiedene Typen des alten Fox Terriers. Die Hunde sollten weiß sein, damit sie nicht mit den Füchsen verwechselt und aus Versehen erschossen wurden. Sie mussten klein und wendig sein, damit sie in den Fuchsbau passten. Und die Rute sollte lang genug sein (etwa eine Handbreit), damit man sie notfalls aus dem Bau herausziehen konnte. Bei nicht jagdlich geführten Hunden, wie es ja bei uns vorwiegend der Fall ist, wird die Rute nicht mehr kupiert und ist daher jetzt etwas länger.

Charakter: Der Parson Russell Terrier ist ein temperamentvoller, fröhlicher und unerschrockener Hund. Auch von größeren Artgenossen lässt er sich nicht so schnell einschüchtern. Da die Hunde früher in Meuten lebten, mussten sie ein verträgliches Wesen haben, was auch heute noch ein Kriterium für die Zucht sein sollte.
Dieser Terrier ist ein anhänglicher Familienhund, der aber viel beschäftigt werden will. Er sollte konsequent erzogen werden, da er ansonsten als typischer Terrier und Jagdhund trotz seiner Kleinheit versucht, sich dem Einfluss seiner Menschen zu entziehen.

Verwendung: Dieser Terrier braucht viel Auslauf und sollte idealerweise hundesportlich, am besten im Mini-Agility, geführt werden. Sein Temperament und seine Schnelligkeit prädestinieren ihn geradezu für diesen Sport.

## 9 | Pekingese

Japanische Spaniel und Pekingesen | FCI-Nr. 207

Geschichte: Um den Ursprung dieses Hundes ranken sich viele Legenden. Eine besagt, er sei aus einer Paarung zwischen Löwe und Äffchen entstanden. Eine andere erzählt, er sei aus der Verbindung einer in eine Lotusblüte verwandelten Prinzessin und eines in ein Eichhörnchen verwandelten Prinzen hervorgegangen. Vermutlich wurde der Pekingese aus einer tibetischen Zwerghunderasse herausgezüchtet und kam später an den kaiserlichen Hof in China. Tatsache ist, dass die Rasse seit einigen tausend Jahren besteht. Um 500 v. Chr. wurde sie in mehreren Schriften erwähnt. Sie wird auch als „under-table-dog" beschrieben, was bei einer üblichen Tischhöhe von 20 cm in China auf ihre Körpergröße schließen lässt.
Der Name Peking-Palasthund weist schon darauf hin, dass diese Hunde ausschließlich am kaiserlichen Hof gehalten und gezüchtet wurden. Sie waren reine „Streichelhunde" und wurden nie für eine bestimmte Aufgabe verwendet. Erst 1860 nach Plünderung des kaiserlichen Palastes gelangten die ersten Exemplare nach England. Um 1900 begann die gezielte Zucht in Deutschland.

### Peking-Palasthund

Herkunft: China
Größe: Rüden und Hündinnen 15–23 cm.
Gewicht: Rüden und Hündinnen etwa 4 kg.
Farben: Alle Farben erlaubt außer Albino und Leberfarben.

Charakter: Auch heute noch repräsentiert der Pekingese eine oft schwer ergründbare, fernöstliche Persönlichkeit, die von seinem Besitzer akzeptiert werden muss. Der kleine Hund ist furchtlos und zurückhaltend. Trotz seine Herkunft erkun-

det der Pekingese gern seine Umgebung, und es kann sogar vorkommen, dass er eine Maus oder Ratte fängt. Er besitzt ein ausgeprägtes Selbstbewusstsein und entscheidet selbst, wann und wem er seine Zuneigung zeigt. Er lässt sich nicht herumkommandieren und somit auch kaum ausbilden. Den Willen eines Pekingesen kann man nicht brechen. Dafür benötigt er nicht viel Auslauf und fühlt sich auch in einer Etagenwohnung wohl. Das dichte, lange Fell schützt die Hunde sicher vor Kälte, sodass sich Pekingesen im Winter gern draußen aufhalten und sich im Schnee wälzen oder sogar einschneien lassen. Dagegen reagieren sie empfindlich auf Wärme. Daher sollte im Sommer tagsüber auf Spaziergänge verzichtet werden.

Besonderheiten: Die Fellpflege erfordert dagegen viel Zeit und etwas Übung. Der Pekingese ist etwas für weniger bewegungsfreudige oder auch ältere Menschen, die seinen eigenen Charakter akzeptieren und ihn nicht zum Gehorsam zwingen wollen. Bei der Auswahl sollte man darauf achten, dass die Hunde nicht durch zu stark verkürzte Nasengänge Atemprobleme haben.

## 7 | Perdigueiro Português

Kontinentale Vorstehhunde | FCI-Nr. 187

### Portugiesischer Vorstehhund

Herkunft: Portugal
Größe: Rüden und Hündinnen 48–60 cm.
Farben: Falbfarben; Kastanienbraun; weiße Abzeichen erlaubt.

Geschichte: Der Portugiesische Vorstehhund besteht in der Form, wie wir ihn heute kennen, vermutlich schon seit dem Mittelalter. Er ist höchstwahrscheinlich der Vorfahre des englischen Pointers, dessen Wiege ja in Spanien, also dem Nachbarland Portugals, steht. Schon rein äußerlich ist die Ähnlichkeit nicht zu übersehen: Der ausgeprägte Stopp erinnert sehr an die Kopfform des Pointers, allerdings ist der Perdigueiro kräftiger gebaut.

Verwendung: Der Name Perdigueiro leitet sich von dem portugiesischen Wort „perdiz" = „Rebhuhn" ab, was schon einen Hinweis auf die ursprüngliche Verwendung als Hühnerhund gibt. So ist er heute noch ein hervorragender und vielseitig einsetzbarer Jagdhund, der zuverlässig vorsteht. Er ist sehr robust und äußerst arbeitsfreudig.

Er ist in allen Geländearten und bei allen Wetterverhältnissen einsetzbar. Daher wird er in seiner Heimat von den Jägern sehr geschätzt. Er wird für die Jagd auf dem Feld und auf jegliche Art von Federwild verwendet.

Charakter: Der Perdigueiro Português ist leichtführig und besitzt ein freundliches, zurückhaltendes Wesen. Zu Hause ist er ein angenehmer Familienhund.

Besonderheiten: Früher wurde bei den Hunden, die ja fast alle jagdlich eingesetzt werden, die Rute um ein Drittel kupiert. Dank des Rutenkupierverbotes in verschiedenen Ländern findet man heute aber auch unkupierte Exemplare.

## 7 | Perdiguero de Burgos

Kontinentale Vorstehhunde | FCI-Nr. 90

### Vorstehhund von Burgos

Herkunft: Spanien
Größe: Rüden 62–67 cm; Hündinnen 59–64 cm.
Farben: Weiß und Leberfarben; die Farben sind unregelmäßig vermischt und können ein marmoriertes oder getüpfeltes Haarkleid ergeben. Oft findet sich ein scharf umrissener weißer Fleck auf der Stirn.

Geschichte: Alten Quellen zufolge existiert diese Rasse vermutlich schon seit dem 16. Jahrhundert. Ihr Ursprung liegt in der nordspanischen Provinz Burgos (Name!). Früher wurden die Hunde vorwiegend für die Hirschjagd verwendet. Heute werden sie hauptsächlich als Vorstehhunde und als Apportierer bei der Jagd auf Hasen und Federwild, aber auch auf Rehe eingesetzt. Bei uns ist der Perdiguero kaum anzutreffen. In seiner Heimat wird er jedoch als zuverlässiger Jagdhund geschätzt.

Charakter: Der Perdiguero de Burgos besitzt ein ruhiges, ausgeglichenes Wesen. Er ist leichtführig und gut auszubilden und verhält sich sowohl Menschen als auch Artgenossen gegenüber freundlich. Er ist auch in schwierigem Gelände einsetzbar und unempfindlich gegen Wit-

terungseinflüsse. Sogar die heiße Sonne des spanischen Sommers beeinträchtigt ihn nicht bei seiner Arbeit. Er besitzt eine große Jagdpassion, steht zuverlässig vor und hat eine große Bringfreude. Er ist außerdem ein angenehmer Familien- und Begleithund und ist auch im Haus problemlos zu halten.

**Besonderheiten:** Dieser spanische Vorstehhund zeichnet sich durch seinen kräftigen, etwas gedrungenen Körperbau aus und unterscheidet sich damit von vielen anderen Vorstehhundrassen. Auch der melancholische Blick und die langen gefalteten Behänge sind typisch für ihn. Das kurze, feine Haar bedarf keiner besonderen Pflege.

Die Rute wird bei den jagdlich geführten Hunden in der Regel bis auf die Hälfte oder ein Drittel kupiert wie bei dem abgebildeten aus Spanien stammenden Exemplar.

## 8 | Perro de agua Español

Wasserhunde | FCI-Nr. 336

### Spanischer Wasserhund

Herkunft: Spanien

Größe: Rüden 40–46 cm; Hündinnen 44–50 cm.

Farben: Weiß; Schwarz; alle Brauntöne; einfarbig oder schwarz-weiß bzw. braun-weiß gescheckt.

**Geschichte:** In Spanien nennt man heute diesen Hund zuweilen noch Andalusischen Türkenhund, da seine Heimat in Andalusien vermutet wird. Wahrscheinlich besitzt er dieselben Vorfahren wie der Portugiesische Wasserhund und der Barbet. Wann diese Hunde nach Spanien gelangten, ist ungewiss.

Der Spanische Wasserhund wurde vielfältig eingesetzt. Er hütete, auch in Abwesenheit der Hirten, die Schafe und Ziegen. Für die Jäger spürte er Wasserwild auf und apportierte es. Die Fischer nahmen ihn mit auf die Boote und ließen ins Meer gefallene Gegenstände apportieren.

Zuverlässigen Schutz gegen Nässe und Kälte bietet das üppige Fell, das nicht gebürstet werden darf. Es bildet mit der Zeit Schnüre (wie beim Puli), die nur mit der Hand auseinandergezogen werden. Die Hunde dürfen geschoren werden, wobei das Haar überall gleichmäßig kurz geschnitten werden muss. Bei Ausstellungen muss es daher mindestens 3 cm und darf höchstens 12 cm lang sein.

Erst 1973 entschlossen sich einige Hundefreunde, diese Rasse rein zu züchten. Nachdem sie 1985 ihren jetzigen Namen erhielt, wurde sie 1992 endgültig von der

FCI anerkannt. Bisher ist der Spanische Wasserhund bei uns noch eher selten anzutreffen.

Charakter: Diese fröhlichen, temperamentvollen Hunde sind als Familien- und Begleithunde hervorragend geeignet. Sie sind frei von Aggression und haben ein freundliches Wesen. Auch wenn sie anfangs Fremden gegenüber etwas zurückhaltend sind, schließen sie dann doch schnell Freundschaft. Sie lassen sich gut erziehen und sind beim Hundesport mit Begeisterung bei der Sache, besonders wenn sie ihre Geschicklichkeit unter Beweis stellen können. Auch sollten sie Gelegenheit zum Schwimmen bekommen.

Besonderheiten: Das Fell ist Schmutz abweisend und bedarf keiner aufwendigen Pflege, zumal die Tiere geschoren werden dürfen. Früher wurde die Rute der Hunde kurz kupiert, was heute verboten ist und wozu – vor allem bei Familienhunden – absolut keine Notwendigkeit besteht.

# 2 | Perro dogo mallorquin

Molossoide | FCI-Nr. 249

Ca de Bou, Mallorca-Dogge

Herkunft: Spanien

Größe: Rüden und Hündinnen mindestens 58 cm.

Gewicht: Rüden und Hündinnen um 36 kg.

Farben: Gelb oder gestromt mit schwarzer Maske.

Geschichte: Die Entstehungszeit dieser von den Balearen stammenden, alten Rasse liegt vermutlich irgendwo zwischen dem 13. und 16. Jahrhundert. Die ursprüngliche Verwendung dieser bulldogartigen Hunde war das Hüten von Rindern. Hierfür mussten die Tiere kräftig, wendig und mutig sein. Außerdem besaßen sie eine gehörige Portion Schärfe. Diese wurde genutzt, um die Hunde für Kämpfe mit Bullen oder Artgenossen zu verwenden. Schon im 18. Jahrhundert, als die Engländer Menorca besetzten, waren diese Hundekämpfe groß in Mode. Anfang des 19. Jahrhunderts wurden sogar Hunde dieser Rasse eigens für den „Kampfsport" auf spanische Karibik-Inseln gebracht. Als dann in Spanien die Hundekämpfe verboten wurden, nahm auch der Bestand dieser Rasse stark ab. Einige Liebhaber widmeten sich der Zucht und der Reinerhaltung des Ca de Bou, um ihn vor dem Aussterben zu bewahren. Außerdem war man bestrebt, die Schärfe und den Kampftrieb wegzuzüchten, um freundliche und angenehme Hausgenossen aus diesen Hunden zu machen, was auch weitgehend gelungen ist.

Charakter: Die Hunde haben sich zu zuverlässigen Wachhunden mit einer hohen Reizschwelle entwickelt. Ihrer Familie gegenüber sind sie freundlich und treu ergeben. Fremden gegenüber verhalten sie sich zunächst zurückhaltend bis misstrauisch, werden aber nicht unnötig aggressiv. Sie sind nicht unbedingt leichtführig, daher bedarf ihre Erziehung und Haltung einer gewissen Erfahrung.

Besonderheiten: In Spanien gilt die Rasse in Fachkreisen schon als fast ausgestorben. Nur auf Mallorca soll noch der ursprüngliche Typ existieren, wobei von den Experten die Rassereinheit dieser Hunde bezweifelt wird. In Mittel- und Osteuropa sind nur wenige Exemplare dieser Hunde zu finden, wobei auch hier eine gewisse Uneinigkeit bzw. Unsicherheit über den richtigen Rassetyp herrscht.

In manchen Bundesländern wird diese Rasse zu den gefährlichen Hunden gezählt, deren Haltung mit bestimmten Auflagen verbunden ist. Daher sollte man sich vor Anschaffung dieser Rasse nach den aktuellen Bestimmungen und Vorschriften erkundigen.

# 5 | Perro sin Pelo del Perú

Urtyp-Hunde | FCI-Nr. 310

**Früherer Name: Inca Orchid Moonflower Dog**

Herkunft: Peru

Größe: Rüden und Hündinnen – groß 65 cm; mittelgroß 50 cm; klein 40 cm.

Farben: Alle Farben erlaubt, die meisten Hunde sind zweifarbig (gefleckt).

Geschichte: Der Name bedeutet einfach „Hund ohne Fell aus Peru". Seit etwa 750 n. Chr. gibt es diese Hunde in Peru. Sie dienten auch als rituelle Speise und sollten verschiedene Leiden kurieren, wenn sie mit ihrem Besitzer das Nachtlager teilten. Bei dieser Rasse können in einem Wurf behaarte und haarlose Exemplare fallen. Die haarlosen Hunde waren für die Indios sehr wertvoll und wurden im Haus gehalten, wogegen die behaarten tagsüber draußen als Jagdhunde arbeiteten. Nachts wurden die haarlosen Tiere hinausgelassen, damit sie ihren Auslauf bekamen. Die helleren Exemplare galten als besonders wertvoll, vielleicht weil man sie im Mondlicht besser sehen konnte.

Als die Spanier Peru eroberten, berichteten sie von Hunden, die zusammen mit Orchideen in den Häusern der Inkas angetroffen wurden. Daher rührt der frühere Name.

Charakter: Der Perro sin Pelo del Perú ist ein ruhiger, anhänglicher Familienhund, dennoch wachsam und Fremden gegenüber misstrauisch. Er ist sehr vital, flink und ein idealer Begleiter für aktive Menschen. Er lässt sich leicht erziehen und besitzt keinen Jagdtrieb. Er liebt intensive Berührungen und gibt dabei häufig Freudenlaute von sich. Wenn er sich ausreichend bewegen kann, geht er bei Wind und Wetter gern nach draußen. Besonders genießt er aber die Sonne.

Besonderheiten: Seine Hautfarbe ist im Winter heller als im Sommer. Im Frühling sollte er erst langsam wie wir Menschen an die stärkere Sonneneinstrahlung gewöhnt werden, damit er keinen Sonnenbrand bekommt. Gelegentlich sollte man die Haut etwas eincremen. Die haarlosen Tiere sind meistens nicht vollzahnig, was sie aber nicht weiter beeinträchtigt. Die behaarten Tiere besitzen in der Regel alle Zähne. Sie sind auch weniger empfindlich gegen Sonneneinstrahlung.

Diese Rasse ist bei uns noch sehr selten, aber wegen ihrer Haarlosigkeit besonders für Allergiker geeignet.

# 6 | Petit bleu de Gascogne

Laufhunde | FCI-Nr. 31

Herkunft: Frankreich

Größe: Rüden 52–58 cm; Hündinnen 50–56 cm.

Farben: Blau (entsteht durch ein Gemisch aus weißen und schwarzen Haaren) mit schwarzen Platten oder Flecken sowie lohfarbenen Abzeichen. Typisch sind die am Kopf symmetrisch auftretenden schwarzen Flecken, die Ohren und Augen bedecken, aber auf dem Schädeldach einen weißen Zwischenraum belassen.

Geschichte: Der Petit bleu de Gascogne ist direkt aus dem Grand bleu hervorgegangen. Man wollte einen Hund mit denselben hervorragenden jagdlichen Eigenschaften und dem Aussehen des Grand bleu erschaffen, der aber kleiner und schneller und somit für die Hasenjagd geeignet war. Trotzdem gehört er mit seinem Stockmaß nicht wirklich zu den kleinen Vertretern der Laufhunde.

Verwendung: Der Petit bleu besitzt eine hervorragende Nase – ein Erbe des Bloodhounds als direkter Vorfahre der Bleus –, mit der er auch noch die schwächste Hasenfährte sicher verfolgen kann. Auch ist er mit seiner melodischen, unverwechselbaren Stimme sicher spurlaut.

Der Petit bleu arbeitet gut in der Meute, verträgt sich somit mit Artgenossen ausgezeichnet. Er wird heute bei der Jagd auf Hase sowie Hoch- und Schalenwild eingesetzt und ist vorwiegend in Südwestfrankreich anzutreffen. Der Petit bleu ist ein geschätzter Jagdbegleiter, der eifrig

und sorgfältig arbeitet. Er ist sensibel, leichtführig und gehorsam. Er ist robust, anhänglich und anpassungsfähig und auch ein angenehmer Familienhund, der sich im Haus ruhig verhält.

Der Petit bleu sollte jagdlich geführt und möglichst in ländlicher Umgebung mit einem großen Grundstück gehalten werden.

**Besonderheiten:** Im Gegensatz zu seinem großen Vetter ist er etwas leichter gebaut. Er strahlt Kraft und Leistungsfähigkeit aus, ohne schwerfällig zu wirken. Er ist etwas länger und schmaler. Das Hinterhauptbein ist etwas weniger ausgeprägt als beim Grand bleu, dafür besitzt er eine leichte Ramsnase. Die tief angesetzten Behänge sind gefaltet und eng anliegend. Sie sollten regelmäßig mit einem feuchten Tuch gereinigt werden, um eventuellen Ohrenentzündungen vorzubeugen. Das kurze, dichte Fell bedarf keiner besonderen Pflege.

# 9 | Petit Brabançon

Kleine belgische Hunderassen | FCI-Nr. 82

## Kleiner Brabanter

Herkunft: Belgien
Größe: Rüden und Hündinnen 21–28 cm.
Gewicht: Rüden und Hündinnen 3–5 kg.
Farben: Rot; Schwarz-Loh (Black and Tan).

**Geschichte:** Der Kleine Brabanter ist eng mit den beiden Zwerggriffon-Rassen **Griffon Belge** und **Griffon Bruxellois (Belgischer und Brüsseler Griffon)** verwandt. Er stammt von rauhaarigen Hunden ab, die schon im 18. Jahrhundert in Belgien als Ratten- und Mäusefänger verwendet wurden. Mitte des 19. Jahrhunderts veränderte man durch Einkreuzungen das Äußere dieser Rassen. Neben Mops und King-Charles-Spaniel, die für den typischen Körperbau, die Kopfform und die kräftige rote Farbe sorgten, wurde beim Petit Brabançon vermutlich noch der English Toy Bulldog mit eingekreuzt. Somit entstand im Unterschied zu den beiden rauhaarigen Rassen die kurzhaarige Variante. Sie wird manchmal bei den Zwerggriffons eingekreuzt, um das harsche Haar und die kräftige Farbe zu erhalten. Da hierbei aber auch Welpen fallen, die eine mittlere Haarstruktur (weder rauhaarig noch glatthaarig) besitzen, müssen solche Einkreuzungen gut überlegt sein.

**Charakter:** Der Petit Brabançon ist anhänglich, zärtlich und verträgt sich gut mit seinesgleichen oder anderen Haustieren. Er ist wachsam, bellt aber nur leise, sodass er auch für Etagenwohnungen gut geeignet ist. Er braucht wenig Auslauf und fühlt sich auch in der Stadt wohl. Deshalb ist er auch

für ältere oder weniger sportliche Menschen der ideale Begleithund. Anders als bei seinen rauhaarigen Verwandten bedarf seine Fellstruktur keiner speziellen Pflege.

**Besonderheiten:** Wie die beiden anderen Zwerggriffons ist auch diese Rasse bei uns noch recht selten anzutreffen, obwohl sie viele ideale Eigenschaften eines kleinen Begleithundes besitzt, der sich überall wohlfühlt. Typisch für diese Hunde ist der Vorbiss.

# 5 | Pharaoh Hound

Urtyp-Hunde | FCI-Nr. 248

## Kelb tal-Fenek, Pharaonenhund

Herkunft: Malta
Größe: Rüden 56–63,5 cm; Hündinnen 52–61 cm.
Gewicht: Bis zu 20 kg.
Farben: Rost- bis Dunkelrostfarben; weiße Rutenspitze erwünscht, weißer Brustfleck, weiße Zehenspitzen, schmale weiße Blesse erlaubt.

Geschichte: Aufgrund der Ähnlichkeit mit frühen ägyptischen Abbildungen besteht die landläufige Meinung, dass diese Rasse der Pharaonenhund des alten Ägyptens war. Die Malteser glauben eher, dass die Heimat wirklich Malta ist und sie möglicherweise von den stehohrigen Windhunden, die in der Antike im Mittelmeerraum verbreitet waren, abstammt. Bis vor wenigen Jahrzehnten kam der Kelb tal-Fenek nur auf Malta vor. 1974 wurde er zum Nationalhund erklärt.
Verwendung: Bei der Reinzucht dieser Hunde wurde vor allem auf die jagdlichen Fähigkeiten Wert gelegt. Die Hunde besitzen eine enorme Ausdauer. Sie können fünf bis acht Stunden mit hoher Geschwindigkeit auf schwierigem Gelände jagen. Das kurze Haarkleid ist an die heißen Sommer und milden Winter in Malta angepasst. Die Farbe lässt die Hunde optisch mit der Landschaft verschmelzen. Augen und Nase gehen farblich in die Farbe des Fells über. Der Pharaonenhund ist ein passionierter Jäger, der allein oder in der Meute jagt. Er verbindet die Merkmale des Windhundes mit denen des Spürhundes. Aufgrund seiner Schnelligkeit ist er für rasante Hundesportarten wie Agility oder Windhundrennsport geeignet.
Charakter: Der Pharaonenhund ist sehr temperamentvoll, wachsam und bellfreudig. Er bellt beim Spiel, bei der Jagd oder aus Ungeduld. Er ist freundlich und aufgeschlossen und daher als Familienhund durchaus geeignet. Allerdings besitzt er ein sehr großes Laufbedürfnis, dem unbedingt entsprochen werden muss. Dabei darf seine Jagdleidenschaft natürlich nicht unbeachtet bleiben, da die gute Erziehung schnell vergessen ist, wenn der Hetztrieb durchbricht. Durch ausgiebiges Putzen hält er sein kurzes Fell selber sauber.

# 6 | Plott Hound

Laufhunde | nicht FCI-anerkannt

Herkunft: USA
Größe: Rüden 51–63 cm; Hündinnen 51–58 cm.
Gewicht: Rüden 22–27 kg; Hündinnen 18–25 kg.
Farben: Gestromt mit dunklen Haaren auf einem helleren Hintergrund in den Farben Gelb, Hirschrot, Loh, Braun, Schokoladenbraun, Leberbraun, Orange, Rot, Hell- oder Dunkelgrau, Blau, verdünntes Schwarz oder Schwarz wird bevorzugt.

Geschichte: Im Jahr 1750 wanderten zwei Brüder aus Deutschland nach Amerika aus und nahmen drei gestromte und zwei hirschrote Hannover'sche Schweißhunde mit. Einer der beiden jungen Männer verstarb auf dem Weg. Der andere mit Namen Johannes Georg Plott siedelte sich sechzehnjährig in North Carolina an, gründete dort später eine Familie und züchtete seine Hunde. Sein Sohn Henry setzte die Zucht fort, und sieben Generation lang (über 200 Jahre) züchtete diese Familie ihre Hunde weiter, mit denen sie auf Bärenjagd und etwa von 1930 an auch auf Wildschweinjagd ging. Als die Plott Hounds immer bekannter wurden, interessierten sich auch die Waschbärjäger für diese Hunde, die später dann auch zu den Coonhounds (Waschbärhunden) gezählt wurden. Trotzdem sind die Plott Hounds heute immer noch für die Jagd auf Bär, Wildschwein oder Berglöwe am besten geeignet.

Charakter: Plott Hounds sind sehr lebhaft und temperamentvoll, kräftig und furchtlos und besitzen die erforderliche Wildschärfe. Dank ihres Erbes haben sie eine ausgezeichnete Nase. Typisch ist auch die tiefe, kräftige Stimme. Zu Menschen sind sie wie die meisten Jagdhunde freundlich. Sie arbeiten selbstsicher und zuverlässig und lassen sich gut ausbilden.

Verwendung: In Deutschland existieren nur sehr wenige dieser Hunde. Sie werden ausschließlich zur Wildschweinjagd eingesetzt. Da diese Hunde seit Generationen nur auf jagdliche Leistungsfähigkeit gezüchtet wurden, sollten sie auch unbedingt jagdlich geführt werden, um ihren Fähigkeiten und Ansprüchen gerecht zu werden.

## 5 | Podenco Canario

Urtyp-Hunde zur jagdlichen Verwendung | FCI-Nr. 329

Herkunft: Spanien
Größe: Rüden 55–64 cm; Hündinnen 53–60 cm. Geringe Abweichungen nach oben oder unten werden toleriert.
Farben: Rot mit Weiß bevorzugt; das Rot reicht von Orange bis Mahagoni.

Geschichte: In Aussehen, Charakter und Verwendung unterscheidet sich der Podenco Canario nicht sehr vom Podenco Ibicenco oder dem Pharaonenhund. Alle diese Rassen gehen auf denselben Ursprung zurück und zählen zu den ältesten Hunderassen der Welt. Schon vor Jahrtausenden verbreiteten sie sich vom östlichen Mittelmeerraum Richtung Westen. Hierbei ist der Podenco Canario sozusagen das letzte Glied in der Kette, da er ganz im Westen auf den Kanarischen Inseln im Atlantik zu Hause ist. 1987 wurde die Rasse als eigenständig anerkannt.

Die Rasse, wie sie heute besteht, entstand durch natürliche Selektion und ist somit optimal an die Gegebenheiten ihrer Heimat angepasst. Man nimmt an, dass etwa 10 000 bis 15 000 dieser Hunde auf den Kanarischen Inseln leben. Sie werden dort nicht nur als zuverlässige Jäger, sondern auch wegen ihres freundlichen Wesens als treue Begleithunde geschätzt. Sie kommen mit den verschiedensten Bodenverhältnissen zurecht, auch mit kaum betretbarem Gestein oder von der Sonne glühend erhitzten Vulkanlandschaften.

Verwendung: Der Podenco Canario ist auf die Jagd nach Hasen und Kaninchen spezialisiert. Er verfolgt ihre Spuren, die sie nachts hinterlassen haben, um sie tagsüber in ihren Bauen aufzustöbern. Durch Bellen und heftiges Schwanzwedeln zeigen die Hunde an, wenn sie ihre Beute aufgespürt haben, die dann mit Frettchen erlegt wird.

Besonderheiten: Die Hunde sind äußerst widerstandsfähig, ausdauernd und zäh. Sie sind unempfindlich gegen Sonneneinstrahlung und können den ganzen Tag in der trockenen Landschaft jagen, ohne zwischendurch zu trinken. Sowohl Geruchs- als auch Gesichtssinn sind hervorragend ausgeprägt.

Ihr relativ geringes Gewicht und die gut gepolsterten Ballen erleichtern ihnen das Laufen auf scharfkantigen Felsen und Lavagestein.

# 5 | Podenco Ibicenco

Urtyp-Hunde zur jagdlichen Verwendung | FCI-Nr. 89

Balearen-Laufhund

Herkunft: Spanien

Größe: Rüden 66–72 cm; Hündinnen 60–67 cm. Geringe Abweichungen nach oben oder unten werden toleriert.

Farben: Rot; Weiß; alle Kombinationen von Rot und Weiß.

Geschichte: Diese Rasse stammt von den Balearen-Inseln Mallorca, Ibiza, Menorca und Formentera, wo sie unter dem Namen „Ca Eivissec" bekannt ist. Die Hunde wurden vermutlich von den Phöniziern, Karthagern und eventuell den Römern auf die Balearen gebracht. Abbildungen solcher Hunde finden sich in Pharaonengräbern bis etwa 3400 v. Chr. Die Ähnlichkeit mit der heute als Pharaoh Hound bezeichneten eigenständigen Rasse ist nicht zu verkennen.

Verwendung: Der Podenco Ibicenco wird hauptsächlich in der Meute zur Kaninchenjagd ohne Gewehr verwendet. Dank seiner feinen Nase und seinem guten Gehör spürt er die Kaninchen in dichter Vegetation auf. Zeigt ein Hund die Beute an, umringen ihn alle anderen. Sie bellen erst, wenn sie die Beute sehen oder hören und sie umzingelt haben. Dann warten sie ab, bis die Beute von den Jägern eingesammelt wird. Sie greifen selber nicht an. Die Hunde werden auch zur Jagd auf Hasen und Hochwild eingesetzt. Sie sind gute Apportierer. Bei der Zusammensetzung der Meute werden fast nur Hündinnen, höchstens mit einem Rüden in der Gruppe, verwendet, da Rüden untereinander streitsüchtig sind und nicht zusammenarbeiten.

Obwohl der Podenco Ibicenco ein reiner Jagdhund ist, wird er bei uns von den

Windhund-Vereinen mit betreut. Daher ist er auf entsprechenden Veranstaltungen gelegentlich anzutreffen. Bei uns kann diese Rasse nicht gemäß ihrer ursprünglichen jagdlichen Verwendung eingesetzt werden. Daher sollte alternativ auf die Angebote im Windhundrennsport zurückgegriffen werden, um die Hunde ersatzweise entsprechend zu fordern und zu bewegen. Bei ausreichender Beschäftigung und genügend Auslauf sind sie freundliche, angenehme Familienhunde, deren Ausbildung sicherlich viel Einfühlungsvermögen und Geduld erfordert.

# 5 | Podengo Português

Urtyp-Hunde zur jagdlichen Verwendung | FCI-Nr. 94

**Podengo Português Grande**

Größe: 55–70 cm.

**Podengo Português Medio**

Größe: 40–55 cm.

Gewicht: 16–20 kg.

**Podengo Português Pequeno**

Größe: 20–30 cm.

Gewicht: 4–5 kg.

Farben: Gelb; Falb; Loh; ausgewaschenes Schwarz; jeweils einfarbig oder mit weißen Abzeichen; auch einfarbig oder überwiegend weiß.

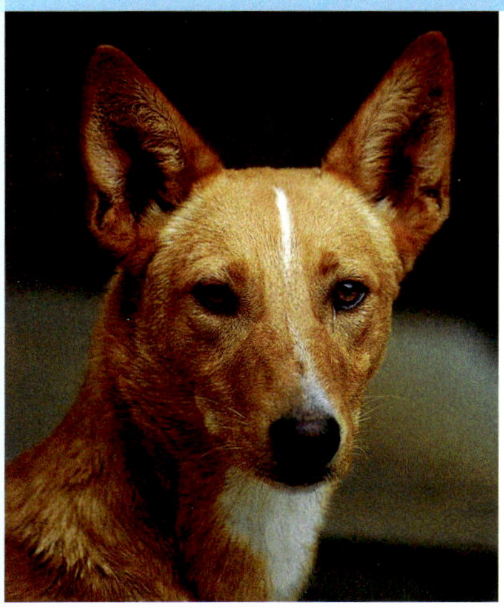

Geschichte: Diese Hunderasse mit dem äußerst vielfältigen Erscheinungsbild stammt aus dem Norden Portugals. Ursprünglich wurden diese Hunde für die Jagd auf Kaninchen, einzeln oder in der Meute, verwendet. Die größeren Exemplare werden auch auf größeres Wild bis zum Wildschwein angesetzt. Die kleine Varietät ist eher auf die Arbeit unter der Erde spezialisiert. Sie geht in die Erdbaue und treibt die Kaninchen heraus. Gerade der Podengo Português Pequeno ist in Portugal ein beliebter Haushund.

Verwendung: Im Allgemeinen sind die Vertreter dieser Rasse auch gute Wachhunde. Bei uns sieht man diese Hunde nur sehr vereinzelt. Gelegentlich werden diese Hunde direkt aus dem Urlaub mit nach Hause gebracht oder über Tierschutzorganisationen vermittelt. Sie können recht gut als Familien- und Begleithunde gehalten werden, wenn man ihre jagdliche Passion von Anfang an durch konsequente Erziehung im Zaum hält. Besonders die größeren Vertreter sind für hundesportliche Aktivitäten geeignet. Auf alle Fälle brauchen sie genügend Auslauf in Form von ausgedehnten Spaziergängen.

## 6 | Poitevin

Laufhunde | FCI-Nr. 24

Herkunft: Frankreich
Größe: Rüden und Hündinnen 60–70 cm.
Farben: Dreifarbig (Schwarz/Weiß/Loh).

Geschichte: Diese Rasse kann auf eine lange Tradition zurückblicken. Im Jahre 1692 kreuzte der Marquis François de Larrye französische Laufhunde mit Foxhounds und erschuf somit den Poitevin. Während der Französischen Revolution wurde der Bestand dieser Rasse stark dezimiert, sodass die Rasse später wieder mühsam neu herausgezüchtet werden musste.
Mitte des 19. Jahrhunderts erfolgte nochmals ein Einbruch, weil viele Hunde der Tollwut zum Opfer fielen. Die restlichen Exemplare wurden wieder mit Foxhounds gekreuzt, um die Rasse zu erhalten. Bis heute ist der Poitevin selbst in seiner Heimat sehr selten geblieben und bei uns nur vereinzelt in gemischten Meuten anzutreffen, die aber nur noch für Schleppjagden eingesetzt werden.
Verwendung: Der Poitevin ist sowohl für ebenes als auch unwegsames und sumpfiges Gelände geeignet. Er hat eine gute Nase, eine melodische Stimme und ist sicher spurlaut. Früher wurde er bei der Jagd auf Wölfe geschätzt, da er schnell, ausdauernd und mutig genug war, um sie – manchmal einen ganzen Tag lang – zu verfolgen, zu stellen und gegebenenfalls auch zu töten.
Charakter: Der Poitevin besitzt ein äußerst freundliches und sanftes Wesen und wird wegen seiner hervorragenden jagdlichen Eigenschaften geschätzt. Er ist der geborene Meutehund, der sich weniger für die Haltung als Familien- und Begleithund eignet, obwohl er sich Menschen gegenüber freundlich verhält und eine enge Bindung an seine Familie zeigt.
Besonderheiten: Der Poitevin ist ein großer, eleganter Hund mit einem kräftigen, athletischen Körper.
Charakteristisch ist der längliche Kopf mit dem schmalen Fang und den feinen, leicht gefalteten Ohren. Der lange muskulöse Hals besitzt keine Kehlwamme.

# 1 | Polski Owczarek Nizinny (PON)

Schäferhunde | FCI-Nr. 251

## Polnischer Niederungshütehund

Herkunft: Polen
Größe: Rüden 45–50 cm;
Hündinnen 42–47 cm.
Gewicht: Rüden 20–25 kg;
Hündinnen 13–18 kg.
Farben: Alle Farben und Fleckungen.

**Geschichte:** Durch Überlieferungen aus dem Mittelalter weiß man, dass es damals im polnischen Flachland schon mittelgroße, zottelige Hütehunde gab, welche die Schafherden bewachten. Zu Anfang des 20. Jahrhunderts existierten nur noch wenige dieser Hunde. 1924 wurden erstmals „Polnische Hütehunde" auf einer Ausstellung gezeigt. Diese Tiere waren der Grundstein für eine gezielte Zucht des PON (wie diese Rasse kurz genannt wird), und somit wurde die Rasse vor dem Aussterben bewahrt. 1963 wurde der PON von der FCI anerkannt.

**Verwendung:** Heute findet man nur noch selten einen PON im Einsatz an der Schafherde. Vielmehr wird er vorwiegend als Begleithund gehalten, der aber seine Wach- und Hüteeigenschaften nicht verloren hat.

**Charakter:** Der PON besitzt ein lebhaftes, aber gemäßigtes Temperament und lässt sich leicht erziehen. Er braucht engen Kontakt zu seiner Familie. Er gibt einen friedlichen Begleiter ab, der aber auch von Natur aus einen Beschützerinstinkt besitzt, der nicht zusätzlich gefördert werden sollte. Fremden gegenüber ist er zunächst zurückhaltend, aber nicht aggressiv.

Bei ausreichender Bewegung durch Spaziergänge und im Idealfall einer hundesportlichen Betätigung fühlt sich der PON auch in der Stadt durchaus wohl und ist ein angenehmer Hausgenosse. Er ist ein guter Futterverwerter und sollte daher nicht zu reichhaltig ernährt werden.

**Besonderheiten:** Das dichte, zottige Haar sollte hart und derb sein. Es schützt den Hund vor Witterungseinflüssen. Die Unterwolle ist dicht und weich. Das Fell sollte alle ein bis zwei Wochen gebürstet werden. Bei regelmäßiger Pflege bleibt es so auch ohne ein Bad sauber.

Nach dem polnischen Standard wird noch die Rute kupiert, bei uns sieht man jetzt aber nur noch Exemplare mit langer Rute. Selten werden auch Welpen mit Stummelrute geboren.

# 1 | Polski Owczarek Podhalanski

Schäferhunde | FCI-Nr. 252

## Polnischer Hirtenhund, Podhalaner

Herkunft: Polen
Größe: Rüden 65–70 cm;
Hündinnen 60–65 cm.
Gewicht: Rüden 55–65 kg;
Hündinnen 45–55 kg.
Farbe: Weiß.

**Geschichte:** Die ursprüngliche Heimat dieses imposanten Hirtenhundes ist die Hohe Tatra. Obwohl er anscheinend schon seit Jahrhunderten in dieser Region existiert, erfolgten eine Erarbeitung des Standards und eine gezielte Zucht erst in den letzten Jahrzehnten. In Deutschland wurde die Rasse 1938 erstmalig in einer Zeitschrift unter dem Namen „Goralenhunde" erwähnt. Seit 1967 ist die Rasse von der FCI anerkannt.

**Verwendung:** In ihrer Heimat werden nur noch vereinzelt Podhalaner als Hirtenhunde eingesetzt. Die meisten dienen als Wach- und Schutzhunde.

**Charakter:** Der Podhalaner ist ruhig, nervenfest, gelehrig und sehr wachsam. Er besitzt eine hohe Reizschwelle und nur wenig Neigung zur Schärfe. Die Eigenschaft, seine Familie und sein Heim zu beschützen, ist ihm angeboren. Er ist nicht für eine Schutzhundausbildung geeignet, da hierdurch sein angenehmes Wesen verloren geht. Er widersetzt sich jedem Zwang. Absoluten Gehorsam und Unterordnung darf man nicht von ihm verlangen. Was er tut, geschieht aus Zuneigung.

Der Podhalaner braucht engen Kontakt zu seiner Familie. In einem Heim mit großem Grundstück fühlt er sich am wohlsten, vor allem wenn er entscheiden kann, wann er sich draußen und wann drinnen aufhält. Für die Haltung in der Stadt oder einer Etagenwohnung ist er nicht geeignet. Bei einfühlsamer Erziehung und richtiger Haltung ist Aggression gegenüber der eigenen Familie undenkbar. Fremden gegenüber ist der Podhalaner dagegen misstrauisch und abweisend. Er ist aber nicht angriffslustig und setzt seine Zähne nur im äußersten Notfall ein. Der Podhalaner hat Spaß an allen Aktivitäten mit seiner Familie. Er genießt Spaziergänge in der Natur ebenso wie Tobe- oder Kuschelstunden mit seinen Menschen. Er lässt sich durchaus zum Begleithund ausbilden und kann mit Einschränkung auch im Hundesport eingesetzt werden.

Besonderheiten: Das weiße Haarkleid sollte einmal wöchentlich gebürstet werden.

# 6 | Porcelaine

Laufhunde | FCI-Nr. 30

## Porzellanhund

Herkunft: Frankreich
Größe: Rüden 55–58 cm; Hündinnen 53–56 cm.
Gewicht: Je nach Größe 25–30 kg.
Farben: Weiß mit orangefarbenen Flecken oder Tüpfelungen, die niemals einen Mantel bilden dürfen.

Geschichte: Die Vorfahren des Porcelaine sind die legendären großen, weißen Hunde König Ludwigs IX., der im 13. Jahrhundert regierte. Vermutlich in der zweiten Hälfte des 15. Jahrhunderts entstanden durch gezielte Kreuzungen der weißen Hubertushunde die „Porzellanhunde“. Da weiße Hunde damals nicht sehr gefragt waren, wurden sie von den Kynologen eher abfällig bewertet.
Eine verblüffende Ähnlichkeit besteht mit dem Schweizer Laufhund vermutlich, weil sich beide Rassen aus denselben Vorfahren entwickelt haben. Beim Porcelaine wurden im Laufe der Zeit noch Harrier und Gascon Saintongeois mit eingekreuzt. Bis 1845 trug die Rasse noch den nach ihrer Herkunft gewählten Namen „Chien de Franche Comté“. Danach wurde sie offiziell Porcelaine genannt.
Anfang der 1970er-Jahre war der Bestand in Frankreich bedenklich zurückgegangen. Heute sind wieder steigende Welpenzahlen zu verzeichnen, obgleich diese Rasse immer noch zu den seltenen Jagdhunden zählt.

Verwendung: Der Porcelaine ist ein typischer Laufhund, der spurlaut jagt, wobei seine hohle, kehlige Stimme weithin zu hören ist. Er ist besonders zum Aufstöbern von Hasen und Rehwild geeignet.

Charakter: Der Porcelaine ist ein ausdauernder und leichtführiger Jagdgebrauchshund mit einer ausgezeichneten Nase. Er ist unempfindlich gegen Hitze. Nässe und Kälte verträgt er dagegen nicht so gut.
Als Meutehund verträgt er sich gut mit Artgenossen und ist in der Familie freundlich und anhänglich. Der Porcelaine braucht sehr viel Auslauf. Er ist als Begleiter beim Reiten oder am Fahrrad geeignet und natürlich ein passionierter, zuverlässiger Jagdhund. Außerhalb Frankreichs ist diese Rasse kaum anzutreffen.

## 6 | Posavski Gonic

Laufhunde | FCI-Nr. 154

### Posavatz-Laufhund, Save-Bracke

Herkunft: Kroatien
Größe: 46–58 cm; Rüden ideal 50 cm; Hündinnen ideal 48 cm.
Gewicht: Rüden und Hündinnen 16–24 kg.
Farben: Rötlich Braun; Weizengelb; Falbfarben; häufig mit weißem Kragen, Brustfleck, Blesse, weißen Füßen und weißer Schwanzspitze.

**Geschichte:** Dieser Laufhund ist eng mit den Istrischen Laufhunden verwandt. Beide stammen ursprünglich aus dem Mittelmeergebiet, genauer gesagt aus dem zentralen Balkan. Nach den bisherigen Quellen ist die Heimat des Posavatz-Laufhunds Bosnien-Herzegowina. Die Rasse verdankt ihren Namen ihrer Heimat, der Region Posavina.
1939 wurden erstmalig die Rassemerkmale für diese Hunde festgelegt. Erst 1955 wurde die Rasse von der FCI anerkannt, damals noch unter dem Namen Karst-Laufhund. 1959 wurde sie dann endgültig in Posavatz-Laufhund umbenannt. Außerhalb der Balkanstaaten ist diese Rasse nur sehr selten anzutreffen.

**Verwendung:** Die Hunde wurden ursprünglich für die Jagd auf alle Arten von Wild eingesetzt. Sie sind sehr trittsicher und sowohl an unwegsames Gelände als auch raues Klima angepasst. Sie suchen schnell und systematisch und bewegen dabei ihren Kopf in einer charakteristischen Weise seitlich hin und her. Sie verfolgen eine Spur schnell und ausdauernd mit einer hohen, klaren Stimme. Heute werden sie wohl hauptsächlich für die Niederwildjagd, vorwiegend auf Hasen, verwendet.

**Charakter:** Die Hunde sind sehr lebhaft, freundlich gegenüber Menschen und leichtführig. Wegen ihres sanften Wesens und ihrer Leichtführigkeit geben sie auch gute Begleit- und Familienhunde ab.

## 9 | Pudel

Pudel | FCI-Nr. 172

Herkunft: Frankreich
**Großpudel:** Größe: über 45 cm, meistens 56–62 cm.
**Kleinpudel:** Größe: 35–45 cm.
**Zwergpudel:** Größe: 28–35 cm.
**Toy Pudel:** Größe: unter 28 cm.
Farben (bei allen Größen): Weiß; Braun; Schwarz; Grau; Apricot. Alle Farben müssen einheitlich sein und dürfen keine weißen Flecken aufweisen. Die neuen Farben Schwarz-Loh, Schwarz-Weiß gescheckt und Rot sind noch nicht von der FCI anerkannt und werden in ein Sonderregister der Pudelverbände eingetragen.

**Geschichte:** Der Pudel gehört zu den ältesten Hunderassen. Wir finden ihn schon auf Abbildungen des antiken Griechenlands sowie aus Zeiten des Römischen Reiches. Diese pudelartigen Hunde wurden immer mit löwenartiger Schur dargestellt. Vermutlich sind die Urahnen Wasserhunde gewesen, die sich ja auch heute noch durch das lockige, pudelähnliche Fell auszeichnen. 1454 wurde der Pudel sogar direkt als Wasserhund bezeichnet. Der Ursprung des Namens liegt in dem alten Wort „Pfudel", was nichts anderes als „Pfütze" bedeutet.

**Charakter:** Die hervorstechendsten Eigenschaften des Pudels sind seine Gelehrigkeit und seine Treue. Dank seines ausgeprägten Selbstbewusstseins kann sich der Pudel (zum Beispiel auf Ausstellungen) gut präsentieren und wirkt manchmal auch etwas eingebildet. Er wird nicht müde, immer neue Kunststücke zu lernen, lässt sich gut als Begleithund ausbilden und erzielt beim Agility in der Mini-, Midi- als auch in der Standard-Klasse hervorragende Ergebnisse. Pudel sind also keineswegs nur „Salonlöwen", sondern durchaus auch Hunde für aktive, sportliche Menschen.

Der Pudel ist ein idealer Familienhund. Wenn er seiner Größe entsprechend ausreichend bewegt und beschäftigt wird, fühlt er sich auch in einer Etagenwohnung wohl. Er neigt normalerweise nicht zu Aggressivität und ist leichtführig. Die kleineren Varietäten sind durchaus für ältere Menschen geeignet und liebenswerte, ruhige Begleiter.

**Besonderheiten:** Eine Besonderheit ist das Fell des Pudels, das nicht haart. Es muss regelmäßig gebürstet und sollte etwa alle acht Wochen geschoren werden. Welche Schur man für seinen Vierbeiner auswählt, hängt vom eigenen Geschmack ab und davon, ob man ihn auf Ausstellungen präsentieren will. Denn dann ist eine der offiziell anerkannten Schuren erforderlich. Die Rute der Pudel wurde früher kupiert.

Eine besondere Variante ist der Schnürenpudel, der nur sehr selten vorkommt. Bei ihm verfilzen Deckhaar und Unterwolle zu Schnüren, wie man es auch von anderen Wasserhunden her kennt. Das Fell wird nicht geschoren.

# 7 | Pudelpointer

Kontinentale Vorstehhunde | FCI-Nr. 216

Herkunft: Deutschland
Größe: Rüden 60–68 cm; Hündinnen 55–63 cm.
Farben: Dunkelbraun; Dürrlaubfarben; Schwarz; kleine weiße Abzeichen sind erlaubt.

**Geschichte:** Die Idee, aus Pudel und Pointer einen Jagdgebrauchshund zu erschaffen, entstand in den 1870er-Jahren. Es sollten die Gelehrigkeit, die Apportier- und Wasserfreudigkeit sowie die Folgsamkeit des Pudels mit der guten Nase, der unermüdlichen Ausdauer und dem Temperament des Pointers vereint werden. Und tatsächlich hat sich diese Rasse genau nach diesen Vorstellungen entwickelt. Schon 1897 wurde der erste Verein zur Betreuung dieser Rasse gegründet.

Um die relativ schmale Zuchtbasis zu vergrößern, wurden in den 1990er-Jahren wieder Urkreuzungen aus Pudel und Pointer durchgeführt, um mögliche Folgen einer Inzucht zu mildern.

**Verwendung:** Der Pudelpointer ist ein vielseitiger Jagdgebrauchshund mit einer ausgeprägten Wildschärfe. Er zeichnet sich durch Unempfindlichkeit, Härte und Wesensfestigkeit aus. Er erzielt sowohl in Feld und Wald als auch im Wasser hervorragende Leistungen, wobei das Wasser sein Element ist und er sich dort als regelrechter Spezialist bewährt. Er ist zum Stöbern ebenso geeignet wie als Apportier- und Vorstehhund. Auf der Fährte ist er zuverlässig spurlaut. Trotz seiner ausgeprägten Lernfähigkeit und seiner großen jagdlichen Passion gehört er bei uns eher zu den selten anzutreffenden Jagdhunden.

**Charakter:** Der Pudelpointer ist ein kräftiger, wesensfester Hund mit einem aufgeweckten Temperament.

**Besonderheiten:** Das mittellange, harte Stockhaar mit der dichten Unterwolle schützt ihn vor Witterungseinflüssen. Typisch sind der Bart, die Stirnlocke und die ausgeprägte Behaarung der Augenbrauen. Der Pudelpointer wird im Allgemeinen nur jagdlich geführt. Daher wird die Rute meistens noch kupiert. Sie wird normalerweise auf die Hälfte bis ein Drittel eingekürzt.

# 1 | Puli

Schäferhunde | FCI-Nr. 55

Herkunft: Ungarn
Größe: Rüden 39–45 cm; Hündinnen 36–42 cm. Eine Abweichung von 3 cm nach oben oder unten ist erlaubt.
Gewicht: Rüden 13–15 kg; Hündinnen 10–13 kg.
Farben: Schwarz; Rostschwarz; Grau; Weiß.

**Geschichte:** Der Puli stammt ursprünglich aus Asien und ist mit dem Tibet-Terrier eng verwandt. Bei Ausgrabungen im Irak hat man Tontafeln aus der Zeit um 3500 v. Chr. gefunden, in denen der Puli schon erwähnt wurde. Im 9. Jahrhundert soll der Puli dann nach Ungarn gekommen sein, wo er für die nomadisierenden Hirten ein wertvoller Treibhund war. Die Fähigkeit des Treibens liegt dem Puli im Blut. Er braucht bei der Arbeit nur einige Male zuzusehen, um sie dann selbstständig ausführen zu können. Diese Fähigkeit hat sich glücklicherweise bis heute erhalten, obwohl natürlich in den letzten Jahrzehnten bei der Zucht auch viel Wert auf das äußere Erscheinungsbild gelegt wurde, was früher keine Rolle spielte. 1924 wurde der Standard detailliert festgelegt, und seit 1966 ist die Rasse von der FCI anerkannt. Die schwarze Farbe vererbt sich dominant, sodass graue Exemplare nur selten auftreten. Seit den 1960er-Jahren werden auch weiße Tiere gezüchtet, die bis dahin nicht erwünscht waren. Sie erfreuen sich immer größerer Beliebtheit.

**Charakter:** Der Puli ist nicht nur temperamentvoll und gelehrig, sondern auch wachsam und mutig und verteidigt, wenn es sein muss, seine Familie vehement. Er ist sehr bellfreudig, was sich durch konsequente Erziehung in Grenzen halten lässt. Sein sensibles Wesen erfordert eine einfühlsame Erziehung.

**Verwendung:** In Ungarn wurden früher größere Exemplare sogar zum Polizeidienst eingesetzt. Bei uns eignet sich der Puli für alle Arten des Hundesports und gibt einen zuverlässigen Begleithund ab. Ideal ist ein Haus mit Garten, das er bewachen kann.

**Besonderheiten:** Die Hunde kommen mit welligem Haar auf die Welt. Die typischen Schnüre des Fells entwickeln sich erst im Erwachsenenalter. Das Haar beginnt zu verfilzen und muss dann regelmäßig mit den Fingern bis zur gewünschten Schnürendicke auseinander gezupft werden. Pulis haaren nicht. Sie werden weder getrimmt noch geschoren.

# 1 | Pumi

Schäferhunde | FCI-Nr. 56

Herkunft: Ungarn
Größe: Rüden 41–47 cm; Hündinnen 38–44 cm.
Gewicht: Rüden 10–15 kg; Hündinnen 8–13 kg.
Farben: Taubengrau; Silbergrau; Schiefergrau; Schwarz; Hellgrau; Falbfarben; Weiß.

**Geschichte:** Der Pumi gehört zu den kleinwüchsigen Hirtenhunden, die erst seit dem vorigen Jahrhundert in Ungarn gezielt gezüchtet wurden. 1801 trat der Name „Pumi" erstmalig in Ungarn auf, aber erst 1923 erschienen Vertreter dieser Rasse auf einer Ausstellung. 1966 wurde der Standard von der FCI anerkannt.

Bei der Erschaffung dieser Rasse wurden offensichtlich Terrier mit eingekreuzt. Dafür sprechen der verlängerte, eckige Kopf, die hochgestellten, an der Spitze nach vorn kippenden Ohren, die kaum verfilzende Behaarung, die typische terrierartige Bewegungsweise und das übermütige, schneidige Wesen. Auch die Jagdleidenschaft für Ratten, Mäuse und andere Kleintiere deutet darauf hin.

Verwendung: Wegen seiner Anspruchslosigkeit, seiner Wachsamkeit und seiner Bellfreudigkeit wurde der Pumi gern als Wachhund gehalten und auch zum Bewachen der Herden eingesetzt. Darüber hinaus verwendete man ihn als spurlauten Hetzhund bei der Wildschweinjagd, was wiederum auf sein Terriererbe zurückzuführen ist.

Charakter: Der bislang bei uns noch recht seltene Hund gewinnt allmählich an Popularität. Sein verschmitzter Gesichtsausdruck mit den typischen Kippohren und sein munteres, verspieltes Wesen begeistern immer mehr Hundefreunde. Wer einen nicht zu großen, temperamentvollen und wachsamen Hund an seiner Seite haben möchte, für den ist der Pumi geeignet. Allerdings darf man sich an seiner Bellfreudigkeit nicht stören, die man nur durch einfühlsame, konsequente Erziehung in Grenzen halten kann. Er ist der richtige Hund für aktive, lebenslustige und sportliche Menschen, die ihn seinem Temperament entsprechend beschäftigen. Er ist gut geeignet für Hundesportarten wie Agility, Turnierhundesport sowie Fährtenarbeit.

Besonderheiten: Das mittellange lockige oder zottige Fell besteht aus Deckhaar und Unterwolle. Es darf nicht verfilzen. Durch regelmäßiges Kämmen und Bürsten ist es leicht sauber zu halten. Typisch sind die Haarbüschel an den Ohrspitzen.

## 2 | Pyrenäen-Berghund

Molossoide | FCI-Nr. 137

Herkunft: Frankreich
Größe: Rüden 70–80 cm; Hündinnen 65–75 cm.
Gewicht: Rüden etwa 60 kg; Hündinnen etwa 45 kg.
Farben: Weiß mit grauen, blassgelben, wolfsfarbenen oder orangefarbenen Flecken an Ohren und Rutenansatz.

Geschichte: Die Vorfahren der Pyrenäen-Berghunde sollen die großen Hunde sein, die vor Jahrtausenden durch die Berge Asiens streiften. Sie begleiteten die Nomaden und deren Herden westwärts und gelangten so in die Pyrenäen, wo sie optimale Lebensbedingungen fanden. Schon 1407 soll das Schloss von Lourdes von diesen Hunden bewacht worden sein. Im 17. Jahrhundert begann das Königshaus Gefallen an den Hunden zu finden, und von da an waren sie die beliebteste Rasse der Aristokraten. In den Bergen war es ihre Aufgabe, die Herden vor Bären und Wölfen sowie zweibeinigen Räubern zu schützen. Sie besitzen eine gewisse Härte, sind widerstandsfähig und äußerst wachsam.

Charakter: Ihren natürlichen Schutztrieb haben sich diese Hunde bis heute bewahrt. Daher sind sie Fremden gegenüber zunächst misstrauisch und würden ihre Menschen im Notfall sofort verteidigen. Werden sie von Anfang an gut sozialisiert, sind sie aber freundliche Begleithunde, die normalerweise keine Aggressivität zeigen. Artgenossen gegenüber verhalten sie sich dominant und gehen einer Rauferei nicht aus dem Wege, wenn es die Situation in ihren Augen erfordert. Der Pyrenäen-Berghund muss auf alle Fälle gründlich und mit viel Einfühlungsvermögen und Geduld erzogen werden. Wie alle Hirtenhunde ist er selbstständiges Handeln gewöhnt und zeigt daher selten absoluten Gehorsam. Er benötigt viel Auslauf und hält sich auch ansonsten gern im Freien auf. Daher sollte er möglichst in einem Haus mit großem Grundstück gehalten werden. Für Hundesport ist er weniger geeignet.

Besonderheiten: Das dichte Fell sollte vor allem zu Zeiten des Fellwechsels täglich gebürstet werden, um das abgestorbene Haar zu entfernen.

## 2 | Rafeiro do Alentejo

Molossoide | FCI-Nr. 96

### Alentejo-Schäferhund

Herkunft: Portugal
Größe: Rüden und Hündinnen 64–74 cm.
Farben: Schwarz; Beige; Graubraun oder Cremefarben mit oder ohne weiße Abzeichen.

**Geschichte:** Der Rafeiro ist die größte portugiesische Hunderasse. Er ist hauptsächlich im Gebiet des Alentejo anzutreffen, wo auch sein Ursprung liegt. Zu seinen Vorfahren zählen wahrscheinlich der spanische Cão de Serra de Estrela und verschiedene lokale Rassen. Vermutlich entstand diese Rasse schon im Mittelalter. Außerhalb Portugals ist sie kaum zu finden.
**Verwendung:** Ursprünglich wurde der Rafeiro als Hirtenhund verwendet. Er ist ein ausgezeichneter Wachhund, der in der Nacht besonders aufmerksam und angriffsbereit und daher ein zuverlässiger Beschützer der Schafherden ist. Heute wird er vorwiegend zum Bewachen von Haus und Hof eingesetzt.
**Charakter:** Mit seiner angeborenen Schärfe, seiner Eigenständigkeit und einem gewissen Aggressionspotenzial ist der Rafeiro der geborene Schutzhund. Er ist auf keinen Fall etwas für Anfänger. Seine Erziehung erfordert ein hohes Maß an Erfahrung, Geduld und Konsequenz, wobei sein selbstbewusstes und dominantes Wesen der Ausbildung sicherlich von vornherein gewisse Grenzen setzt. Daher ist diese Rasse kaum als reiner Familienhund geeignet. Er sollte auf einem großen Grundstück gehalten werden, auf dem er sich frei bewegen und das er gemäß seiner Veranlagung bewachen kann.

**Besonderheiten:** Sein Körperbau, die Fellbeschaffenheit sowie die Farbe erinnern etwas an einen Bernhardiner, wobei der Kopf wesentlich schmaler und zierlicher ist.

## 6 | Rhodesian Ridgeback

Verwandte Rassen | FCI-Nr. 146

Herkunft: Südafrika
Größe: Rüden 63–69 cm; Hündinnen 61–66 cm.
Farben: Weizen; Rotweizen; Dunkelweizen; Schwarz als Maske oder an den Ohrenspitzen und weiße Abzeichen an Brust und Pfoten erlaubt.

**Geschichte:** Der Rhodesian Ridgeback ist die einzige anerkannte Hunderasse mit Herkunft Südafrika. Das ursprüngliche Heimatland ist das frühere Südrhodesien. Diese Rasse hat ihren Namen von dem Kamm (Ridge) auf dem Rücken erhalten, der mit zwei Haarwirbeln (Crowns) in Schulterhöhe beginnt, die mit einem Haarbogen (Arch) verbunden sind, und bei den Hüfthöckern endet. Entlang dieses Kamms wachsen die Haare entgegen dem Strich. Schon in Berichten der alten Ägypter und Phönizier wurden Hunde mit einer merkwürdigen Haarformation auf dem Rücken erwähnt. Aus dem Jahr 1480 stammen schriftliche Aufzeichnungen von Portugiesen, die durch Afrika gereist sind, in denen Hunde mit einer seltsamen Haarbildung auf dem Rücken als einzige Haustiere der Ureinwohner beschrieben werden. 1652 erreichten die ersten weißen Siedler das Kap, und auch ihnen fielen sogleich die Hunde mit dem auffälligen Rückenkamm auf. Durch gezielte Kreuzungen mit den aus Europa mitgebrachten Hunden entstand schließlich der Rhodesian Ridgeback.
**Verwendung:** Der Rhodesian Ridgeback ist ein kräftiger, muskulöser Hund, der in seinem Heimatland ursprünglich zur Löwenjagd eingesetzt wurde, wobei die Hunde meist zu mehreren gejagt haben. Bei uns wird er kaum jagdlich eingesetzt, hat aber einen festen Liebhaberkreis als Familien- und Begleithund gefunden. Er ist sowohl für die Begleithundausbildung, für Fährten- und Rettungshundearbeit sowie Hundesport geeignet.
**Charakter:** Der Rhodesian Ridgeback ist freundlich und selbstbewusst, Fremden gegenüber zurückhaltend, aber weder scheu noch aggressiv. Er ist kein Raufer und verteidigt sich nur, wenn er angegriffen wird. Sein Wach- und Schutztrieb ist gut ausgeprägt, aber auch seine

Jagdleidenschaft hat er als Sichtjäger nicht verloren. Ein Ridgeback bellt nur aus gutem Grund. Er lässt sich nicht dressieren, sondern nur mit Geduld und Einfühlung erziehen. Er sollte auf alle Fälle eine gründliche Erziehung und genügend Auslauf und Beschäftigung erhalten.
Der Ridgeback ist kein Ein-Mann-Hund, sondern auch für große Familien geeignet. Er bleibt nicht so gern lange allein – ein Erbe aus einer Zeit, als er für die Jagd im Rudel gehalten wurde.
Wegen seiner Fressleidenschaft sollte das Futter konsequent abgeteilt werden.

Besonderheiten: Der Begriff „Löwen-Hund" hat sicherlich mit dazu beigetragen, dass die Rasse kurioserweise in manchen Bundesländern schon mal als „Kampfhund" klassifiziert wurde. Tatsächlich handelt es sich um einen klassischen Jagdhund, der nicht nur mit seiner guten Nase, sondern auch mit seiner vorzüglichen Sehleistung arbeitet. Der Ridgeback gehört zu den spätreifen Rassen. Sowohl die körperliche als auch die geistige Entwicklung sind erst recht spät abgeschlossen. Das Fell des Ridgeback ist kurz, glatt sowie eng anliegend und besitzt nur sehr wenig oder meistens gar keine Unterwolle. Dadurch

wird die Ableitung von Körperwärme sehr erleichtert, was eine Anpassung an das heiße Klima der ursprünglichen Heimat darstellt. Bei Eis und Schnee sollten die Hunde dagegen die Möglichkeit haben, ihren Körper ausreichend durch Bewegung zu erwärmen.

## 2 | Riesenschnauzer

Pinscher und Schnauzer | FCI-Nr. 181

Herkunft: Deutschland
Größe: Rüden und Hündinnen 60–70 cm, wobei Rüden meist über 65 cm groß sind.
Gewicht: Rüden und Hündinnen 35–47 kg.
Farben: Schwarz; Pfeffer-Salz.

Geschichte: Die eigentliche Heimat des Riesenschnauzers ist der bayerische Raum. Schon seit Jahrhunderten lebte er dort auf den Bauernhöfen, wo er verschiedene Aufgaben übernahm. Er bewachte Haus und Hof und war für das Treiben des Viehs zuständig. In und um München herum wurde er hauptsächlich von Brauereibesitzern und Metzgern gehalten, um deren Besitz zu bewachen. Außerdem begleitete und beschützte er die Brauereigespanne. Lange Zeit hatte er den Beinamen „Münchener Schnauzer" oder „Bierschnauzer". Welche Rassen zu seiner Entstehung beigetragen haben, ist nicht völlig geklärt. Es könnten sein Schnauzer, Dogge, Bouvier des Flandres und andere. Seit 1913 gibt es Aufzeichnungen, welche die Reinzucht dokumentieren. 1925 wurde der Riesenschnauzer als Diensthund anerkannt und zählt auch heute noch zu den klassischen Schutzhundrassen.

Charakter: Mittlerweile hat sich der Riesenschnauzer auch zu einem beliebten Familien- und Begleithund entwickelt, der auch ohne spezielle Ausbildung seiner Wächtertätigkeit nachkommt. Er besitzt eine recht hohe Reizschwelle, ist gutmütig und absolut treu seinen Menschen gegenüber. Er ist nervenstark, selbstsicher und manchmal etwas dickköpfig. Mit etwas Hundeerfahrung, Konsequenz und Geduld lässt er sich aber gut erziehen.
Verwendung: Der Riesenschnauzer eignet sich sowohl zum Sport- als auch zum Gebrauchshund. Er wird im Wach- und Polizeidienst sowie als Rettungshund eingesetzt. Wer keine Schutzhundausbildung mit ihm machen möchte, kann mit ihm die Begleithundprüfung ablegen und eine Hundesportart ausüben. Er braucht viel Auslauf und Beschäftigung und fühlt sich am wohlsten in einem Haus mit Garten.
Besonderheiten: Das drahtige Fell muss mehrmals pro Jahr getrimmt werden.
Die langen Haare im Kopfbereich sollten regelmäßig gekämmt und gegebenenfalls gekürzt werden, damit sie nicht verfilzen.
Früher wurde die Rute kupiert. Heute ist das Zuchtziel die Säbel- oder Sichelrute.

# 2 | Rottweiler

Molossoide | FCI-Nr. 147

**Geschichte:** Die Vorfahren der Rottweiler wurden in der Römerzeit als Hüte- und Treibhunde gehalten. Mit den Legionen gelangten sie über die Alpen. Sie wurden als Wachhunde und Viehtreiber verwendet. In der Gegend um die schwäbische Stadt Rottweil vermischten sie sich mit den dortigen einheimischen Hunden. Ihre Hauptaufgabe war es, ihre Menschen sowie deren Hab und Gut zu bewachen und das Vieh zu treiben. Die Metzger in diesem Landstrich verschrieben sich ihrer Zucht, so entstand der „Rottweiler Metzgerhund". Er war ein hervorragender Hüte- und Treibhund und wurde auch als Zughund eingesetzt. Aufgrund seiner Eignung zum Schutzhund wurde er 1910 als Polizeihund anerkannt. Heute zählt er zu den klassischen Schutzhundrassen.

**Charakter:** Der Rottweiler ist ein stämmiger Hund, dem man seine Kraft und Ausdauer ansieht. Er ist von freundlicher Grundstimmung und hat eine hohe Reizschwelle. Er ist nervenfest, mutig und selbstsicher. Bei richtiger Erziehung und konsequenter Führung ist er durchaus als Familienhund geeignet. Bei uns erfreut er sich recht großer Beliebtheit. Allerdings ist er nur für Menschen geeignet, die ihn schon vom frühesten Welpenalter an gut sozialisieren und mit der nötigen Konsequenz und Geduld gründlich erziehen. Als selbstbewusster Hund ordnet er sich nur unter, wenn er seinen Rudelführer akzeptiert. Dieser sollte ihm auch körperlich gewachsen sein. Bei Rüden ist der Hang zur Dominanz besonders ausgeprägt.

Herkunft: Deutschland
Größe: Rüden 61–68 cm; Hündinnen 56–63 cm.
Gewicht: Rüden etwa 50 kg; Hündinnen etwa 42 kg.
Farben: Schwarz mit rotbraunen, klar abgegrenzten Abzeichen.

**Verwendung:** Der Rottweiler lässt sich gut erziehen und ausbilden und ist auf dem Hundeplatz mit Freude bei der Sache. Er ist für die Begleit- und Schutzhundausbildung geeignet und auch für Hundesport wie zum Beispiel Turnierhundesport zu begeistern. Auf rasante Sportarten wie Agility sollte dagegen verzichtet werden.

**Besonderheiten:** In manchen Bundesländern wird diese Rasse zu den gefährlichen Hunden gezählt, deren Haltung mit bestimmten Auflagen verbunden ist. Daher sollte man sich vor Anschaffung dieser Rasse nach den aktuellen Bestimmungen und Vorschriften erkundigen.

# 9 | Russkiy Toy

Kontinentaler Zwergspaniel und Russischer Zwerghund | FCI-Nr. 352

## Russischer Zwerghund, Russischer Toy

Herkunft: Russland
Größe: Rüden und Hündinnen 20–28 cm. Eine Abweichung von 1 cm nach oben oder unten ist erlaubt.
Gewicht: Rüden und Hündinnen bis zu 3 kg.
Farben: Schwarz, Braun und Blau mit lohfarbenen Abzeichen; Rot in jeder Schattierung mit oder ohne schwarzen oder braunen Überzug. Intensive Farben werden bevorzugt.
Es werden die beiden Varianten glatthaarig und langhaarig unterschieden.

**Geschichte:** Es ist kein Zufall, dass der Russische Zwerghund etwas an den English Toy Terrier erinnert, denn diese Rasse kann als dessen Vorfahre angesehen werden. Anfang des 20. Jahrhunderts war der English Toy Terrier einer der beliebtesten Kleinhunderassen in Russland. Aber in der Zeit zwischen 1920 und 1950 kam die Zucht fast zum Erliegen, und es gab nur noch wenige Vertreter dieser Rasse. Mitte der 50er-Jahre begannen dann einige Züchter, diese Rasse wieder aufleben zu lassen. Fast alle der hierfür eingesetzten Hunde besaßen aber keine Papiere und waren zum großen Teil auch nicht mehr reinblütig. Es entstand wieder ein Zwerghund, der aber dem Standard des English Toy Terrier in vielerlei Hinsicht nicht mehr entsprach, und so kam es zu einer neuen Rasse. Am 12. Oktober 1958 wurde ein kleiner Rüde geboren, der besonders seidige Haarfransen an Ohren und Beinen aufwies. Diese Eigenschaft wurde zu einem Zuchtziel erklärt, und durch die richtigen weiteren Paarungen entstand die langhaarige Variante des Russischen Zwerghundes, der damals als „Langhaariger Moskau Toy Terrier" bezeichnet wurde. Es dauerte dann noch einige Jahre, bis sich auch die glatthaarige Variante etabliert hatte. Laut Standard werden heute die glatthaarige und die langhaarige Variante unterschieden. Im Jahr 2006 wurde der Russkiy Toy von der FCI vorläufig angenommen.

Heute ähnelt der Russische Zwerghund aufgrund seiner äußeren Erscheinung sehr dem Kontinentalen Zwergspaniel. Vergleichbar mit Papillon und Phalène gibt es auch hängeohrige und stehohrige Varianten.

Charakter: Der Russische Zwerghund ist ein eleganter und aktiver kleiner Hund mit feinen Knochen und in Relation seiner Größe recht langen Beinen. Typisch ist das muntere, fröhliche Wesen, frei von Aggressivität oder Ängstlichkeit. Die Geschlechter sind weniger durch ihr äußeres Erscheinungsbild, dagegen eher anhand ihres Verhaltens zu unterscheiden. Wie seine engen Verwandten ist der kleine Russe als Familien- und Begleithund gut geeignet. Er liebt zwar ausgedehnte Spaziergänge, ist aber durchaus in einer Stadtwohnung gut zu halten.

Aufgrund seiner geringen Körpergröße und seiner Anpassungsfähigkeit lässt sich der Russische Toy überallhin problemlos mitnehmen. Er fällt auf durch den ausdrucksstarken Blick und die großen Ohren. Trotz seiner Kleinheit ist er sehr vital und robust und hat eine hohe Lebenserwartung.

# 1 | Saarlooswolfhond

Schäferhunde | FCI-Nr. 311

## Saarloos Wolfhund

Herkunft: Niederlande
Größe: Rüden 65–75 cm; Hündinnen 60–70 cm.
Farben: Wolfsgrau (von fast Schwarz bis Hellgrau); Waldbraun (von Rostbraun bis Orange); Cremefarben.

Geschichte: Begründet wurde diese Rasse von dem Niederländer Saarloos. Die Stammeltern waren ein Deutscher Schäferhundrüde und eine Wölfin, aus deren Nachkommen die Zuchtlinie für diese Rasse aufgebaut wurde. Die früher als „Europäischer Wolfhund“ bezeichnete Rasse wurde 1975 anerkannt und in Saarlooswolfhond umbenannt.

Charakter: Bei dieser Rasse handelt es sich nicht um Wolfshybriden, sondern um echte Hunde. Trotzdem schlägt sich das Wolfserbe in einigen Eigenschaften deutlich nieder. Sie sind äußerst zurückhaltend gegenüber allem Fremden – auch Menschen – und müssen vom Welpenalter an gut sozialisiert werden, damit sie später nicht scheu werden. Sie sind sehr unabhängig und verhalten sich ihren Menschen gegenüber eher unterwürfig wie ein Rudelmitglied einem Leittier gegenüber, aber weniger gehorsam. Sie leiden unter starker Trennungsangst, daher müssen sie von klein auf daran gewöhnt werden, auch mal allein zu bleiben, damit sie nicht aus lauter Verzweiflung bei dem Versuch, zu ihrem Rudel zu gelangen, in Zerstörungswut verfallen. Sie haben einen großen Freiheitsdrang, lassen sich ungern einsperren und zeigen – besonders in der Gruppe – einen ausgeprägten Jagdinstinkt.

Verwendung: Saarloos Wolfhunde sind auf keinen Fall Hunde für Anfänger. Ihre Erziehung und Haltung erfordert viel Hundeverstand und erheblich mehr Mühe und Geduld als bei den meisten anderen Rassen. Sie dürfen nicht mit Zwang erzogen oder durch endlose Wiederholungen derselben Übungen gelangweilt werden, denn dann verweigern sie ihre Mitarbeit. Regelmäßiges Üben auf dem Hundeplatz und Teilnahme am Hundesport, was ihnen in der Regel viel Spaß bereitet, hilft den Hunden, ihre natürliche Scheu zu überwinden. Für Schutzdienst sind sie ungeeignet. Sie sind nur für Menschen geeignet, die sich intensiv mit ihnen beschäftigen.

# 6 | Sabueso Español

Laufhunde | FCI-Nr. 204

Spanischer Laufhund

Herkunft: Spanien

Größe: Rüden 52–57 cm; Hündinnen 48–53 cm.

Farben: Weiß mit orangefarbenen, roten oder schwarzen Flecken.

Geschichte: Ob die Vorfahren dieser Jagdhunde mit den Kelten oder aus Frankreich auf die Iberische Halbinsel gelangten, ist nicht geklärt. Fest steht, dass der Sabueso Español erstmalig in einem Buch aus dem 13. Jahrhundert erwähnt wird. In der Renaissance jagte der spanische Adel nach französischem Vorbild mit großen Meuten dieser Hunde. Als die geänderte Gesetzgebung solche Jagden verbot, nahm auch der Bestand dieser Hunderasse dramatisch ab, und sie drohte auszusterben. Seit etwa 1950 gab es Bemühungen, diese Rasse wieder aufleben zu lassen, deren Bestand heute als gesichert gilt.
In Spanien unterscheidet man zwei Größenvarianten, wobei nur die kleinere dem offiziellen Standard entspricht und daher nur diese auf Ausstellungen zu sehen ist.

Verwendung: Der Sabueso ist ein passionierter Jagdhund. Mit seiner hervorragenden Nase nimmt er eine Spur auf, die er in mäßigem Tempo spurlaut verfolgt. Er wird für die Jagd auf Hirsch, Reh, Wildschwein, Fuchs, Hase und Kaninchen eingesetzt. Seine Aufgabe ist es, das Wild dem Jäger zuzutreiben. Dabei entfernt sich der Sabueso häufig sehr weit und kehrt manchmal erst nach Stunden zurück. Er ist sehr ausdauernd und auch für unwegsames Gelände wie steinigen Fels oder Dornengestrüpp geeignet. Er ist besonders an extrem hohe Temperaturen angepasst und soll gut Feuchtigkeit speichern können, sodass er auch bei Hitze stundenlang arbeiten kann.

Charakter: Der Sabueso hängt zwar sehr an seinen Menschen und ist im Haus ruhig und angenehm, wegen seiner großen Jagdpassion ist er jedoch als reiner Familienhund weniger geeignet, da er draußen nur schwer zu kontrollieren ist, wenn er eine Spur aufgenommen hat. Fremden gegenüber ist er zurückhaltend und zeigt auch gewisse Wachhundeigenschaften.

# 10 | Saluki

Langhaarige oder befederte Windhunde | FCI-Nr. 269

Persischer Windhund; befedert oder kurzhaarig

Herkunft: Mittlerer Osten

Größe: Rüden 58–71 cm; Hündinnen etwas kleiner.

Farben: Weiß; Creme; Rehfarben; Goldrot; Grizzle; Silbergrizzle; Hirschrotgrizzle; Tricolor (Weiß, Schwarz mit Loh); Schwarz mit Loh; Kombinationen dieser Farben.

Geschichte: Der Saluki war ursprünglich im Mittleren Osten und der arabischen Halbinsel bis hin zur Türkei verbreitet. Er ist vermutlich die älteste Windhundrasse überhaupt und gehört zu den orientalischen Windhunden. Seit Jahrtausenden hat sich diese Hunderasse nahezu unverändert erhalten. In Europa wird der Saluki erstmalig um 200 n. Chr. erwähnt und als stolze, edle Rasse beschrieben.
Die Jagd zu Pferde mit Falken und Windhunden war dem orientalischen Adel vorbehalten. Die Salukis wurden von den osmanischen Herrschern bevorzugt. Mit den Kreuzzügen wurden die Hunde auch in Europa bekannt und besonders in Italien geschätzt. Bereits 1863 wurden die ersten Salukis auf einer deutschen Ausstellung gezeigt. Der erste Standard wurde 1923 aufgestellt.

Charakter: Der Saluki ist sanft und sensibel, Fremden gegenüber reserviert, aber nicht aggressiv. Im Haus ist er angenehm und anhänglich seinen Menschen gegenüber. Seine würdevolle Erscheinung passt zu seinem selbstständigen, unabhängigen Wesen. Wegen seines ausgeprägten Dominanzverhaltens bedarf er konsequenter, aber einfühlsamer und liebevoller Erziehung ohne Härte. Dann ist sogar das Ablegen der Begleithundprüfung möglich.

Für Anfänger ist diese Rasse nicht geeignet. Der Jagdtrieb ist noch relativ stark ausgeprägt. Gepaart mit einem enormen Bewegungsdrang kann er dazu führen, dass der Hund in der freien Natur seinem Hetztrieb nachkommt. Freilauf sollte daher möglichst in wildfreien Gegenden ohne Gefahrenquellen erfolgen. Ideal ist ein großes Grundstück, auf dem er sich frei bewegen kann.

Verwendung: Am besten betreibt man mit diesen Hunden Rennsport. Beim Joggen oder neben dem Fahrrad ist der Saluki ein ausdauernder Begleiter.

Besonderheiten: Das seidige, kurze Haar mit den Befederungen an Behängen, Läufen und Rute ist pflegeleicht und muss nur gelegentlich gebürstet werden. Die Hunde sind sehr sauber und besitzen nicht den typischen Hundegeruch. Sie gehen gern ins Wasser, mögen aber keinen Regen. Das feine Haar durchnässt sofort und trocknet langsam.

## 5 | Samojede

Nordische Schlittenhunde | FCI-Nr. 212

Herkunft: Russland
Größe: Rüden 54–60 cm; Hündinnen 50–56 cm.
Farben: Weiß; Creme; Biskuit.

Geschichte: Der Samojede stammt vermutlich von den am frühesten domestizierten Hunden ab, deren Ahnen wiederum die Torfhunde waren, die schon um 4000 v. Chr. über Europa und Nordasien verbreitet waren. Ihren Namen hat die Rasse von einem Nomadenstamm, den Samojeden, erhalten, die das Grenzgebiet zwischen dem europäischen und asiatischen Sibirien bewohnen. Die Aufgabe der Hunde war es, Schlitten zu ziehen, Lasten zu schleppen, Rentiere zu hüten und auch bei der Jagd zu helfen. Der Samojede ist ein typischer nordischer Gebrauchshund, der als erste Schlittenhundrasse schon gegen Ende des 19. Jahrhunderts anerkannt wurde.

Verwendung: Die Stärke des Samojeden bei Hundeschlittenrennen ist nicht die Schnelligkeit, sondern die Ausdauer und die Fähigkeit, schwere Lasten zu ziehen. Bei uns wird er vorwiegend als Familienhund gehalten, der aber unbedingt eine sportliche Betätigung benötigt, um sinnvoll beschäftigt zu sein und die notwendige Bewegung zu erhalten. Agility oder Turnierhundesport sind hierfür ideal. Und natürlich ist er ein ausdauernder Begleiter auf Wanderungen, beim Joggen oder am Fahrrad.

Charakter: Der Samojede ist ein treuer, sanfter und freundlicher Hund, der aber eine gewisse Selbstständigkeit besitzt.

Daher sollte er rechtzeitig liebevoll, aber konsequent erzogen werden. Dabei sollte auch darauf geachtet werden, seine Bellfreudigkeit in Grenzen zu halten.
Besonderheiten: Der „Hund mit dem lächelnden Gesicht“ (wegen der hoch gezogenen Mundwinkel, einem rassetypischen Merkmal), wie er liebevoll genannt wird, muss regelmäßig gebürstet werden, besonders während des Fellwechsels.
Das glatte, grannenartige Deckhaar steht etwas vom Körper ab. Die Unterwolle ist äußerst dicht und weich. Der Hund sollte möglichst wenig gebadet werden.
Mit seinem kräftigen Körperbau, der stolzen Haltung und dem prächtigen Fell ist der Samojede unbestreitbar ein Hund mit einem sehr ansprechenden Äußeren.

# 2 | Sarplaninac

Molossoide | FCI-Nr. 41

Geschichte: Seit Jahrhunderten werden dem Sarplaninac ähnliche Hunde in den Gebieten des ehemaligen Jugoslawiens von Bauern und Viehhirten gezüchtet.
Sie kamen besonders in Mazedonien, Montenegro, Serbien und dem Kosovo vor. Der Name leitet sich von ihrer Heimat, dem Sar Planina Gebirge in Mazedonien, ab. Erst 1956 wurde die Rasse offiziell von der FCI anerkannt. Der Sarplaninac besitzt eine große Ähnlichkeit mit dem Kaukasischen Owtscharka. Beide haben sicherlich gemeinsame Vorfahren.
Charakter: Als wachsamer Hirtenhund war es die Aufgabe des Sarplaninac, die Viehherden vor Feinden jeglicher Art zu beschützen. Sowohl körperlich als auch charakterlich hat er sich perfekt an diese Aufgabe angepasst. Die natürliche Schärfe und das Misstrauen gegenüber Fremden sind beim Sarplaninac extrem ausgeprägt. In kritischen Situationen entscheidet und handelt er nach eigenem Ermessen. Kompromisslos bewacht er Haus und Hof und die ihm anvertrauten Menschen und Tiere. Eine Berührung durch Fremde lässt er sich gewöhnlich nicht gefallen und kann trotz seines gelassenen Auftretens blitzschnell angreifen. Im Haus ist er ruhig und angenehm. Jeder Fremde, der sich nähert, wird jedoch lautstark verbellt. Wer in unserer zivilisierten Welt solch einen Hund halten möchte, muss zunächst über erhebliche Hundeerfahrung verfügen.
Der Sarplaninac muss so früh wie möglich sozialisiert und mit vielen verschiedenen Eindrücken konfrontiert werden, damit er später in jeder Situation gelassen bleibt. Dennoch ist er dominant und selbstbewusst, und besonders Rüden neigen zum Raufen. Die Erziehung muss äußerst einfühlsam, konsequent und mit viel Geduld erfolgen. Diese Hunde lassen sich nicht „abrichten“, sondern befolgen Befehle nur ihren Menschen zuliebe. Ideal ist ein großes Grundstück, auf dem sie sich frei bewegen und das sie bewachen können.

## Jugoslawischer Hirtenhund, Jugoslovenski Ovcarski Pas

Herkunft: Mazedonien/Serbien und Montenegro
Größe: Rüden 70–75 cm; Hündinnen 65–70 cm.
Gewicht: Rüden 45–55 kg; Hündinnen 35–45 kg.
Farben: Eisengrau und dunkler; Gelb; sandfarbene Unterwolle.

# 6 | Schillerstøvare

Laufhunde | FCI-Nr. 131

### Schiller-Laufhund

Herkunft: Schweden
Größe: Rüden und Hündinnen 53–57 cm.
Gewicht: Rüden und Hündinnen 18–24 kg.
Farben: Lohfarben mit schwarzem Mantel.

**Geschichte:** Schon seit dem ausgehenden Mittelalter sind in Schweden Gebrauchshundschläge bekannt, die dieser Rasse sehr ähnlich sind. Im 19. Jahrhundert importierte Per Schiller (Name!) Bracken aus Deutschland, kreuzte sie mit diesen Hunden und schuf so den Schillerstøvare. Offiziell wurde die Rasse 1952 anerkannt.

**Charakter:** Die Hunde haben ein freundliches Wesen, sind leichtführig und gehorsam und ihren Menschen treu ergeben. Sie sind lebhaft, haben einen großen Bewegungsdrang und besitzen eine hohe Reizschwelle. Daher sind sie auch als Familienhunde ideal geeignet, wenn sie ausreichend rassegemäß, jagdlich oder sportlich, beschäftigt werden.

**Verwendung:** Das harsche, kurze Fell mit der dichten Unterwolle bietet diesem Hund einen optimalen Schutz gegen Witterungseinflüsse, besonders im Winter gegen Kälte und Schnee. Daher wird er gern in der Winterzeit zur Jagd auf Füchse und Schneehasen eingesetzt. Er spürt das Wild auf, stellt und verbellt es, rührt es aber nicht an, sondern wartet, bis der Jäger zur Stelle ist, um es zu erlegen. Bei der Jagd zeichnet er sich durch Schnelligkeit und Ausdauer aus.

**Besonderheiten:** Der robuste Hund zeigt eine edle, dynamische Erscheinung. Typisch sind der muskulöse Körper und die kastanienbraunen, lebhaften Augen. Außerhalb Schwedens ist diese Rasse so gut wie nicht anzutreffen. Allerdings wird sie immer häufiger auf Ausstellungen gezeigt.

# 1 | Schipperke

Schäferhunde | FCI-Nr. 83

Herkunft: Belgien
Größe: Rüden 28–33 cm; Hündinnen 25–30 cm.
Gewicht: Rüden und Hündinnen 3–9 kg, ideal 4–7 kg.
Farben: Schwarz.

**Geschichte:** Der Schipperke ist der kleinste aller Schäferhunde. Der Stammvater aller belgischen Schäferhunde, der schwarze „Leuvenaar“ ist somit auch sein Ahne. Der Name leitet sich von dem flämischen Wort „Schäperke“ ab, was „kleiner Schäferhund“ bedeutet. Schon im 15. Jahrhundert wurde die Rasse beschrieben.

Um 1690 war der Schipperke der Lieblingshund der Brüsseler Schuster. Anfang des 19. Jahrhunderts war er der am meisten verbreitete Haushund in Belgien. Bei uns wurde der Schipperke hauptsächlich durch die Binnenschiffer bekannt, die solche Hunde an Bord hatten. Aus diesem Grund und da die Belgier ihre Hunde auch wegen des spitzen Fangs „Spitzke" nannten, hat sich bei uns der Name „Schifferspitz" eingebürgert. Allerdings hat jedoch der Schipperke vom Wesen her keine Ähnlichkeit mit einem Spitz.

Verwendung: Früher wurden die Schipperkes zum Stöbern und bei der Jagd mit Frettchen eingesetzt. Außerdem sind sie in der Lage, trotz ihrer Kleinheit eine Schafherde zu dirigieren. Das hat nicht zuletzt damit zu tun, dass sie sehr bellfreudig und recht angriffslustig sein können.

Charakter: Der Schipperke ist bei uns noch recht selten anzutreffen. Er wird nicht mehr als Schäferhund eingesetzt, sondern ist ein lebhafter, anhänglicher und sportlicher Familienhund, der allerdings sehr wachsam ist. Seine Passion ist es, auf alles aufpassen zu müssen, was seinen Menschen gehört. Daher ist er ideal geeignet als Wachhund, der alarmiert, aber einem Menschen nicht ernsthaft gefährlich werden kann.

Besonderheiten: Der Schipperke besitzt ein pflegeleichtes Fell und eine robuste Gesundheit. Wegen seiner geringen Körpergröße ist er durchaus auch für die Haltung in einer Etagenwohnung geeignet, wenn er ansonsten genügend Bewegung erhält.

Bis zum Inkrafttreten des Rutenkupierverbotes wurde die Rute des Schipperkes in der Regel ganz kurz kupiert. Es kommt aber auch vor, dass Welpen mit Stummelrute geboren werden.

## 2 | Schnauzer

Pinscher und Schnauzer | FCI-Nr. 182

### Mittelschnauzer

Herkunft: Deutschland
Größe: Rüden und Hündinnen 45–50 cm.
Gewicht: Rüden und Hündinnen 14–20 kg.
Farben: Pfeffer-Salz; Schwarz.

Geschichte: Hunde mit mehr oder weniger rauem Fell gab es schon lange, bevor der Schnauzer als eigene Rasse entstand. Im 19. Jahrhundert unterschied man die glatthaarigen von den rauhaarigen Pinschern. Aus Letzteren entwickelten sich schließlich die Schnauzer. Ihre direkten Vorfahren waren die sogenannten Stall- und Fuhrmannshunde. Sie waren einerseits dazu da, die Stallungen von Ratten und Mäusen frei zu halten; weiterhin begleiteten sie die Pferdegespanne, um diese zu bewachen und im Notfall zu verteidigen. Eine gewisse Selbstständigkeit, Wachsamkeit und der Sinn für die Abgrenzung des Eigentums waren geschätzte Eigenschaften, die sich die Schnauzer bis heute bewahrt haben.

Charakter: Der Schnauzer ist nicht nur als Begleit- und Familienhund geeignet, sondern besitzt auch gute Wachhund- und bedingt sogar Schutzhundeigenschaften. Er ist ein treuer und verspielter Begleiter für die ganze Familie. Fremden gegenüber ist er zunächst misstrauisch. Als Wächter von Haus und Hof ist er unbestechlich. Er hat einen ausgeprägten Willen und kann auch recht stur sein. Daher benötigt er von Anfang an eine konsequente Erziehung. Er lässt sich trotzdem gut ausbilden, zum Beispiel zum Begleithund, und ist für hundesportliche Aktivitäten jeder Art zu begeistern. Der Schnauzer ist angenehm im Haus und kann auch in einer Etagenwohnung gehalten werden, wenn er seinen regelmäßigen Auslauf erhält.

Besonderheiten: Das Rauhaar dieser Hunde muss gelegentlich getrimmt werden. Mit dem Trimmmesser wird das abgestorbene Haar entfernt. Mit etwas Übung kann man das Trimmen auch selber vornehmen. Die längeren Haare im Kopfbereich müssen regelmäßig gestutzt und gekämmt werden, damit sie nicht verfilzen. Früher wurde die Rute dieser Hunde kupiert. Heute ist das Zuchtziel die Säbel- oder Sichelrute.

## 2 | Schwarzer Terrier

Pinscher und Schnauzer | FCI-Nr. 327

Schwarzer Russischer Terrier, Tchiorny Terrier

Herkunft: Russland

Größe: Rüden 66–72 cm; Hündinnen 64– 70 cm.

Farbe: Schwarz.

**Geschichte:** Nachdem in den Jahren 1917 bis 1923 etwa 90 Prozent aller reinrassigen Hunde in Russland verloren gingen, gab es einen großen Bedarf an geeigneten Hunden für Armee und Polizeidienst. Hierfür wurde der Zwinger „Roter Stern" gegründet. Anfang der 1950er-Jahre erhielten die Armeekynologen den Auftrag, einen arbeitswilligen Diensthund zu züchten, der sich allen Wetterverhältnissen anpassen konnte. Hierfür wurden Airedale Terrier und Rottweiler mit Riesenschnauzern gekreuzt. Die so entstandenen Hunde wurden teilweise mit verschiedenen Schäferhunden, Neufundländern und Doggen verpaart, was sich aber nicht bewährt hat. Der heutige Schwarze Terrier besitzt etwa jeweils 30 Prozent Erbgut von Airedale Terrier, Riesenschnauzer und Rottweiler und nur einen kleinen Teil von den anderen eingekreuzten Rassen.

**Verwendung:** Der Schwarze Terrier wurde als Wachhund in Gefängnissen sowie bei der Armee und Polizei eingesetzt. Die Hunde mussten bei extrem unterschiedlichen klimatischen Bedingungen ihren Dienst verrichten und wurden sogar als Schlittenhunde sowie als Treib- und Hütehunde eingesetzt. Allerdings konnte sich der Schwarze Terrier nicht als Diensthund durchsetzen, da die regelmäßige Pflege, die sein Fell benötigt, für die im Freien lebenden Arbeitshunde zu aufwendig war. Heute lebt er vorwiegend als Familienhund.

**Charakter:** Der Schwarze Terrier ist ausgeglichen, diszipliniert und im Haus sehr ruhig. Er ist Fremden gegenüber zurückhaltend bis misstrauisch und kein Raufer. In bedrohlichen Situationen zeigt er Mut und besitzt einen ausgeprägten Schutz- und Kampftrieb, wenn es um die Verteidigung seines Heimes geht. Abwehrbereitschaft und eine gewisse Unempfindlichkeit gehören zu seinen Wesenszügen. Die Erziehung sollte liebevoll und konsequent, auf keinen Fall mit unnötiger Härte erfolgen. Die „Russische Perle", wie diese Rasse auch genannt wird, benötigt einen souveränen Rudelführer und ist für hundeunerfahrene Menschen weniger geeignet.

**Besonderheiten:** In seinem Heimatland gibt es zwei verschiedene Haararten: das raue ursprüngliche Drahthaar und das modernere Langhaar. Der alte Typ muss regelmäßig etwa zwei- bis viermal pro Jahr getrimmt werden. Das weichere Langhaar sollte wöchentlich gekämmt werden. Hunde dieses Typs erfreuen sich immer größerer Beliebtheit auf den Ausstellungen.

## 6 | Schwarzwälder Bracke

Laufhunde | nicht FCI-anerkannt

Wälderdackel

Herkunft: Deutschland

Größe: Rüden und Hündinnen 26–40 cm.

Gewicht: Rüden und Hündinnen 8–15 kg.

Farben: Dunkelbraun mit helleren Abzeichen; weiße Flecken sind erlaubt.

**Geschichte:** Der Wälderdackel, wie die Schwarzwälder Bracke in Jägerkreisen meistens genannt wird, kann zwar schon auf eine lange Geschichte zurückblicken, aber als eigene Rasse wurde er noch längst nicht anerkannt. Erst 1998 wurde ein Verein gegründet, dessen Ziel es ist, die jagdliche Zucht dieses brackenähnlichen Hundes zu fördern. Man unterscheidet den kleinwüchsigen, den mittleren und den höher gebauten Schlag dieser Rasse (daher der große Spielraum bei der Größenangabe). Seine Erscheinung, seine feine Nase und die immer wieder auftretenden weißen

Flecken sprechen für eine gehörige Portion keltischen Brackenblutes in seinen Adern.
Verwendung: Der Wälderdackel wird besonders von den ländlichen Jägern geschätzt. Er besitzt eine große Jagdpassion, ist fährtensicher und spurlaut. Er wird sowohl zum Stöbern, zur Baujagd und zur Nachsuche eingesetzt, insbesondere bei der Jagd auf Hase, Fuchs und Reh.
Charakter: Der Wälderdackel ist im Allgemeinen recht führerbezogen und nicht nur ein guter Jagdhund, sondern auch ein angenehmer, anspruchsloser Familienhund.
Besonderheiten: Die Verbreitung dieser Rasse dürfte regional noch recht begrenzt auf seine Heimat, den Schwarzwald, und die umliegenden Landschaften sein.

## 5 | Schwedischer Lapphund

Nordische Wach- und Hütehunde | FCI-Nr. 135

### Svensk Lapphund, Lappenspitz

Herkunft: Schweden
Größe: Rüden ideal 48 cm; Hündinnen ideal 43 cm. Eine Abweichung von 3 cm nach oben oder unten ist erlaubt.
Gewicht: Rüden und Hündinnen etwa 20 kg.
Farben: Schwarz; Braun; Schwarz und Braun, wobei einfarbige Tiere bevorzugt werden; kleine weiße Abzeichen sind gestattet. Bevorzugte Farbe ist Bärenbraun.

Geschichte: Der Ursprung dieser Rasse geht zurück auf die Lappen, deren Heimat Teile von Schweden, Finnland, Norwegen und Russland umfasste. Einige Lappland-Hunde wurden von den Normannen nach England gebracht. Die von den Finnen übernommenen Hunde wurden zu den Finnischen Lapphunden, die Schweden züchteten ihre eigenen Lapphunde weiter. Beide Rassen sind sich sehr ähnlich.
Verwendung: Der Schwedische Lapphund wurde ursprünglich ausschließlich auf Gebrauchstüchtigkeit gezüchtet. Er war ein unentbehrlicher Helfer zum Treiben und Zusammenhalten der Rentiere. Durch das lange, dichte Fell unempfindlich gegen Witterungseinflüsse gehen die Hunde auch bei tiefstem Schnee unermüdlich ihrer Arbeit nach, wobei sie sich durch Ausdauer und Zähigkeit auszeichnen. In Skandinavien hat sich diese Rasse schon zu beliebten Familienhunden entwickelt, ist bei uns aber noch äußerst selten anzutreffen.
Charakter: Die Hunde sind einsatzfreudig, temperamentvoll bis wild und wollen ausreichend beschäftigt werden. Sie sind bellfreudig und geben auch gute Wachhunde ab. Wenn sie keine Gelegenheit haben, eine Herde zu hüten, sollten sie alternativ durch Hundesport beschäftigt werden. Sie brauchen viel Bewegung und sollten geistig wie körperlich gefordert werden. Erhalten sie dann noch eine konsequente Erziehung, sind sie folgsame und zuverlässige Familienhunde.
Besonderheiten: Das lange Deckhaar mit der dichten Unterwolle sollte zumindest zum Fellwechsel regelmäßig gebürstet werden. Es bildet an Hals und Kehle einen Kragen.

Laufhunde | FCI-Nr. 59

## Chien Courant Suisse

Herkunft: Schweiz

**Berner Laufhund:**

Farbe: Weiß mit schwarzen Flecken oder schwarzem Sattel und blassem bis intensivem Brand.

**Jura Laufhund (Bruno du Jura)**

Farbe: Loh mit schwarzem Mantel, manchmal schwarz gewolkt; Schwarz mit Brand; kleiner weißer Brustfleck erlaubt. Typ St. Hubert nicht mehr anerkannt.

**Luzerner Laufhund**

Farbe: Blau (aus schwarzen und weißen Haaren), stark gesprenkelt mit schwarzen Flecken oder schwarzem Sattel und blassem bis intensivem Brand; schwarzer Mantel ist zulässig.

**Schwyzer Laufhund**

Farbe: Weiß mit orangefarbenen Flecken oder orangefarbenem Sattel; orangefarbener Mantel ist zulässig.

Größe: Rüden 49–59 cm; Hündinnen 47–57 cm.

Geschichte: Die ersten Darstellungen von Hunden, die den Schweizer Laufhunden entsprechen, fand man in der Schweiz auf einem Mosaik aus der Römerzeit. Ihre außerordentlichen Fähigkeiten auf der Hasenjagd wurden im 15. Jahrhundert von den Italienern und im 18. Jahrhundert von den Franzosen geschätzt. Die Zucht wurde durch in die Schweiz importierte französische Laufhunde beeinflusst. 1882 wurde für die damals noch fünf Varietäten je ein eigener Standard aufgestellt. Der Typ St. Hubert des Jura Laufhundes entstand durch Einkreuzungen von Bloodhounds, was die große Ähnlichkeit mit dieser Rasse erklärt. Heute ist dieser Typ von den Schweizern nicht mehr anerkannt. Die vier verbleibenden offiziell anerkannten Varietäten wurden im Jahre 1933 in einem gemeinsamen Standard zusammengefasst.

Verwendung: Die Schweizer Laufhunde wurden früher in der Meute zur Jagd eingesetzt. Das Wild wurde so lange gehetzt, bis es vom Jäger erlegt oder von den Hunden zur Strecke gebracht wurde. Heute werden sie einzeln für die Jagd verwendet, vorwiegend auf Hase, Reh und Fuchs. Mit ihrem ausgezeichneten Geruchssinn verfolgen sie sicher und spurlaut die Fährte des Wildes. Anhand der Lautgebung lässt sich sogar feststellen, welcher Art von Wild sie auf der Spur sind. Aber auch für die Schweißarbeit, also die Nachsuche, werden sie erfolgreich eingesetzt.

Charakter: Die Schweizer Laufhunde sind Jagdhunde mit Leib und Seele, die auf alle Fälle die jagdliche Arbeit benötigen. Als ursprüngliche Meutehunde sind sie sehr sozialverträglich und brauchen unbedingt den engen Kontakt zur Familie als Meuteersatz.

Die Hunde sind zu Menschen freundlich und im Haus angenehm zu halten.

**Besonderheiten:** Ihr kurzes Fell bedarf keiner besonderen Pflege, ein gelegentliches Bürsten während des Fellwechsels reicht aus. Die langen, typisch gefalteten Ohren sollten regelmäßig kontrolliert und bei Bedarf mit einem feuchten Läppchen gereinigt werden. Auf diese Weise lässt sich einer mögliche Ohrenentzündung wirkungsvoll vorbeugen.

Die Schweizer Laufhunde sind relativ selten und außerhalb der Schweiz kaum anzutreffen. Besonders bei den Berner Laufhunden ist der Bestand sehr gering. Daher ist es besonders wichtig, durch umsichtige und vorausschauende Zucht diese Rasse als altes Kulturgut zu fördern und zu erhalten.

Einer der Gründe dafür ist die Tatsache, dass bei uns nur selten die Möglichkeit besteht, die Hunde gemäß ihren Veranlagungen bei Jagden einzusetzen.

# 6 | Schweizer Niederlaufhunde

Laufhunde | FCI-Nr. 60

## Petit Chien Courant Suisse

Herkunft: Schweiz

**Berner Niederlaufhund (glatt- und rauhaariger Schlag)**

Farbe: Weiß mit schwarzen Flecken oder schwarzem Sattel und blassem bis intensivem Brand.

**Jura Niederlaufhund**

Farbe: Loh mit schwarzem Mantel, manchmal schwarz gewolkt; Schwarz mit Brand; kleiner weißer Brustfleck erlaubt.

**Luzerner Niederlaufhund**

Farbe: Blau (aus schwarzen und weißen Haaren), stark gesprenkelt mit schwarzen Flecken oder schwarzem Sattel und blassem bis intensivem Brand; schwarzer Mantel ist zulässig.

**Schwyzer Niederlaufhund**

Farbe: Weiß mit orangefarbenen Flecken oder orangefarbenem Sattel; orangefarbener Mantel ist zulässig.

Größe: Rüden und Hündinnen 33–41 cm (ideal 36–38 cm).

**Geschichte:** Die Schweizer Niederlaufhunde verdanken ihre Entstehung einer behördlichen Verordnung in der Schweiz Ende des 19. Jahrhunderts, welche die Jagd mit spurlaut jagenden Hunden über 36 cm Widerristhöhe verbot. Durch die Kreuzung von Laufhund mit Dachsbracke entstanden die Niederlaufhunde, die das typische äußere Erscheinungsbild und die Fellzeichnung ihre großen Verwandten behielten. 1905 wurde der Schweizerische Niederlaufhunde-Klub gegründet.

A B C D E F G H I J K L M N O P Q R S T U V W X Y Z

Somit entstand eine Hunderasse, welche die hervorragenden jagdlichen Eigenschaften der Schweizer Laufhunde besitzt, aber an die veränderten jagdlichen Verhältnisse angepasst ist. Nur beim Berner Niederlaufhund hat sich bis heute die rauhaarige Variante gehalten.

Verwendung: Die Niederlaufhunde sind noch seltener als ihre hochläufigen Vettern. Sie werden fast nur in der Schweiz und für jagdliche Zwecke gehalten. Wegen ihrer ausgeprägten Jagdpassion sind sie trotz ihres freundlichen Wesens als reine Familienhunde weniger geeignet.

# 3 | Scottish Terrier

Niederläufige Terrier | FCI-Nr. 73

Herkunft: Großbritannien
Größe: Rüden und Hündinnen 25,5–28 cm.
Gewicht: Rüden und Hündinnen 8,6–10,4 kg.
Farben: Schwarz; Weizenfarben; gestromt.

Geschichte: Die Vorfahren dieser Hunde stammen vermutlich von den westschottischen Inseln, wo sie für die Jagd auf Kleinsäuger verwendet wurden. Mitte des 19. Jahrhunderts begann man in Aberdeen mit der Reinzucht. Allerdings blieb der Scottish Terrier bis Ende des 19. Jahrhunderts noch ziemlich unbekannt. Erst seit den 1920er-Jahren sieht die Rasse so aus, wie es der Standard heute vorschreibt. Als die Rassenvielfalt bezüglich der kleinen Begleithunde noch nicht so groß war, war der Scottish Terrier bei uns recht populär, nicht zuletzt, weil er als ein „Markenzeichen“ für eine Whiskeysorte bekannt wurde. (An diesem Beispiel sieht man, wie schon früher durch die Werbung bestimmte Hunderassen populär wurden.) Heute ist der Scottish Terrier bei uns nur noch wenig anzutreffen. Andere Terrier-Rassen haben ihm den Rang abgelaufen.

Charakter: Der Scottish Terrier ist ein selbstbewusster, furchtloser Hund, der Fremden gegenüber zurückhaltend ist. Er hat einen ausgeprägten Schutztrieb. Er bewacht seine Menschen und sein Heim aufmerksam und verteidigt sie im Notfall lautstark und vehement. Da der Scottish Terrier ein eigensinniges und stolzes Wesen hat, ist er nicht einfach zu erziehen. Nur mit viel Geduld und Konsequenz kommt man ans Ziel. Artgenossen gegenüber verhält er sich recht dominant. Er zeigt keine Furcht.

Aufgrund seiner Körpergröße braucht er nicht allzu viel Auslauf und ist auch in einer Stadtwohnung gut zu halten. Er ist der richtige Begleiter für Menschen, die einen kleinen, aber mutigen und selbstbewussten Hund an ihrer Seite möchten.

Besonderheiten: Ein besonderes Merkmal dieser Hunde ist der lange Bart, der ihnen ein etwas grimmiges Aussehen verleiht. Auf der Körperoberseite wird das Haar kurz gehalten, wogegen es an Bauch und Läufen bis auf den Boden hinabreicht.

# 3 | Sealyham Terrier

Niederläufige Terrier | FCI-Nr. 74

Herkunft: Großbritannien
Größe: Rüden und Hündinnen nicht über 31 cm.
Gewicht: Rüden etwa 9 kg; Hündinnen etwa 8,2 kg.
Farben: Weiß; Weiß mit bräunlichen Abzeichen an Kopf und Ohren.

Geschichte: Ihren Ursprung hat diese Rasse in England, und zwar auf dem Landsitz Sealy Ham (Name!). Dort lebte Captain Edwardes, dessen besondere Leidenschaft die Jagd auf Otter und Dachs war. Da er hierfür keine geeigneten Hunde fand, beschloss er 1848, eine eigene neue Rasse zu züchten, die kräftig und mutig genug wäre, um es mit Otter und Dachs aufzunehmen. Damit sie gut von diesen Tieren unterschieden werden konnte, sollte sie weiß sein. Ausgangsrassen waren Fox Terrier, Westhighland White und Dandie Dinmont Terrier sowie rauhaarige Bassets und Cheshire Terrier. Die neue Rasse wurde zunächst „Edwardes Terrier“ genannt. 1911

wurde sie unter ihrem heutigen Namen anerkannt. Größter Beliebtheit erfreute sich die Rasse in den 1920er- und 1930er-Jahren. Nach dem Zweiten Weltkrieg geriet der Sealyham Terrier in Vergessenheit, weil andere Rassen in Mode kamen. Nur wenige Züchter bemühen sich heute noch um den Erhalt dieser Hunde.

Charakter: Der Sealyham Terrier ist heutzutage ein reiner Familien- und Begleithund. Er besitzt ein fröhliches, unkompliziertes Wesen und ist im Allgemeinen auch verträglich mit Artgenossen. Sein Revier bewacht er zwar gern und meldet lautstark Eindringlinge, ansonsten ist er aber ruhig und freundlich und auch für die Stadtwohnung geeignet. Der kompakte, robuste Hund ist sehr selbstbewusst, sodass die Erziehung nur mit viel Geduld und Konsequenz erfolgen kann. Er ist sehr anhänglich und sensibel und sollte nicht mit Härte erzogen werden.

Besonderheiten: Das drahtige, feste Haarkleid muss wöchentlich gebürstet werden. Drei- bis viermal im Jahr sollte es getrimmt werden, um das abgestorbene Haar zu entfernen.

Früher wurde die Rute dieser Hunde kupiert.

## 6 | Segugio Italiano

Laufhunde: Segugio Italiano a pelo forte | FCI-Nr. 198, Segugio Italiano a pelo raso | FCI-Nr. 337

### Italienischer Laufhund rauhaarig

**Segugio Italiano a pelo forte**

Größe: Rüden 52–60 cm; Hündinnen 50–58 cm.

Gewicht: Rüden 20–28 kg; Hündinnen 18–26 kg.

### Italienischer Laufhund kurzhaarig

**Segugio Italiano a pelo raso**

Größe: Rüden 52–58 cm; Hündinnen 48–56 cm.

Gewicht: Je nach Größe 18–28 kg.

Herkunft: Italien

Farben: Falbfarben in allen Schattierungen; Schwarz und Loh.

Die beiden Rassen unterscheiden sich nur in der Fellbeschaffenheit und geringfügig in der Größe. Typisch für beide ist die Ramsnase.

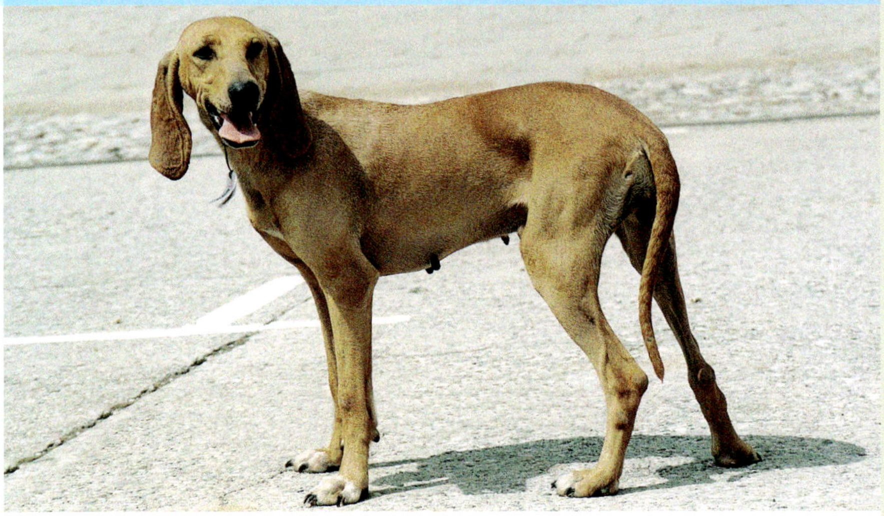

Geschichte: Der Ursprung des Segugio liegt in der Antike. Auf ägyptischen Darstellungen sind Jagdhunde abgebildet, die dieser Rasse sehr ähnlich sehen. Auch bei zwei Skulpturen, welche die Göttin Diana verkörpern, sind Segugios als ihre Begleiter dargestellt, und Malereien aus der Zeit um 1600 zeigen Hunde, die dem heutigen Typ entsprechen. Mit phönizischen Händlern gelangten die Vorfahren dieser Hunde

in den Mittelmeerraum und schließlich nach Italien. Der Segugio ist eng mit dem griechischen Laufhund Hellinikos Ichnilatis verwandt. Vermutlich haben beide Rassen gemeinsame Vorfahren.

Verwendung: Der Segugio war während der Renaissance besonders in Norditalien sowohl für die Adligen als auch das einfache Volk ein beliebter Jagdhund, ist aber auch heute noch die häufigste italienische Hunderasse. Er wird zum Aufspüren von Wild in den unterschiedlichsten Geländen verwendet.

Er jagt meistens leise und verbellt das Wild nur, wenn er es gestellt hat. Er ist ein ausdauernder Läufer.

Charakter: Der Segugio ist freundlich und leichtführig und sehr verträglich mit Artgenossen. Im Haus ist er wachsam und meldet Fremde durch lautes Bellen an.

# 6 | Serbischer Laufhund

Laufhunde | FCI-Nr. 150

## Srpski Gonic, Serbische Bracke

Herkunft: Serbien
Größe: Rüden und Hündinnen 46–54 cm.
Gewicht: Rüden und Hündinnen etwa 20 kg.
Farben: Rot mit schwarzem Mantel.

Geschichte: Die Geschichte dieser Rasse reicht bis ins 17. Jahrhundert zurück. Die Hunde wurden für Treibjagden sowohl auf großes als auch kleines Wild eingesetzt. Sie besitzen viel Energie, sind sehr ausdauernd und suchen systematisch. Typisch ist das lebhafte Rutenspiel bei der Suche. Sie können auch in dichtem Gestrüpp und auf unwegsamem Gelände eingesetzt werden.

Verwendung: Früher wurden die Serbischen Laufhunde für die Jagd auf jegliches Wild außer Federwild verwendet. Heute werden sie einzeln, vorwiegend für die Jagd auf Hase und Fuchs, oder als Koppel für die Wildschweinjagd eingesetzt. Auch für die Nachsuche sind sie geeignet. Sie sind zuverlässig spurlaut, und ihre wohlklingende Stimme ist weithin hörbar. Diese Rasse ist außerhalb der Balkanstaaten kaum anzutreffen.

Charakter: Der kräftig gebaute Hund besitzt ein ruhiges Wesen und strahlt

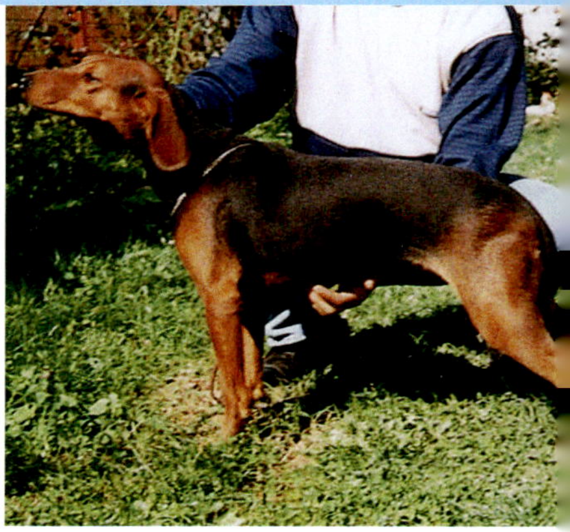

eine gewisse Würde aus. Er ist freundlich und auch ein angenehmer Familien- und Begleithund.

# 2 | Shar Pei

Molossoide | FCI-Nr. 309

## Chinesischer Faltenhund

Herkunft: China
Größe: Rüden und Hündinnen 40–51 cm.
Gewicht: Rüden sind schwerer als Hündinnen und im Bau quadratischer.
Farben: Schwarz; Rot; Dunkelbraun; Hellbraun; Cremefarben.

Geschichte: Die Herkunft des Shar Pei liegt weitgehend im Dunkeln. Weil der Shar Pei früher in China ein „Arme-Leute-Hund" war und die Besitzer weder lesen noch schreiben konnten, gibt es über seine Entstehung keine Aufzeichnungen. Er kam hauptsächlich in den Provinzen der südlichen Küstengebiete des Chinesischen Meeres vor. Eine systematische Zucht gab es nicht, vermutlich wurden diese Hunde aber jagdlich eingesetzt. Einerseits ist bis heute ihr Jagdtrieb in gewisser Weise erhalten, andererseits spricht das typische lose Fell dafür, das sie im Gebüsch und Unterholz, wie bei anderen kurzhaarigen Jagdhunden, vor Verletzungen schützt. Als 1949 mit Gründung der Volksrepublik China die private Haustierhaltung verboten wurde, stand es schlecht um diese Hunde. 1973 wurde mit der Reinzucht der kurz vor dem Aussterben stehenden Rasse begonnen. Mühsam wurden geeignete Hunde zusammengesucht.

Charakter: Der Shar Pei ist ein selbstbewusster, wachsamer Familienhund. Fremden gegenüber zeigt er sich zunächst reserviert und kündigt sie mit lautem

Gebell an. Sein stolzes, manchmal auch etwas eigensinniges Wesen erfordert eine konsequente Erziehung. Besonders die Rüden neigen zu Dominanzgehabe und geben sich auch rauflustig anderen Artgenossen gegenüber. Den eigenen Menschen gegenüber ist der Shar Pei anhänglich und treu. Eine typische Eigenschaft ist die Wasserscheuheit. Ein Shar Pei geht nicht freiwillig in ein Gewässer und versucht sogar, jeder Pfütze aus dem Weg zu gehen.

Verwendung: Bei uns wird der Shar Pei als reiner Familienhund verwendet. Er hat keinen übermäßigen Bewegungsdrang und ist auch für Hundesport nicht zu begeistern. Allerdings besitzt er noch einen gewissen Jagdtrieb, daher ist es zu empfehlen, ihn anzuleinen, falls er den Drang verspürt, hinter Katzen, Eichhörnchen oder Hasen herzurennen.

Besonderheiten: Shar Pei bedeutet „Sand-Haut", was auf die Struktur und Farbe des borstigen Fells hinweist. Eine weitere Besonderheit ist die Blaufärbung von Zunge und Gaumen, die nach der Legende böse Geister vertreibt, wenn sie beim Bellen sichtbar wird. Ob eine enge Verwandtschaft mit dem Chow-Chow, der als einzige weitere Rasse eine blaue Zunge hat, besteht, ist nicht geklärt. Typisch ist auch die eng über dem Rücken eingerollt getragene Rute. Früher wurde bei der Zucht eine übertriebene Faltenbildung angestrebt, wodurch die Hunde nicht selten gesundheitliche Probleme hatten. Heute sind diese übertriebenen Merkmale nicht mehr erwünscht, was auch zur Gesundheit der Rasse beigetragen hat. Welpen werden mit glattem Fell geboren. Mit etwa vier Wochen entstehen die vielen Falten. Da die Hunde enorm schnell wachsen, haben sie mit etwa acht Monaten ihre endgültige Größe erreicht. Die Falten sind dann auch wieder weniger geworden.

## 1 | Shetland Sheepdog

Schäferhunde | FCI-Nr. 88

Sheltie

Herkunft: Großbritannien
Größe: Rüden und Hündinnen 35–40 cm.
Farben: Zobel-Weiß; Tricolor; Blue Merle.

Geschichte: Die Heimat dieses kleinen Schäferhundes sind die Shetland-Inseln nordöstlich von Schottland. Dort benötigte man einen kleinen, widerstandsfähigen Hund, der die ebenfalls kleinen Shetland Schafe hüten sollte. Oft wurden die Hunde tagelang mit den Schafen auf unbewohnten Inseln allein gelassen, wo die Hunde hauptsächlich dafür sorgen mussten, dass die Schafe nicht die Klippen hinabstürzten. Dafür mussten sie sogar über deren Rücken springen, was natürlich nur für kleine, leichte Hunde möglich war. Nachdem die Inselbewohner anfingen, größere Schafe zu halten, die nun von Border Collies gehütet werden, ist der Sheltie arbeitslos geworden und hat sich zu einem reinen Familienhund entwickelt, der sich auch bei uns immer größerer Beliebtheit erfreut.

Charakter: Der Sheltie ist ein temperamentvoller, bewegungsfreudiger Hund, der sich bei genügend Auslauf auch in einer Stadtwohnung wohlfühlt. Eine angeborene Bellfreudigkeit kann durch Erziehung eingedämmt werden. Der Sheltie hat ein freundliches Wesen und ist normalerweise auch Fremden gegenüber aufgeschlossen.

Er schließt sich eng an seine Familie an und ist ein angenehmer Begleiter. Er lässt sich gut erziehen und ist beim Hundesport mit Begeisterung dabei. Der Sheltie ist ein fröhlicher Hund für Menschen, die draußen gern mit ihrem Hund aktiv sind.

Verwendung: Seine enorme Schnelligkeit, seine Sprungkraft und seine Wendigkeit prädestinieren den Sheltie geradezu für Agility.

Besonderheiten: Das lange, üppige Fell bedarf wider Erwarten keiner übermäßigen Pflege. Einmal wöchentliches Bürsten reicht aus. Die langen, glatten Deckhaare lassen das Wasser abfließen, wodurch die darunter liegende dichte Unterwolle zuverlässig vor Nässe geschützt ist. Ein Baden mit Shampoo sollte vermieden werden.

# 5 | Shiba

Asiatische Spitze und verwandte Rassen | FCI-Nr. 257

### Shiba Inu

Herkunft: Japan
Größe: Rüden 37–42 cm; Hündinnen 34–39 cm.
Farben: Rot; Rot-Sesam (Rot mit einem Hauch von schwarzen Haaren); Schwarz-Loh (Black and Tan).

Geschichte: Der Shiba ist eine der ältesten Hunderassen der Welt. Seine Vorfahren begleiteten etwa 7000 v. Chr. die ersten Einwanderer nach Japan. Seither hat sich das Aussehen dieser Rasse kaum verändert. Ursprünglich wurden die Hunde für die Jagd auf Vögel und kleines Wild verwendet. Durch Einkreuzungen anderer Rassen war der Shiba Anfang des 20. Jahrhunderts in seinem Bestand gefährdet. Ab 1928 bemühte man sich um seine Reinzucht, 1934 wurde der erste Standard aufgestellt. Heute ist der Shiba die häufigste in Japan vorkommende Hunderasse und wird hauptsächlich als Familienhund gehalten. Ursprünglich hat man nach der Herkunftsregion drei Typen unterschieden: den Shinshu Shiba, den Mino Shiba und den Sanin Shiba. Die Unterschiede sind heute noch erkennbar. Für den Ursprung des Namens gibt es mehrere Theorien. Shiba kann bedeuten „Unterholz" und sich auf den jagdlichen Einsatz der Hunde im Gebüsch beziehen. Es könnte auch ein Vergleich der Fellfarbe mit der Herbstfärbung der Blätter der Büsche gemeint sein. Eine veraltete Bedeutung des Wortes Shiba ist „klein" und wäre auch eine logische Erklärung des Namens (Shiba Inu = Kleiner Hund).

Charakter: Der Shiba ist ein kleiner, kompakter, muskulöser Hund mit einem aufmerksamen, temperamentvollen Wesen. Wegen seiner Größe und seines ansprechenden, fuchsähnlichen Äußeren wird er auch bei uns immer beliebter. Er ist angenehm im Haus, wachsam, zurückhaltend gegenüber Fremden und besitzt einen ausgeprägten Jagdinstinkt. Er braucht viel Bewegung und sollte unbedingt gründlich erzogen werden, wobei man sein für diese Rassengruppe typisches selbstständiges Wesen berücksichtigen muss und entsprechend viel Geduld und Einfühlungsvermögen benötigt. Dank seiner Ausdauer und Schnelligkeit eignet er sich für Hundesport.

# 9 | Shih Tzu

Tibetanische Hunderassen | FCI-Nr. 208

### Tibetischer Löwenhund

Herkunft: Tibet
Größe: Rüden und Hündinnen 20–27,5 cm.
Gewicht: Rüden und Hündinnen 4,5–8 kg.
Farben: Alle Farben und Abzeichen erlaubt; weiße Stirnblesse (das heilige Zeichen Buddhas) und Rutenspitze sind bei mehrfarbigen Tieren erwünscht.

Geschichte: Die Vorfahren des Shih Tzu stammen aus Tibet, wo sie schon im 7. Jahrhundert n. Chr. als heilige Hunde in den Tempeln lebten. Sie wurden so gezüchtet, dass sie einem Löwen glichen, da Buddha einen kleinen Hund besaß, der sich auf Befehl in einen mächtigen Löwen verwandelte, auf dem er reiten konnte. Ein ausgesuchtes Zuchtpaar gelangte als Geschenk an den chinesischen Kaiserhof. Vom 17. Jahrhundert bis Anfang des 20. Jahrhunderts (Bestehen der Ch'ing-Dynastie) erhielten alle Monarchen solche Hunde. In einer zehnmonatigen Reise gelangten die Hunde bei extremen Witterungsbedingungen von Lhasa nach Peking, wobei sie einen Höhenunterschied von 5000 Metern bewältigen mussten. Unter-

wegs war es ihre Aufgabe, die Do Khyis zu alarmieren und so auf eventuelle Räuber aufmerksam zu machen. Im kaiserlichen Palast angekommen begann für sie ein sorgloses, behütetes Leben.
Charakter: Der Shih Tzu besitzt ein freundliches Wesen und ist der ideale Wohnungs- und Familienhund für Menschen, welche die aufwendige Fellpflege nicht scheuen. Er ist temperamentvoll, braucht aber nicht übermäßig viel Auslauf und ist auch in der Stadt gut zu halten.
Besonderheiten: Der Shih Tzu zeichnet sich durch seine außerordentliche Anpassungsfähigkeit aus. Auffallend ist das üppige Haarkleid mit reichlich Unterwolle, das ihn gegen Witterungseinflüsse zuverlässig schützt. Das Haar sollte bis zum Boden reichen.
Das üppige Stirnhaar wird hochgebunden, um den Tieren eine ungehinderte Sicht zu ermöglichen.
Der Pflegeaufwand ist bei dieser Rasse erheblich. Täglich muss das Fell sorgfältig gebürstet werden.
Spaziergänge durch dichten Wald und Gebüsch sollten vermieden werden, da hierdurch das Haarkleid zu sehr strapaziert wird.
Laut Standard wird ein Vorbiss oder ein Zangengebiss vorgeschrieben.

## 5 | Shikoku

Asiatische Spitze und verwandte Rassen | FCI-Nr. 319

Kochi Ken
Herkunft: Japan
Größe und Gewicht: Rüden um 51,5 cm; Hündinnen um 45,5 cm.
Farben: Rot; gestromt.

Geschichte: Der Shikoku stammt von mittelgroßen Hunden ab, die schon vor Jahrtausenden nach Japan gelangten. Er wurde als Jagdhund in der Präfektur Kochi gezüchtet. Daher wird er auch manchmal als Kochi Ken bezeichnet. Es gab drei Varietäten dieser Rasse – Awa, Hongawa und Hata – benannt nach den Regionen, in denen sie gezüchtet wurden. Der Hongawa zeichnet sich durch den höchsten Grad an Reinzucht aus, da diese Region nur schwer zu erreichen war.
Verwendung: Der Shikoku ist ein robuster und zäher Hund, der dazu gezüchtet wurde, als Jagdhund lange Strecken in bergigem Gelände zurückzulegen. Die Hunde sind sehr temperamentvoll und agil und benötigen viel Bewegung. Daher empfiehlt es sich, diesen Hunden reichlich Auslauf zu bieten und sie hundesportlich zu fordern, um ihren Jagdtrieb umzuleiten und sie ihrer Veranlagung entsprechend auszulasten.
Charakter: In ihrem Heimatland sind sie zu beliebten Familienhunden geworden. Sie sind selbstbewusst und eigenständig. Menschen gegenüber verhalten sie sich freundlich, Artgenossen versuchen sie jedoch häufig zu dominieren, sodass es dann auch zu Auseinandersetzungen mit ihnen kommen kann. Sie sind sicherlich keine Rasse für Anfänger, und ihre Erziehung erfordert ein hohes Maß an Erfahrung.
Besonderheiten: Im Jahr 1937 wurden sie zum „Japanischen Naturdenkmal“ erklärt, was ihre Ausfuhr aus Japan erheblich erschwert. Daher findet man Vertreter dieser Rasse nur äußerst selten außerhalb Japans. Eine der wenigen europäischen Zuchtstätten befindet sich in den Niederlanden.

# 5 | Siberian Husky

Nordische Schlittenhunde | FCI-Nr. 270

Herkunft: USA
Größe: Rüden 53–60 cm; Hündinnen 50–56 cm.
Gewicht: Rüden 20–27 kg; Hündinnen 16–23 kg.
Farben: Alle Farben erlaubt; üblich ist eine Vielfalt von Zeichnungen am Kopf (Maske). Augenfarbe Blau, Braun oder marmoriert. Unterschiedlich gefärbte Augen sind zulässig.

Geschichte: Unter den Schlittenhunden ist der Siberian Husky wohl die beliebteste und populärste Rasse. Der Siegeszug dieser Rasse fing 1909 an, als ein russischer Pelzhändler mit seinen sibirischen Hunden an einem Schlittenhunderennen in Alaska teilnahm. Die gegenüber den anderen Schlittenhunden zierlichen Huskys ernteten viel Spott und wurden als „sibirische Ratten" bezeichnet. Sie belegten den dritten Platz und konnten in den Folgejahren eine Reihe von Siegen verzeichnen. In den 50er- und 60er-Jahren des 20. Jahrhunderts erblühte die Husky-Zucht in den USA, und es gelangten schließlich auch Exemplare nach Europa. Der Schlittenhundesport wurde auch bei uns populär, und die Zahl der Siberian Huskys stieg dadurch enorm an.

Verwendung: Die attraktive Erscheinung erweckt in vielen Menschen den Wunsch nach einem Husky. Er bleibt aber ein Zug- und Arbeitshund, der eigentlich nur durch den Schlittenhundesport adäquat gefordert werden kann. Auch sein ausgeprägter Jagdtrieb und sein Drang zur Unabhängigkeit haben schon so manchen Husky-Halter zur Verzweiflung gebracht.
Charakter: Huskys sind freundlich zu jedermann, bellen kaum und sind als Wach- oder Schutzhunde denkbar ungeeignet. Wer sich unbedingt solch einen Hund anschaffen möchte, aber keinen Schlittenhundesport betreibt, muss unbedingt seinen Hund ersatzweise in anderen Bereichen des Hundesports beschäftigen und ihm am Fahrrad ausreichend Bewegung verschaffen. Bei der Ausbildung muss einfühlsam auf das selbstständige Wesen dieser Hunde eingegangen werden. Der Jagdtrieb sollte von Anfang an durch konsequente Erziehung im Keim erstickt werden, sonst sind die Hunde kaum ohne Leine zu führen.

# 3 | Skye Terrier

Niederläufige Terrier | FCI-Nr. 75

Herkunft: Großbritannien
Größe: Rüden 25 cm; Hündinnen 24 cm.
Gewicht: Rüden und Hündinnen um 11,5 kg.
Farben: Schwarz; Dunkel- oder Hellgrau; Rehbraun oder Cremefarben mit schwarzen Abzeichen.

Geschichte: Die Vorfahren des Skye Terriers waren die kleinen Hunde des schottischen Hochlands, die für die Jagd auf Dachs, Fuchs, Otter und Kaninchen verwendet wurden, indem sie diese bis in ihre Baue verfolgten. Die besten dieser „Erdhunde" sollten von der Insel Skye stammen. Früher galten der Cairn und der Skye Terrier als eine Rasse, wobei der Cairn die kurzhaarige Variante darstellte. 1904 wurde der Skye als eigenständige Rasse anerkannt. Hierbei unterschied man noch die Exemplare mit Stehohren von denen mit anliegenden Ohren. Laut Standard ist heute auch noch beides erlaubt, wobei hängeohrige Hunde nur äußerst selten auftreten.

**Charakter:** Der Charakter des Skyes könnte als „etwas schwierig" bezeichnet werden. Er ist Fremden gegenüber misstrauisch und kann schnell aggressiv reagieren, wenn er sich provoziert fühlt. Die für seine ursprüngliche Aufgabe als Jagdhund erforderliche Schärfe hat er sich in gewissem Maße erhalten. Meistens schließt er sich nur einem Menschen eng an, dem er dann aber bedingungslos treu ist. Daher ist er eher ein Hund für „Singles", die ihm die erforderliche Zuwendung bieten können. Sein ausgeprägtes Selbstbewusstsein erfordert bei der Erziehung viel Geduld. Artgenossen tritt er dominant gegenüber. Dieser Hund fühlt sich auch in einer Stadtwohnung wohl.

**Besonderheiten:** Mit seinem langen, glatten Fell ist der Skye Terrier eine besonders aparte Erscheinung. Allerdings erfordert das Haarkleid eine intensive Pflege, damit es ordentlich aussieht und nicht verfilzt. Besonders nach Spaziergängen in der freien Natur müssen die mitgebrachten „Souvenirs" aus dem Fell herausgekämmt werden. Die üppige Fellpracht darf nicht darüber hinwegtäuschen, dass dieser Terrier ebenso wie seine Vettern ein passionierter Jagdhund war und außerdem einen hervorragenden Geruchssinn besitzt.

## 10 | Sloughi

Kurzhaarige Windhunde | FCI-Nr. 188

Herkunft: Marokko
Größe: Rüden 66–72 cm, ideal 70 cm; Hündinnen 61–68 cm, ideal 65 cm.
Farben: Sandfarben; Hellsandfarben mit oder ohne schwarze Maske; Rotsandfarben; Berußtsandfarben mit oder ohne schwarzen Mantel; gestromt.

**Geschichte:** Der Sloughi gehört zu den orientalischen Windhunden. Schon auf 3000 Jahre alten ägyptischen Wandreliefs sind die Vorfahren des Sloughis abgebildet. Noch ältere Darstellungen dieser Hunde stammen aus alten mesopotamischen Kulturen. Mit den arabischen Eroberern gelangte er in den Maghreb (Nordwestafrika), wo er zum wertvollen Jagdgefährten der Beduinen wurde. Er wurde bei der Jagd im Sattel vor den Reitern sitzend mitgenommen. Waren die Gazellen in Sicht, wurden die Hunde abgesetzt, um so frisch und ausgeruht hinter ihnen herzujagen. Hatten sie die Gazelle eingeholt, wurde diese von ihnen erwürgt, und die Hunde warteten dann an der Beute, bis ihr Herr sie erreicht hatte. Heute ist die Jagd mit Sloughis in Marokko verboten, aber dennoch wird noch großer Wert auf die Reinzucht und die jagdlichen Fähigkeiten dieser Hunde gelegt.

**Charakter:** Der Sloughi ist ein ruhiger und zärtlicher Hausgenosse, der viel sozialen Kontakt benötigt. Er schließt sich eng an seine Menschen an und bedarf einer einfühlsamen Erziehung. Fremden gegenüber ist er reserviert, aber nicht aggressiv. Er sollte auf einem großen Grundstück und als Begleiter beim Joggen, am Fahrrad oder am Pferd seinem enormen Bewegungsdrang nachkommen können. Als Sichtjäger, der hohe Geschwindigkeiten erreicht, ist Freilauf nur in Gegenden möglich, die keine Gefahren für den Hund bergen und wo nicht mit Wildtieren zu rechnen ist.

**Besonderheiten:** Durch das kurze, glatte Fell ist der Hund pflegeleicht und soll sich sogar nach Katzenmanier selbst reinigen.

# 1 | Slovenský Čuvač

Schäferhunde | FCI-Nr. 142

### Slowakischer Tschuvatsch

Herkunft: Slowakei
Größe: Rüden 62–70 cm; Hündinnen 59–65 cm.
Gewicht: Rüden 36–44 kg; Hündinnen 31–37 kg.
Farbe: Weiß .

**Geschichte:** Der Slovenský Čuvač stammt ursprünglich aus der Slowakei, wo er wie auch in den Gebirgen Mährens zu historischer Zeit gezüchtet wurde. Er gehört zur Gruppe der großen, weißen Hirtenhunde, die sich in verschiedenen Ländern weiterentwickelt haben. Über die Jahrhunderte hat sich dieser Hund an das raue Klima und die unwirtlichen Bedingungen des Tatra-Gebirges angepasst. Er wurde dort als Hüte- und Hirtenhund sowie als Wachhund für Haus und Hof eingesetzt. Er wurde nur in Weiß gezüchtet, damit man ihn leichter von angreifenden Wölfen unterscheiden konnte. Für die Almbauern in den Hochgebirgen war er ein unersetzlicher Helfer.

**Charakter:** Der kräftige, widerstandsfähige Hund besitzt ein ausgeglichenes, mutiges Wesen. Er ist seiner Familie eng verbunden, Fremden gegenüber zurückhaltend. Er beschützt zuverlässig ihm anvertraute Menschen und Tiere sowie sein Revier. Gegen Artgenossen kann er recht dominant auftreten. Der Jagdtrieb ist nicht stark ausgeprägt. Wie alle Hirtenhunde ist auch der Čuvač nicht unbedingt ein Hund für Anfänger. Die ihm angeborene Selbstständigkeit erfordert bei der Erziehung eine gewisse Erfahrung sowie viel Geduld und Einfühlungsvermögen. Er sollte genügend Auslauf in Form von ausgedehnten Spaziergängen erhalten und sich möglichst auf einem großen Grundstück frei bewegen können.

**Besonderheiten:** Aufgrund der besonderen Fellbeschaffenheit sind diese Hunde an extreme Witterungsbedingungen angepasst. Die elastischen Haare verkleben nicht und bleiben immer locker, sodass sie im Sommer für Luftzirkulation sorgen und im Winter isolieren. Ein gelegentliches Bürsten reicht als Fellpflege aus. Baden sollte möglichst vermieden werden. Bei Rüden bildet sich eine deutliche Mähne aus.

# 3 | Slovenský Kopov

Laufhunde | FCI-Nr. 244

### Schwarzwildbracke, Slowakische Bracke

Herkunft: Slowakei
Größe: Rüden 45–50 cm; Hündinnen 40–45 cm.
Gewicht: Je nach Größe 15–20 kg.
Farben: Schwarz mit mahagonifarbenen bis braunen Abzeichen.

**Geschichte:** Die Heimat des Kopov, wie die Schwarzwildbracke meistens kurz genannt wird, sind die Bergregionen der Slowakei. Hier wurde diese Rasse nicht nur zur Jagd verwendet, sondern auch als zuverlässiger Wächter von Haus und Hof. Über den genauen Ursprung ist nicht viel bekannt, außer dass der Kopov von der Keltenbracke abstammt. Erst nach dem Ersten Weltkrieg kümmerte man sich in der Slowakei um die Reinzucht. 1963 wurde die Rasse von der FCI anerkannt. 1974 gelangten die ersten Hunde aus der Slowakei in die damalige DDR. Erst nach 1990 konnte sich die Rasse in ganz Deutschland etablieren.

**Verwendung:** Der Kopov besitzt alle erforderlichen Eigenschaften eines Hundes für die Schwarzwildjagd: einen ausgeprägten Jagdtrieb, eine gute Nase, Ausdauer, Schnelligkeit und Wildschärfe. Überdurchschnittlich gut ausgebildet ist sein Orientierungssinn. Außerdem ist der Kopov zuverlässig fährtenlaut, aber nicht immer spurlaut. Allerdings ist er nicht gerade leichtführig. Er braucht eine gründliche Vorbereitung auf seine Arbeit, und die Erziehung erfordert viel Konsequenz und Einfühlungsvermögen. Ein gut ausge-

bildeter Kopov stellt das Wildschwein und verbellt es aus recht geringer Entfernung mit gelegentlichen Fassversuchen, ohne sich selbst zu gefährden. Er muss die Gefährlichkeit der Sau einschätzen können. Auch bei der Nachsuche ist er zuverlässig und ausdauernd. Für kleine Reviere ist der Kopov weniger gut geeignet. Zu Hause ist er ein freundlicher und angenehmer Familienhund.
Besonderheiten: Das glatte, eng anliegende Fell braucht keine spezielle Pflege. Als ein Spezialist unter den Jagdhunden sollte er regelmäßig jagdlich arbeiten dürfen, damit seine Fähigkeiten nicht verkümmern und er ausgelastet ist.

## 7 | Slowakischer Raubart

Kontinentale Vorstehhunde | FCI-Nr. 320

### Slovensky Hrubosrsty Stava (Ohar), Slowakischer Drahthaariger Vorstehhund

Herkunft: Slowakei
Größe: Rüden 62–68 cm; Hündinnen 57–64 cm.
Farben: Grau, mit oder ohne weiße Abzeichen; Grau mit Flecken oder Tüpfelung.

Geschichte: Nach dem Zweiten Weltkrieg begann man, den Ceský Fousek mit dem Deutsch Drahthaar zu verpaaren, um einen vielseitigen Jagdgebrauchshund zu erhalten. Später wurden noch Weimaraner eingekreuzt, von denen vermutlich die graue Fellfarbe stammt. Aufgrund eines Übersetzungsfehlers im Standard des Weimaraners galten die Tiere als rauhaarige Weimaraner, die es aber offiziell gar nicht gab. Erst 1975, als man auf diesen Fehler aufmerksam wurde, wurde die Rasse in der damaligen Tschechoslowakei als eigenständig und dann 1983 schließlich von der FCI anerkannt.

Verwendung: Der Ohar, wie er in seiner Heimat kurz genannt wird, ist ein mittelkräftiger Gebrauchshund mit rauem Haar. Er ist sowohl für die Jagd im ebenen Gelände als auch im Wald und für die Wasserarbeit geeignet. Seine Stärke liegt bei der Arbeit nach dem Schuss. Er apportiert zuverlässig und wird zur Nachsuche von verletztem Wild eingesetzt. Er eignet sich nicht nur für die Jagd, sondern auch für alle Arten von Hundesport, und er hat sich auch bei der Rettungshundeausbildung bewährt.
Charakter: Der Ohar hat ein freundliches Wesen, ist leichtführig und gut auszubilden. Außerhalb seiner Heimat, wo er hauptsächlich jagdlich geführt wird, ist er nur noch in Frankreich anzutreffen. Aufgrund seines Wesens ist er ein angenehmer Familienhund.
Besonderheiten: Das drahtige, derbe Fell mit der weichen Unterwolle macht den Slowakischen Raubart zu einem richtigen Allwetterhund.
Seinen Namen verdankt er den langen, weichen Haaren am Fang, die den typischen Bart bilden.
In den Heimatländern dieser Hunde wird die Rute noch kupiert.

# 6 | Smålandsstøvare

Laufhunde | FCI-Nr. 129

### Småland-Laufhund, Småland-Bracke

Herkunft: Schweden
Größe: Rüden und Hündinnen 43–50 cm.
Gewicht: Rüden und Hündinnen 15–18 kg.
Farben: Schwarz mit braunen Abzeichen.

Geschichte: Die Rasse kam früher nur in der Gegend um Småland in Schweden vor, wo sie hauptsächlich für die Jagd auf Hase und Fuchs eingesetzt wurde. Der relativ kleine, kräftige Hund entspricht nicht dem typischen Äußeren einer Bracke. Seine Abstammung von alten Bauernhunden ist noch unverkennbar.
Im Jahre 1921 wurde der Smålandsstøvare durch den Svenska Kennelklub anerkannt. Anfänglich wurden neben der schwarz-roten Färbung auch noch weiße Abzeichen toleriert. Es dauerte ungefähr noch zehn Jahre, bis diese Rasse ein einheitliches Erscheinungsbild erhielt. Aus vier unterschiedlichen Stämmen wurde die Rasse, so wie man sie heute kennt, herausgezüchtet. Seit der Gründung eines eigenen Klubs im Jahre 1969 wurde die Rasse kräftig gefördert. Die Tiere werden auf Ausstellungen gezeigt und schneiden bei Jagdprüfungen gut ab. Außerhalb ihres Heimatlandes ist der Smålandsstøvare so gut wie unbekannt.
Charakter: Der Smålandsstøvare ist ein temperamentvoller, aber auch durchaus anhänglicher Hund, der beschäftigt werden will. Er besitzt eine große Jagdpassion und ist ein ausgezeichneter Schweißhund. Wer ihn als Familienhund halten möchte, muss sich darüber im Klaren sein und versuchen, die Jagdleidenschaft und den großen Bewegungsdrang auf andere Tätigkeiten wie zum Beispiel Hundesport umzuleiten.
Besonderheiten: Ein typisches Merkmal des Smålandsstøvare ist die Tatsache, dass etwa die Hälfte aller Hunde mit Stummelrute oder mit einer zumindest für eine Bracke ungewöhnlich kurzen Rute geboren werden. Das Kupieren der Rute war immer verboten. Das Merkmal der Kurzschwänzigkeit vererbt sich subletal, das heißt, liegt das Gen doppelt, also reinerbig bzw. homozygot vor, sterben die Welpen schon vor oder unmittelbar nach der Geburt. Überlebensfähige Tiere mit Stummelschwanz sind also in Bezug auf dieses Merkmal heterozygot (= mischerbig). Im Standard und bei der Bewertung werden kurzschwänzige Hunde den Tieren mit langer Rute gleichgestellt. Die meisten Abbildungen zeigen kurzschwänzige Hunde.

# 7 | Spione Italiano

Kontinentale Vorstehhunde | FCI-Nr. 165

### Italienischer rauhaariger Vorstehhund

Herkunft: Italien
Größe: Rüden 60–70 cm; Hündinnen 58–65 cm.
Gewicht: Rüden 32–37 kg; Hündinnen 28–30 kg.
Farben: Reines Weiß, Weiß mit orangefarbenen Flecken, Weiß mit orangefarbener Stichelung (gesprenkelt), Weiß mit kastanienbraunen Flecken oder mit kastanienbrauner Stichelung.

Geschichte: Die Herkunft des Spinones gibt immer wieder Anlass zu Spekulationen. Vermutlich entwickelte sich die Rasse aus Kreuzungen zwischen rauhaarigen Vorstehhunden, welche die Griechen von der Adria importierten, und dem weißen, damals schon in Italien weit verbreiteten Molosser. Dadurch lassen sich auch der kräftige Körperbau und die derbe Erscheinung dieser Hunde erklären. Der erste Standard wurde 1897 festgelegt.
Verwendung: Der Spinone eignet sich für die Jagd in jedem Gelände. Besonders gern wird er in Wäldern und Sümpfen eingesetzt. Der Spinone ist ein hervorragender Vorsteh- und Apportierhund. Da er aber langsam jagt, wurde er in der Vergangenheit häufig durch schnellere Rassen abgelöst. Somit ist der Spinone sogar in seinem Heimatland recht selten geworden. In letzter Zeit hält man ihn öfter auch als reinen Familien- und Begleithund.
In Amerika wird er sogar erfolgreich als Blindenführhund, Behindertenbegleithund sowie Therapiehund eingesetzt.
Charakter: Der Spinone besitzt ein geselliges, friedliches und geduldiges Wesen. Er ist mutig, kräftig und sehr widerstands-

fähig. Der ruhige Hund ist freundlich zu Fremden, meldet aber alles Ungewöhnliche mit einem tiefen Bellen. Trotz seiner fast massig wirkenden Erscheinung ist er sehr sensibel und braucht ein vertrauensvolles, gutes Verhältnis zu seinen Menschen. Seine Erziehung erfordert Geduld und Einfühlungsvermögen, da er eine gewisse Sturheit durchaus an den Tag legt. Junge Hunde müssen rechtzeitig an viele verschiedene Umweltreize gewöhnt werden, damit sie später nicht eine gewisse Scheu entwickeln.

Besonderheiten: Bei der Arbeit im Wasser oder zwischen dichtem Dornengestrüpp wird der Spinone durch seine dicke, feste und dicht behaarte Haut geschützt. „Spino" bedeutet übrigens im Italienischen „Dorn" oder „Dornenstrauch". Die bevorzugte Brauntönung des Spinone ist die Farbe der „Kapuzinerkutte". Nicht erlaubte Farben sind Dreifarbig, rotbraune Abzeichen (Brand) und Schwarz in irgendwelchen Kombinationen.
Eine Besonderheit ist der melancholische Blick, der dadurch zustande kommt, dass das Weiße rund um die Iris zu sehen ist.
Die Rasse wächst sehr langsam und neigt zu HD. Deshalb ist in den ersten drei Lebensjahren besonders darauf zu achten, die Tiere richtig zu füttern (nicht zu schnelles Wachstum) und körperlich nicht zu überfordern.
Die langen, teils auch innen stark behaarten Ohren sollten regelmäßig gereinigt werden, um möglichen Entzündungen vorzubeugen.
Früher wurde die Rute bei jagdlich geführten Hunden auf 15–20 cm Länge kupiert, heute sieht man erfreulicherweise selbst in Jägerkreisen immer mehr unkupierte Exemplare.

## 7 | Stabyhoun

Kontinentale Vorstehhunde | FCI-Nr. 222

### Friesischer Vorstehhund

Herkunft: Niederlande
Größe: Rüden 53 cm; Hündinnen 49 cm.
Farben: Schwarz, Braun oder Orange mit weißen Abzeichen; diese Farben mit weißer Schimmelung oder weißen Flecken wird toleriert.

Geschichte: Der Stabyhoun wird mit dem Wetterhoun zu den beiden friesischen Hunderassen zusammengefasst. „Houn" bedeutet im Friesischen „Jagdhund". 1942 tauchten diese Rassen erstmalig auf einer Ausstellung in Amsterdam auf. Im selben Jahr wurden sie auch anerkannt. 1947 wurde der niederländische Klub für diese beiden Rassen gebildet. Der Stabyhoun wird erstmalig im frühen 19. Jahrhundert erwähnt. Er stammt vermutlich von Hühnerhunden ab, die im 16. Jahrhundert nach Friesland gelangten. Er ist nahe verwandt mit dem Drentsche Patrijshond und den Vorfahren des Kleinen Münsterländers. Außerhalb seines Ursprungslandes ist diese Rasse wenig bekannt, obwohl sie sicherlich eine echte Alternative zu den deutschen und französischen langhaarigen Vorstehhunden bilden würde.

Verwendung: Der Stabyhoun ist ein vielseitiger Jagdgebrauchshund, der zuverlässig vorsteht und sicher apportiert.

Eine Besonderheit ist, dass diese Hunde kleineres Wild bei der Jagd töten. Daher wurden sie speziell zur Maulwurfjagd eingesetzt. Sie töteten diese Beute mit einem Genickbiss, wodurch das Fell unversehrt blieb und weiterverarbeitet werden konnte. Darüber hinaus ist der Stabyhoun ein angenehmer, anhänglicher Familienhund. Trotzdem lässt er eine gewisse Wachsamkeit nicht vermissen und meldet jeden Besucher mit lautem Gebell. Ansonsten ist er eher ruhig und lässt sich durchaus auch ausschließlich als Begleithund halten, wenn er ausreichend Bewegung und Beschäftigung hat.

## 3 | Staffordshire Bull Terrier

Bullartige Terrier | FCI-Nr. 76

Herkunft: Großbritannien
Größe: Rüden und Hündinnen 35,5–40,5 cm.
Gewicht: Rüden 12,7–17 kg; Hündinnen 11–15,4 kg.
Farben: Rot; Falbfarben; Weiß; Schwarz; Blau; eine dieser Farben mit Weiß; gestromt in jeder Schattierung oder gestromt mit Weiß.

**Geschichte:** Der „Staff", wie diese Rasse kurz genannt wird, gehört zu den Rassen, die durch die Kampfhunddiskussion in Verruf geraten ist. Tatsächlich wurden diese Hunde früher zu Kämpfen mit Stieren und Artgenossen verwendet. Sie entstanden aus Kreuzungen zwischen Bulldogs und Terriern. Vom Bulldog erbten sie Kraft und Zähigkeit, von den Terriern Wendigkeit und schnelle Auffassungsgabe. Als aber die Hundekämpfe in England verboten wurden, wurden nur solche Eigenschaften bei dieser Rasse züchterisch gefördert, die sie zu einem zuverlässigen Begleithund machten. Erst 1998 wurde der Staffordshire Bull Terrier von der FCI anerkannt.

**Charakter:** Dieser kernige, muskulöse Hund wird bei uns als Familien- und Begleithund gehalten. Seiner Familie gegenüber ist er treu und anhänglich. Er muss konsequent erzogen werden und sollte viel Auslauf bekommen. Er ist auch für verschiedene Hundesportarten oder als Begleiter beim Joggen oder Radfahren geeignet. Wie viele andere Terrier geht auch er einer Rauferei mit Artgenossen selten aus dem Weg, besonders wenn er provoziert wird. Daher ist es für den Staff besonders wichtig, mit ihm schon im Welpenalter und auch später eine Hundegruppe zu besuchen, damit er möglichst gut sozialisiert wird. Hat er eine solide Ausbildung genossen, ist er ein zuverlässiger und angenehmer Begleithund für sportliche Menschen.

**Besonderheiten:** In den meisten Bundesländern wird diese Rasse zu den gefährlichen Hunden gezählt, deren Haltung mit bestimmten Auflagen verbunden ist. Daher sollte man sich vor Anschaffung dieser Rasse nach den aktuellen Bestimmungen und Vorschriften erkundigen.

## 6 | Steirische Rauhaarbracke

Laufhunde | FCI-Nr. 62

### Peintingerbracke

Herkunft: Österreich
Größe: Rüden 47–53 cm; Hündinnen 45–51 cm.
Farben: Rot; Fahlgelb; weißer Brustfleck ist gestattet.

**Geschichte:** Um 1880 kreuzte ein Züchter namens Peintinger (Name!) einen Hannover'schen Schweißhund mit einer rauhaarigen Istrianerbracke, und so entstand die „Steirische rauhaarige Hochgebirgsbracke". Vom Schweißhund erbte sie die rote Fellfarbe, von der Istrianerbracke das raue Haarkleid.
Von der jagdlichen Eignung her kann man sie mit der Brandlbracke vergleichen. Außerhalb ihrer Heimat und der angrenzenden Länder ist diese ohnehin seltene Rasse nur vereinzelt anzutreffen. Die Hunde werden ausschließlich auf Gebrauchstüchtigkeit und nicht auf Schönheit gezüchtet und auch immer jagdlich geführt. Das äußere Erscheinungsbild kann daher auch variieren.

**Verwendung:** Die Rauhaarbracke ist sehr ausdauernd und robust und dank ihres rauen, harschen Haarkleids an die extremen Witterungsbedingungen in den Alpen gut angepasst.
Sie wird vorwiegend für die Jagd auf Schwarzwild verwendet, ist aber auch für

Fuchs- und Hasenjagd geeignet. Ebenso wird sie erfolgreich bei der Nachsuche eingesetzt. Typisch ist das lang anhaltende laute Jagen und das hervorragende Orientierungsvermögen.

Charakter: Die Rauhaarbracke besitzt ein freundliches Wesen, ist leichtführig und lässt sich vielseitig einsetzen. Als reiner Familien- und Begleithund ist diese Rasse weniger geeignet, denn die Rauhaarbracke sollte rassegemäß gefordert, also jagdlich geführt werden. Dann ist sie auch ein angenehmer Hausgenosse, der seinen Menschen gegenüber treu und anhänglich ist.

## 1 | Südrussischer Owtscharka

Schäferhunde | FCI-Nr. 326

Ioujnorousskaïa Ovtcharka

Herkunft: Russland
Größe: Rüden nicht unter 65 cm; Hündinnen nicht unter 62 cm.
Gewicht: Rüden über 45 kg; Hündinnen über 40 kg.
Farben: Weiß; Grau; Beige; Weiß mit grauen Platten.

Geschichte: Im Jahre 1797 gelangten erstmalig Merinoschafe und Schäferhunde aus Spanien nach Russland. Die kleinen Schäferhunde waren zu schwach und verletzlich, um den kräftigen Feinden wie zum Beispiel Wölfen und dem rauen russischen Klima zu widerstehen. Daher wurden sie mit einheimischen Hunden gekreuzt, um größere und kräftigere Tiere zu erhalten. So entstand der „Südrusse". Er war wendig und schnell und konnte die Herde wirkungsvoll verteidigen. Da der Südrusse schon früh auch als Wachhund gehalten wurde, ist er stärker domestiziert als der Kaukase und somit die Zusammenarbeit mit dem Menschen eher gewohnt. Die russische Armee setzte die Südrussischen Owtscharkas auch als Wächter ein und hatte lange das Zuchtmonopol für diese Rasse. Später wurden sie von anderen, leichter auszubildenden Rassen bei der Arbeit verdrängt. Heute gibt es schätzungsweise nur noch etwa 1000 Südrussen weltweit.

Charakter: Der Südrusse erweckt den Eindruck eines ruhigen, fast trägen Hundes. Er tobt, spielt und rennt aber ebenso gern wie andere Hunde. Seinen Menschen gegenüber ist er sehr anhänglich. Da er jedoch recht eigensinnig ist, sollte sein Besitzer eine starke Persönlichkeit besitzen. Bei der Erziehung des Südrussen muss die typische Selbstständigkeit eines Hirtenhundes berücksichtigt werden. Die Ausbildung sollte mit viel Belohnung, Spiel und vor allem Abwechslung erfolgen. Ständig sich wiederholende Übungen langweilen den Südrussen, worauf er dann seine Mitarbeit verweigert. Fremden gegenüber ist der Südrusse sehr misstrauisch und ignoriert sie oder knurrt sie zunächst an. Erst nach längerer Zeit, wenn alles in Ordnung ist, nimmt er von sich aus Kontakt auf. Anderen Hunden gegenüber sind Südrussen in der Regel sehr dominant und gehen auch zum Angriff über, wenn sie sich bedroht fühlen. Daher sind eine gründliche Erziehung und eine gute Sozialisierung äußerst wichtig, um solche Auseinandersetzungen zu vermeiden. Der Südrusse ist wie die anderen Owtscharka-Rassen kein Hund für Anfänger.

## 8 | Sussex Spaniel

Stöberhunde | FCI-Nr. 127

Herkunft: Großbritannien
Größe: Rüden und Hündinnen 38–41 cm.
Gewicht: Rüden und Hündinnen etwa 23 kg.
Farben: Goldleberfarben, der goldene Farbton zu den Haarspitzen zunehmend.

Geschichte: Der Sussex Spaniel ist massiv und kräftig gebaut und gilt als Urtyp des modernen Spaniels. Erst gegen Ende des 19. Jahrhunderts begann man, die verschiedenen Spaniels voneinander abzugrenzen und getrennt weiterzuzüchten.

Charakter: Der Sussex Spaniel hat ein freundliches Wesen, ist lebhaft, arbeitsfreudig, äußerst ausdauernd und ohne Aggressivität. Bei der Jagd bleibt er dicht bei seinem Führer. Er hängt sehr an seinen Menschen und ist daher auch ein idealer Familienhund. Bei uns ist der Sussex Spaniel eine Rarität. Nur wenige Exemplare finden den Weg hierher.

Besonderheiten: Vom Gebäude her ähnelt der Sussex Spaniel am meisten dem Clumber Spaniel. Der Kopf wird nicht weit über der Rückenlinie getragen, wodurch der Hund eine ganz typische Bewegungsweise hat, die als „Rollen" bezeichnet wird, durch die er sich von allen anderen Spaniels abgrenzt. Mit seiner Größe ist er besonders für das Stöbern im dichten Unterholz geeignet. Früher wurde die Rute dieser Spaniels kupiert.

## 5 | Taiwan Dog

Urtyp-Hunde zur jagdlichen Verwendung | FCI-Nr. 348

Geschichte: Wie der Name vermuten lässt, ist die Insel Taiwan vor der Südküste Chinas die Heimat dieser Hunderasse. Über die Herkunft und Abstammung dieser Hunde war früher nicht viel bekannt, bis im Jahr 1980 eine Studie über diese Hunde von Universitäten aus Taiwan und Japan durchgeführt wurde. Hierbei wurden 29 Eingeborenenstämme auf Taiwan besucht, um etwas über die Geschichte dieser Hunderasse herauszufinden. Das Ergebnis bestätigte die bis dahin langjährige Vermutung, dass der Taiwan Hund von den südostasiatischen Jagdhunden abstammt und somit ein Abkömmling der sogenannten Pariahunde ist. Heute ist die Rasse auf der ganzen Insel verbreitet und wird vorwiegend als Wach- und Begleithund gehalten. Früher wurden Taiwan Hunde aber auch für die Jagd eingesetzt, wobei sie meistens in Gruppen gejagt haben. Im Gegensatz zu den meisten anderen Jagdhunden, die sich vorwiegend mit ihrer Nase orientieren, setzt der Taiwan Hund bei der Jagd den Geruchs- und den Gehörsinn ein. Obwohl dieser asiatische Urtyp-Hund in Europa noch so gut wie unbekannt ist, wurde er schon im Jahr 2004 von der FCI vorläufig angenommen.

Charakter: Die Anhänger dieser Hunde in ihrem Heimatland schätzen an ihnen besonders die Anpassungsfähigkeit und die zuverlässige Bindung zu ihren Menschen. Laut Standard ist der Taiwan Hund sehr bewegungsfreudig und mutig, aber auf keinen Fall ängstlich. Seine Sinneswahrnehmung soll sehr gut ausgeprägt sein, und er gilt seinen Menschen gegenüber als treu und ergeben.

### Taiwan Hund

Herkunft: Taiwan
Patronat: Japan
Größe: Rüden 48–52 cm; Hündinnen 43–47 cm.
Gewicht: Rüden 14–18 kg, Hündinnen 12–16 kg.
Farben: Schwarz, Gestromt, Falb, Weiß, Weiß und Schwarz, Weiß und Falb, Weiß und Gestromt.

Aufgrund seiner Körpergröße zählt er zu den mittelgroßen Hunden. Das Haar ist kurz, hart und fest anliegend. Die Haarlänge beträgt 1,5 bis 3 cm. Das sehnige, trockene Gebäude unterstützt den harmonischen, muskulösen Körperbau und betont die Kraft und den Bewegungsdrang. Der dreieckige Kopf mit den mandelförmigen Augen erinnert etwas an die anderen asiatischen Urtyp-Rassen.
Besonderheiten: Außerhalb seiner Heimat ist der Taiwan Hund kaum, in Europa überhaupt nicht anzutreffen, daher ist auch nur wenig darüber bekannt, ob er als Familienhund geeignet wäre.

## 5 | Thai Ridgeback Dog

Jagdhunde vom Urtyp mit einem Ridge auf dem Rücken | FCI-Nr. 338

Herkunft: Thailand
Größe: Rüden 56–61 cm; Hündinnen 51–56 cm; jeweils mit einer Toleranz von 1 cm.
Farben: Fawn; Rot; Schwarz; Silber; Blau; klare Farben sind erwünscht; etwas Weiß an Zehen, Brust und Bauch ist gestattet.

Geschichte: Etwa 350 Jahre alte Niederschriften aus Thailand belegen, dass diese Hunderasse schon sehr alt ist. Besonders im östlichen Teil Thailands wurden die Hunde für die Jagd verwendet. Sie begleiteten auch die Karren und dienten als Wachhunde. Da das Verkehrsnetz im Osten Thailands so schlecht ausgebaut war und die Rasse über lange Jahre isoliert war, konnte sie sich nicht mit anderen Hunderassen vermischen und blieb daher lange so rein erhalten.
Charakter: Der Thai Ridgeback Dog ist ein eleganter, außergewöhnlicher Hund, der seiner Familie treu ergeben ist, aber Fremden gegenüber misstrauisch. Wie viele Urtyp-Hunde hat auch er eine eigenständige Persönlichkeit. Er ist kein Hund für jedermann, sondern nur für Menschen, die seine Eigenarten akzeptieren, von ihm keinen absoluten Gehorsam erwarten und in der Lage sind, den ausgeprägten Jagdtrieb in Grenzen zu halten. Da die Hunde sehr temperamentvoll sind und ausgezeichnet springen können, sind sie auch für Hundesport geeignet, wenn es ihre Besitzer verstehen, sie entsprechend zu motivieren und einfühlsam bei der Ausbildung vorzugehen. Im Haus ist der Thai Ridgeback ein äußerst angenehmer Familienhund. Er ist aber auch wachsam und Fremden gegenüber misstrauisch. Artgenossen begegnet er sehr dominant. Bei uns ist er bisher nur sehr selten anzutreffen.
Besonderheiten: Typisch für diese Hunde ist der „Ridge" auf dem Rücken, eine Art Aalstrich, auf dem die Haare in entgegengesetzter Richtung wachsen. Dieser Ridge kann unterschiedlich in Form und Stärke ausgebildet sein. Acht verschiedene Varianten sind zulässig. Ob eine Verwandtschaft zum Rhodesian Ridgeback besteht, ist nicht nachgewiesen. Das Fell ist normalerweise kurz und dicht, seltener ist eine samtähnliche Fellbeschaffenheit.

# 9 | Tibet-Spaniel

Herkunft: Tibet
Größe: Rüden und Hündinnen 24–28 cm.
Gewicht: Rüden und Hündinnen 4–7 kg.
Farben: Alle Farben und Farbmischungen erlaubt.

Geschichte: Der Tibet-Spaniel stammt aus den Himalaya-Regionen Tibets, wo er schon seit mindestens 2000 Jahren bekannt ist. Die Hunde waren im Besitz der buddhistischen Mönche und wurden in den Klöstern gezüchtet. Sie wurden niemals verkauft, sondern höchstens als Zeichen der Wertschätzung verschenkt. Die Legende sagt, die Hunde waren darauf trainiert, die Gebetsmühlen in den Klöstern anzutreiben. Tatsache ist, dass sie den Mönchen als Begleiter und Bettwärmer dienten. Sie lagen auf den hohen Klostermauern, hielten Ausschau und alarmierten die Mönche und die großen Do Khyis, wenn sich jemand näherte.

Charakter: Diese Wachsamkeit haben sich die kleinen Hunde bis heute bewahrt. Alles Ungewöhnliche wird lautstark gemeldet, wobei sie aber nie aggressiv sein dürfen. Der Tibet-Spaniel ist der kleinste der tibetischen Hunderassen. Er ist ein aufgeweckter, fröhlicher Hund, der trotz seiner geringen Körpergröße recht robust und mutig ist. Er ist wenig krankheitsanfällig und hat eine hohe Lebenserwartung. Vielleicht, weil er noch nicht so häufig gezüchtet wird und auch bei uns noch recht selten ist, hat er sich eine gewisse Ursprünglichkeit bewahrt. Kenner der Rasse sagen, er ist ein großer Hund im Körper eines kleinen. Reserviert gegenüber Fremden ist er seinen Menschen umso stärker zugetan und sucht auch gern den Körperkontakt. Er ist ein aufmerksamer, angenehmer Begleithund, der sich auch in einer Stadtwohnung wohlfühlt und nicht übermäßig viel Auslauf benötigt. Rüden zeichnen sich durch einen üppigen, mähnenartigen Fellkragen aus.

# 9 | Tibet-Terrier

Tibetanische Hunderassen | FCI-Nr. 209

**Tibeter**

Herkunft: Tibet

Größe: Rüden und Hündinnen 35–41 cm.

Farben: Weiß; Weiß mit schwarzen oder goldenen Flecken; Creme; Gold; Dunkelrot, Gold mit weißen Abzeichen; Schwarz mit Gold; Rauch- oder Silbergrau; Schwarz mit weißen Pfoten und Kragen; Schwarz. Schokoladen- und Leberbraun sind nicht gestattet.

**Geschichte:** Der Name dieser Hunderasse ist leider völlig falsch gewählt, da die Hunde mit den Terriern nicht verwandt sind. Daher werden sie häufig auch nur als „Tibeter“ bezeichnet. Schon vor etwa 2000 Jahren sollen diese Hunde in Tibet gezüchtet worden sein. Eine Sage erzählt, dass im 14. Jahrhundert das Tal, in dem sie lebten, durch ein Erdbeben verschüttet wurde. Der Weg dorthin war unwegsam und voller Gefahren. Reisenden wurde dann manchmal ein Hündchen als Glücksbringer mitgegeben. Niemals konnte man jedoch solch einen Hund käuflich erwerben. Erst um 1900 gelangten einige Hunde nach Europa und Amerika, mit denen dann die gezielte Zucht begann.

**Verwendung:** Die Tibet-Terrier wurden in ihrer Heimat vorwiegend als Haushunde gehalten. Sie warnten die Bewohner vor Fremden und alarmierten die großen Do Khyis bei sich nähernder Gefahr. Sie zogen auch mit in die Berge, um dort mit den Nomaden die Ziegen zu hüten. Daher sind sie auch ausgezeichnete Kletterer mit einer enormen Sprungkraft. Das macht sie heute zu idealen Agility-Hunden. Durch das dichte Fell ist der Tibeter an kaltes, raues Klima angepasst. Trotz Schnee und eisiger Temperaturen kann er stundenlang draußen bleiben. An heißen Tagen sollten die Spaziergänge jedoch zu den kühleren Morgen- und Abendstunden erfolgen. Auch im Haus suchen die Hunde bevorzugt die weniger beheizten Bereiche auf.

**Charakter:** Der Tibet-Terrier ist temperamentvoll, verspielt und anpassungsfähig. Er tobt gern draußen mit seiner Familie oder auch mit Artgenossen herum. Da er sich einiges von seiner stolzen, asiatischen Grundhaltung bewahrt hat und relativ sensibel ist, lässt er sich nicht so gern herumkommandieren. Mit etwas Geduld ist er jedoch auch gut zu erziehen und durchaus für jemanden ohne große Hundeerfahrung geeignet. Er ist der ideale Familienhund für aktive Menschen, die viel mit ihrem Hund unternehmen möchten und sich vor der regelmäßig notwendigen Fellpflege nicht scheuen. Der Jagdtrieb ist beim Tibeter kaum ausgeprägt.

**Besonderheiten:** Der Tibet-Terrier besitzt trotz seines langen Haares nicht den typischen Hundegeruch. Er verliert keine Haare, daher ist eine regelmäßig Fellpflege notwendig, da sonst die Unterwolle zum Verfilzen neigt. Die robusten, unempfindlichen Hunde werden oft 14 bis 16 Jahre alt.

# 6 | Tiroler Bracke

Laufhunde | FCI-Nr. 68

Herkunft: Österreich
Größe: Rüden und Hündinnen 40–48 cm; Niederbracke 30–39 cm.
Gewicht: Rüden und Hündinnen 15–20 kg.
Farben: Schwarz, Rot oder Rotgelb mit weißen Abzeichen; Dreifarbig (schwarzer Sattel oder Mantel, gelbbraune oder rote Abzeichen an Läufen, Brust, Bauch und Kopf mit geringen weißen Abzeichen auf schwach angedeutetem Halsring).

Geschichte: Die Tiroler Bracke stammt von denselben Vorfahren wie die Brandlbracke ab und lässt sich von dieser am ehesten durch die Farben unterscheiden. Beide Rassen zeichnen sich durch das spurlaute, ausdauernde Jagen auf der Fährte aus, das für die reinen Brackenrassen so typisch ist.
Um 1860 begann die Reinzucht der Tiroler Bracke. 1908 wurde der Standard festgeschrieben und international anerkannt.
Verwendung: In ihrer Heimat gehört diese Bracke heute noch zu den am meisten geführten Jagdhundrassen. Sie wird hauptsächlich für das Brackieren und die Schweißarbeit eingesetzt. Charakteristisch für sie ist das ausdauernde und lang anhaltende spurlaute Jagen. Sie ist lebhaft, feinnasig und sehr ausdauernd. Wird der Hund gemäß seinen Veranlagungen jagdlich eingesetzt, ist er ein ausgeglichener Begleiter und zu Hause ein angenehmer, ruhiger Familienhund. Dank der guten Nasenleistung sind sie hervorragend für Fährtenarbeit geeignet.
Besonderheiten: Die Tiroler Bracke wird heute nach wie vor nach Leistung und nicht nach Schönheit gezüchtet. Es gibt glatt- sowie rauhaarige Varianten. Das Haar ist eher grob und dicht und somit ideal für einen vielseitigen Jagdgebrauchshund. Der behaarte Bauch und die dichte Unterwolle schützen zusätzlich vor Witterungseinflüssen und Verletzungen.
Die Tiroler Bracke und die rote Form der Brandlbracke wurden mit dem Hannover'schen Schweißhund gekreuzt. Das Ergebnis war der leichtere Bayerische Gebirgsschweißhund, der eher für den Einsatz im Gebirge geeignet war.

# 2 | Tornjak

Molossoide | FCI-Nr. 355

Bosnisch-herzegowinischer und kroatischer Schäferhund

Herkunft: Bosnien-Herzegowina und Kroatien
Größe: Bei Rüden etwa 70 cm erwünscht; Hündinnen zwischen 60 und 65 cm.
Farben: Weiß (Bjelov); Weiß mit schwarzen oder braunen Flecken (Sarov = Schecke); Graubeige mit Weiß an Brust, Beinen und Bauch (Zeljov); Schwarz mit Weiß und Beige oder einfarbig Schwarz (Garov).

Geschichte: Der Name Tornjak leitet sich von dem Wort Torn (= Pferch) ab und bedeutet so viel wie Pferch-Wächter. Um die Herdentiere in der Nacht besser beschützen zu können, wurden sie in Pferche getrieben. Die Hunde blieben in der Nacht bei ihnen, um sie zu bewachen. Somit entspricht der Tornjak von seinem Wesen am ehesten dem typischen Hirtenhund, der sich zuverlässig für den Schutz des Viehs, aber auch seiner Menschen einsetzt. Die genaue Herkunft dieser Rasse liegt im Dunkeln. Über Jahrhunderte wird immer wieder von Hirtenhunden auf dem Balkan berichtet, die dem Tornjak sehr ähneln. Die Vorfahren gelangten sicherlich von Vorderasien in die Balkanstaaten. Seit den 1920er-Jahren fanden immer wieder Bemühungen um eine Anerkennung dieser Rasse statt. Aber erst in den 1970er-Jahren konnte man von einer gezielten Reinzucht sprechen, wobei auch ein Standard erarbeitet wurde, der schließlich 1981 zu einer Anerkennung durch den Jugoslawischen Kynologischen Verband geführt hat. 1991 waren 321 Hunde im Zuchtbuch eingetragen. Durch den Krieg wurden fast alle Zuchttiere getötet. 1996 bildete sich eine interethnische Organisation, der es um die Erhaltung der Rasse geht. Fünf Jahre später waren schon wieder über 200 Tornjaks registriert. Im Jahr 2006 wurde diese Rasse schließlich von der FCI vorläufig angenommen.
Charakter: Der Tornjak besitzt ein ruhiges und ausgeglichenes Wesen und ist Fremden gegenüber misstrauisch. Er wirkt eher gleichgültig als aggressiv und gilt als besonders treu und bescheiden. Seine zu schützenden Menschen und Tiere verteidigt er aber mit allen Mitteln, wenn er in die Enge getrieben wird. Bei der Zucht wird nicht nur Wert auf Schönheit, sondern auch auf die Erhaltung der typischen Hirtenhundeigenschaften gelegt. Daher

ist er der geborene Wachhund, der seine Menschen sowie Haus und Hof zuverlässig beschützt, ohne dafür ausgebildet werden zu müssen.

Besonderheiten: Beim Tornjak werden alle Farb- und Fleckenvariationen als gleichwertig betrachtet. So kommen dunkle Exemplare mit wenigen weißen Flecken ebenso vor wie vollkommen weiße Tiere mit einigen kleinen dunklen Flecken. Diese ausgeprägte Farbverschiedenheit ist ein typisches Rassemerkmal, denn früher versuchten die Hirten, möglichst verschiedenfarbige Hunde zu besitzen, um sie aus großer Entfernung und bei schwachem Licht unterscheiden zu können.

Das sehr dichte, ziegenhaarähnliche Fell ist nur an Gesicht und Beinen relativ kurz, ansonsten lang und kräftig, teilweise gewellt. Es darf nicht in einen Scheitel auseinanderfallen.

Prächtig ist das Fell besonders an Hals, Rute und Oberschenkeln ausgebildet.

## 2 | Tosa

Molossoide | FCI-Nr. 260

### Tosa Inu, Tosa Ken, Tosa Token

Herkunft: Japan

Größe: Rüden mindestens 60 cm; Hündinnen mindestens 55 cm.

Farben: Rot; Falbfarben; kleine rote oder weiße Abzeichen sind zulässig.

Geschichte: Der Tosa ist der traditionelle japanische Kampfhund. Er entstand durch Kreuzungen des Shikoku mit westlichen Rassen. Von 1872 an bis ins 20. Jahrhundert hinein wurden Englische Bulldoggen, Mastiffs, Deutsche Vorstehhunde, Deutsche Doggen, Bull Terrier und Bernhardiner mit eingekreuzt. Das Ergebnis war ein kräftiger Hund mit Kampfgeist, Mut und Widerstandskraft. Da die Kampfregeln in Japan vorschrieben, dass die Hunde beim Kampf leise zu sein haben, ist der Tosa ein ruhiger Hund, der wenig bellt. Bei dem sogenannten Hundesumo, das heute noch in Japan mit dem Tosa betrieben wird, dürfen die Hunde weder bellen oder knurren noch sich verletzen oder gar töten.

Charakter: Der Tosa ist nicht nur bei uns, sondern weltweit recht selten, wobei die meisten Exemplare in Japan leben. Sein Schutztrieb ist stark ausgeprägt, und er bewacht und verteidigt seine Menschen sowie Haus und Hof kompromisslos. Er besitzt zwar eine hohe Reizschwelle, greift aber blitzschnell an, wenn es die Situation seiner Auffassung nach erfordert. Seiner Familie gegenüber ist er geduldig und loyal. Seine Schmerztoleranz ist sehr hoch. Anderen Hunden gegenüber, besonders gleichgeschlechtlichen, verhält er sich aggressiv. Er ist wirklich nur für Menschen geeignet, die schon Erfahrung im Umgang mit großen Hunden haben und in der Lage sind, sie wirklich zu beherrschen. Nur durch gute Sozialisation, intensive Erziehung und ständige Kontrolle kann sich der Tosa zu einem guten Begleithund entwickeln. Dann ist er auch für Hundesport geeignet.

Besonderheiten: In manchen Bundesländern wird diese Rasse zu den gefährlichen Hunden gezählt, deren Haltung mit bestimmten Auflagen verbunden ist. Daher sollte man sich vor Anschaffung dieser Rasse nach den aktuellen Bestimmungen und Vorschriften erkundigen.

# 1 | Tschechoslowakischer Wolfhund

Schäferhunde | FCI-Nr. 332

## Ceskoslovenský Vicak

Herkunft: Tschechoslowakei (Slowakei)
Größe: Rüden mindestens 65 cm; Hündinnen mindestens 60 cm.
Farben: Gelbgrau bis Silbergrau mit heller Maske.

Geschichte: 1955 kam Karel Hartel in der Zuchtstation Libéjovice auf die Idee, Deutsche Schäferhunde mit Wölfen zu kreuzen. Nach einigen Fehlschlägen wurden 1958 die ersten Welpen aus dieser Verbindung geboren. Aus ausgewählten Abkömmlingen und unter Einkreuzung weiterer Tiere der Ausgangsrassen entstand allmählich ein einheitliches Erscheinungsbild dieser Rasse. Schon ab der dritten Generation wurden diese Hunde für den Dienst in der Armee eingesetzt.

1989 wurde die Rasse vorläufig von der FCI anerkannt, aber erst zehn Jahre später, 1999, erhielt sie die endgültige Anerkennung. Auch nach der politischen Spaltung des Ursprungslandes bleibt die Heimat der Rasse weiterhin offiziell die Tschechoslowakei.

Charakter: Im Aussehen, in der Bewegungsweise sowie in einigen Wesenszügen ist diese Rasse dem Wolf sehr ähnlich geblieben. Die Hunde sind sehr zurückhaltend allem Fremden gegenüber und müssen von klein auf gut sozialisiert werden, damit sie später nicht scheu werden. Bei der Zuchtauswahl wurde großer Wert auf Ausdauer gelegt. Daher können die Hunde mit dem typischen federnden Trab Strecken von 100 km am Stück zurücklegen. Der Wolfhund hängt sehr an seinen Menschen und nimmt seine feste Stelle im Familienrudel ein. Er besitzt eine ausgeprägte Trennungsangst und muss so früh wie möglich lernen, auch mal allein zu bleiben, damit sich seine Ängste nicht in Zerstörungswut äußern.

Verwendung: Der Wolfhund ist gelehrig, darf aber nicht mit Zwang erzogen werden. Ständige Wiederholungen langweilen ihn so, dass er die Mitarbeit verweigert. Mit viel Geduld und Einfühlungsvermögen kann man ihm aber durchaus einen Grundgehorsam beibringen. Auch an hundesportlichen Aktivitäten findet er Gefallen. Für den Schutzdienst ist er ungeeignet. Der ausgeprägte Jagdtrieb muss von Anfang an gedämpft werden. Dieser Hund ist nichts für Anfänger. Wer die Hunde gut sozialisiert, sich viel mit ihnen beschäftigt und ausreichend Geduld und Fingerspitzengefühl hat, findet in ihnen einen treuen und zuverlässigen Begleiter.

Besonderheiten: Häufig wird diese Rasse fälschlicherweise als „Wolfshund“ bezeichnet. Dies ist ein Übersetzungsfehler. Bei der FCI-Generalversammlung 1999 in Mexiko wurde darauf hingewiesen, dass die deutsche Übersetzung Wolfhund (der vom Wolf abstammt) und nicht Wolfshund (Wolfsjäger) sein sollte.

# 5 | Västgötaspets

Nordische Wach- und Hütehunde | FCI-Nr. 14

### Schwedischer Schäferspitz, Westgotenspitz, Schwedischer Vallhund

Herkunft: Schweden

Größe: Rüden und Hündinnen 33–40 cm.

Farben: Grau mit dunklem Deckhaar und hellgrauen oder graugelben Partien auf Kehle, Brust, Schnauze und teilweise den Läufen; Rotgelb, Graubraun, Braungelb sowie gestromt oder gefleckt sind erlaubt. Blaugraue Abzeichen gestattet.

**Geschichte:** Der Västgötaspets ist der einzige niederläufige nordische Hund. Seine Heimat ist die fruchtbare Västgöta-Ebene zwischen dem Väner- und dem Vättersee. Er ist ein ausgezeichneter Treibhund, der es trotz seiner geringen Körpergröße versteht, in der Herde Ordnung zu schaffen, nicht zuletzt durch das Zwicken in die Fersen der Tiere. Bei der Zucht dieser Rasse wurde vor allem auf die Gebrauchstüchtigkeit Wert gelegt. Die Hunde besitzen eine verblüffende Ähnlichkeit mit dem Welsh Corgi. Es ist auch nicht ausgeschlossen, dass ihre Vorfahren aus Wales stammen und nach Skandinavien gelangten.

**Charakter:** Der Västgötaspets ist temperamentvoll und ausdauernd. Man sollte ihn nicht unterschätzen, sondern ihm auf alle Fälle ausreichend Bewegung bieten und ihn am besten mit bestimmten Aufgaben betrauen, die ihn fordern. Wie jeder Hütehund ist er sehr arbeitswillig und nur ausgeglichen, wenn er entsprechend beschäftigt wird. Das „Fersenzwicken" gewöhnt er sich nie vollständig ab. Er ist sehr mutig, bewacht gern Haus und Hof und tritt Artgenossen selbstbewusst gegenüber. In seiner Heimat wird er heute auch gern als reiner Familienhund gehalten. Bei uns ist der Västgötaspets nur vereinzelt anzutreffen.

**Besonderheiten:** Früher sah man nur Vertreter dieser Rasse mit kurzen Stummelschwänzen, die laut Standard nicht länger als 10 cm sein sollten. Dank des Rutenkupierverbotes trifft man heute Exemplare mit langer Rute, die locker über dem Rücken eingerollt getragen wird.

# 5 | Volpino Italiano

Europäische Spitze | FCI-Nr. 195

### Italienischer Fuchshund

Herkunft: Italien

Größe: Rüden und Hündinnen max. 30 cm.

Farben: Weiß; Rot.

**Geschichte:** Schon vor Jahrhunderten hat sich diese Rasse von der Linie der europäischen Spitze abgesondert und eine eigene Entwicklung durchlaufen. In der Renaissance war der Volpino ein beliebter

Begleithund für die italienischen Damen. Man hat ihn sogar teilweise mit Reifen aus Elfenbein geschmückt. Der Name leitet sich von dem italienischen Wort für „Fuchs“ ab und deutet auf das fuchsähnliche Aussehen hin. Häufig werden die Volpinos auch als Fuchshunde bezeichnet. Der Volpino hielt nicht nur Einzug in vornehme Häuser, sondern wurde auch von Bauern und einfachen Leuten als Wachhund gehalten. Auch Michelangelo besaß solch einen Hund. Aus unerfindlichen Gründen nahm die Zahl der Volpinos ständig ab, bis 1965 nur noch fünf Exemplare im Zuchtbuch eingetragen wurden. Dann verschwand der Volpino bis 1984, als der italienische kynologische Verband die Rasse sozusagen wieder zum Leben erweckte. Die neu aufgebaute Zucht gründete auf den Tieren, die als Wachhunde auf Bauernhöfen gehalten und nie registriert worden waren.

Charakter: Die kleinen, temperamentvollen Hunde sind anhänglich und ihrer Familie treu ergeben, misstrauisch gegenüber Fremden und sehr wachsam. Sie sind robust und langlebig, lassen sich gut erziehen und sind ideale Hunde auch für Haushalte ohne Garten oder für eine Etagenwohnung in der Stadt. Dank ihrer Kleinheit lassen sie sich problemlos überallhin mitnehmen und benötigen auch nicht übermäßig viel Auslauf.

## 1 | Wäller

Schäferhunde | nicht FCI-anerkannt

Herkunft: Deutschland
Größe: Rüden ca. 60 cm; Hündinnen ca. 50 cm. Eine Abweichung von 5 cm nach oben oder unten wird toleriert.
Gewicht: Rüden ca. 30 kg, Hündinnen ca. 26 kg.
Farben: Alle Farben sind erlaubt; sie sollten intensiv und klar sein.

Geschichte: Der Wäller-Hütehund ist eine der jüngsten Hunderassen in Deutschland.
Der Wäller entstand aus Kreuzungen zwischen Briard und Australian Shepherd. Die Zucht der ersten Generation begann im Herbst 1994. 1995 wurde der 1. Wäller-Club Deutschland e. V. gegründet, der sich seitdem um die gezielte Zucht dieser erwünschten Hunderasse kümmert. Durch die Gründerin des Clubs, die damals im Westerwald beheimatet war, erhielt diese Rasse ihren Namen, da die Bewohner des Westerwaldes im Dialekt als „Wäller“ bezeichnet werden.
Grundgedanke dieser Neuzüchtung war die Erhaltung der positiven Eigenschaften der beiden Ausgangsrassen in Bezug auf Gesundheit, Charakter und Arbeitseigenschaften. Nach wie vor sieht das Zuchtprogramm weitere Einkreuzungen von Briards und Australien Shepherds vor, um die genetische Vielfalt zu erhalten.

Verwendung: Der Wäller ist ein leichtführiger, lernwilliger Familien- und Begleithund mit einer robusten Gesundheit, Vitalität und großer Bewegungsfreude. Der lebhafte Hund möchte gern beschäftigt werden und findet in jeder Art von Hundesport ein ideales Betätigungsfeld, sei es Frisbee, Agility, Flyball oder Obedience, und arbeitet genauso zuverlässig und gewissenhaft als Therapie- oder Rettungshund.

Charakter: Der Wäller hat ein freundliches und ausgeglichenes Wesen. Er soll sicher und unerschrocken sein und sich durch verschiedene Umweltreize nicht aus der Ruhe bringen lassen. Er besitzt ein mittleres Temperament ohne Nervosität. Fremden gegenüber verhält er sich anfangs zunächst reserviert. Angst oder Aggression darf auf keinen Fall auftreten. Als typischer Hütehund schließt er sich eng an seine Familie an und verteidigt sie oder deren Hab und Gut, wenn es sein muss, auch vehement. In der Regel ist ein Wäller nicht sehr bellfreudig, eignet sich aber durchaus als Wächter für Haus und Hof.

Besonderheiten: Da die Zucht dieser Rasse noch in den Anfängen steckt, können die einzelnen Individuen bezüglich Fellbeschaffenheit und Größe noch sehr unterschiedlich aussehen. Die Fellpflege des glänzenden, etwa 7 bis 15 cm langen Deckhaares sowie der leichten Unterwolle ist bei regelmäßigem Bürsten nicht aufwendig. Es gibt auch noch die Varianten mit und ohne Bart. Die hoch angesetzten Ohren sind Kipp- oder Hängeohren.

# 7 | Weimaraner

Kontinentale Vorstehhunde | FCI-Nr. 99

Herkunft: Deutschland
Größe: Rüden 59–70 cm, ideal 62–67 cm; Hündinnen 57–65 cm, ideal 59–53 cm.
Gewicht: Rüden 30–40 kg; Hündinnen 25–35 kg.
Farben: Silber-, Reh- oder Mausgrau; nur kleine weiße Abzeichen an Brust und Zehen zulässig; häufig dunkler Aalstrich.

Geschichte: Der Weimaraner gilt als der deutsche Vorstehhund, der als Erster rein gezüchtet wurde, und zwar seit 1878. Dass es diese Hunde schon wesentlich länger gibt, beweist zum Beispiel ein Gemälde vom Hofe Ludwigs des XIV., auf dem ein silbergrauer Jagdhund, der einem Weimaraner verblüffend ähnlich sieht, abgebildet ist.
Als sogenannter Landschlag ist diese Rasse um 1800 in Thüringen entstanden und wurde bald darauf am Hofe zu Weimar (Name!) gehalten. Später wurden diese Hunde auch noch mit Hühnerhunden gekreuzt, deren Nachkommen die Grundlage für die weitere Zucht waren. Trotz der anfänglichen Bemühungen wäre der Weimaraner in Deutschland zu Beginn des 20. Jahrhunderts aber fast wieder ausgestorben. Nur durch Bemühungen seiner Liebhaber wurde die Rasse in den 20er- und 30er-Jahren vor dem Aussterben bewahrt. Mittlerweile ist der Weimaraner weltweit verbreitet und beliebt. In den USA wird er sogar „grey ghost" genannt.

Verwendung: Der Weimaraner ist ein vielseitiger, passionierter Jagdhund. Er zeichnet sich durch Leichtführigkeit, mittelmäßiges Temperament und enge Bindung an seinen Führer aus. Er ist ausdauernd und systematisch bei der Suche. Er ist für die Schweißarbeit nach dem Schuss und die Verlorensuche geeignet. Er steht zuverlässig vor und ist auch für die Wasserarbeit verwendbar. Zu Hause stellt er auch seine Schutz- und Wachhundeigenschaften unter Beweis, denn die Wildschärfe tritt beim Weimaraner zusammen mit einem angeborenen Schutztrieb und einer gewissen Mannschärfe auf. Er weiß genau, wie er einen Eindringling zu stellen hat oder das Hab und Gut seiner Menschen beschützen muss.

Charakter: Der Weimaraner hängt sehr an seinen Menschen, ist freundlich und hat ein ausgeglichenes Wesen. Als Vollblutjagdhund gehört er eigentlich nur in Jägerhände. In den letzten Jahren hat er sich aber etwas zu einem „Modehund" entwickelt, der wegen seines ansprechenden Äußeren auch bei Nichtjägern immer begehrter wird. Grundsätzlich kann der Weimaraner auch von einem hundeerfahrenen Nichtjäger gehalten werden, wenn dieser das typische Wesen und die Arbeitsfreude berücksichtigt. Der Weimaraner sollte dann auf alle Fälle eine Begleithundausbildung erhalten und im Hundesport oder bei der Fährtenarbeit entsprechend gefordert werden.

Besonderheiten: Man unterscheidet den selteneren langhaarigen vom kurzhaarigen Schlag. Bei Letzterem wurde und wird heute noch bei jagdlich geführten Tieren häufig die Rute um etwa ein Drittel oder die Hälfte kupiert.
Ein Teil der Welpen kommt mit einem charakteristischen Streifenmuster auf die Welt, das aber nach wenigen Tagen verschwindet. Neben der typischen grauen Fellfarbe ist auch die Farbe der Augen ein unverwechselbares Merkmal. Die runden Augen sind im Welpenalter himmelblau und werden dann bernsteinfarben von hell bis dunkel.

# 1 | Weißer Schweizer Schäferhund

Schäferhunde | FCI-Nr. 347

**Geschichte:** Trotz der Namensgebung steht die Wiege dieser Hunderasse in Deutschland. 1882 wurde erstmalig in Hannover ein weißer Schäferhund ausgestellt. 1899 war das Entstehungsjahr des Deutschen Schäferhundes. Der Stammvater besaß aber auch das Erbgut für weiße Fellfarbe, das er natürlich an seine Nachkommen weitergab. Somit besitzen der Deutsche Schäferhund und die heute als Weißer Schweizer Schäferhund bezeichnete Rasse denselben Ursprung.
1912 gelangten Zuchttiere nach USA, bei denen sogleich im ersten Wurf weiße Welpen fielen. 1917 wurden die ersten weißen Exemplare in Amerika registriert. Seit etwa den 1960er-Jahren gab und gibt es immer wieder Streitigkeiten zwischen den Anhängern der Deutschen und der Weißen Schäferhunde sowohl in Nordamerika als auch in Deutschland, da die weißen Hunde als Fehlfarbe galten. In den 1980er-Jahren gelangten die ersten Importe über den großen Teich zu uns. Schnell fanden sich viele Liebhaber dieser Rasse, die sich auch in verschiedenen Vereinen organisierten. Seit 2003 ist der Weiße Schäferhund vorläufig von der FCI anerkannt.

**Charakter:** Heute sieht man den Weißen Schweizer Schäferhund immer häufiger als Familien- und Begleithund. Wesen und Charakter entsprechen seinem Vetter, dem Deutschen Schäferhund. Er ist temperamentvoll, wesensfest, aufmerksam und wachsam. Fremden begegnet er zunächst zurückhaltend und vorsichtig. Seiner Familie gegenüber ist er freundlich und anhänglich. Er lässt sich gut ausbilden und besitzt einen natürlichen Schutztrieb.

**Verwendung:** Der Weiße Schäferhund ist sowohl für Schutz- und Fährtenarbeit wie auch verschiedene Hundesportarten und natürlich als Rettungshund geeignet. Er braucht viel Auslauf und ist der ideale Begleiter beim Joggen oder Radfahren.

**Besonderheiten:** Das Haarkleid kann als Stockhaar oder Langstockhaar ausgeprägt sein.

Herkunft: Deutschland
Größe: Rüden 60–66 cm; Hündinnen 55–61 cm.
Gewicht: Rüden 35–45 kg; Hündinnen 25–35 kg.
Farbe: Weiß.

# 1 | Welsh Corgi

Schäferhunde: Welsh Corgi Cardigan | FCI-Nr. 38,
Welsh Corgi Pembroke | FCI-Nr. 39

### Welsh Corgi Cardigan

Herkunft: Großbritannien
Größe: Rüden und Hündinnen 30 cm.
Farben: Alle Farben mit oder ohne weiße Abzeichen; Weiß sollte jedoch nicht vorherrschen.

### Welsh Corgi Pembroke

Herkunft: Großbritannien
Größe: Rüden und Hündinnen 26,4–30,5 cm.
Gewicht: Rüden 10–12 kg; Hündinnen 10–11 kg.
Farben: Rot; Zobel; Rehfarben; Schwarz mit Brand und mit oder ohne Weiß an Brustbein, Läufen und Hals.

**Geschichte:** Die Welsh Corgis sollen schon in keltischer Zeit in den Bergen von Wales gelebt haben. Sie sind vermutlich direkte Nachfahren des Torfspitz. Der Cardigan stammt aus der Grafschaft Cardiganshire. Im 10. Jahrhundert soll er in Gesetzen erwähnt worden sein, nach denen jeder, der ihn stahl oder tötete, schwer bestraft wurde. Bis in die Neuzeit war er ein wichtiger Hüte- und Treibhund der Waliser Bauern. Er bewachte das Vieh in den abgelegenen Bergen und trieb Rinder und Ponys zu den weit entfernten Viehmärkten. Durch den für kleine Hütehundrassen typischen Fersenbiss (das „Heelen") verschaffte er sich bei dem Vieh Respekt. Er war auch ein zuverlässiger Wächter von Haus und Hof und wurde sogar zur Jagd auf Vögel und kleines Wild verwendet. Bis in die 1920er-Jahre kreuzte man Cardigans und Pembrokes noch miteinander. 1934 wurden sie offiziell als zwei unterschiedliche Rassen anerkannt. Seit in den 1930er-Jahren der englische König seinen Töchtern Welsh Corgi Pembrokes als Spielgefährten schenkte, ist diese Rasse bekannt und salonfähig geworden. Bis heute sind die Corgis nicht mehr aus dem englischen Königshaus wegzudenken. Vielleicht erfreuen sich deshalb die Pembrokes heute größerer Beliebtheit als die Cardigans.

**Charakter:** Den Hüteinstinkt haben sich die Corgis bis heute bewahrt. Auch das Fersenbeißen liegt ihnen noch im Blut, sodass man es ihnen durch entsprechende Erziehung abgewöhnen sollte. Trotz der kurzen Läufe sind diese Hunde außergewöhnlich flink und können zum Beispiel auf dem Agility-Parcours durchaus mit anderen Rassen mithalten. Bei uns werden die Welsh Corgis nur von wenigen Liebhabern dieser Rassen gehalten. Dank ihrer handlichen Größe sind sie auch für das Leben in einer Etagenwohnung geeignet. Trotzdem brauchen diese temperamentvollen Hunde genügend Auslauf in Form von langen Spaziergängen oder hundesportlichen Betätigungen.

Besonderheiten: Der Welsh Corgi Pembroke ist noch weniger verbreitet als der Cardigan. Hauptunterscheidungsmerkmal der beiden Rassen ist die Rute. Der Cardigan hatte immer eine lange Rute, die bis auf den Boden reicht und auch nie kupiert wurde. Außerdem kommt er in mehr Farben vor als der Pembroke.

Beim Pembroke wurde früher im Gegensatz zum Cardigan die Rute kupiert bzw. werden auch Welpen mit Stummelrute geboren. Ob man damit die bei den Kelten erhobene Schwanzsteuer, welche die Bauern entrichten mussten, umgehen wollte, bleibt dahingestellt. Seit dem Rutenkupierverbot tragen auch die Pembrokes lange Ruten, mit Ausnahme der wenigen Exemplare, die stummelschwänzig geboren werden.

## 8 | Welsh Springer Spaniel

Stöberhunde | FCI-Nr. 126

Herkunft: Großbritannien
Größe: Rüden etwa 48 cm; Hündinnen etwa 46 cm.
Farben: Weiß mit roten Abzeichen.

Geschichte: Der Welsh Springer Spaniel gehört zu den sehr alten Spaniel-Rassen und hat vermutlich denselben Ursprung wie der English Springer Spaniel. Er stand schon kurz vor dem Aussterben und blieb nur durch die konsequente Weiterzucht in Wales erhalten. 1902 wurde er offiziell als eigenständige Rasse anerkannt. Die rotweiße Färbung ist einzigartig unter den Spaniels und grenzt ihn von den anderen Spaniel-Rassen deutlich ab. Typisch sind auch die für einen Spaniel relativ kurzen Ohren, die spitz auslaufen.

Verwendung: Der Welsh Springer Spaniel ist ausgezeichnet für die Stöber- und Apportierarbeit zu verwenden. Er besitzt außerdem eine ausgeprägte Wasserfreudigkeit und eine große Jagdpassion. Als nicht zu großer, leichtführiger Hund, der sich außerdem durch Ausdauer und Leistungsfähigkeit auszeichnet, ist er in seiner Heimat zu einem beliebten Begleiter des Jägers geworden. Wegen seiner mittleren Körpergröße und seines Temperaments ist der Welsh Springer Spaniel auch für Hundesport geeignet.

**Charakter:** Das temperamentvolle, freundliche und fröhliche Wesen des Welsh Springer Spaniels ist frei von jeder Aggression und macht ihn auch zu einem liebenswerten Familien- und Begleithund. Deshalb ist es nicht verwunderlich, dass dieser Spaniel bei uns weniger häufig als Jagdhund gehalten wird. Allerdings ist diese Rasse hier ohnehin noch relativ selten anzutreffen.

**Besonderheiten:** Das glatte, seidige Haar darf niemals wellig oder drahtig sein. Es sollte regelmäßig gekämmt werden, besonders an Ohren und Rute, damit es dort nicht verfilzt.

## 3 | Welsh Terrier

Hochläufige Terrier | FCI-Nr. 78

Herkunft: Großbritannien
Größe: Rüden und Hündinnen maximal 39 cm.
Gewicht: Rüden und Hündinnen 9–9,5 kg.
Farben: Schwarz und Loh; Schwarz, Grau und Loh.

**Geschichte:** Die Entstehung dieser Rasse begann in den 1760er-Jahren in Wales. Es wurden zwei verschiedene Schläge dieser Rasse gezüchtet: ein keltischer Schlag aus dem ausgestorbenen rauhaarigen Black and Tan Terrier und ein englischer Schlag aus Airedale und Fox Terriern. Letzterer soll ausgestorben sein, wobei die Merkmale von Airedale und Fox Terrier noch heute deutlich beim Welsh Terrier zu erkennen sind. 1885 wurde erstmals ein Welsh Terrier ausgestellt. Die ursprüngliche Verwendung dieser Hunde war die Jagd auf Dachs, Fuchs und Otter.

**Charakter:** Der Welsh Terrier wird heute bei uns als reiner Familien- und Begleithund gehalten. Er ist fröhlich, verspielt und lässt sich relativ leicht erziehen. Erhält er genügend Auslauf durch lange Spaziergänge oder durch hundesportliche Aktivitäten, ist er auch gut in einer Stadtwohnung zu halten. Seine Rauflust ist nicht so sehr ausgeprägt wie bei seinen größeren Vettern, aber dennoch geht er einer Auseinandersetzung nicht unbedingt aus dem Weg. Wer einen temperamentvollen, sportlichen, aber nicht ganz so großen Terrier möchte, für den ist diese Rasse sicherlich geeignet.

Besonderheiten: Das Fell sollte regelmäßig gebürstet und mindestens zweimal jährlich getrimmt werden.
Der lange Bart sollte täglich gekämmt werden, damit er nicht verfilzt und gepflegt aussieht.

## 3 | West Highland White Terrier

Niederläufige Terrier | FCI-Nr. 85

Herkunft: Großbritannien
Größe: Rüden und Hündinnen etwa 28 cm.
Gewicht: Rüden und Hündinnen bis 10 kg.
Farbe: Weiß.

Geschichte: Die Vorfahren des Westies, wie diese Rasse bei Liebhabern genannt wird, waren kleine, draufgängerische Terrier, die im schottischen Hochland für die Jagd auf Fuchs, Dachs und Otter verwendet wurden. Lange Zeit setzten sich aber nur die dunkelhaarigen Hunde durch, die weiß geborenen Welpen wurden meistens getötet. So wurde noch im 19. Jahrhundert der dunkle Cairn Terrier als direkter Vorfahre des Westies bei der Jagd bevorzugt. Als Ende des 19. Jahrhunderts ein Colonel Malcolm versehentlich einen rotbraunen Terrier auf der Jagd erschoss, weil er ihn für einen Fuchs hielt, beschloss er zukünftig, weiße Terrier zu züchten. Der Ursprung des West Highland White Terrier geht somit auf drei bedeutende Entwicklungslinien zurück, die auch auf eine enge Verwandtschaft mit Cairn Terrier, Scottish Terrier und Skye Terrier hinweisen. Grundlage für die Zucht waren alle weißen oder hellsandfarbenen Welpen. 1907 wurde der West Highland White Terrier als Rasse anerkannt. Etwa seit den 1970er-Jahren ist er auch bei uns äußerst populär geworden und war eine ganze Zeit lang richtig in Mode.

Charakter: Aufgrund seines attraktiven Äußeren, seines munteren, frechen Gesichtsausdruckes und seiner handlichen Größe erweckt der Westie bei vielen Hundefreunden den Wunsch nach solch einer Rasse. Leider werden dabei von vielen Menschen sein Wesen und seine Bedürfnisse unterschätzt. Er hat sich noch viele Eigenschaften seines Jagderbes erhalten wie Mut, eine gewisse Schärfe, Selbstbewusstsein und Robustheit. Er ist wachsam und meldet jeden Besucher oder Eindringling lautstark. Er ist also gewiss kein ruhiger Schoßhund, sondern ein echter Terrier, der Artgenossen unerschrocken gegenübertritt und bei der Erziehung seinen Menschen viel Geduld und Konsequenz abverlangt. Da er recht temperamentvoll ist, braucht er genügend Auslauf und Beschäftigung und ist nicht geeignet für bequeme Menschen. Auch ältere Menschen sind häufig mit seinem Temperament überfordert. Bei ausreichender Bewegung ist er dennoch gut in einer Stadtwohnung zu halten.

Verwendung: Mit genügend Ausdauer kann ein Westie erfolgreich für die Begleithundprüfung ausgebildet werden. Er ist auch immer für die üblichen Ball- und Apportierspiele zu begeistern. Ebenso sind einige Sportarten für diese Rasse geeignet wie zum Beispiel Flyball oder Agility in der Mini-Klasse.
Der Westie ist aber auch ein ausdauernder Begleiter bei langen Wanderungen oder Bergtouren, beim Joggen und sogar beim Fahrradfahren – natürlich nur in angemessenem Tempo.

Besonderheiten: Rüden haben einen größeren Kopf als Hündinnen. Er muss mit dichtem Haar bedeckt sein und erhält so die typische Form, die als „Chrysanthemenkopf“ bezeichnet wird. Mehrmals im Jahr muss ein Westie getrimmt werden. Tägliches Bürsten und Kämmen verhindern Verfilzungen.

# 6 | Westfälische Dachsbracke

Laufhunde | FCI-Nr. 100

Herkunft: Deutschland
Größe: Rüden und Hündinnen 30–38 cm.
Farben: Rot bis Gelb mit schwarzem Sattel oder Mantel und den weißen Brackenabzeichen (Blesse oder Schnippe, weißer Fang mit Halsring, weiße Brust, Läufe und Rutenspitze). Der Nasenspiegel hat einen hellen Streifen über der Mitte.

Geschichte: Niederläufige Jagdhunde sind schon aus der Zeit um 800 bekannt. Aber erst im Jahr 1886 wurde der Name „Dachsbracke" geprägt. Mit zunehmender Verkleinerung der Jagdreviere wuchs auch der Bedarf an niederläufigen Bracken, um die Weiträumigkeit und Schnelligkeit des Jagens einzuschränken. Daher züchtete man im Bergischen Land und im Sauerland eine kurzläufige, langsamere Bracke.
Verwendung: Heute wird die Dachsbracke vorwiegend zum Stöbern auf Hase, Fuchs, Kaninchen und Schalenwild eingesetzt. Vor dem spurlauten, aber nicht zu schnellen Hund lässt sich das Wild sicher erlegen. Auch in höherem Schnee ist der Hund noch einsetzbar. Dank seiner guten Nase, seines ausgeprägten Fährtenwillens und seiner Ruhe ist er auch gut für die Schweißarbeit geeignet.
Die Hunde besitzen einen ausgeprägten Jagdinstinkt und sollten daher nur von Jägern geführt werden, die ihrem großen Laufbedürfnis und ihrer Jagdpassion gerecht werden können. Im Haus ist die Westfälische Dachsbracke ein angenehmer und freundlicher Familienhund.
Besonderheiten: Die Westfälische Dachsbracke ist die niederläufige Form der Deutschen Bracke. Sie ist kräftig gebaut und besitzt eine lange Bürstenrute. Das Haar ist am ganzen Körper, auch am Bauch, dicht und grob.
Um die Jahrhundertwende gelangte die Rasse nach Schweden. Dort wurde sie unter dem Namen „Drever" weitergezüchtet und zählt heute zu den beliebtesten Jagdhunden. Sie dienen heute dazu, die mittlerweile in Deutschland sehr gering gewordene Zuchtbasis der Westfälischen Dachsbracke wieder zu vergrößern.

# 8 | Wetterhoun

Wasserhunde | FCI-Nr. 221

### Friesischer Wasserhund

Herkunft: Niederlande
Größe: Rüden 59 cm; Hündinnen 55 cm.
Farben: Schwarz; Braun; jeweils auch mit weißen Abzeichen oder Schimmel- sowie Fleckenfärbung in diesen Farben.

Geschichte: Der Wetterhoun wird mit dem Stabyhoun zu den beiden friesischen Hunderassen zusammengefasst. „Houn" bedeutet im Friesischen „Jagdhund". 1942 tauchten diese Rassen erstmalig auf einer Ausstellung in Amsterdam auf. Im selben Jahr wurden sie auch anerkannt. 1947 wurde der niederländische Klub für diese beiden Rassen gegründet.
Der Ursprung des Namens Wetterhoun ist nicht genau geklärt. Vielleicht stammt es vom friesischen Wort „wetter" für Wasser ab, somit würde der Name „Wasserjagdhund" bedeuten. Oder es hängt mit dem deutschen Wort „wittern" zusammen. Wie dem auch sei, der Wetterhoun ist der typische Jagdhund für die Wasserarbeit, was an seinem dichten, gelockten Fell leicht zu erkennen ist. Ursprünglich wurde er für die Otterjagd gezüchtet und daher auch manchmal „Otterhoun" genannt. Er darf aber nicht mit dem englischen Otterhound verwechselt werden. Als die Otterbestände abnahmen, wurde er auch für die Jagd auf Bisamratte, Iltis und sogar Wildkatzen eingesetzt. Er jagte immer allein und war furchtlos gegenüber wehrhaften Wildtieren. Sein dichtes Fell schützte ihn auch beim Stöbern im Gestrüpp.

**Verwendung:** Der Wetterhoun ist nicht nur ein guter Stöber- und Apportierhund, sondern auch ein zuverlässiger Wach- und ein angenehmer Familienhund. Außerdem wurde er auch gern zum Karrenziehen verwendet, da er dank seiner kräftigen Statur die dafür benötigte Kraft besitzt. Seine Wasserfreudigkeit hat er sich bis heute erhalten. Aufgrund seiner speziellen Fellbeschaffenheit ist er für den ständigen Aufenthalt im Haus nicht geeignet. Er fühlt sich draußen bei Wind und Wetter wohl und sollte sich möglichst auf einem großen Grundstück, das er bewachen darf, frei bewegen können.

**Charakter:** Der Wetterhoun hat eine sehr eigentümliche Erscheinung mit einem typischen Gesichtsausdruck und einem robusten Körperbau. Fremden gegenüber ist er anfangs zurückhaltend, aber nicht unfreundlich. Er hat eher ein ruhiges, manchmal auch stures Wesen und ist nicht sehr bellfreudig. Die Erziehung erfordert Geduld, Konsequenz und Einfühlungsvermögen. Allein durch seine Erscheinung kann er Fremden schon Respekt einflößen und wird seinem Ruf als guter Wachhund und Beschützer sicher gerecht. Seiner Familie gegenüber ist er treu und anhänglich.

**Besonderheiten:** Der Wetterhoun ist außerhalb seines Heimatlandes kaum und selbst dort recht selten anzutreffen. Er ist sozusagen eine Rarität unter den Rassehunden. Der Wetterhoun sollte weder gekämmt noch gebadet werden, um die typische Fellbeschaffenheit zu erhalten. Nur im Frühjahr darf das abgestorbene Haar des Winterfells herausgekämmt werden.

## 10 | Whippet

Kurzhaarige Windhunde | FCI-Nr. 162

Herkunft: Großbritannien
Größe: Rüden 47–51 cm; Hündinnen 44–47 cm.
Farben: Ohne Bedeutung.

**Geschichte:** Im Gegensatz zu den anderen Windhundrassen existieren über die Geschichte des Whippets keine Aufzeichnungen. Nur alte Gemälde lassen seine Existenz bis ins 15. Jahrhundert zurückverfolgen. Der heutige Whippet entstand vermutlich aus Kreuzungen zwischen Greyhound, Italienischem Windspiel und Terriern. Im 18. Jahrhundert wurde diese Rasse in England von Fabrikarbeitern und Bergleuten gezüchtet, um sie zur Hasenjagd zu verwenden und bei Rennen einzusetzen. Somit erhielten die Hunde den

Beinamen „Rennpferd des armen Mannes". Um 1900 wurden die ersten Exemplare in Deutschland ins Zuchtbuch eingetragen und auf Ausstellungen gezeigt. Obwohl sie eher zu den kleineren Windhunden gehören, erreichen sie Geschwindigkeiten von über 50 km/h und zählen somit zu den schnelleren Rassen. Sie gelten auf der Rennbahn als besonders zuverlässig.

Charakter: Diese mittelgroßen, temperamentvollen Hunde sind im Haus anspruchslos und ruhig. Sie sind wachsam, bellen aber nicht viel und sind frei von Aggression. Sie sind sehr liebebedürftig und suchen engen Kontakt zu ihren Menschen. Als Sichtjäger hetzen sie allerdings gern hinter Kaninchen und anderen Tieren her, was beim Freilauf in der Natur berücksichtigt werden muss.

Verwendung: Daher ist es auch für diese Rasse am besten, wenn man ihnen die erforderliche Bewegung auf der Rennbahn oder beim Coursing verschafft. Sie eignen sich auch für Agility, da sie im Parcours mühelos und schnell jedes Hindernis nehmen.

Besonderheiten: Whippets sind robust, haben eine hohe Lebenserwartung (oft 15 Jahre und mehr) und bleiben bis ins hohe Alter fit und verspielt.

Das kurze Fell ist äußerst pflegeleicht und hinterlässt kaum Schmutz im Haus.

## 5 | Xoloitzquintle

Urtyp-Hunde | FCI-Nr. 234

### Mexikanischer Nackthund

Herkunft: Mexiko

Größe:

Standard – 35–58 cm; eine Größe bis 60 cm ist zulässig.

Miniatur – maximal 35 cm.

Farben: Schwarz; schwärzlich Grau; Schiefergrau; Dunkelgrau; Rötlich; Leberfarben; Bronzefarben; Goldgelb. Gefleckte Tiere auch mit weißen Flecken sind zulässig.

Geschichte: Seit über 4000 Jahren werden haarlose Hunde in Amerika und in Asien gezüchtet, wie verschiedene Darstellungen belegen. Sie wurden als Begleiter, als Opfertiere, zum Verzehr und auch als Wachhunde gehalten. Xoloitzquintle bedeutet in der Aztekensprache „Hund des Gottes Xolotl". Die als Hund dargestellte Gottheit Xolotl steht in Verbindung mit dem Gott des Todes. Die Azteken glaubten, man gelange nur in das Totenreich, wenn ein Hund einen führen würde. Daher wurde ein Xoloitzquintle getötet, um den Verstorbenen auf seiner Reise zu geleiten.

Charakter: Heute wird diese Rasse von ihren Liebhabern wegen ihrer exotischen Schönheit und ihrem freundlichen Wesen geschätzt. Die Hunde sind anhängliche und fröhliche Begleiter, Fremden gegenüber zunächst zurückhaltend und auch sehr wachsam. Sie lieben engen körperlichen Kontakt mit ihren Menschen und dienen gleichzeitig so als lebende „Wärmflasche".

Besonderheiten: Der Xoloitzquintle ist ein angenehmer Familienhund, aber nach wie vor recht selten. Bis auf einige borstige Haare auf dem Kopf sind die Hunde in der Regel haarlos. Sie können durch die Haut transpirieren und hecheln daher fast nie. Sie halten sich auch bei niedrigen Temperaturen gern im Freien auf, vorausgesetzt sie können sich ausreichend bewegen. Aufgrund der Haarlosigkeit ist diese Rasse auch für Allergiker geeignet. Sie ist sehr sauber, bekommt kein Ungeziefer und braucht nur wenig Pflege. Gelegentlich sollten die Tiere gebadet und eingecremt werden.

Bezüglich der Größe gibt es neuerdings zwischen Standard und Miniatur auch eine Zwischenvarietät.

# 3 | Yorkshire Terrier

Zwerg-Terrier | FCI-Nr. 86

Herkunft: Großbritannien
Größe: Nicht festgeschrieben, ideal sind 20–24 cm.
Gewicht: Idealerweise 2–2,8 kg.
Farben: Dunkles Stahlblau vom Nacken bis zur Rutenspitze; leuchtendes Tan (Gold) am Kopf, den Beinen und der Brust.

Geschichte: Der Ursprung des Yorkshire Terriers ist in den ärmsten Vierteln der nordenglischen Industriestädte Ende des 18. Jahrhunderts zu finden. Damals war es den armen Leuten verboten, große Hunde zu halten, damit sie diese nicht zum Wildern abrichten konnten. Somit waren in der Arbeiterschicht vorwiegend kleine Rassen zu finden. Um 1780 kamen mit der zunehmenden Industrialisierung immer mehr Arbeiter in die Städte der Grafschaft Yorkshire und brachten auch ihre Hunde mit, die bis dahin vorwiegend als Rattenvertilger gedient hatten. Nach einiger Zeit begann man dort, einen ganz eigenen Typ von Hund zu züchten. Der Yorkshire Terrier wurde 1886 als eigenständige Rasse anerkannt.

Charakter: Durch das seidige, manchmal bodenlange Fell und sein ansprechendes Äußeres wurde der Yorkshire häufig verkannt und als reiner Schoßhund angeschafft. Trotzdem ist und bleibt er ein echter Terrier mit viel Mut und Eigensinn. Er hat Temperament, ist verspielt und würde sicherlich auch mal gern hinter Ratten und Mäusen herjagen, wenn er die Gelegenheit dazu bekäme.

Wegen seiner Kleinheit ist er ideal in der Stadtwohnung zu halten und kann problemlos überallhin mitgenommen werden.

Allerdings sollte man diesen Hund nicht wie einen Schoßhund behandeln, sondern ihm genügend Beschäftigung und auch Auslauf im Grünen bieten, mit ihm Gehorsamsübungen machen oder ihm kleine Kunststückchen beibringen. Dann erst erkennt man, wie lernfähig und ursprünglich dieser kleine, robuste Hund ist.

Besonderheiten: Der Standard schreibt bei dieser Rasse keine Größe vor. Der Trend ging eine Zeit lang zu immer kleineren Exemplaren, was auch zu gesundheitlichen Problemen geführt hat. Das angegebene Maß sollte deshalb nicht unterschritten werden.

Früher wurde die Rute dieser Hunde kupiert.

# 2 | Zentralasiatischer Owtscharka

Molossoide | FCI-Nr. 335

Mittelasiatischer Owtscharka, Sredneasiatskaïa Ovtcharka

Herkunft: Russland
Größe: Rüden nicht unter 65 cm; Hündinnen nicht unter 60 cm.
Farben: Alle Farben und deren Kombinationen.

Geschichte: Mittelasien umfasst andere Staaten als Zentralasien, das nämlich der Mongolei entspricht. In beiden Gebieten kommt der „Zentralasiat" vor, ebenso wie im Ural und in Sibirien. Das setzt voraus, dass die Hunde mit den unterschiedlichsten klimatischen (heiße Sommer, bitterkalte Winter) und geografischen (Steppen, Wüsten, Hügel, Berge) Bedingungen zurechtkommen müssen. Daher haben sich innerhalb der Rasse verschiedene Typen entwickelt. Die Hunde wurden vornehmlich als Hirtenhunde, aber auch als Wachhunde, Schutzhunde und Jagdhunde eingesetzt. Die genaue Entstehungszeit der Mittelasiaten ist nicht bekannt. Vermutlich gehören sie zu den ältesten Hirtenhunden überhaupt. Als eigene Rasse werden sie erst seit etwa 60 Jahren gezüchtet. Die offizielle Anerkennung erfolgte in den 1980er-Jahren. Die Zucht wurde hauptsächlich vom Militär und staatlichen Schafzuchtfarmen übernommen.

**Charakter:** Der Mittelasiat besitzt ein ruhiges, ausgeglichenes Wesen und bellt nur aus triftigem Grund. Fremden gegenüber ist er zurückhaltend, aber nicht unfreundlich. Er besitzt Mut und Verteidigungsbereitschaft und scheut nicht davor zurück, im Notfall blitzschnell anzugreifen, um seine Schutzbefohlenen zu verteidigen. Der Mittelasiat braucht wie die beiden anderen Owtscharka-Rassen auch eine sanfte, aber konsequente Erziehung durch einen Menschen mit starker Persönlichkeit. Gewaltsame Methoden und sich ständig wiederholende Übungen führen dazu, dass der Hund seine Mitarbeit verweigert. Befehle befolgt er nur aus Liebe zu seinem Menschen.

**Besonderheiten:** In ihrem Heimatland werden heute noch Ohren und Rute kurz kupiert, damit sie möglichst wenig Angriffsfläche für etwaige Feinde bieten.

## 2 | Zwergpinscher

Pinscher und Schnauzer | FCI-Nr. 185

Herkunft: Deutschland
Größe: Rüden und Hündinnen 25–30 cm.
Gewicht: Rüden und Hündinnen 4–6 kg.
Farben: Rotbraun bis Hirschrot; Schwarz mit rotbraunem Brand.

**Geschichte:** Zwergpinscher gab es ebenso wie Zwergschnauzer (beide können auf einen gemeinsamen Ursprung zurückblicken) schon lange, bevor die anderen Pinscher- und Schnauzerrassen reingezüchtet wurden. Die Zwergpinscher waren beliebte Schoßhündchen der adeligen und feinen Damen. Besonders um die Jahrhundertwende waren sie groß in Mode und konnten nicht klein und zart genug sein. Auch noch bis in die 1960er-Jahre war diese Rasse, die auch häufig als Rehpinscher bezeichnet wurde, recht beliebt. Mit Aufkommen anderer Kleinhunde-Rassen verloren die Zwergpinscher aber an Popularität und sind heute eher selten zu sehen. Von dem Zuchtziel, möglichst zarte und kleine Exemplare zu erhalten, ist man mittlerweile glücklicherweise abgekommen. Der Zwergpinscher soll einfach eine kleine Version des Deutschen Pinschers darstellen.

**Charakter:** Der Zwergpinscher ist ein temperamentvoller und trotz seiner Kleinheit mutiger Hund, der aber normalerweise nicht aggressiv ist. Er ist äußerst bellfreudig und meldet auch jeden Besucher lautstark. Wenn dies kein Problem darstellt, ist er aber der ideale Wohnungshund, der sich auch in der Stadt wohlfühlt. Auslauf in Form von regelmäßigen, nicht zu langen Spaziergängen reichen ihm aus. Somit ist er auch ein geeigneter Begleiter für ältere oder weniger sportliche Menschen.

Auch wenn man dazu neigt, die Erziehung bei solch kleinen Hunden nicht so ernst zu nehmen, empfiehlt es sich trotzdem, schon im Welpenalter und darüber hinaus Hundegruppen und Erziehungskurse zu besuchen, damit die Hunde gut sozialisiert werden und man durch rechtzeitiges Training ihr manchmal überschäumendes Temperament zügeln kann. Größeren Artgenossen treten sie normalerweise furchtlos und selbstbewusst gegenüber.

Besonderheiten: Dank des kurzen, glatten Fells, das keiner besonderen Pflege bedarf, tragen die Hunde kaum Schmutz ins Haus. Früher wurde die Rute kurz kupiert. Heute bleibt sie naturbelassen, Zuchtziel ist die Säbel- oder Sichelrute.

## 2 | Zwergschnauzer

Pinscher und Schnauzer | FCI-Nr. 183

Geschichte: Früher galten Zwergschnauzer und Affenpinscher nicht als unterschiedliche Rassen. Im Jahre 1899 begann man mit der Trennung, sodass eigentlich erst zu diesem Zeitpunkt die Geschichte des Zwergschnauzers begann. Diese kleinen, struppigen Hunde wurden früher besonders auf Höfen und in Ställen als Vertilger von Ratten und Mäusen verwendet. Hierzu mussten sie ein schneidiges Temperament besitzen sowie schnell und mutig sein. Bis heute haben sie sich diese Eigenschaften bewahrt.
Charakter: Der kleine, temperamentvolle Zwergschnauzer ist der ideale Familien- und Begleithund, der sich auch in einer Stadtwohnung wohlfühlt und ebenso als fröhlicher Begleiter für ältere Menschen geeignet ist. Er ist aufmerksam und wachsam und trotz seiner Kleinheit recht mutig. Er ist mit regelmäßigen Spaziergängen zufrieden, obwohl er auch gern draußen herumtobt oder beim Hundesport begeistert mitmacht. Er ist angenehm im Haus zu halten. Seine angeborene Wachsamkeit lässt ihn jedoch jeden Fremden, dem er sich zunächst nur misstrauisch nähert, lautstark vermelden. Eine gewisse Dickköpfigkeit ist ihm zu eigen, sodass man bei seiner Erziehung die erforderliche Konsequenz aufbringen muss, auch wenn man wegen seiner geringen Körpergröße schon mal dazu neigt nachsichtiger zu sein.
Besonderheiten: Das raue Haarkleid besteht aus drahtigem Grannenhaar und dichter Unterwolle. Es muss hin und wieder getrimmt werden.
Der typische Bart (Name!) und die buschigen Augenbrauen müssen regelmäßig gepflegt werden, damit sie nicht verfilzen. Die Haare an Kopf, Ohren, Hals, Bauch und After sollten etwas gekürzt werden.
Früher wurde die Rute der Schnauzer ganz kurz kupiert. Heute ist das Zuchtziel die kräftige und gut behaarte Säbel- oder Sichelrute.

Herkunft: Deutschland
Größe: Rüden und Hündinnen 30–35 cm.
Farben: Pfeffer-Salz; Schwarz; Schwarz-Silber; Weiß.

# Register

An dieser Stelle möchte ich mich ganz herzlich bei allen Hundehaltern, -züchtern und Rasseklubs sowie deren Mitgliedern bedanken, die durch ihre freundliche Unterstützung zum Gelingen dieses Buches erheblich beigetragen haben.

Zunächst gilt mein Dank allen denjenigen, die mir für das Buch Fotos zur Verfügung gestellt haben (sie sind im Einzelnen im Abbildungsnachweis aufgeführt) und natürlich allen „Hundlern“, die mir für Fototermine Ihre Hunde zur Verfügung gestellt und ihre Zeit geopfert haben, sowie allen, die mich mit Informationen, sei es mündlich oder schriftlich, über die verschiedenen Hunderassen versorgt haben, und nicht zuletzt allen denjenigen, die mir halfen, Sprachbarrieren zu überwinden und für mich die Kontaktaufnahme zu Hundeklubs und Hundebesitzern in den unterschiedlichsten Ländern der Erde übernommen haben.

Alle diese Personen, Klubs und Verbände habe ich im Folgenden in alphabetischer Reihenfolge aufgeführt. Ich hoffe natürlich, hierbei niemanden vergessen zu haben. Sollte dies doch versehentlich der Fall sein, bitte ich um Nachsicht, wobei ich versichern kann, dass mir jeder einzelne Hinweis unschätzbare Dienste geleistet hat.

Abegglen, Timon, Schweiz; Amft, Roland, Kierspe; Andres, Christine, Offenbach; Arnold, Michael, Gleichen; Arnold, Rudi, Pfullingen; Attenberger, Inge, Nufringen; Aurahs, Jürgen, Waldenbuch; Baduvas, Zacharias, Kreta, Griechenland; Barkowsky, Ralf-Peter, Castrop-Rauxel; Barnich, Ruth, Rosbach-Rodheim; Barth, Susanne, München; Bauer, Tanja, Nettetal; Baumgart, Liesel, Marne; Baumgartner, Stefan, Au; Beck, Monika, Schwäbisch Gmünd; Beerkotte, Ulrike, Goch; Behrndt, Sylvia; Beldmann, Marijke, Alkmaar, Niederlande; Bellet, Nicole, Vzeste, Frankreich; Bentheim, Albert, Blokker, Dänemark; Berkner, Brigitta, Puchten; Bertoletti, Davide, Sarzana, Italien; Familie Biehler, Reutlingen; Biereth, Werner, Pliezhausen; Biermann, Carola, Winterberg-Siedlingshausen; Bittermann, Wolfgang, Untermerzbach; Bode, Edelgard, Büttelborn; Böhringer, Martina, Wolfschlugen; Bragagnolo, Diego, Metzingen; Brandl, Rudolf, Eurasburg; Brandt, Walter, Bingen; Breitinger, Marlis, Reutlingen; Bremer, Helga, Stuttgart; Breudel, C. und C., Munster; Sabine Bruns, Schwarme; Familie Brusis, Scheyern; Cavalho, Inés, Pontinha, Portugal; Chen Ming-Nan, Taiwan; Club de Bleu de Gascogne, Gascon Santongeois et Ariegeois, Brionde, Frankreich; Club du Fauve de Bretagne, Frankreich; Club Francais du Beagle, Paris, Frankreich; Clube Portugues de Canicultura, Lissabon, Portugal; Contoagelos, Gerda, Fürth; Familie Cox, Langwedel; Cuadrado-Lόpez, José, Rinkerode; Familie Dabbert, Eggstätt; Damschen, Gabriele, Wesel; Deck-Müller, Jutta, Gaggenau; Deuschle, Dieter, Köngen; Dombrowski, Dieter, Stuttgart; Dörper, Günther, Pfullingen; Dross, Waltraud, Weiterstadt; Dürr, Degenhard, Waldbröl; Ebbers, Manfred, Arnsberg; Egert, Chr., Nieschütz; Ehrenkrook-Grabsch, Kristina, Böblingen; Elser, Helgard, Fuldabrück; Ente Nazionale della Cinofilia Italiana, Milano, Italien; Ersümer, Petra, Pfullingen; Eschrich, V. und M., Bad Sassendorf; Fabarius, Astrid, Reutlingen; Fährmann, Gabriele, Hamburg; FCI, Thuin, Belgien; Feder, Annelie, Kevelaer; Fiege, Dieter, Rosbach-Rodheim; Fischer, Brigitte, Schorndorf; Fonseca, Luis Carlos, Montemor-O-Vecho, Portugal; Ford, Linda, Fallbrook, USA; Frank, Birgit, Plüderhausen; Friebertshäuser, Rainer, Gladenbach; Gassner, Tanja, Wachtendonk; Gaudois, Docteur Michel, Le Mans, Frankreich; Geens, Katrin, Binkom, Belgien; Gehring, Heidi, Grafenau; Georgii, Rainer, Belabre, Frankreich; Gimmel, Werner, Spiegelberg-Warthof; Familie Glöser, Hohenstein; Gnoinska, Malgorzata, Warschau, Polen; Familie Greifenhagen, Waltrop; Grüner, Peter, Ulm; Gruschwitz, Anita, Limbach-Oberfrohna; Gülker, Nicole, Telgte-Westbevern; Hambitzer, Ilona, Bonn; Hansen, Inge, Schweden; Hansson, Anne, Lerum, Schweden; Hartmann, Gudrun, Spaichingen; Hecht, Claudia, Markdorf; Hennenlotter, Andrea, Eningen; Henschke, Gerda, Lautertal; Herb, Christian, Kaufbeuren; Herold, Frank, München; Herrenbruck, E., Brüggen; Hesselmans-van Veghel, Mw., Oss, Niederlande; Hewelcke, Ralf, Hohenbruch; Hey, Ruth und Dieter, Kesternich; Hicks, Toxy-Jean, Sylt; Hies, Herbert, Darmstadt; Hoffmann-Harteneck, Dr. Barbara, Berlin; Hohlbaum, Annette, Ettlingen; Hövener, Thomas, Nottuln; Hrvatski Kinoloski Savez, Zagreb, Kroatien; Hüsgen, Dr. Uta, Nettersheim; Illert, Stephan, Weimar; Japan Kennel Club, Tokyo, Japan; Jernberg, Allan, Schweden; Jordan, Dr. Karoline, Ettringen; Jorge, Andre Miguel, Portugal; Kamp, Iris, Wetter; Kare, Helena, Helsinki, Finnland; Karras, Siegi, Uetze-Obershagen; Kaumanns, Sven und Dirk, Neuss-Neuenbaum; Familie Kern, Reutlingen; Ketzler, Wolfgang, Elsdorf; Keuerleber, Anja, Nürtingen; Kiefer, Doris, Dudweiler; Klages, F. und S., Eningen; Klein, Angelika, Wegberg; Klier, Reinhard, Aalen; Klose, Regina, Steinhagen; Klüber, Jörg, Oppenau; Klußmann, Winfried, Osnabrück; Knupfer, Karin, Affalterbach; Kochinka, Bernd, Kühbach; Koffler, Paul, Durmersheim; Kolpus, Jan, Spydeberg, Norwegen; Familie Kolter, Möhnesee-Wamel; Konstantinou, Beate, Walddorf-Häslach; Kopernik, Udo, Hennef; Familie Koppelmans, Winschoten, Niederlande; Korea National Dog Association, Korea; Koren, Elisabeth, Norsk Landbruksmuseum, Norwegen; Kowitz, Frank, Münster; Familie Kralicek, Prag, Tschechien; Kraus, Gunthilt, Rödermark; Kriegler, Dagmar, Wiesenburg; Kriller, Annette, Eching; Krzymyk, Iwona, Meerbusch; Kuhnert, Petra, Berlin; Kunovac, Tarik, Sarajevo, Bosnien-Herzegowina; Laier, Hermann, Forst; Larsson, Otto, Slovlunde, Dänemark; Lau, Werner, Marl; Lehmann, Lutz, Seifhennersdorf; Lehnemann, Reinhold, Ochsenhausen; Loss, Klaus-Ulrich, Arnsberg; Lundgren, Stefan, Vetland, Schweden; Lumpp, Oliver, Wannweil; Luomanmaki, Inka, Helsinki, Finnland; Familie Lüpertz-Diekhardt, Mönchengladbach; Marinkovic, Ivana, Zagreb, Kroatien; Martin, Almut, Barsinghausen; Maurer, Ulrich, Bebenhausen; Mehl, Monika, Duisburg; Meier, Tina, Keltern; Meyer, Guido, Breidenbach; Miller, Christina, Conyers, USA; Müller, Maresa, Reutlingen; Müller, Josef,

Kranenburg-Frasselt; Müntzenberg, Katrin, Eilenburg; Munzert, Daniela, Stein-Neukirch; Nater, H. R., Dietikon, Schweiz; Neuenschwander, Dorothee, Niederelinsbach, Schweiz; Niklaus, Hermann, Netphen; Nilsson, Lennart, Vänersberg, Schweden; Novelli, René José, Hüfingen; Nützel, Dieter, Mettenheim; Oberbeck, Monika, Ahlden; Oppelaar, Anita, Gouda, Niederlande; Ott, Gabriele, Roggenburg; Paeper, Rita, Bassum; Pakkar, Marion, Stuttgart; Papenbrock, Christiane, Wriedel; Pelz, Ilse, Hodenhagen; Petersen, Bente, Rodding, Dänemark; Pettersen, Eva, Schweden; Pfeiffer, Hartmut und Susanne, Heilbronn; Pot, Jacques, Nieuwegein, Niederlande; Put, Lidy, Barneveld, Holland; Raspel, Oliver, Essen; Rea, James, Clarkesville,USA; Real Sociedad Canina de Espana, Madrid, Spanien; Reichenbach, Uta, Betzingen; Reimann, Manfred, Oberbachheim; Rein, Manuela, Mössingen-Öschingen; Reiners, Gudrun, Wehr; Richters, Karl-Heinz, Ochtrup; Rickers, Christina, Idar-Oberstein; Riekert, Günter, Reutlingen; Rogen, Markus, München; Rommel, Uwe, Stuttgart; Roth, Hartmut, Bornich; Ruddies, Horst, Gießen-Allendorf; Ruis-Frederikse, Anneke, Grootebrock, Niederlande; Runge, Zuzana, Neckartenzlingen; Ryckebusch, Dominique, Dolus d'Oleron, Frankreich; Samland, Dagmar, Schwetzingen; Schaad, Barbara, Triengen, Schweiz; Schenk, Maja, Bern, Schweiz; Schmidt, Franz, Göppingen; Familie Schmitt, Stuttgart; Schoch, Dr. Thomas, Günzburg; Scholz, Monika, Friedrichsdorf-Köppern; Schönleber, Irmgard, Wolfschlugen; Schottroff, Irene, Donnersdorf; Schrotter, Adolf, Manning, Österreich; Familie Schüle, Magstadt; Schultze-Westrum, Rita, Wiesloch; Schupp, W., Metzingen; Schwarz, Fritz, Grüt, Schweiz; Sell, Kerstin, Nürtingen; Société Centrale Canine pour des Races de Chiens en France, Aubervilliers Cedex, Frankreich; Familie Sestan, Reutlingen-Sondelfingen; Simeit, Edith, Sinzig; Sinner, Silvia, Unterensingen; Sinner, Tanja, Reutlingen; Slembrouck, Valeria, Pegnitz; Slovenska Kynologicka Jednota, Bratislava, Slowakei; Sobolik, Ing. Yaclav, Protiviw, Tschechien; Societa Italiana Pro Segugio, Mirabello Senna Lodigiana, Italien; Société Centrale Canine pour des Races de Chiens en France, Aubervilliers Cedex, Frankreich; Stathonikos, Efthimios, Athen, Griechenland; Stegehuis, Hans und Anita, Borne, Niederlande; Stegéus, Stig, Mölndal, Schweden; Steigmüller, Iris, Dornstetten-Hallwangen; Steinmeier, Heinz-Wilhelm, Everswinkel-Alverskirchen; Stelzer, Rita, Reutlingen; Stener, Cecilia, Färila, Schweden; Stern, M. und V., Rauenberg; Stingel, Alexander, Riederich; Stocker, Detlef, Wietmarschen; Stückle, Siska, Großbettlingen; Szobries, Heinz, Hannover; Tammen, Margitta und Tjarko, Sereetz; Teschemacher, Thomas, Reutlingen; Thompson, Anne, London, Großbritannien; Torberger, Chr. und J., Raesfeld; Trsan, Kresimir, Reutlingen; Familie Uetrecht, Stuttgart; Umber, Peter, Erzhausen; Unger, Angela, Berlin; Ushiba, Ichiro, Düsseldorf; Vallerich, Christiane, La Selle/Le Bied, Frankreich; van Bergen, M., Bovenkarspel, Niederlande; van Ederen, Mieke, Hilversum, Niederlande; van Oosten, Ineke und Wendy, Dedemsvaart, Niederlande; Vater, Rosemarie, Wipperfürth; VDH, Dortmund; Völker, Dr. Heiner, Reutlingen; Volle, Karl, Dettenhausen; Wagner, Heike, Esslingen; Wallat, Jürgen, Krefeld; Wäny, Manuela, Schlatt, Schweiz; Wartze, Elaine H., Spreitenbach, Schweiz; Weindler, Max, Auerbach; Weißkopf, Marilis, Körle; Wellner, Claudia, Selm; Werner, Ulrike, Münster; Westig, Christina, Haltern; Wiatowski, Angela, Wefensleben-Belsdorf; Widmann, Karl-Heinz, Wissen; Wienand, Rüdiger, Duisburg; Wiesen, Renate, Herzogenrath; Wilgosch, Patrizia, Münster; Wimmer-Kickbusch, Karin, Vielbach; Winnesberg, Peter, Raesfeld-Erle; Wolff, Rosemarie, Schorndorf; Wollnick, Anja, Hamburg; Woo, Emmanuel, München; Zeiner, John, Milsbeek, Niederlande; Zöschg, Josef, Kirchentellinsfurt; Zumbroich, Heidrun, Öhringen-Möglingen; Zuydeweg-Roxs, Carla, Breda, Niederlande; Zyta, Johnny, Xanten.

Dank der modernen Kommunikationstechnik konnte ich auch erfolgreich im Internet recherchieren, wo von in- und ausländischen Vereinen und Rasseklubs informative und zum Teil sehr liebevoll gestaltete Seiten dem interessierten Benutzer eine Fülle von Informationen geboten werden. Da es nahezu unmöglich ist, alle Internet-Adressen und Homepages hier aufzuführen, richtet sich mein Dank an alle Hundefreunde, die durch ihre Arbeit dem Internetbenutzer und dadurch auch mir den Zugang zu diesen wertvollen Informationen ermöglicht haben.

Und schließlich möchte ich mich an dieser Stelle ganz herzlich bei meinem Mann bedanken, der mir während der Arbeit zu diesem Buch mit Tipps und Ratschlägen zur Seite stand, der sich geduldig meine „Hundegeschichten" angehört hat, der unsere Hunde versorgt hat, wenn ich mal wieder „auf Achse" war, und mir selber auch einige Fototermine abgenommen hat und der mir immer wieder Mut gemacht hat weiterzumachen, wenn ich gelegentlich glaubte, auf scheinbar unüberwindliche Schwierigkeiten zu stoßen. Viele Hundefreunde aus dem In- und Ausland haben mir Fotos ihrer Hunde zugesandt und es dadurch möglich gemacht, dieses Buch fertig zu stellen. Im Folgenden sind alle Personen aufgelistet, deren Fotos in diesem Buch verwendet wurden und bei denen ich mich nochmals auf diesem Wege herzlich für ihre Mitarbeit bedanken möchte. Hinter dem Namen ist jeweils die Seitenzahl der (des) entsprechenden Foto(s) angegeben.

Einige Personen, die mir schon vor einigen Jahren Bilder zugesandt haben, konnte ich vor Fertigstellung der neuen Ausgabe meines Rassebuches nicht erreichen bzw. nicht mehr ausfindig machen, um sie von der erneuten Verwendung ihrer Fotos in Kenntnis zu setzen. Da sie mir aber freundlicherweise damals die Abdruckgenehmigung erteilt haben, gehe ich davon aus, dass sie auch nichts gegen die Verwendung im neuen Buch haben.

Umschlagfoto:
Tierfotoagentur.de / Ramona Richter

Abegglen, Timon, Gansingen, Schweiz, 204 o.
Andres, Christine, Offenbach, 49 o., 104 u., 172, 196 u.
Bacher, Richard, Eppingen, 1147 u.
Bakal, Nana, Kroatien, 197 o.
Baumgart, Liesel, Marne, 32 o.
Baumgartner, Stefan, Au, 91.
Bruns, Sabine, Schwarme, 21
Cavalho, Inés, Pontinha, Portugal, 60 o.
Chen Ming-Nau, Hsia Wu Fong Kennel, Taiwan, 229 o.
Club du Fauve de Bretagne, Dolus d'Oleron, Frankreich, 124
Club Français du Beagle, Beagle Harrier, Harrier, Saint Brieuce, Frankreich, 30, 31
Clube Portugues de Canicultura, Lissabon, Portugal, 193 u., 194 o.
Contoagelos, Gerda, Fürth, 231 o.
Dalton, David, Sauxillanges, Frankreich, 151 o.
DCNH, Körle, 159 u.
Dross, Waltraud, Weiterstadt, 179
Dumont, A., Brionde, Frankreich, 190 o.
Ebbers, Manfred, Arnsberg, 183 u.
Egert, Christian, Nieschütz, 116
Fährmann, Gabriele, Hamburg, 101 u.
Feder, Annelie, Kevelaer, 106 o., 145
Fiege, Dieter, Rosbach-Rodheim, 161 o.
Friebertshäuser, Rainer, Gladenbach, 156 o.
Gaßner, Tanja, Wachtendonk, 100 o.
Gläß, 68 o.
Gnoinska, Malgorzata, Warschau, Polen, 117
Gruschwitz, Anita, Limbach-Oberfrohna, 4
Hambitzer, Ilona, Bonn, 233 o.
Hansen, Inge, Götene, Schweden, 84 u.
Hansson, Anne, Lerum, Schweden, 79
Herb, Christian, Kaufbeuren, 17, 94 o., 114 u., 141 o., 212 o. und u.
Hiemstra, M., Frankreich, 26 u.
Hies, Herbert, Darmstadt, 212 u.r.
Hostetter, Ulla, Lohr, 57 u.
Illert, Stephan, Weimar, 202 u.
Japan Kennel Club, Tokyo Japan, 146 (2)
Kare, Helena, Helsinki, Finnland, 93 u.
Ketzler, Wolfgang, Elsdorf, 74
Kolpus, Jan, Spydeberg, Norwegen, 125, 127 u., 135 o., 162 u., 210 u.
Konstantinou, Beate, Filderstadt-Bernhausen, 82 o.
Korea National Dog Association, Seoul, Korea, 154 u.
Krzymyk, Iwona, Meerbusch, 181
Kuhnert, Petra, Berlin, 153 u..
Kukowski, 67 u.
Kunovac, Tarik, Sarajevo, Bosnien-Herzegowina, 92 u., 173 o., 216 u.
Larsson, Otto, Slovlunde, Dänemark, 114 o.
Lehari, Ermo, Reutlingen, 66 u., 144 o., 178 u., 189, 224 u., 244
Lundgren, Stefan, Vetland, Schweden, 208 o.
Małgorzata Gnoinska, Warschau
Marinkovic, Ivana, Zagreb, Kroatien, 45 u., 141 u.
Meier, Tina, Keltern, 164
Meyer, Guido, Breidenbach, 41
Oberbeck, Monika, Ahlden, 236
Pettersen, Eva, Schweden, 205
Petersen, Bente, Rodding, Dänemark , 27
Plafky, Christoph
Rea, James, Clarkesville, USA, 13
Real Sociedad Canina de Espana, Madrid, Spanien, 55, 187 o., 188, 192
Reimann, Manfred, Oberbachheim, 49 u.
Rogen, Markus, München, 14, 54, 96, 155, 169, 171 (2), 207, 226, 233 u.
Schoch, Dr. Thomas, Günzburg, 97 u.
Schottroff, Irene, Donnersdorf, 92 o., 230 (2)
Schrotter, Adolf, Manning, Österreich, 103, 104 o.
Simeit, Edith, Sinzig, 115 o.
Sjöström, Åke, Bjärred, Schweden, 83 o.
Slembrouck, Valeria, Neuhaus, 9 (2), 10 (3), 135 o.
Slovenska Kynologicka Jednota, Bratislava, Slowakei, 223 u.
Societa Italiana Pro Segugio, Mirabello Senna Lodigiana, Italien, 215 u., 216 o.
Stathonikos, Efthimios, Athen, Griechenland, 131 o. (2)
Stegehuis, Hans und Anita, Borne, Niederlande, 108 u., 193 o.
Steinmeier, Heinz-Wilhelm, Everswinkel-Alverskirchen, 149
Stener, Cecilia, Färila, Schweden, 128 o., 177
Szobries, Heinz, Hannover, 94
Tammen, Margitta und Tjarko, Sereetz, 52
Thompson, Anne, London, Großbritannien, 129
Vallerich, Christiane, La Selle/Le Bied, Frankreich, 26 o., 64 u.
van Ederen, Mieke, Hilversum, Niederlande, 168 u.
Völker, Dr. Heiner, Reutlingen, 201 u., 202 o.
Wartze, Elaine H., Spreitenbach, Schweiz, 213 (4), 214 o.
Wiatowski, Angela, Wefensleben-Belsdorf, 159 o.
Widmann, Karl-Heinz, Wissen, 4, 20, 22, 24, 25, 45 o., 46, 62 u., 63, 71, 78, 87 u., 113 o., 116 o., 121, 142, 150 o., 158 (2), 160, 165 o., 166 o., 176 u. (2), 180 u., 193 m., 198, 199 o., 206 o., 210, 221 (2), 239 u., 243 u., 245
Zeiner, John 69, 70, 147

Alle anderen Fotos stammen von der Autorin.

Die in diesem Buch enthaltenen Empfehlungen und Angaben sind von der Autorin mit größter Sorgfalt zusammengestellt und geprüft worden. Eine Garantie für die Richtigkeit der Angaben kann aber nicht gegeben werden. Autorin und Verlag übernehmen keinerlei Haftung für Schäden und Unfälle. Der Leser sollte bei der Anwendung der in diesem Buch enthaltenen Empfehlungen sein persönliches Urteilsvermögen einsetzen.

**Bibliografische Information der Deutschen Nationalbibliothek**
Die Deutsche Nationalbibliothek verzeichnet diese Publikation in der Deutschen Nationalbibliografie; detaillierte bibliografische Daten sind im Internet über http://dnb.d-nb.de abrufbar.


Wollgrasweg 41, 70599 Stuttgart (Hohenheim)
E-Mail: info@ulmer.de
Internet: www.ulmer.de
Lektorat: Antje Springorum
Herstellung: Ulla Stammel
Umschlagentwurf: Freiraum K, Karen Neumeister, Stuttgart
Layout und DTP: red.sign GbR, Stuttgart
Druck und Bindung: Firmengruppe APPL, Wemding
Printed in Germany

ISBN 978-3-8001-5661-0